普通高等教育风景园林类专业"十二五"规划教材

园林工程招投标与概预算（第2版）

主编 黄凯

副主编 刘笑冰 舒美英 李良

金煜 雷绍宇 李海洋

参编 卢书云 李婷 林栋东 张磊

主审 杨艳

U0306053

重庆大学出版社

内容提要

本书是高等院校风景园林类专业"十二五"规划教材之一,全面介绍了风景园林建设工程招投标和工程建设中投资估算、设计概算、施工图预算、竣工决算及合同价款等工程造价文件的内容及编制方法。重点阐述了园林工程招投标、合同及相关法规,园林工程造价的构成、工程计量与合同价款的确定、计算机在招投标和概预算中的应用等知识。

本书可作为高等院校风景园林专业学生的概预算课程教材,也可以作为从事园林造价咨询、园林设计及施工管理工作的从业人员的自学参考书。

图书在版编目(CIP)数据

园林工程招投标与概预算/黄凯主编.—2 版.—
重庆:重庆大学出版社,2016.8
普通高等教育风景园林类专业"十二五"规划教材
ISBN 978-7-5624-5788-6

Ⅰ.①园…　Ⅱ.①黄…　Ⅲ.①园林—工程施工—招标
—高等学校—教材②园林—工程施工—投标—高等学校—
教材③园林—工程施工—建筑概算定额—高等学校—教材
④园林—工程施工—建筑预算定额—高等学校—教材
Ⅳ.①TU986.3

中国版本图书馆 CIP 数据核字(2016)第 199877 号

普通高等教育风景园林类专业"十二五"规划教材
园林工程招投标与概预算
(第 2 版)
主　编　黄　凯
副主编　刘笑冰　舒美英　李　良
金　煜　雷绍宇　李海洋
责任编辑:王　婷　钟祖才　版式设计:莫　西
责任校对:秦巴达　　　　责任印制:赵　晟

*

重庆大学出版社出版发行
出版人:易树平
社址:重庆市沙坪坝区大学城西路 21 号
邮编:401331
电话:(023)88617190　88617185(中小学)
传真:(023)88617186　88617166
网址:http://www.cqup.com.cn
邮箱:fxk@ cqup.com.cn(营销中心)
全国新华书店经销
自贡兴华印务有限公司印刷

*

开本:787mm×1092mm　1/16　印张:24.75　字数:618 千
2016 年 8 月第 2 版　　2016 年 8 月第 8 次印刷
印数:15 051—18 050
ISBN 978-7-5624-5788-6　定价:45.00 元

编委会名单

主 任 杜春兰

副主任 陈其兵

编 委（按姓氏笔画为序）

丁绍刚　王　霞　毛洪玉　文　彤　申晓辉　冯志坚　朱　捷

朱晓霞　刘　扬　刘　骏　刘　磊　刘福智　许大为　祁承经

杨学成　杨瑞卿　杨滨章　李　晖　李保印　谷达华　宋钰红

张建林　陈　宇　武　涛　林墨飞　罗时武　周　恒　房伟民

胡长龙　赵九洲　段渊古　徐海顺　唐　红　唐　建　唐贤巩

陶本藻　黄　凯　曹基武　韩玉林　雍振华　管　旸

总　序

　　风景园林学,这门古老而又常新的学科,正以崭新的姿态迎接未来。

　　"风景园林学(Landscape Architecture)"是规划、设计、保护、建设和管理户外自然和人工环境的学科。其核心内容是户外空间营造,根本使命是协调人与自然之间的环境关系。回顾已经走过的历史,风景园林已持续存在数千年,从史前文明时期的"筑土为坛""列石为阵",到 21 世纪的绿色基础设施、都市景观主义和低碳节约型园林,都有一个共同的特点:就是与人们对生存环境的质量追求息息相关。无论中西,都遵循一个共同的规律,当社会经济高速发展之时,就是风景园林大展宏图之势。

　　今天,随着城市化进程的飞速发展,人们对生存环境的要求也越来越高,不仅注重建筑本身,更多的是关注户外空间的营造。休闲意识和休闲时代的来临,对风景名胜区和旅游度假区的保护与开发的矛盾日益加大;滨水地区的开发随着城市形象的提档升级愈来愈受到高度关注;代表城市需求和城市形象的广场、公园、步行街等城市公共开放空间的大量兴建;设计要求越来越高的居住区环境景观设计;城市道路满足交通需求的前提下景观功能逐步被强调……这些都明确显示,社会需要风景园林人才。

　　自 1951 年,清华大学与原北京农业大学联合设立"造园组"开始,中国现代风景园林学科已有 58 年的发展历史,据统计,2009 年我国共有 184 个本科专业培养点。但是由于本学科的专业设置分属工学门类下的建筑学一级学科中城市规划与设计二级学科的研究方向和农学门类林学一级学科下的园林植物与观赏园艺二级学科;同时本学科的本科名称又分别有:园林、风景园林、景观建筑设计、景观学,等等,加之社会上从事风景园林行业的人员复杂的专业背景,从而使得人们对这个学科的认知一度呈现较为混乱的局面。

　　然而,随着社会的进步和发展,学科发展越来越受到高度关注,业界普遍认为应该集中精力调整发展学科建设,培养更多更好的适应社会需求的专业人才为当务之急,于是"风景园林(Landscape Architecture)"作为专业名称得到了普遍的共识。为了贯彻《中共中央、国务院关于深化教育改革全面推进素质教育的决定》精神,促进风景园林学科人才培养走上规范化的轨道,推进风景园林类专业的"融合、一体化"进程,拓宽和深化专业教学内容,满足现代化城市建设的具体要求,编写一套适合新时代风景园林类专业本科教学需要的系列教材是十分必要的。

　　重庆大学出版社从 2007 年开始跟踪、调研全国风景园林专业的教学状况,2008 年决定启动《普通高等教育风景园林类专业系列教材》的编写工作,并于 2008 年 12 月组织召开了"普通高等院校风景园林类专业系列教材编写研讨会"。研讨会汇集南北各地园林、景观、环境艺术领域的专业教师,就风景园林类专业的教学状况、教材大纲等进行交流和研讨,为确保系列教材的编写质量与顺利出版奠定了基础。经过重庆大学出版社和主编们两年多的精心策划,以及广大参编人员的精诚协作与不懈努力,《普通高等教育风景园林类专业系列教材》将于 2011 年陆续问世,真是可喜可贺!

这套系列教材的编写广泛吸收了有关专家、教师及风景园林工作者的意见和建议,立足于培养具有综合创新能力的普通本科风景园林专业人才,精心选择内容,既考虑到了相关知识和技能的科学体系的全面系统性,又结合了广大编写人员多年来教学与规划设计的实践经验,吸收国内外最新研究成果编写而成。教材理论深度合适,注重对实践经验与成就的推介,内容翔实,图文并茂,是一套风景园林学科领域内的详尽、系统的教学系列用书,具较高的学术价值和实用价值。这套系列教材适应性广,不仅可供风景园林类及相关专业学生学习风景园林理论知识与专业技能使用,也是专业工作者和广大业余爱好者学习专业基础理论、提高设计能力的有效参考书。

相信这套系列教材的出版,能为推动我国风景园林学科的建设,提高风景园林教育总体水平,更好地适应我国风景园林事业发展的需要起到积极的作用。

愿风景园林之树常青!

编委会

2010 年 9 月

第 2 版前言

《园林工程招投标与概预算》第 1 版于 2011 年出版后,一些相关政策发生了变化,如教材中介绍的定额计价法历经多年的清单计价法推广已逐渐减少使用;各地区均推出新版定额标准(如北京 2012 定额等);新版国家标准《建设工程工程量清单计价规范》(GB 50500—2013)已于 2013 年起实施。

随着新政策出台,原书中所使用的一些案例和图纸均已过时,为此,我们组织一批在园林专业教学、实践、研究第一线的相关人员,经过认真研讨,重新设计大纲,按照新标准编写了这本《园林工程招投标与概预算》第 2 版。希望此书能满足风景园林专业教学需要,同时也可供园林工程承包商、园林造价工程师、风景园林设计师等相关人员使用,为风景园林事业培养出更多的符合要求的高级应用型技术人员。

《园林工程招投标与概预算》第 2 版包括:绪论,园林工程技术基础知识,园林工程项目管理,园林工程合同管理,园林工程造价计价方法和依据,园林工程清单计价及规范,决策和设计阶段工程造价的确定与控制,建设项目招投标与合同价款的确定,园林工程结算与竣工决算,计算机在园林工程招投标与概预算中的应用,园林工程造价相关法规与制度,园林工程经济与财务概述及附录。

为了达到既能作为高等教育的教材,又能满足园林工程建设者的实际工作需要,本书在编写过程中,既注重理论的系统性,又兼顾了实用性的要求,理论阐述力求深入浅出,强调实践性和可操作性。不仅较为系统地阐述了有关理论,如工程招标投标、工程施工合同、园林工程预算定额、园林工程预算的编制、园林工程工程量清单及报价编制、园林工程结算与竣工决算等内容,同时又选录了部分国家和地方的有关法规和资料,努力结合我国园林工程建设的实际,突出实际能力的培养,尽可能便于实际工作中的使用和阅读,力求达到既系统全面,又简明扼要、通俗易懂、简便实用的目的。

本书由北京农学院黄凯任主编,北京农学院刘笑冰、浙江农林大学舒美英、西南大学李良、沈阳农业大学金煜、河北科技师范学院雷绍宇、中国建筑技术集团有限公司李海洋任副主编,其他参编有北京首都机场物业管理有限公司卢书云、北京市昌平区园林管理处李婷、北京农学院林栋东、北京林润通达园林绿化工程有限公司张磊。

黄凯负责组织制订编写大纲,并进行编写分工:第 1 章(黄凯)、第 2 章(李海洋)、第 3 章

（金煜）、第 4 章（李良、黄凯）、第 5 章（雷绍宇）、第 6 章（舒美英）、第 7 章（李海洋）、第 8 章（黄凯）、第 9 章（舒美英）、第 10 章（黄凯、刘笑冰、李婷）、第 11 章（黄凯、卢书云、刘笑冰、张磊）、第 12 章（黄凯、刘笑冰、林栋东、张磊）、附录（金煜、刘笑冰、林栋东）。全书由黄凯负责统稿。

北京市昌平区城乡环境建设规划管理中心高级工程师杨艳女士在百忙中审阅了全稿，并提出了许多宝贵的意见和建议，在此表示衷心的感谢。

本书在编写过程中得到北京农学院和广联达软件股份有限公司给予的大力支持，同时也参考了有关方面同仁的著作和资料，在此向有关作者和单位表示谢意。

由于时间仓促、资料收集不易和编写者的水平有限，虽经反复推敲核实，书中疏漏和谬误之处在所难免，恳请使用者提出宝贵意见，我们将认真听取，以便修订时改正。

编　者

2016 年 4 月

第1版前言

"园林工程招投标与概预算"是风景园林工程类和设计类专业学生的必修课程,是园林建设中的一项重要工作,它直接关系到园林建设的顺利实施与效益结算。与其他工程相比较,园林工程的招投标与概预算工作既有共性,又有个性。为此,我们组织一批工作在园林专业教学、实践、研究第一线的相关人员,编写了这本《园林工程招投标与概预算》。

为了达到既能作为高等教育的教材,又能满足园林工程建设者的实际工作需要,在编写过程中,我们既注重理论的系统性,又兼顾了实用性的要求,理论阐述力求深入浅出,强调实践性和可操作性。不仅较为系统地阐述了有关理论,如工程招标投标、工程施工合同、园林工程预算定额、园林工程预算的编制、园林工程工程量清单及报价编制、园林工程结算与竣工决算、施工组织设计、横道图与网络计划技术等内容,同时又选录了部分国家和地方的有关法规和资料,努力结合我国园林工程建设的实际,突出实际能力的培养,尽可能便于实际工作中的使用,力求达到既全面系统,又简明扼要、通俗易懂、简便实用的目的。

《园林工程招投标与概预算》一书包括:绪论、园林建设工程的招标与投标、施工组织设计、园林工程预算识图基础、园林工程预算定额、园林绿化工程清单计价及规范、园林工程计量与计价、园林工程预算审查与竣工结算、园林工程资料与合同管理、计算机在园林工程招投标与概预算中的应用、园林工程建设主要相关法律及附录——课程实训。

希望此书能满足风景园林专业教师与学生教学需要,同时也可供园林工程承包商、园林景观建筑师与风景园林设计师等相关人员使用,为风景园林事业培养出更多的符合要求的高级应用型技术人员。

本书由黄凯、郑强(北京农学院)担任主编,舒美英(浙江农林大学)、李良(西南大学)、金煜(沈阳农业大学)、雷绍宇(河北科技师范学院)、李强(南京园林建设公司)、韩玉林(江西财经大学)、杨艳(北京市昌平区市政规划设计所)、赵群(北京农学院)任副主编,参编有李海洋、卢书云、戴智勇、舒朝普。黄凯负责组织制定编写大纲,编写分工如下:绪论(黄凯)、第1章(李良)、第2章(金煜)、第3章(郑强、李海洋、黄凯)、第4章(雷绍宇)、第5章(李良)、第6章(舒美英)、第7章(舒美英)、第8章(李强、韩玉林)、第9章(杨艳)、第10章(黄凯、卢书云、郑强、戴智勇)、附录(金煜)。全书由黄凯统稿,赵群在全书校对等方面做了大量工作。北京昌平区

园林管理处高工金环女士在百忙中审阅了全稿，并提出了许多宝贵的意见和建议，在此表示衷心的感谢。

本书在整个编写过程中得到了北京农学院的领导和北京广联达公司的大力支持，同时我们在编写过程中参考了有关方面同仁的著作和资料，在此向相关作者和单位表示谢意。

书中疏漏和谬误之处在所难免，恳请读者提出宝贵意见，以便修订时改正。

编　者

2010 年 12 月

目 录

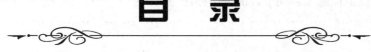

1 绪 论

《园林工程招投标与概预算》是风景园林专业系列教材之一,主要介绍园林工程招投标与概预算,以及园林工程施工组织设计的有关内容。学生应在对相关知识、编制方法了解、掌握的同时,学会在实践当中应用,这是最终目的。

园林工程的直接产品是通常所称的园林绿地,其中包括:园林建筑、园林小品、园林绿化、假山、水景等工程。园林建设工程属于基本建设工程,必须遵守基本建设程序。

园林建设需要消耗人力、物力,占用一定的资源(如土地、水、植被等),这就需要一定的费用支出。而园林建设产品的形式、尺寸、规格、标准等千变万化,园林建设所需人力物力不同,不能用简单、统一的定价。但是,园林建设产品具有许多基本的共性特征,园林工程建设施工作业,经过总结,也有统一的模式和方法。

《园林工程招投标与概预算》主要是介绍园林工程招投标的基本程序和方法,研究如何根据园林工程的特点,依据施工图或设计要求,根据各具体施工项目的具体施工条件及施工技术经济指标等,计算出拟建园林工程施工项目所需人工、材料、机械等的数量及费用,然后按照施工组织设计程序计算出分部、分项工程造价,直至计算出工程总造价的方法。

施工组织设计是由施工单位根据工程特点、施工现场的实际情况等各种有关条件编制的,它是编制预算的依据。所以,必须完全熟悉施工组织设计的全部内容,并深入现场了解实际情况是否与设计一致,才能准确地编制预算。

园林工程概预算涉及很多方面的知识,如:识图;了解施工工序、施工技艺、施工管理;熟悉预算定额等相关法规及材料价格、人员工资等社会生产力资源的有关资讯;掌握园林工程项目划分、工程量计算方法和取费标准等。

学习园林工程概预算,能够用系统权衡的方法对园林建设中各种投入、产出效益等技术经济问题进行分析研究,并提出适当的解决方案,对于从事园林设计人员和施工管理人员都是非常重要的。

而学习园林工程招投标的相关知识,有助于从事园林工程施工和管理的人员了解园林工程在进入施工阶段之前所经历的阶段和程序,有助于其更好地了解园林工程发包方和园林工程承包方的不同角色,以及如何建立公开公平的程序和平台,以使双方寻找到最优的合作路径。

1.1　本课程的意义和任务

1.1.1　本课程的意义

造价工程师是在工程项目建设全过程中从事工程造价业务活动的专业技术人员,而作为从事工程造价工作中的初级人员,应具备编制工程概预算、招标工作标底编制、投标报价、编制工程结算及编制工程概预算补充定额的能力,具备将各项专业技能比较系统地有机结合及运用的能力。而这种能力的形成,必须在具有一定专业知识基础上,再进行专业技能的系统的综合性训练,它包括亲自动手能力、思维应变能力等方面实践性教学,通过反复的训练和具体运用,加深对基础知识的理解,成为有较强的动手能力的应用型人才,并作为造价工程师的储备,为行业的发展打下坚实的基础。

因此,学习本课程对风景园林设计、施工行业,特别是园林工程造价行业发展,以及国民经济中的新兴产业——咨询业发展有着十分重要的意义。

1.1.2　本课程的任务

工程预算是在马克思关于生产原理的指导下,按照客观经济规律的要求,研究确定建筑产品价格是由哪些因素构成的科学。它的主要任务是当建筑产品价格的构成因素确认后,如何正确计算建筑产品的预算造价(即价格)。为了准确确定工程造价,并能合理地控制工程造价,快速而又准确地完成任务,专门的训练及针对性的实践是必需的。因此,本课程的任务是:进一步巩固和提高从事园林工程概预算工作所必备的基础理论、基本知识;使学习者具备将各项专业技能系统地有机地结合与运用的能力;提高学生的全面素质,为毕业后缩短适应期,尽快适应工作奠定良好的基础;培养从事工程造价工作,具有较高素质的应用型人才。

1.2　本课程与有关学科之间的关系

1.2.1　与本专业各学科关系

工程预算是一个综合性的技术经济学科。工程预算与招投标实践是在具有一定预算能力的基础上,通过进一步的系统训练,提高将各项专业技能有机结合与运用的能力。因此,本课程除一些专业基础知识外,与园林工程招投标和预算的编制方法和编制程序有着密切的联系。另外,中国已加入 WTO,园林工程造价行业也必将逐步与国际惯例接轨(如实行工程量清单报价),因此,园林工程的招投标必然涉及项目经营管理及相关行业咨询等制度。所以,经济管理、项目管理、招投标制度、咨询业知识等也与本课程密切相关。

1.2.2 与计算机应用学科关系

园林工程预算编制的基本要求表现在两方面:一是要求预算编得准;二是预算编得快,而计算机可满足以上两个基本要求。随着计算机应用行业的快速发展,园林制图和工程应用软件将越来越多,用计算机代替传统的手工设计和计算势在必行。因此,学习本课程,必须学好计算机应用有关知识,特别是识图、制图常用的 CAD 软件、招投标与预算常用的套价软件、图形计量、工程量清单报价等相关软件的应用。

1.3 本课程的教学体系

本书从以下 3 个方面完成教学体系设计。

1.3.1 教学基础

园林工程招投标与概预算作为一门兼具综合性、应用性、实用性和适用性的专业学科,在有机吸收、容纳和运用建筑科学、生物科学和社会科学等多种学科知识为一体的基础上,学生应该充分学习课程基础知识,利用所学知识保证自己在科技进步、知识更新、技术发展速度日新月异的今天不被淘汰。其学科内容囊括和涉及了:园林景观设计学、园林建筑学、园林工程、园林设计初步、城市规划学、财务管理等多学科。

1.3.2 务实应用

实践教学体系的构建,要充分体现专业岗位的要求,与专业岗位群发展紧密相关。以此为原则组成一个层次分明、分工明确的实践教学体系。如实验、实训教学平台可分为基础实验技能训练平台、专业岗位技能训练平台、专业岗位实践平台三大步进行构建。

1.3.3 拓展提升

园林工程招投标与概预算的形成与发展历程表明:不学习、不吸收新知识、新观念、新技术,会在专业的发展上越走越窄,没有及时对技术和管理的方法、模式进行创新和改进,将会被市场淘汰。所以,只有把技术建立在学习和吸收的基础之上,坚持不断创新才能使自身处于行业前列。

该教学体系可以从 5 个层次理解:

①知道、了解:学生对教学内容有感性的、初步的认识或能识别它;

②领会、理解:学生对概念、规律、基本操作等有理性的认识,即能自述、解释和举例说明,并在教师的指导下能顺利地完成基本操作;

③掌握、运用:学生在理解教学内容后,通过学习,形成技能,并能运用概念、方法、规则进行常规运算求解、论述和简单运用、自主操作等;

④熟练掌握、灵活运用:学生能综合运用某个知识解决问题,综合运用某项技能进行熟练操作或小规模技术设计等,从而形成某种能力;

⑤思想素质的提高:如态度、意识、精神、毅力等的培养。

本课程的重点是实践应用能力的培养。尤其要加强填写相关工程文件的教学。对操作性较强的技能点,应结合实训教学、工学交替、毕业实习等活动,强化技能训练。

1.4 园林工程招投标与概预算概述

1.4.1 园林工程概预算基本知识

1)园林工程的建设程序

建设程序,又称基本建设程序,是指一个建设项目从酝酿提出到该项目建成或投入使用的全过程,各阶段建设活动的先后顺序和相互关系的法则。该法则是人们在总结自然规律和经济规律的基础上制定的,它反映了进行工程项目建设中各有关经济组织之间一环扣一环的密切联系,从客观上要求工程建设项目必须采用经济的、法律的办法来科学管理;是对建设项目权衡决策和使建设项目顺利进行的重要保证。

目前我国建设项目的程序,一般可概括为建设前期、施工准备、施工、竣工验收等阶段,每一阶段中,又包含若干环节和不同的工作内容。工程建设程序包括建设项目从设想、选择、评估、决策、设计、施工到竣工验收、投入使用、发挥效益的全过程。

园林建设项目的实施一般包括:立项(编制项目建议书、可行性研究、审批);勘察设计(初步设计、技术设计、施工图设计);施工准备(申报施工许可、建设施工招投标或施工委托、签订施工项目承包合同);施工(建筑、设备安装、种植植物);维护管理;后期评价等环节。图1.1为园林工程建设程序与概预算。

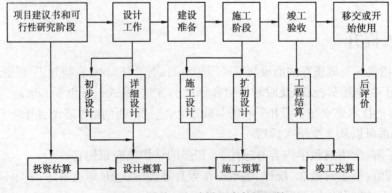

图 1.1 园林工程建设程序与概预算

（1）园林建设前期阶段

园林建设前期阶段：一般包括项目建议书、可行性研究、立项、设计工作4个阶段。

①项目建议书。根据地区规划或发展需要，提出项目建议书。项目建议书是建设某一具体园林项目的建议文件。编制项目建议书是建设程序中最初阶段的工作，是投资决策前对拟建设项目的轮廓设想，主要作用是对拟建项目进行初步说明，论述建设的必要性、条件的可行性和获益的可能性，供基本建设管理部门选择并确定是否进行下一步工作。

在此阶段，对投资额（或资源投入）进行估量是非常重要的，一般要做估算，包括对各种资源投入的估量和对投资或建设、管理费用的估算等。在园林项目建议书中一般有：

a.项目建设的必要性和依据。

b.拟建项目的规模、区位、自然资源、人文资源等的现状、条件。

c.投资估算及资金筹措来源。

d.社会效益、经济效益、生态环境效益、景观效益、游憩效益等的估量。

e.建设时间、进度设想。

②可行性研究。项目建议书一经批准，既可着手进行可行性研究，在踏勘、现场调研的基础上提出可行性研究报告。

可行性研究是运用多种科研成果，在建设项目投资决策前进行技术经济论证，以保证实现最佳经济效益的一门综合学科，是园林基本建设程序的关键环节。可行性研究报告的基本内容为：

a.项目建设的目的、性质、提出的背景和依据。

b.建设项目的规模、市场预测的依据。

c.项目建设地点、位置及自然资源、人文资源等的现状分析。

d.项目内容，包括面积、拟建设施或项目工程质量标准、单项造价、总造价等。

e.项目建设进度和工期估计。

f.投资估算和资金筹措方式，如国家投资、合资、自筹资金等。

g.效益评估，包括对社会效益、经济效益、生态环境效益、景观效益、游憩效益等的论证、评价。

③立项。有关部门进行项目立项。

④设计工作。园林设计是对拟建工程项目在技术上、艺术上、经济上……所进行的全面详尽的安排。其具体实施包括：

a.由建设主持人（单位）进行设计招标或进行设计委托。

b.由受委托或设计中标单位，依据项目批复、可行性研究报告，对确定建园区位、项目等分步骤进行勘查、总体规划、初步设计及工程总概算；初步设计审批；有必要时进行技术设计或详细设计、修正工程总概算；施工图设计、编制工程"项目清单"或施工图预算等。最终提交出全部的设计文件，进行审批。

（2）园林建设施工准备阶段

园林绿化建设施工一般有自行施工、委托承包单位施工、群众性义务植树绿化施工等。项目开工前，要切实做好施工组织设计等各项准备工作。其主要内容为：

①施工许可办理。

②征地、拆迁。清理场地、临时供电、临时供水、临时用施工道路、工地排水等。

③施工招投标或进行施工委托。精心选定施工单位,签订施工承包合同。施工承包合同的主要内容为:

　　a.所承包的施工任务和工程完成的时间。

　　b.合同双方在保证完成任务的前提下所承担的义务和权利。

　　c.项目工程款的数量及支付方式、时间期限等。

　　d.对合同未尽事宜和争议问题的处理原则。

④施工企业编制"施工组织设计"及"工程预算"。

⑤参加施工企业与甲方合作,依据计划进行各方面的准备,包括人员、材料、苗木、设施设备、机械、工具、现场(临建、临设……)、资金等的准备。

（3）建设实施阶段（施工阶段）

施工企业根据设计要求,依照施工计划组织施工。努力做到按时、按质、按量地完成施工项目内容。

开工后工程管理人员应与技术人员密切配合,充分调动各方面的积极因素做好工程管理、质量管理、安全生产管理、成本管理、劳务管理、材料管理等工作。

（4）技术维护、养护管理

现行园林建设工程,通常在施工竣工后需要对施工项目实施技术维护、养护一年至数年。项目维护、养护期间的费用执行园林养护管理预算。

（5）竣工验收阶段

竣工验收是园林建设工程的最后环节,是全面考核园林建设成果、检验设计和工程质量的重要步骤,一般也是园林建设转入对外开放使用的标志。

现行的园林建设管理,有些项目须随工程进度分步检验并在项目施工完成时进行单项工程、分部工程、分项工程验收。而单项工程验收,目前多实行"待养护期满"方才进行。

①竣工验收的范围:根据国家现行规定,所有建设项目按照批准的设计文件所规定的内容和施工图纸的要求全部建成。

②竣工验收的准备工作:主要有按归档要求整理技术资料,绘制竣工图纸、表格;编制竣工决算;编写工程总结等。

③组织项目验收:工程项目全部完工后,经过单位验收符合设计要求,并具备必要的文件资料,由项目主持单位向负责验收单位提出验收申请报告。由验收单位组织相应人员进行审查、评价、验收。对施工技术文件资料不齐、不符合规定及不合格的工程不予验收。对工程的遗留问题提出具体意见并限期完善。

（6）项目后评价阶段

建设项目的后评价是工程项目竣工并使用一段时间后,对立项决策、设计施工、竣工等进行系统评价的一种技术经济活动,是固定资产投资管理的一项重要内容。通过项目评价总结经验、研究问题、肯定成绩、改进工作,不断提高决策水平。

目前我国开展的建设项目后评价一般按3个层次组织实施,即项目单位的自我评价、行业评价、主要投资方或各级计划部门评价。园林工程建设项目后评价一般由建设主管部门组织有关专家进行,一般包括对设计、施工的评价。游人的反馈意见也是评价的重要依据。

2) 园林工程概预算的概念

（1）一般概念

①建设工程（概）预算。建设工程（概）预算是施工单位在开工之前，根据已批准的施工图纸和既定的施工方案，按照现行的工程预算定额或工程量清单计价规范计算各分部分项工程的工程量，并在此基础上逐项套用或计算相应的单位价值；累计其全部直接费用；再根据各项费用取费标准进行计算；直至计算出单位工程造价和技术经济指标，进而根据分项工程的工程量分析出材料、苗木、人工、机械等用量。

人们习惯上所称的"园林工程概预算"：一方面是指对园林建设中的可能的消耗进行研究、预先计算、评估等工作；另一方面则是指对上述研究结果进行编辑、确认而形成的相关技术经济文件。

园林工程概预算是指对园林建设项目所需的人工、材料、机械……社会生产资源用量及其费用等预先计算和确定的技术经济文件。这也是本书以及一般《园林工程概预算》教材或书籍主要介绍的内容。

②园林工程概预算学。园林工程概预算是"园林建设经济学"的重要组成部分，属经济管理学科，是研究如何根据相关诸因素，事先计算出园林建设所需投入等方法的专业学科。主要研究的内容包括如下3个方面：

a.影响园林工程概预算的因素：影响园林工程概预算的因素非常复杂，如工程特色、施工作业条件、施工技术力量条件、材料市场供应条件、工期要求……对概预算结果有直接影响；相关法规、文件，对园林工程概预算的具体方法、程序等的相关要求。因此，园林工程概预算就涉及很多方面的知识，如识图、施工工序、施工技术、施工方法、施工组织管理；与预算有关的法律法规；与建园相关的建设用材料价格、人员工资、机械租赁费；相关的计算方法和取费标准等。

b.园林工程概预算的方法：我国现行的工程预算计价方法是"清单计价"，过去也使用过"定额计价"的方法（目前很少使用，国际上多采用"清单计价"）。

对计算方法的研究主要包括：工程量计算、施工消耗（使用）量（指标）计算、价格计算、费用计算等。

c.园林工程技术经济评价：主要是对规划设计方案的技术经济评价、对施工方案的技术经济评价等。

（2）广义的园林工程概预算

就学术范围而言，园林建设投入应包括自然资源的投入与利用，历史、文化、景观资源的投入与利用，社会生产力资源的投入与利用。

广义的园林工程概预算应包括对园林建设所需的各种相关投入量或消耗量进行预先计算，获得各种技术经济参数；并利用这些参数，从经济角度对各种投入的产出效益和综合效益进行比较、评估、预测等的全部技术经济的系统权衡工作，由此确定技术经济文件。因此，从广泛意义上来说，又称其为"园林经济"。

（3）工程造价的构成

①预备费的概念和构成。基本预备费属于建设方考虑的建设费用，与施工单位报价无关系。按照风险因素的性质划分，预备费又包括基本预备费和涨价预备费两大种类。

a.基本预备费。它是指由于如下原因导致费用增加而预留的费用：

● 设计变更导致的费用增加。

● 不可抗力导致的费用增加。

● 隐蔽工程验收时发生的挖掘及验收结束时进行恢复所导致的费用增加。基本预备费一般按照前5项费用(即建筑工程费、设备安装工程费、设备购置费、工器具购置费及其他工程费)之和乘以一个固定的费率计算。其中,费率往往由各行业或地区根据其项目建设的实际情况加以确定。

b.涨价预备费。它是指建设项目在建设期间内由于价格等变化引起工程造价变化的预测预留费用。费用内容包括:人工、材料、施工机械的价差费,建筑安装工程费及工程建设其他费用调整,利率、汇率调整等增加的费用。价差预备费的计算方法,一般是根据国家规定的投资综合价格指数,按估算年份价格水平的投资额为基数,采用复利方法计算。计算公式为:

$$nPF = \sum I_t(1 + f)t - 1(t \neq 0)$$

式中　　PF——涨价预备费;

　　　　n——建设期年份数;

　　　　I_t——建设期中第 t 年的投资额;

　　　　f——年投资价格上涨率。

②建设期利息的概念。建设期利息主要是指工程项目在建设期间内发生并计入固定资产的利息,主要是建设期发生的支付银行贷款、出口信贷、债券等的借款利息和融资费用。

建设期利息应按借款要求和条件计算。国内银行借款按现行贷款计算,国外贷款利息按协议书或贷款意向书确定的利率按复利计算。为了简化计算,在编制投资估算时通常假定借款均在每年的年中支用,借款第一年按半年计息,其余各年份按全年计息。计算公式为:

$$各年应计利息 = \frac{年初借款本息累计 + 当年借款额}{2} \times 年利率$$

当总贷款分年均衡发放时,建设期利息的计算可按当年借款在年中支用考虑,即当年贷款按半年计息,上年贷款按全年计息。

建设期利息复利计算公式一般为:

$$建设期计利息 = \sum \left(\frac{上一年年末借款本息累计 + 当年借款额}{2} \times 年利率 \right)$$

该计算公式表明:建设项目的借款利息在建设期内的一个计息周期进行计算,但没有在该周期进行偿还,该借款利息的金额将进入建设期内的下一计息周期作为借款本金计算利息,即复利计算,以此类推,直至建设期结束。按照复利计算的原理,项目在建设期内的全部借款利息没有偿还,一直挂账到建设期结束时或者到项目经营期中去偿还。

建设期利息单利计算公式一般为:

$$建设期计利息 = \sum \left(\frac{上一年年末借款本金累计 + 当年借款额}{2} \times 年利率 \right)$$

该计算公式表明:建设项目的借款利息在建设期内的一个计息周期进行计算,并在该周期进行了偿还,该借款利息的金额不再进入建设期内的下一计息周期作为借款本金计算利息,下一计息周期的计算利息的借款金额只有实际发生的借款本金,即单利计算,以此类推,直至建设期结束。按照单利计算的原理,项目的建设期借款利息在建设期内应该或者已经偿还。

③建设工程造价的概念和构成。工程的建造价格其含义有两种：第一种是指进行某项工程建设花费的全部费用（业主角度）。第二种是指为建成一项工程，预计或实际在土地市场、设备市场、技术劳务市场以及承包市场等交易活动中所形成的建筑安装工程价格和建设工程总价格（承包者角度）。

在我国建设工程造价费用按其性质不同，一般由8个部分构成，即：建筑工程费；设备购置费；设备安装工程费；工具、器具及生产家具购置费；其他工程和费用；预备费；固定资产投资方向调节税；建设期投资贷款利息。

④设备及工器具购置费的概念和构成。

a.设备购置费还应包括虽低于固定资产标准、但属于明确列入设备清单的设备的费用。应根据计划购置的清单（包括设备的规格、型号、数量），以设备原价和运杂费按以下公式计算：

$$设备购置费 = 设备原价 + 设备运杂费$$

设备运杂费主要由运费和装卸费、包装费、设备供销部门手续费、采购与保管费组成。

b.工具、器具及生产家具购置费，是指新建或扩建项目初步设计规定的，保证初期正常生产必须购置的没有达到固定资产标准的设备、仪器、工卡模具、器具、生产家具和备品备件等的购置费用。一般以设备购置费为计算基数，乘以相应的费率计算。

⑤工程建设其他费用的概念、构成。工程建设其他费用，是指从工程筹建起到工程竣工验收交付使用止的整个建设期间，除建筑安装工程费用和设备及工、器具购置费用以外的，为保证工程建设顺利完成和交付使用后能够正常发挥效用而发生的各项费用。工程建设其他费用，大体可分为3类：第1类指土地使用费；第2类指与工程建设有关的其他费用；第3类指与未来企业生产经营有关的其他费用。

⑥建筑工程费、安装工程费的概念和构成。建筑安装工程费按照费用构成要素划分：由人工费、材料（包含工程设备，下同）费、施工机具使用费、企业管理费、利润、规费和税金组成。其中人工费、材料费、施工机具使用费、企业管理费和利润包含在分部分项工程费、措施项目费、其他项目费中。

（3）综述

园林建设，不可能用简单、统一的价格、投入量进行精确的计算，为了达到园林建设的目标，保证投资效益。园林建设需要根据园林建设项目的特点，对拟建园林工程项目的各有关信息、资讯进行甄别、权衡处理，进而预先计算、确定工程项目所需的人工、材料、费用等技术经济参数。园林工程概预算的主要工作内容包括事先计算工程投入、计算价格和确定技术经济指标等（在广义上，还包括对产出效益的预测）。中心目的是通过对建设的有关投入、产出效益进行权衡、比较，获得合理的工程投入量值或造价。主要包括：

①获得各种技术经济参数：

a.计算工程投入：计算园林工程项目建设所需的人工（人员、工种、数量、工资）、材料（材料规格、数量、价格）、机械（机械种类、配套、台班、价格）等的用量。

b.计算价格：计算园林工程项目建设所需的相应费用价格。

②确定技术经济指标。对上述相关的计算结果进行系统权衡，确定与之相关的技术经济指标，以便于园林建设的管理。主要包括：

a.人工：人员、工种、数量、工资等的消耗指标（劳动定额指标）的确定。

b.材料：材料规格、数量、价格等的消耗指标（材料定额）的确定。

c.机械:机械种类、配套、台班、价格等的消耗指标(机械台班定额)的确定。

d.价格:确定各项费用及综合费用指标。

③从经济角度对可能的效益进行预测:

a.自然资源投入与利用。

b.历史、人文、景观资源的投入与利用。

c.社会生产力资源的投入与利用。

d.园林施工企业、园林建设市场的经济预测。

e.园林建设单位、部门对园林产品的效益预测。

3)编制园林工程概预算的意义

从某种意义上说,园林产品属于艺术范畴,它不同于一般的工业、民用建筑,每项工程特色不同,风格各异,施工工艺要求不尽相同,而且项目零星,地点分散,工程量大小不一,工作面大,花样繁多,形式各异,同时还受气候影响。因此园林绿化产品不可能确定一个价格,必须根据设计图纸和技术经济指标,对园林工程事先从经济上加以计算。

(1)园林工程概预算是园林建设程序的必要工作

园林建设工程作为基本建设项目中的一个类别,其项目的实施必须遵循建设程序。编制园林工程概预算,是园林建设程序中的重要工作内容。园林工程概预算书,是园林建设中重要的技术经济文件。具体如下:

①优选方案。园林工程概预算是园林工程规划设计方案、施工方案等的技术经济评价的基础。园林建设中规划设计或施工方案(施工组织计划、施工技术操作方案)的确定,通常要在多种方案中进行比较、选择。园林工程概预算,一方面通过事先计算,获得各个方案的技术经济参数,作为方案比较的重要内容;另一方面可确定技术经济指标,作为进行方案比较的基础或前提。有关方面据此来优选方案。因此说,编制园林工程概预算是园林建设管理中进行方案比较、评估、选择的基本工作内容。

②园林建设管理的依据。园林工程概预算书是园林建设过程中必不可少的技术经济文件。在园林建设的不同建设阶段或相应的环节中,根据有关规定,一般有估算、概算、预算等经济技术文件;在项目施工完成后又有结算;竣工后,则有决算(此即业内所称的"园林工程预决算";而估算、概算、预算、后期养护管理预算等则通常被统称为"园林工程概预算。")

园林工程概预算文件是工程文件的重要组成部分,一经审定、批准,必须依照执行。

(2)园林企业经济管理

园林预算是企业进行成本核算、定额管理等的重要参照依据。企业参加市场经济运作,制定技术经济政策,参加投标(或接受委托),进行园林项目施工,制订项目生产计划、年度生产计划,进行技术经济管理都必须进行园林预算的工作。

(3)制定技术政策

技术政策是国家在一个时期对某个领域技术发展和经济建设进行宏观管理的重要依据。通过工程概预算,事先计算出园林施工技术方案的经济效益,能对技术方案的采用、推广或者限制、修改提供具体的技术经济参数,相关管理部门可据以制定技术政策。

4) 园林工程概预算的种类及作用

(1)常见的园林工程概预算种类

依据具体应用及编制依据不同,通常可分为估算、概算、预算等类型。

①园林建设项目立项估算。估算用于项目可行性研究,具体可以有:

a.用于园林建设项目机会研究及初步可行性研究中投资额估计,即对园林建设投资额进行比较粗略的估计,其估算投资误差在±20%范围内。

b.园林建设项目用于可行性研究中投资和建设成本估计,即用于对园林建设项目进行初步的技术经济评价,其估算投资误差在±10%范围内。

②园林建设项目设计概算。包括用于初步设计和技术设计(或详细设计)的技术经济评价的投资计算。内容包括从筹建到竣工验收过程中发生的全部费用。由设计单位编制,是设计说明文件的重要组成内容之一。

a.用于编制园林建设工程计划:作为编制园林建设工程计划的依据。

b.用于控制园林工程建设投资:是控制园林工程建设投资的依据。

c.用于比较园林设计方案:是设计单位对设计方案进行技术分析比较的基本工作内容;是考核园林建设方案投入成本的依据。

③园林建设项目施工设计预算(或称施工图预算)。由设计单位、建设人(或委托有资质单位)、施工单位(或投标单位)等依据施工图、施工组织设计编制。

a.用作确定园林工程造价:是确定园林工程造价的依据。

b.用作工程招标、投标:是招投标文件中重要的内容;是办理工程招标、投标、签订施工合同的主要依据。

c.用作竣工结算:是竣工结算的依据。

d.用作拨付工程款或贷款:是拨付工程款或贷款的依据。

e.用作施工企业考核施工成本:是施工企业组织生产、编制计划、统计工作量和制定实物量消耗量指标的主要参考文件;是施工企业对施工方案进行技术经济比较、考核施工成本的依据。

④园林施工企业的施工预算。施工预算由施工单位编制,用于内部管理:

a.园林施工企业施工预算是施工企业编制施工作业计划的依据。

b.园林施工企业施工预算是施工企业签发任务单、限额领料的依据。

c.园林施工企业施工预算是开展定额经济管理、实行按劳分配的依据。

d.园林施工企业施工预算是劳动力、材料、机械等调度管理的依据。

e.园林施工企业施工预算是施工企业开展经济活动分析、进行施工预算与施工图预算比较的依据。

⑤后期养护管理预算。它是依据园林绿化养护管理定额,对养护期内的相关养护项目所需费用支出进行预算而编制的施工后期管理用的预算文件。

⑥竣工决算。竣工决算分为施工单位竣工决算和建设单位竣工决算。其主要作用是:用以核定新增固定资产价值,办理交付使用;考核建设成本,分析投资效果;总结经验,积累资料,促进深化改革,提高投资效果。

a.施工单位内部的单位工程竣工决算,是由施工企业财会部门编制的,以单位工程为对象、以单位工程竣工结算为依据,核算一个单位工程成本的文件。它主要是对单位工程的预算成本、实际成本和成本降低或增加额进行核算,因此又称为单位竣工成本决算。

b.建设单位竣工决算是在新建、改建、扩建工程建设项目竣工验收移交后,由建设单位组织有关部门,以竣工结算等资料为基础编制的整个建设项目从筹建到竣工的建设费用文件。一般包括建筑工程费用,安装工程费用,设备、工器具购置费用和其他费用等建设单位财务支出情况。

设计概算、施工图预算、竣工决算简称"三算"。它们之间的关系是:概算价值不能超出计划任务书的投资估算金额,施工图预算和竣工决算不得超过概算价值。三者都有独立的功能,在工程建设的不同阶段发挥各自的作用。

(2)园林工程概预算的作用

①园林工程概预算是确定园林建设工程造价的重要方法。

②园林工程概预算是进行园林建设项目方案比较、评价、选择的重要基础工作内容。

③园林工程概预算是编制园林建设计划的依据。

④园林工程概预算是进行园林工程招投标的依据。

⑤园林工程概预算是签订园林建设工程承包合同的基础。

⑥园林工程概预算是控制园林建设投资额、办理拨付园林建设工程款、办理贷款的依据。

⑦园林工程概预算是办理园林工程竣工结算的依据。

⑧园林工程概预算是园林施工企业进行成本核算或投入产出效益计算的重要内容和依据。工程的概预算指标和费用分类,是确定统计指标和会计科目的重要依据。

5)园林工程概预算的编制程序和内容

(1)园林工程概、预算的编制内容

主要使用清单计价法,工程量清单由招标人或委托有工程造价咨询资质的单位编制。

采用"清单计价"法编制工程量计价清单的内容有:

①工程量清单的组成(由招标人编制):

a.工程量清单总说明(工程概况、现场条件、编制工程量清单的依据及有关资料、对施工工艺材料的特殊要求、其他)。

b.分部分项工程量清单。

c.措施项目清单。

d.其他项目清单。

e.零星项目清单。

f.主要材料价格表。

②工程量清单计价表的组成(由投标人编制):

a.投标总价。

b.工程项目总价表(总包工程)。

c.单项工程费汇总表。

d.分项工程量清单计价表、分部分项工程量清单。

e.措施项目清单计价表。

f.其他项目清单计价表。

g.零星工作项目计价表。

h.分部分项工程量清单综合单价分析表。

i.主要材料价格表。

（2）园林工程概预算编制的程序

工程概预算的编制,应在熟悉设计图纸、了解施工组织设计或施工技术组织措施并深入现场调查建设地区施工条件的基础上进行。编制过程中,应注意保证主要工程项目质量。

园林工程概预算的一般编制程序为:

①项目研究与项目划分（编制工程量清单）并进行工程量计算（确定工程量）。

②各种计价计算及编制工程报价单。

③技术经济指标分析。

④汇总计价、编写工程概预算书。

⑤审核签字。

1.4.2 编制园林工程预算的基本资料

1）园林工程概预算编制依据

（1）概述

影响园林工程概预算的因素非常复杂,如工程特色、施工作业条件、施工技术力量条件、材料市场供应条件、工期要求……这些对概预算结果有直接影响;相关法规文件,对园林工程概预算的具体方法、程序等又均有相关的要求。有些因素对园林工程概预算编制有直接的、关键的影响,是园林工程概预算的主要依据;有些因素对园林工程概预算的影响是间接的,但是也很重要,一般作为相关知识或基础。这里重点介绍依据,相关知识或基础在下面简单叙述。

目的不同,编制园林工程概预算的主要依据不尽相同,一般来说,编制园林工程概预算的依据主要有:园林建设项目的基本文件;工程建设政策、法规和规范资料;建设地区有关情况调查资料（有关市场等社会生产资源条件）,类似施工项目的经验资料、施工企业（或可调动）施工力量等。应根据编制的具体需要,分清主要、次要和参考等,以便权衡应用。

（2）园林概预算编制依据

编制预算前,需对准备编制的预算用途进行判断,不同的用途,其编制依据有所不同。

①现行的工程预算文件分类及要求:

a.施工图预算:一般由设计部门编制,用于工程报建等。

b.工程结算:现场资料多,中间环节多,现场经验要求较丰富。

c.工程标底:具有相应资质工程咨询单位编制;与一般施工图预算相比,精确度要求高,应根据招标文件及相关答疑计算。

d.工程量清单:根据要求列出分项工程项目及工程量,主要用于招投标,精度要求低,但项目应齐全。

e.清单报价:随着建筑市场的不断开放,淡化定额,根据工程量清单进行报价,已成为发展趋势。要求编制人员施工经验较丰富,且掌握好报价技巧。

f.设计概算:作为投资拨款或设计费收费的依据,一般列项较粗。

g.施工现场报量:根据工程结算方式进行进度的报量报价。

了解这些后,编制人员可根据工程预算的不同用途,调整时间、速度,掌握编制质量。

②一般工程预算文件编制依据:

a.设计资料:设计图纸及相关的图集。

b.预算资料:现行的《全国统一建筑工程基础定额》,当地单位估价表,配套的费用定额,工程所在地材料市场预算价以及价差调整规定。

c.施工组织设计或施工方案。

③工程结算编制依据。工程结算编制的质量取决于编制依据及原始资料的积累。一般工程结算的依据主要有以下几个方面:

a.工程合同。

b.中标通知书或已审定的原施工图预算书。

c.设计图纸交底或图纸审查会议纪要。

d.设计单位修改或变更设计的通知单。

e.由施工单位或业主提出变更,并经总监签发设计变更,及业主、设计单位、施工单位、监理单位会签的施工技术问题核定单。

f.有效的隐蔽工程检查验收记录。

g.监理工程师认可的签证单,指原施工图预算未包括,而在施工过程中实际发生的项目,含临时停水停电、材料代用核定等。

h.分包单位分包的工程结算书。

i.材料代用发生材料价差的原始记录。

j.其他已办理了签证的项目。

2)设计图纸阅读

设计(竣工)图纸,是编制工程预算的重要基础资料。准确、快速地阅图,可避免在选用定额子目和工程量计算上发生错误。阅图时,需掌握设计意图,检查图示尺寸是否有误,是否对应,随时把发现或有疑问的问题作书面记录,以便作为将来解决问题的依据。如发现定额缺项等问题,则需根据规定作补充定额,且要详细记录下来。下面以土建工程设计图为例进行简述。

(1)总平面图

了解新建工程位置、标高、坐标、等高线、地形地貌等。这些对土方工程及外运土等均有影响。

(2)总说明

了解本工程建筑面积、室内外高差、各建筑作法、套用的标准图集及有关结构方面的一般情况。通过进一步分析,根据概算指标,初步估计工程造价。

(3)建筑施工图

按平面图—立面图—剖面图—详图的顺序,逐步核对室内开间、进深、高度、节点标高、构件数量等数据进行核对,同时记住一些重要数据,如有特殊材料及特殊施工方法,需深入了解。

(4)基础平面图

针对槽(坑)底标高,结合总平面图,考虑是否放坡,以及明确下一步计算的思路。

(5)结构施工图

结合建筑图,了解各层平面图,节点大样,各柱、梁、板、墙等配筋情况。

总之,有针对性地学习和审核图纸,要求达到对该工程的全部构造、构件连接、装饰要求等都有清晰的认识。把设计意图形成立体概念,为编制预算的进度及人员安排作好充分准备。

3)施工组织设计及施工现场情况

(1)概述

园林工程施工组织设计,又称园林工程施工组织计划,属园林施工与组织管理内容。园林施工组织设计是有序进行施工管理的基础,是用来指导工程施工的技术、经济、组织、协调和控制的综合性文件,是园林工程施工单位在施工前必须完成的一项法定的技术性工作。

园林工程施工组织设计,是进行园林工程投标、企业施工管理、园林工程概预算的依据。它的核心内容包括:施工技术方案和施工组织方案。园林施工组织设计包括以下类型:

①园林建设项目施工组织总设计:以一个园林建设项目为对象,用以指导其建设全过程、全局性施工活动的技术、经济、组织、协调和控制的综合性文件。

②单项(位)工程施工组织设计:以一个园林单位(项)工程为对象编制的施工组织文件。

③分部(项)工程施工组织设计:以一个分部(项)工程项目为对象编制的施工组织设计文件。

④投标前(用)园林工程施工组织设计:主要为了投标用而编制的施工组织设计文件,是编制投标书的依据或主要内容。

(2)园林工程施工组织设计的主要内容

①工程概况(特点)。

②工程施工特征。

③施工方案:核心内容是对施工工序和施工方法的说明。一般包括施工进度计划,人员使用计划,主要材料、半成品、设备或苗木等采购、加工计划,机械、工具租赁、调度、使用(用量、用时)计划,以及安全生产计划、用水用电计划、资金使用计划、施工场地计划。

④劳动定额、主要材料定额、机械台班定额。

园林施工组织设计中根据施工要求的具体情况,突出的重点不尽相同,如有的以工期要求为重点,有的以质量为重点,有的以工期和综合管理费用为主要线索编制。

1.4.3 园林工程招投标的基础知识

1)园林工程招投标概述

招标投标是在市场经济条件下进行工程建设、货物买卖、财产出租、中介服务的经济活动中的一种竞争方式和交易方式。其特征是引入竞争机制以求达成交易协议或订立合同。

招标投标在性质上是一种经济活动,整个招标投标过程包括招标、投标、定标(决标)3个主要阶段,其中定标是核心环节。

所谓的园林工程招标,是指项目建设单位(业主)将工程项目的内容和要求以文件的形式标明,招引项目承包单位(承包商)来报价,经比较,选择比较理想的承包单位并达成协议的活动。

对于招标单位(业主)来说,招标就是优化的过程。由于工程的性质和业主的评价标准不

同,选择优化可能有不同的侧重点,但一般都包括如下 4 个方面:较低的价格、先进的技术和施工方案、优良的质量和较短的工期。业主希望通过招标,从众多的投标者中进行评选,既要从其突出的侧重面进行衡量,又要综合考虑上述 4 个方面,最后确定中标者。

所谓的园林工程投标,是指承包商向招标单位提出承包该工程项目的价格和条件,供招标单位选择以获得承包权的活动。

对于承包商来说,参加投标就如同参加一场赛事竞争,因为它关系企业的生存兴衰。这场赛事不仅比标价的高低,而且比技术、经验、实力和信誉。特别是当前国际承包市场上,工程越来越多的是技术密集型项目,这势必给承包商带来了两方面的挑战:一方面是技术上的挑战,要求承包商具有先进的科学技术和施工手段,能够高质量完成高难度的工程;另一方面是管理上的挑战,要求承包商具有现代先进的组织管理水平,能够以较低价中标,靠管理和索赔获利。

招标单位又称发包单位,是投资者;中标单位又称承包单位,泛指园林设计单位、园林工程施工企业和材料设备供应单位。

"标"指发标单位标明的项目内容、条件、工程量、质量、工期、标准等要求,以及不公开的工程价格(标底)。

招投标适用范围包括工程项目的前期阶段(可行性研究项目评估等),以及园林工程施工阶段的勘探设计、工程施工、技术培训等各个阶段的工作。由于这两个阶段的工作性质有很大的差异,实际工作中往往分别进行招投标,但也有实行全过程招投标的情况。

2) 园林工程招投标的发展简史

工程招标投标是在承包业的发展中产生的。早在 19 世纪初期,各主要资本主义国家开始出现招标投标交易。19 世纪中叶后,随着外国资本的侵入,招标承包制就逐渐成为我国建筑业经营的主要方式,并且一直沿用到新中国成立,前后有一百年的历史。

新中国成立后,我国一直实行计划经济制度,在工程建设中实行按照计划分配任务的办法。20 世纪 80 年代初期,随着改革开放的深入,招标投标的办法开始在一些适宜承包的生产建设项目和经营项目中实行。此后经过多年发展完善,我国从中央到地方相继出台了若干个有关工程招标投标的法规及管理办法,我国建设工程招标投标也逐步进入规范化的发展轨道中来。

园林工程建设招投标是建设工程招投标的一个行业分支,过去进行招投标的方式,特别是在编制招标投标文件时基本参照建筑工程的办法。目前各地区依据《中华人民共和国招标投标法》等法规,相继出台一些地方规范性文件,如《北京市绿化工程招标投标管理办法》《武汉市城市园林绿化工程建设项目招标投标管理办法》《哈尔滨市城市园林绿化工程招标投标管理暂行办法》《重庆市城市园林绿化工程招标投标交易监督管理实施细则》等。但全国没有一个统一的,既符合国家建设工程招投标法,又能充分体现园林工程本身特点的招投标管理办法。

3) 园林工程招投标的特点

①在招标条件上,强调投资方建设资金的充分到位和施工方的经济实力。

②在招标方式上,强调公开招标,严格限制邀请招标,坚决禁止议标方式。

③在评标、定标标准中,采用综合评分法,在综合考虑价格、工期、技术、质量、环保、信誉等因素的同时,突出价格因素,强调企业信誉度。

④在招标程序中要求必须有编制和审定标底这一环节,在编制方法上强调工程量清单计价办法。

⑤在施工组织设计中,由于绿化工程的对象是有生命的树木花草、受气候、季节、土质、水质等因素影响较大,所以对设计要求更精、更高。

1.5 教学建议

①在教学过程中,应特别强调综合实践训练。本书在附录部分编写了课程实训,希望教学时借鉴,并注意结合学校所在地区特点,选用相应的预算定额、取费标准和造价信息等资料,尽量缩短和实际工程的距离。能让学生参与实际工程计算,效果更佳。

②强化上机训练。本书以广联达软件为例,结合园林工程实际,编写计算机应用一章。建议各个学校若有条件,应提供预算编制操作工作室及招投标模拟室。配备相应的计算机、相关的软件以及相应的资料,让学生上机操作,这对培养学生的兴趣及动手能力相当重要。

③尽量选择有代表性的施工图作为教学用图,强化学生识图用图能力。

根据学习本课程各专业学生不同特点,应有区别。制图基础好的学生,识图基础知识可简单复习一遍;基础差或没接触图纸的初学者则应强化识图基础知识训练,包括:园林设计图纸的各种类型,如什么是平面图,什么是立面图,什么是剖面图等所有识图的基础知识。基础关通过后应强化对园林工程施工图纸的识图,因为在校期间很少能接触到真正的施工图,所以建议以真实的案例作为教案,比较有说服力,也比较贴近现实。通过有代表性的施工图,要求学生准确使用并熟悉项目计算方法并注意各单方用料指标。注意控制计算速度,并熟悉计算方法及计算重点、难点,如增加结算内容更佳。选用工作量稍大的图纸时,难度也相应增加,以这样的工程作为工程投标报价模拟最佳。

④教师的主要作用为合理安排并控制进度,提出分段任务和要求,引导、讲解、答疑;对学生提出的难点、有分歧的问题和重点问题应组织讨论,以提高学生分析问题和解决问题的能力。

⑤计算机应用软件的熟悉与否,直接影响效果,因此要求教师对这些软件的应用较熟练。

⑥教师的教学经验应较丰富,"双师"型更佳。如教师不能单独完成整个教学过程,可考虑设计、施工、计算机应用软件各一名教师合作完成。

⑦若有条件,应提供学生去园林施工现场实习的机会,让其在熟悉现场的情况下,试着编制施工组织设计方案,并进行模拟招投标试验,这对培养学生的兴趣及动手能力相当重要。

课后练习题

(1)现阶段,园林工程的建设程序包括哪些方面? 简要说明各阶段的主要内容。

(2)什么是园林工程概预算? 简述广义的园林工程概预算和狭义的园林工程概预算的含义。

(3)常见的园林工程概预算有哪些种类? 简要说明园林工程概预算的作用。

(4)什么是园林工程施工组织设计? 其核心内容包括哪些方面?

(5)园林施工组织设计包括哪些类型?

(6)什么是园林工程招投标? 如何界定二者之间的关系?

2 园林工程技术基础知识

本章导读　本章为园林工程概预算的基础部分,主要介绍识图基础、园林工程施工图纸基本内容、园林工程构成要素、园林工程中常用的素材及施工工艺等相关知识。要求学生通过本章的学习,能够了解园林工程施工图纸的特点,能够掌握各类施工图的主要内容和识图的基本原则,能够了解园林工程的构成要素和常用材料。

2.1　园林工程识图

2.1.1　识图基础

图纸是工程界的语言,为了便于生产、施工、管理和技术交流,原国家技术委员会颁布了有关建筑制图的国家标准。制图国家标准(简称国标)是一项所有工程人员在设计、施工、管理中心须严格执行的国家法令。园林工程图纸也必须在图样的画法、图线、字体、尺寸标注等各个方面符合国家标准。

1)图纸幅面及格式

(1)图纸幅面

图纸幅面指的是图纸宽度与长度组成的图面。为了合理利用图纸和便于图样管理,国家标准中规定了5种标准图纸的幅面,代号分别为A0、A1、A2、A3、A4。绘制图样时,应优先选用国家标准中规定的幅面尺寸(表2.1和图2.1)。表2.1中代号的意义如图2.1所示。必要时,允许由基本幅面的短边成整数倍增加幅面尺寸,具体尺寸可参考标准规定(表2.2)。

表2.1　图纸规格　　　　　　　　　　　　　　　单位:mm

尺寸代号 ＼ 图幅代号	A0	A1	A2	A3	A4
$b \times l$	841×1 189	594×841	420×594	297×420	210×297
c		10			5
a			25		

表 2.2　图纸长边加长尺寸　　　　　　　　　　　　　　单位:mm

图幅代号	长边基本尺寸	长边加长后尺寸
A0	1 189	1 486　1 635　1 783　1 932　2 080　2 230　2 378
A1	841	1 051　1 261　1 471　1 682　1 892　2 102
A2	594	743　891　1 041　1 189　1 338　1 486　1 635　1 783　1 932　2 080
A3	594	630　841　1 051　1 261　1 471　1 682　1 892
注:有特殊需要的图纸,可采用 $b×l$ 为841 mm×891 mm 与 1 189 mm×1 261 mm 的图幅。			

（2）图纸格式

图纸上限定绘图区域的框称为图框,它是用来界定绘图边界的,如图 2.1 所示。图纸可以横放,称为横式幅面[图 2.1（a）],也可以竖放,称为立式幅面[图 2.1（b）]。

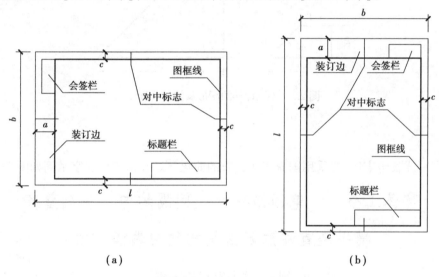

（a）　　　　　　　　　　　　　　（b）

图 2.1　图框格式

（3）标题栏

标题栏是由设计单位名称、工程项目名称、设计者、审核者、描图员、图名、比例、日期和图纸编号等内容组成的栏目,用来简要说明图纸的内容。园林行业目前较常用的标题栏格式如图 2.2所示。

对方单位		设计单位	
负责		比例	
审核	图名	图别	
设计		图号	
制图		日期	

20　　30　　　　　　　80　　　　　20　　　30

图 2.2　标题栏的一般形式

2)比例

比例是指图纸中的线性尺寸与实际尺寸之比,即:比例=图中的线性尺寸:实际的线性尺寸。同一张图纸上,各图比例相同时,在标题栏中标注即可,采用不同的比例时,应分别标注。

比例有"原值比例(比值为1)"、"放大比例(比值>1)"和"缩小比例(比值<1)"之分。在园林工程图纸之中,一般采用缩小比例。常用的比例有1:5,1:10,1:20,1:50,1:100,1:500,1:1 000,1:2 000等,根据不同的需要使用不同的比例。

特别值得注意的是:同一物体采用不同比例绘制时,在图样中标注的尺寸,必须是物体的实际尺寸,与图形大小无关,如图2.3所示。

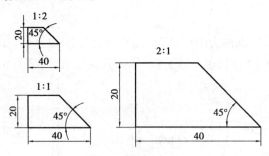

图2.3　不同比例的图形及其尺寸标注

3)字体

字体书写成长仿宋体,并采用国家正式公布的简化字。长仿宋体汉字示例如图2.4所示:

字体工整　　笔画清楚　　间隔均匀　排列整齐

横平竖直注意起落结构均匀填满方格

图2.4　长仿宋体汉字示例

4)图线

图样中图线的名称、形式、宽度及一般应用,在国家标准(GB/T 50001—2001)中都有明确规定。表2.3中列出了绘制工程图样时常用图线的名称、图线形式、宽度及其主要用途。

表2.3　建筑图样中采用的图线

图线名称	图线形式例	图线宽度	图线应用举例
粗实线	——————	b	可见轮廓线,可见过渡线
细实线	——————	$b/2$	尺寸线,尺寸界线,剖面线,重合断面的轮廓线,引出线,短中心线
波浪线	～～～～	$b/2$	断裂处的边界线,视图和剖视图的分界线

续表

图线名称	图线形式例	图线宽度	图线应用举例
虚线	— — — — — — —	$b/2$	不可见轮廓线
双折线	— — —⋀—⋁— — —	$b/2$	断裂处的边界线
细点画线	— · — · — · — · —	$b/2$	轴线,对称中心线
粗点画线	━ · ━ · ━ · ━	b	有特殊要求的线和表面的表示线
细双点画线	— · · — · · — · · —	$b/2$	相邻辅助零件的轮廓线,极限位置的轮廓线,假想投影轮廓线,中断线

5)尺寸标注

工程概预算的依据是工程图纸上完整、正确的尺寸。尺寸的识读是图纸识读的基础,更是概预算的基础。

(1)尺寸的组成

标注完整的尺寸应具有尺寸界线、尺寸线、尺寸数字及尺寸起止符号,如图2.5所示。

尺寸界线:一般与被标注长度垂直。

尺寸线:平行于所标注的轮廓线。

尺寸数字:图样上的尺寸,是以尺寸数字为准,不得从图上直接量取。

尺寸起止符号:与尺寸界限成45°角的斜线。

也可利用轮廓线、轴线或对称中心线作尺寸界线,如图2.6所示。

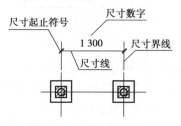

图2.5   尺寸的组成图

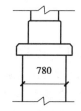

图2.6   轮廓线用作尺寸界线图

(2)各类尺寸的注法

在识图时,应读懂各类形式的尺寸标注,以便于进行工程量的计算。常用尺寸的标注方法有以下几种:

①半径、直径的尺寸标注。半径、直径的尺寸标注如图2.7—图2.11所示。

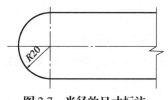

图2.7   半径的尺寸标注

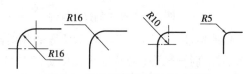

图2.8   较小圆弧半径的尺寸标注

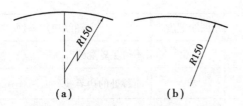

图 2.9　较大圆弧半径的尺寸标注

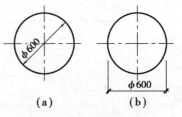

图 2.10　直径的尺寸标注

②角度的尺寸标注。角度的尺寸线以圆弧表示。该圆弧的圆心是该角的顶点,角的两条边为尺寸界线(图 2.12)。

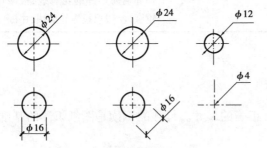

图 2.11　小圆直径的尺寸标注

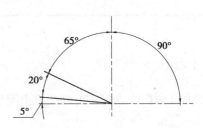

图 2.12　角度的尺寸标注

③坡度的尺寸标注,如图 2.13(a)、(b)所示,箭头指向下坡方向。坡度用直角三角形形式标注如图 2.13(c)所示。

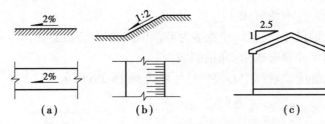

图 2.13　坡度的尺寸标注

④弧长、弦长的标注。圆弧的标注,尺寸线用该圆弧同心的圆弧线表示,尺寸界线垂直于该圆弧的弦,起止符号用箭头表示,弧长数字上方应加注圆弧符号"⌒"(图 2.14)。圆弧的标注,尺寸线用平行于该弦的直线表示,尺寸界线垂直于该弦(图 2.15)。

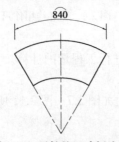

图 2.14　弧长的尺寸标注

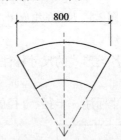

图 2.15　弦长的尺寸标注

⑤标高的标注。标高是指所表示位置的相对高度,如图 2.16 所示,一般以 m 为单位,图(a)为平面图的标高符号,图(b)为立面图的标高符号。

⑥曲线的标注(图 2.17)。曲线一般用方格网进行标注。说明或标注出方格网的尺寸,进

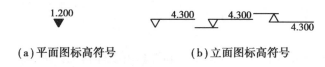

(a)平面图标高符号 (b)立面图标高符号

图 2.16 标高的几种形式

而确定曲线的尺寸,方便于曲线的放线。

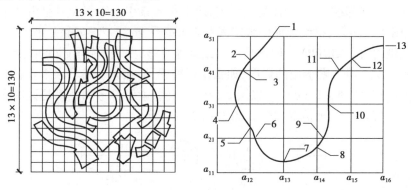

图 2.17 网格法曲线标注

⑦定位轴线。定位轴线是施工图中墙、柱等承重构件的基准线,也是施工放线、定位的依据。定位轴线用点画线绘制,定位轴线编号标注在轴线端部的圆内。建筑平面图中,横向轴线的编号采用阿拉伯数字从左到右沿水平方向顺序编写,纵向轴线的编号用大写字母从下至上沿竖向顺序编写(注:I、Q、Z 不得用于轴线编号)。其标注样式如图 2.18 所示。

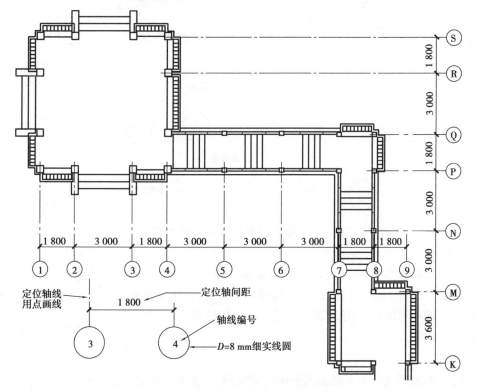

图 2.18 定位轴线示意图

6) 符号

在施工图纸中,想要清楚图纸的意图及正确计算出图样的工程量,除了图样本身以外,符号也非常重要,以下是常用的几种符号:

(1)索引符号

图样中的某一局部或构件,如需另见详图,应有符号索引。索引符号是由一个圆形以及一条横线组成[图2.19(a)],横线上面的数字表示详图编号,横线下面如果是细实线,则表示索引的详图在本图纸内[图2.19(b)],如果是数字或其他符号,则表示详图位置在所写数字所表示的图纸内[图2.19(c)]。索引出的详图,如采用标准图,应在索引符号水平直径的延长线上加注该标准图册的编号[图2.19(d)]。以图2.19(c)为例,索引符号的意思是详图在序号为2的图纸里,详图编号是5。其他情况如图2.20和图2.21所示。

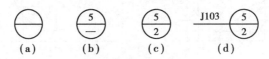

图 2.19　索引符号示意图

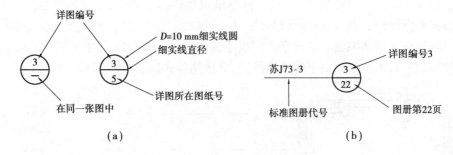

图 2.20　索引符号说明

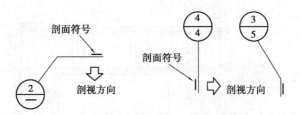

图 2.21　用于索引剖面详图的索引符号

(2)详图符号

详图符号一般分为两类:一类是详图与被索引的图样在同一张图纸内,如图2.22(a)所示,详图编号为5;另一类就是详图与被索引的图样不在同一张图纸如图2.22(b)所示。详图编号为5,被索引的图纸编号为3。

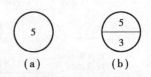

图 2.22　详图符号

(3)引出线

当图纸中的图样或者某个局部需要说明的时候,就需要引出线,如图2.23所示。由于园林工程施工图的特点,有时需要说明对象的层次比较多,那么就需要多层构造引出线,如图2.24

所示,多层构造引出线的文字说明依次排列,一般为从上到下,或者从下到上,与图纸相对应。以图 2.25 为例,图纸从下到上依次为素土夯实、150 厚天然级配砂石碾实、100 厚基准大孔透水混凝土、40 厚装饰性透水面层。

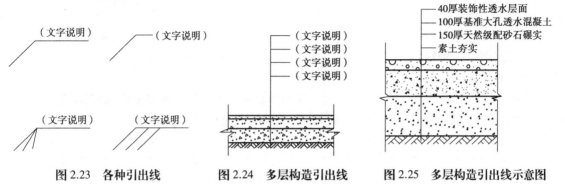

图 2.23　各种引出线　　　图 2.24　多层构造引出线　　　图 2.25　多层构造引出线示意图

（4）对称符号

对称符号表示的是符号两边为对称的图样,如图 2.26 所示。

图 2.26　多层构造引出线示意图

（5）连接符号

连接符号表示的是符号两边为相同的图样,如图 2.27 所示。

（6）指北针

指北针在园林工程施工图中非常重要,一般出现在平面图中,表示图样的方向,一般表示北。指北针的形式各种各样,本书中只列举指北针的一个例子,如图 2.28 所示。

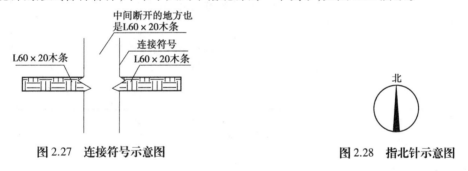

图 2.27　连接符号示意图　　　　　　　图 2.28　指北针示意图

2.1.2　园林工程施工图识图基础

园林工程施工图纸的一般规定要求含图纸总封面、图纸目录、设计说明和所涉及的所有专业的设计图纸。

园林工程图纸应按专业顺序编排。一般应为图纸目录、设计说明、总平面图、放线图、竖向图、种植图、索引图、详图、结构图、给排水图、电气图等。各专业的图纸,应该按图纸内容的主次关系、逻辑关系,有序排列。

1)图纸总封面

总封面应标明以下内容：
①项目名称。
②编制单位名称。
③项目的设计编号。
④设计阶段。
⑤编制单位法定代表人、技术总负责人和项目总负责人的姓名及签字或授权盖章。
⑥编制年月（即出图年、月）。
总封面的识读，如图 2.29 所示。

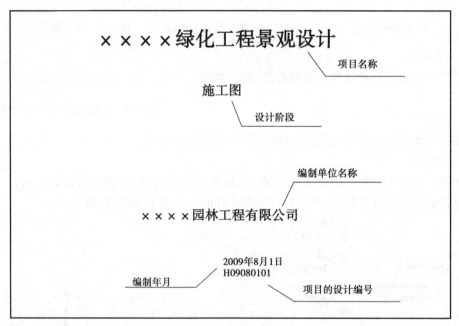

图 2.29　施工图封面

2)图纸目录

图纸目录是整套图纸的服务部分，方便图纸的核对与查找。图纸目录一般包括序号、图号图纸名称、图例、备注等，如图 2.30 所示。根据图纸目录，可以轻松找到所需图纸。

如现在需要"种植图"这张图纸，在图纸目录里图名为"种植图"，所对应的图号为"LS-1"，然后在整套施工图纸的标题栏中找到图名、图号相同的图纸就可以了。

3)施工图设计说明

它是整套施工图的文字说明部分，对整套图纸进行系统性、准确性的说明，提供图纸中没有表示出的数据或信息，方便施工人员进行施工、预算人员进行工程预算，如图 2.31 所示。施工图设计说明主要内容如下：

图纸目录

序号	图号	图纸名称	备注	序号	图号	图纸名称	备注
1	SS-1	设计说明		18	GX-11	南侧公园木质条形坐凳做法详图	
2	LS-1	种植图		19	GX-12	运动场做法详图	
3	LS-2	苗木表		20	GX-13	花池做法详图	
4	ZP-1	总平面图		21	GX-14	铺装做法详图	
5	YS-1	竖向设计图		22	GX-15	南侧公园环形小广场做法详图	
6	YS-2	放线图		23	GX-16	南侧公园景观塔广场铺装放线	
7	YS-3	索引图		24	GX-17	南侧公园景观塔做法详图	
8	GX-1	波状花坛及绿篱详图一		25	GX-18	南侧公园入口木柱廊做法详图	
9	GX-2	波状花坛及绿篱详图二		26	GX-19	南侧公园东口景观柱做法详图	
10	GX-3	停车场清水墙		27	GX-20	北侧公园东门做法详图	
11	GX-4	北园景观亭详图一		28	GX-21	装饰列柱做法详图	
12	GX-5	北园景观亭详图二		29	GX-22	办公室详图	
13	GX-6	弧形花架详图		30	PG-1	给水图	
14	GX-7	小木亭详图		31	DS-1	景观照明图	
15	GX-8	南侧公园景观亭做法详图一					
16	GX-9	南侧公园景观亭做法详图二					
17	GX-10	银杏树阵广场做法详图					

××××园林工程有限公司	审定人 主持人	设计 制图	校对 审核	项目 名称		工程 名称	×××××景观设计	图 名	图纸目录	阶段 施工图 专业风景园林	图号 成图形期 2015年 号

图 2.30　图纸目录

施工图设计总说明

一、土建：

1. 铺装做法中素混凝土垫层每 6 m 留伸缩缝，嵌入 20 mm 木板，伸缩缝做法可参见标准图集。

2. 硬质铺装及台阶基础遇近期回填土则要求分层夯实，夯实系数不小于 0.94。

3. 车挡建议甲方订购成品，车挡直径约 100 mm，高度约 700 mm。

二、照明：

1. 照明图纸仅为灯具定位及布线控制，灯具大样及具体安装方式详专业照明公司图纸。

2. 灯具选型应根据提供的灯具样本确定。

3. 市政路路灯供电由市政部门另行提供，本图仅为灯具定位。

三、园林管网：

1. 园林管网主要包括园林给排水管线，园林灌溉相关管线，本设计提供的管线图，应并入市政综合管网统一协调；如遇与综合管网或实际情况相矛盾时甲方应及时以书面形式通知设计方，双方协商解决。

2. 根据垃圾分布构成安装排气管。

四、种植部分：

1. 土壤：基层土壤应为排水良好、土质为中性及富含有机质的壤土，不应含砾石或其他有毒或有碍生长的杂物，如含有建筑废土及其他有害成分，酸碱度超标、盐土、重黏土、沙土等，均应采用客土或采取改良土壤的技术措施。

2. 表层种植土：园林植物生长所必须的最低种植土层厚度应符合下表：

植被类型	草本花卉	草坪地被	小灌木	大灌木	浅根乔木	深根乔木
土层厚度/cm	30	30	45	60	90	190

种植土应选用适合植物生长的土壤，如腐殖酸土、草坪肥、草炭土，酸碱度 5.5~7.0，湿度 30%~70%，完全疏松，草坪种植土壤应有平整度；土壤表面应低于道牙花池 2~5 cm。

3. 苗木选择：常绿及灌木高度：指梢顶至地面之高度；胸径指树干离地面 1 m 处的直径平均值；冠幅指树木定植修剪后树冠的尺寸；同一规格群按灌木或绿篱高度为定植修剪后高度值，行道树分枝点 2.5 m。苗木应选用适合于当地地区生长的苗木，苗木应发育端正、良好、造型姿态优美，适合园林种植；若采用小规格或不同材料代用时，应先征得设计方许可后，方可代用。

4. 苗木种植：植物种植应在适合季节进行，以确保成活率（落叶灌木 3—4 月或 11 月，常绿植物及其他植物 3—11 月）；如反季节施工，应采取特殊施工措施；种植定位应依据图纸要求，并参照国家规范合理避让管线；植坑应大于最低种植层厚度要求，回填种植土应分层压实以确保植物能牢固的植于地上，大规格苗木应做支撑，种植后应立即浇灌。

5. 养护：移植前应根据不同树木做相应的切根等必要措施，运输中应予以足够保护以免植物受损。种植一年养护期内，承建方应确保所有草木、灌木、乔木或其他植物健康生长，定期浇水、修剪、施肥，浅土壤种植应作加固。

××××园林工程有限公司	审定人 主持人	设计 制图	校对 审核	项目 名称		工程 名称	×××× 绿化工程景观设计	图名	施工图设计说明	阶段 施工图 专业 风景园林	图号 成图年 2015年 号

图 2.31　施工图设计说明

①设计依据:

a.由主管部门批准建筑场地园林景观初步设计文件、文号。

b.由主管部门批准的有关建筑施工图设计文件或施工图设计资料图(其中包括总平面图、竖向设计、道路设计和室外地下管线综合图及相关建筑设计施工图、建筑一层平面图、地下建筑平面图、覆土深度、建筑立面图等)。

②工程概况:包括建设地点、名称、景观设计性质、设计范围面积(如方案设计或初步设计为不同单位承担,应摘录与施工图设计相关内容)。

③材料说明,有共同性的,如:混凝土、砌体材料、金属材料标号、型号;木材防腐、油漆;石材等材料要求,可统一说明或在图纸上标注。

④防水、防潮做法说明。

⑤种植设计说明(应符合城市绿化工程施工及验收规范要求):

a.种植场地平整要求。

b.苗木选择要求。

c.植栽种植要求,季节、施工要求。

d.植栽间距要求。

e.屋顶种植的特殊要求。

f.其他需要说明的内容。

⑥新材料、新技术做法及特殊造型要求。

⑦给排水系统、附属设施等。

⑧其他需要说明的问题。

4) 总平面图

总平面图主要表现规划用地范围内总体综合设计,反映组成园林各部分的长宽尺寸和平面关系,以及各种造园要素(如地形、山石、水体、建筑及植物等)布局位置的水平投影图。它是反映园林工程总体设计意图的主要图纸,同时也是绘制其他图样、施工放线、土方工程及编制施工规划的依据,如图2.32所示。

(1)总平面图的内容

①地形测量坐标网、坐标值。

②设计场地范围、坐标、与其相关的周围道路红线、建筑红线及其坐标。

③场地内需保护的文物、古树、名木名称、保护级别、保护范围。

④场地内地下建筑物位置、轮廓以粗虚线表示。

⑤场地内机动车道路系统及对外车行、人行出入口位置,以及道路中心交叉点坐标。

⑥园林景观设计元素,以图例表示或以文字标注名称及其控制坐标。

⑦指北针或风玫瑰。

⑧补充图例。

⑨图纸上的说明。

(2)总平面图的识读

①看图名、图样比例、阅读设计说明,了解工程性质、设计意图和设计范围等,并可以根据平面上给出的尺寸进行一定的工程量计算。

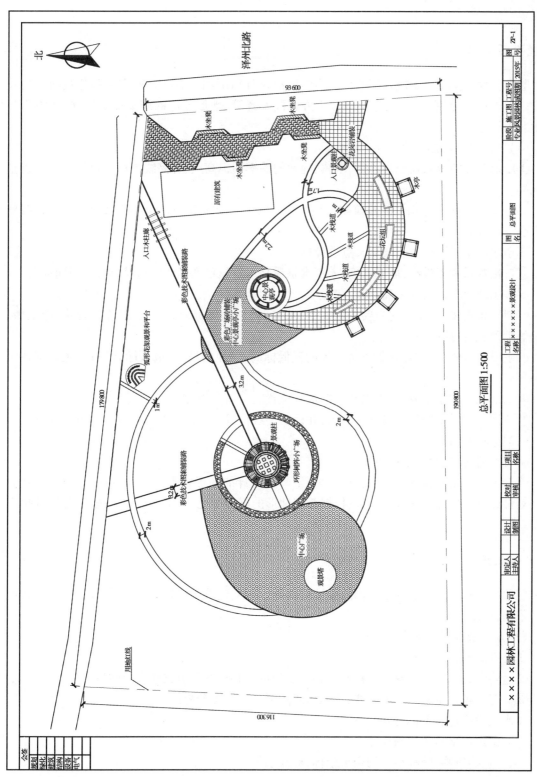

总平面图 1:500

图2.32　总平面图

②看指北针或者风玫瑰图,熟悉图例,了解新造景物的平面位置和朝向,明确总体布局情况。

5)竖向设计图

竖向设计图主要反映规划用地范围内的地形设计情况和山石、水体、道路和建筑的标高及他们之间的高度差别,并为土方工程和土方调配及预算、地形改造的施工提供依据,如图 2.33 所示。

(1)竖向设计图的内容

①用地四邻的现状及规划道路、水体、地面的关键性标高点、等高线;设计地形等高线,控制点标高。

②与园林景观设计相关的建筑物一层室内±0.00 设计标高(相当绝对标高值)及建筑四角散水底设计标高。

③场地内车行道路中心线交叉点设计标高。

④自然水系常年最高、最低水位;人工水景最高水位及最低设计标高;旱喷泉、地面标高。

⑤人工地形形状设计标高。

⑥园林景观建筑、小品的主要控制标高,如亭、台、榭、廊标±0.00 设计标高,台阶、挡土墙、景墙等标顶、底设计标高。

⑦主要景点的控制标高(如下沉广场的最低标高,台地的最高、最低标高等)及主要铺装面控制标高。

⑧场地地面的排水方向,雨水井或集水井位置。

⑨根据工程需要做场地设计剖面图,并标明剖线位置、变坡点的设计标高,土方量计算。

(2)竖向设计图的识读

①看图名、比例和文字说明等。

②看等高线及其高程标准和各点标高,了解新设计的地形特点及原地行标高;结合景观总体规划设计进行局部工程量的计算;根据新旧地形的高程变化,了解地形改造施工,并计算出土方量。

6)定位放线图

定位放线图是反映规划范围内所设计的铺装、小品、建筑等位置的图纸,是园林土建工程施工的依据,如图 2.34 所示。

(1)定位放线图的内容

①关键点和线的坐标。

②道路中心线交点、转折点、控制点的定位坐标;道路宽度;道路交汇处转弯半径。

③标明广场定位坐标及尺寸线;不同形式的铺装应绘出分界线。

④水池驳岸定位坐标,标注总尺寸。

⑤假山定位坐标及控制尺寸。

⑥建筑、构筑物、园林小品的定位坐标,标注总尺寸。

⑦放线网格或放线尺寸。

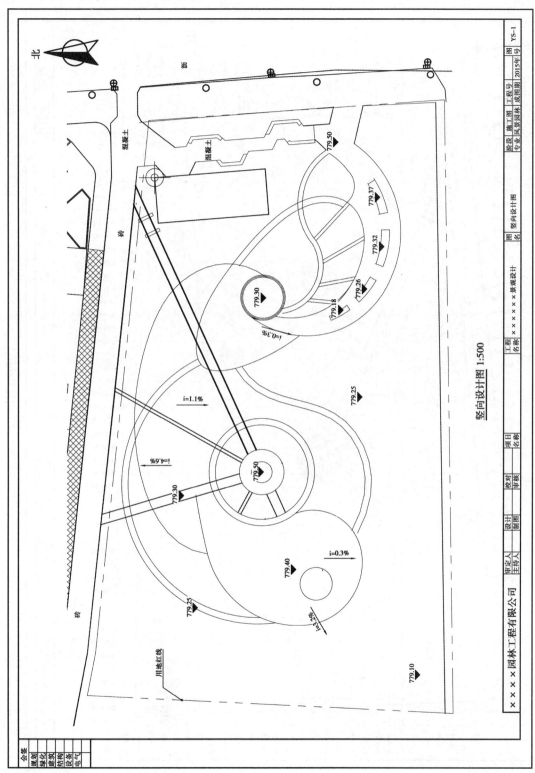

竖向设计图 1:500

图2.33　竖向设计图

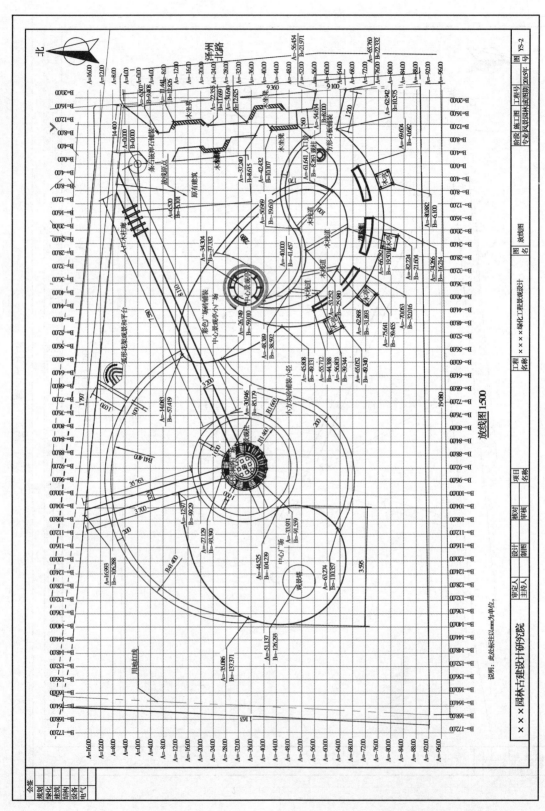

图2.34 定位放线图

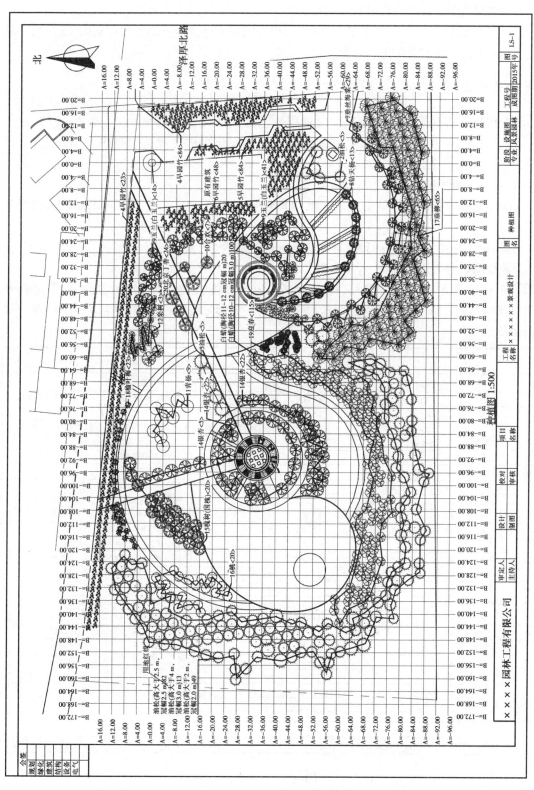

图2.35 种植设计图

（2）定位放线图的识读

①定位放线图的放线网格或放线尺寸。

②识读主要园林小品、铺装等的标注尺寸；根据铺装的标注计算出各种铺装的工程量，小品的工程量根据索引图和详图进行计算。

7）种植设计图

园林植物种植设计图是主要反映规划用地范围内所设计的植物种类、数量、规格、种植位置、配置方式、种植形式及种植要求的图纸。它为绿化种植工程施工提供依据，如图2.35所示。

（1）种植设计图的内容

①场地范围内的各种种植类别、位置，以图例或文字标注等方式区别乔木、灌木、常绿落叶等。

②标明植物种类、名称、株行距、群植位置、范围、数量。

③放线网格或放线尺寸。

④苗木表：乔木重点标明名称、树高、胸径、定干高度、冠幅、数量等；灌木、树篱可按高度、棵数与行数计算、修剪高度等；草坪标注面积、范围；水生植物标注名称、数量等。如图2.36所示。

苗木表						
序号	种类	序号	规格			苗木质量要求
			树高(m)	胸径(cm)	冠幅(m)	数量
1	油松	◎	高2.5~3 m		2.5~3.0	87	土球大于直径8倍，植株健壮，主干通直圆满、明确、规格一致，枝条苗壮。
2	油松	◎	高2~2.5 m		2.5~3.0	49	土球大于直径8倍，植株健壮，主干通直圆满、明确、规格一致，枝条苗壮。
3	油松	◎	高4~4.5 m		3.0~3.5	13	土球大于直径8倍，植株健壮，主干通直圆满、明确、规格一致，枝条苗壮。
4	早园竹	※	高度大于2 m		2.0~2.0	213	根系发达而完整
5	早园竹	※	高度大于2.5 m		1.6~2.4	84	根系发达而完整
6	早园竹	※	高度大于3 m		1.6~2.4	48	根系发达而完整
7	垂丝海棠	❀	高1.5~1.8 m		3.0~3.0	29	树形丰满，无病害，无机械损伤
8	钻天杨	❀		胸径12 cm以上		13	主干较直，树形丰满，无病害，无机械损伤，修除侧枝
9	玉兰(白玉兰)	❀		胸径5 cm	2.4~3.6	55	主干较直，树形丰满，无病虫害，无机械损伤
10	合欢	❀		胸径10 cm以上	3.2~4.8	7	主干较直，树形丰满，无病虫害，无机械损伤
11	青杨	⊙		胸径10~12 cm	3.6~4.4	9	主干较直，树形丰满，无病虫害，无机械损伤
12	栾树	❀		胸径10~12 cm	3.6~4.4	3	主干较直，树形丰满，无病虫害，无机械损伤
13	白蜡	❀		胸径10~12 cm	2.7~3.3	120	主干较直，树形丰满，无病虫害，无机械损伤
14	银杏	❀		胸径大于12 cm	3.6~4.4	49	主干较直，树形丰满，无病虫害，无机械损伤
15	槐树(国槐)	❀		胸径10~12 cm	4.0~4.5	20	主干较直，树形丰满，无病虫害，无机械损伤
16	桃	◎		胸径5~7 cm	3.0~3.5	20	主干较直，树形丰满，无病虫害，无机械损伤
17	垂柳	❀		胸径10~12 cm	5.0~5.5	61	主干较直，树形丰满，无病虫害，无机械损伤
18	榆叶梅	❀	高1.8~2 m		2.0~2.5	23	主干较直，树形丰满，无病虫害，无机械损伤
19	迎春	❀	二年生		2.0~2.5	115	主干较直，树形丰满，无病虫害，无机械损伤
20	北京丁香	❀		胸径2~2.5 cm	2.0~2.5	24	主干较直，树形丰满，无病虫害，无机械损伤
21	小叶黄杨			43.84 m			
22	大叶黄杨			71.92 m			
××××园林工程有限公司	审定人 主持人	设计 制图	校对 审核	项目 名称		工程 名称	×××绿化工程景观设计		图 名	苗木表	阶段 专业	施工图 风景园林	工程号 成图期	6 2015年	LS-2

图2.36　苗木表

⑤种植比较复杂的,一般分为乔木图、灌木图、地被种植图,计算树种数量时看清种植图一共几张,避免概预算时漏项。

（2）种植设计图的识读

根据植物图例及注写说明、代号和苗木表统计苗木的种类、名称、规格和数量,并结合做法与技术要求编制种植工程预算。

8）索引图

在平面图中不能将所有的图纸信息都反映出来,需要一些详图,那么详图和平面图之间的桥梁就是施工索引图。

（1）索引图的内容

①道路及铺装形式分割线及做法索引。

②小品索引。

③其他设计范围内需要详图说明的构筑物的索引。

（2）索引图的识读

主要是针对索引符号的识读,根据索引符号找到与其对应的详图。图2.37就是施工索引图。

9）详图

详图就是平面图中不能反映出来的某一个或者某几个单项的具体图纸。与施工索引图相对应,是园林工程概预算中量的计算依据。

（1）局部放大平面图

总图中不能完全明示的细节及子项以局部放大平面图表示。内容包括放线、竖向、道路及种植。识读主要看平面的各尺寸,根据平面所给的尺寸计算出工程量,如图2.38所示。

（2）做法详图

做法详图应包括:

①道路、广场做法详图,如图2.39所示。

②水体平、立、剖图及做法详图。

a.各类水池:

平面图:表示定位尺寸、细部尺寸、水循环系统构筑物位置尺寸、剖切位置、详图索引。

立面图:水池立面细部尺寸、高度、形式、装饰纹样、详图索引。

剖面图:表示水深、池壁、池底构造材料做法,节点详图,如图2.40所示。

其中:喷水池表示喷水形状、高度、数量;种植池表示培养土范围、组成、高度、水生植物种类、水深要求;养鱼池表示不同鱼种水深要求。

b.溪流:

平面图:表示源、尾,以网格尺寸定位,标明不同宽度、坡向;剖切位置、详图索引。

剖面图:溪流坡向、坡度、底、壁等构造材料做法、高差变化、详图。

c.跌水、瀑布等:

平面图:表示形状、细部尺寸、落水位置、形式、水循环系统构筑物位置尺寸;剖切位置,详图

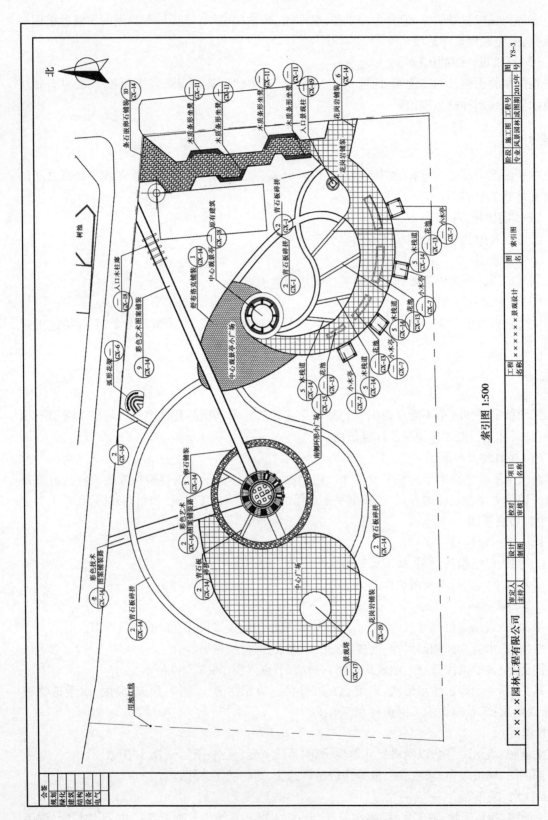

图2.37 施工索引图

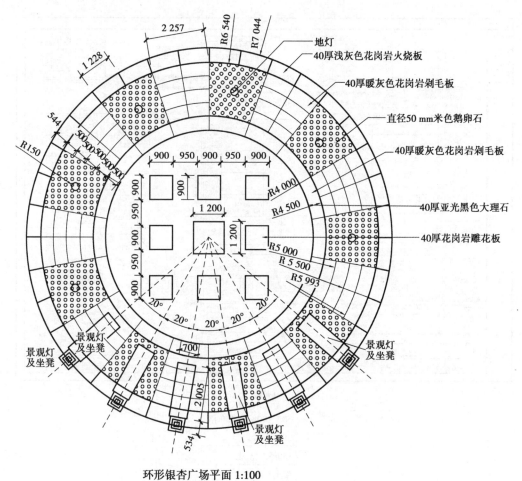

环形银杏广场平面 1:100

图 2.38　局部放大图

索引。

立面图:形状、宽度、高度、水流界面细部纹样、落水细部、详图索引。

剖面图:跌水高度、级差,水流界面构造、材料、做法、节点详图、详图索引。

d.旱喷泉:

平面图:定位坐标,铺装范围;剖切位置,详图索引。

立面图:喷射形式、范围、高度。

剖面图:铺装材料、构造做法(地下设施)、详图索引及节点详图。

③假山、园林小品,如墙、台、架、桥、栏杆、花坛、座椅等平、立、剖面及做法详图。

平面图:平面尺寸及细部尺寸;剖切位置,详图索引。

立面图:式样高度、材料、颜色、详图索引。

剖面图:构造做法、节点详图。

④特别需要的种植详图。

⑤节点详图。如图 2.41 所示为装饰列柱做法详图。

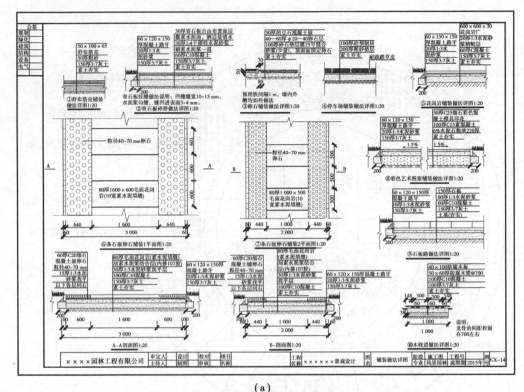

（a）

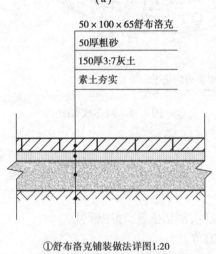

①舒布洛克铺装做法详图1:20

（b）

图2.39　道路、铺装做法详图

10）给排水施工图

园林中的给排水工程包括给水和排水。

①平面布置图。给水、排水平面图应表达给水、排水管线和设备的平面布置情况。根据建筑规划,在设计图纸中用水设备的种类、数量、位置,均要做出给水和排水平面布置图。各种功能管道、管道附件、卫生器具、用水设备,如喷头等,均应用各种图例表示。各种横干管、立管、支

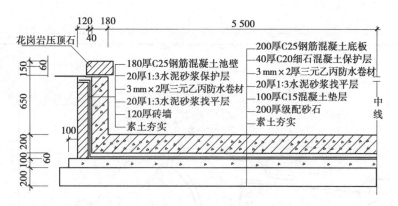

图2.40　水池剖面图

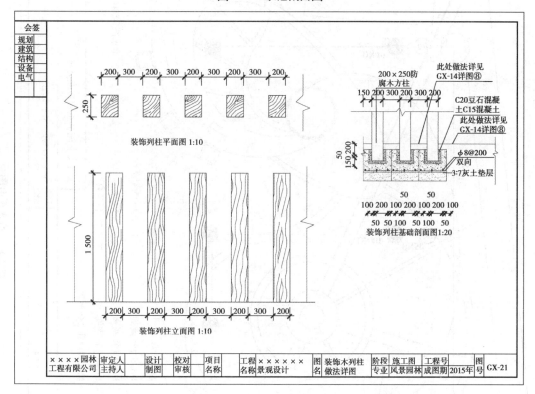

图2.41　装饰列柱做法详图

管、坡度等,均应标出,如图2.42所示。

②系统图。系统图上应标明管道的管径、坡度,标出支管与立管的连接处,以及管道各附件的安装标高。系统图均应按给水、排水、热水等各系统单独绘制,以便于施工安装和概预算应用。

③施工详图。凡平面布置图、系统图中的局部构造因受图面比例限制而表达不完善或无法表达的,为使施工概预算及施工不出现失误,必须绘制施工详图。通用施工详图系列,如雨水检查井,阀门井、水表井等,均有各种施工标准图。

④设计施工说明及主要材料设备表。用工程绘图无法表达清楚的诸如管道连接、固定、竣工验收要求、施工中特殊情况技术处理措施,或施工方法要求必须严格遵守的技术规程、规定

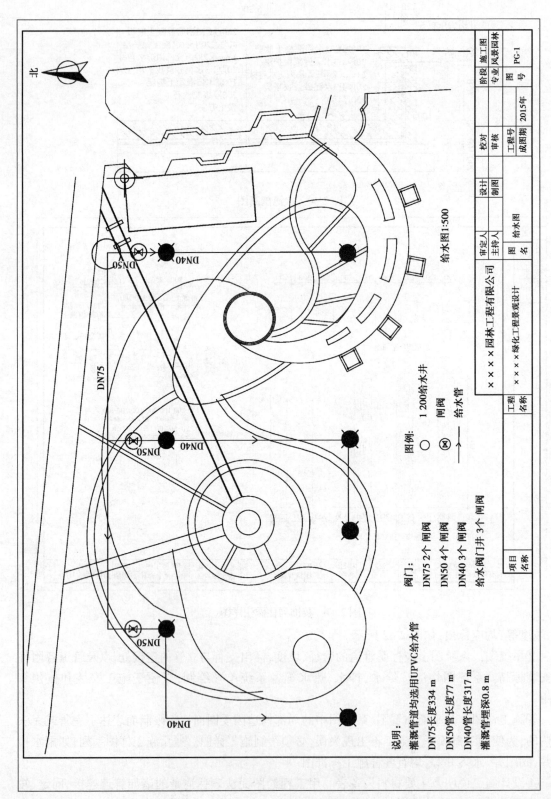

图2.42 给水平面图

等,可在图纸中用文字写出设计施工说明;工程选用的主要材料及设备表,列明材料类别、规格、数量,设备品种、规格和主要尺寸。以便于概预算时工程量的计算。

⑤给排水施工图的识读。识图时先找出进水源、干管、用水设备、排水口、污水流向、排污设施等。

给水系统可以从引入管起沿水流方向,经干管、立管、横管、支管到用水设备,将平面图和系统图一一对应阅读。弄清管道的走向、分支位置,各管道的管径、标高,管道上的阀门、水表、升压设备及配水龙头的位置和类型。

排水系统可以从卫生器具开始,沿水流方向,经支管、横管、立管、干管到用水设备依次识读。弄清管道的走向、汇合位置,各管道的管径、标高、检查口、清扫口、地漏的位置,通风帽形式等。结合平面图、系统图及设计说明看详图。

11)电气施工图

(1)电气施工图的主要内容

①设计说明。包括图纸工程概况、设计依据以及图中未能表达清楚的各有关事项,如供电电源的来源、供电方式、电压等级、线路敷设方式、防雷接地、设备安装高度及安装方式、工程主要技术数据、施工注意事项等。

②主要设备表。注明主要设备名称、型号、规格、单位、数量。

③系统图,包括照明配电系统图、动力配电系统图。系统图应标注配电箱编号、型号;标注各开关型号、规格;配电回路编号、导线型号规格(对于单相负荷表明相别),标明各回路用户名称,如图2.43所示。

④平面图布置图。应标明配电箱、用电点、线路等平面位置,标明配电箱编号、干线、分支线回路编号、型号、规格、敷设方式、控制形式;室外照明灯具的规格、型号、容量;架空线路应标注线路规格及走向、回路编号、杆位编号、杆数、杆距、杆高、拉线、避雷器等;电缆线路应标注线路走向、回路编号、电缆型号及规格、敷设方式(附标准图集选择表)、人(手)孔位置;本图中应有乔、灌、草等植物的种植位置。

⑤控制原理图。包括系统中各所用电设备的电气控制原理,用以指导电气设备的安装和控制系统的调试运行。

⑥安装接线图。包括电气设备的布置与接线,应与控制原理图对照阅读,进行系统配线和调校。

⑦安装大样图(详图)。安装大样图是详细表示电气设备安装方法的图纸,对安装部件的各部位注有具体图形和详细尺寸,是进行安装施工和编制工程材料计划时的重要参考。详图一般采用标准图,主要表明线路敷设、灯具、电气安装及防雷接地、配电箱(板)制作安装的详细做法符合要求。

(2)电气施工图的识读

①读图的顺序:

a.看设计说明,了解工程概况、设计依据等,了解图纸中未能表达清楚的各有关事项。

b.看设备材料表,了解工程中所使用的设备、材料的型号、规格等。

c.看系统图,了解系统基本组成,主要电气设备、元件之间的连接关系及它们的规格、型号、参数等,掌握该系统的组成概况。

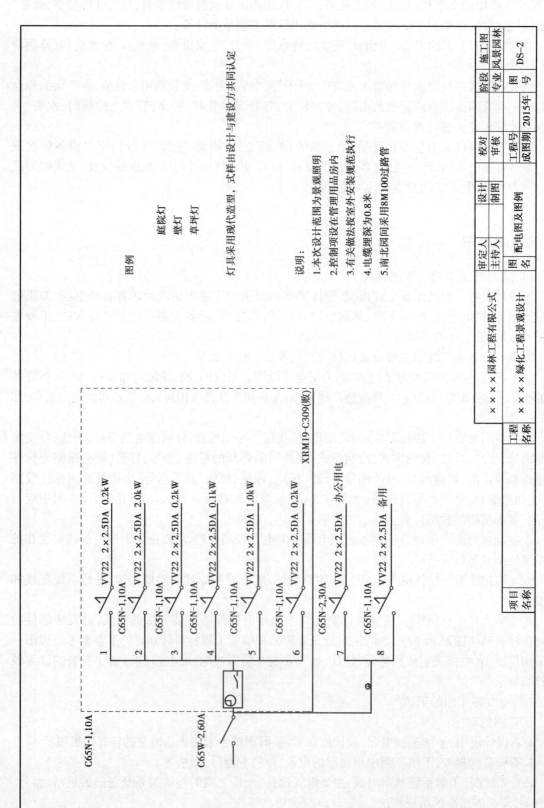

图2.43 照明配电系统图

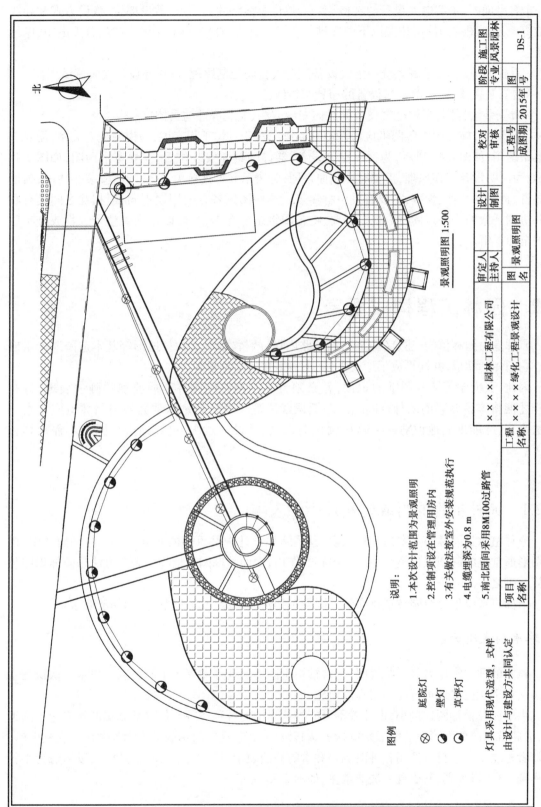

图2.44 电气平面图

景观照明图 1:500

项目 名称		景观照明图	图 名	景观照明图			
工程 名称	××××绿化工程景观设计		审定人		审定	校对	阶段	施工图
			主持人		审核		专业	风景园林
	××××园林工程有限公司		设计		工程号		图	
			制图		成图期	2015年期	图号	DS-1

说明:
1.本次设计范围为景观照明
2.控制项设在管理用房内
3.有关做法按室外安装规范执行
4.电缆埋深为0.8 m
5.南北园同采用8M100过路管

图例

⊗　庭院灯

◑　壁灯

◔　草坪灯

灯具采用现代造型,式样
由设计与建设方共同认定

北

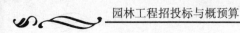

d.看平面图,了解电气设备的规格、型号、数量及线路的起始点、敷设部位、敷设方式和导线根数等。平面图的阅读可按照以下顺序进行:电源、进线、总配电箱、干线、支线、分配电箱、电气设备。

e.看控制原理图,了解系统中电气设备的电气自动控制原理,以指导设备安装调试工作。

f.看安装接线图,了解电气设备的布置与接线。

g.看安装大样图,了解电气设备的具体安装方法、安装部件的具体尺寸。

②识图时,施工图中各图纸应协调配合阅读。对于具体工程来说,为说明配电关系,需要有配电系统图,如图2.43所示;为说明电气设备、器件的具体安装位置,需要有平面图,如图2.44所示;为说明设备工作原理,需要有控制原理图;为表示元件连接关系,需要有安装接线图;为说明设备、材料的特性、参数,需要有设备材料表。这些图纸各自的用途不同,但相互之间是有联系并协调一致的。在识读时应根据需要,将各图纸结合起来识读,以达到对整个工程或分布项目的全面了解。

2.2　园林工程构成要素

园林是由园林植物、建筑(构筑)物、园路广场、园桥、水景、山石、地形等基本造园要素组成的。它们相辅相成,共同形成了形式多样、丰富多样的园林景观。

因此,我们学习园林图纸的识读,就必须首先掌握各类园林组成要素的画法表现,只有这样才能将丰富多彩的园林空间通过图纸识读清楚。也只有熟练掌握各类园林组成要素的画法表现,才能准确地识别各类园林设计图纸,领会设计意图,更好地进行园林工程预算和施工。

2.2.1　园林植物的组成要素及画法表现

原林植物是园林中主要的造景元素,也是园林设计中最重要的元素之一。在平面图中,树木图形通常也能起到强化整个画面的内容的作用,因而掌握园林植物的表现方法是园林识图与预算基础之一。

下面将系统地介绍园林植物在各类园林工程建设图纸中的表现方法和功能要求。

1)乔木的表现方法

树木的种类常用名录详细说明,但常常用不同的表现形式表示不同类别的树木。认识乔木的画法有助于更好地进行园林工程的识图。

由于园林设计图比例小,设计者不可能将构思中的各种造园素材以其真实形状表达于图纸上,因此常以简单而形象的图形来概括表达其设计意图,这些简单的图形称为图例。在制图时,设计者根据不同素材可选用各种图例。乔木的平面表示可以以树干位置为圆心、以树冠为半径做出圆,再加以表现,其表现手法非常多,如图2.45所示。

图2.45　乔木平面图例

2) 灌木的表现方法

灌木树冠矮小,多呈现丛生状,寿命较短,树冠虽然占据空间不大,但在人们活动的空间范围,较乔木对人的活动影响大。自然式栽植灌木丛的平面形状多为不规则,修剪的灌木平面形状多为规则的。灌木的平面表示方法与乔木相似,通常独植的灌木可用轮廓形、分枝形或枝叶形表示;片植的灌木平面宜用轮廓形和质感形表示,表示时以栽植范围为准,如图2.46所示。

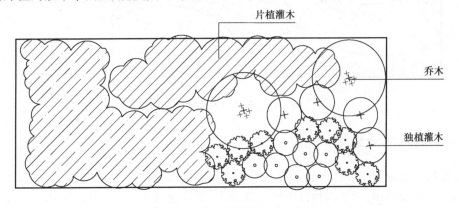

图2.46　片植、独植灌木表现方法

3) 绿篱的表现方法

绿篱的种植密度一般应根据使用目的、不同树种、苗木规格和种植地带的宽度来确定。

①矮绿篱。通常为单行直线或几何曲线栽植,株距一般为15~30 cm;宽度为30~50 cm;高度为10~50 cm。

②中绿篱。成单行或双行直线或几何曲线栽植,株距一般为30~50 cm;单行栽植宽度为40~80 cm,双行栽植行距为25~50 cm,宽度为50~100 cm;高度为50~120 cm。双行栽植点的位置成三角形交叉排列。

③高绿篱。株距为50~75 cm;单行式宽度为50~80 cm,双行式行距为40~80 cm,宽度为

80~100 cm,高度为 120~160 cm;双行式呈三角形交叉排列。

④绿墙。多双行栽植,株距为 1~1.5 m,行距为 50~100 cm,宽度为 1.5~2.0 m,高度在 1.6 m 以上;双行栽植呈三角形交叉排列。

对于绿篱的表现,在平面图中应以其范围线的表达为主。在勾画绿篱的范围线时可以用装饰性的几何形式,也可以勾勒自然质感的变化线条轮廓。如图 2.47 所示。色带是由宽度不相等的等高植物组成的线条丰富的几何图形,其表现形式与绿篱相似,如图 2.48 所示。

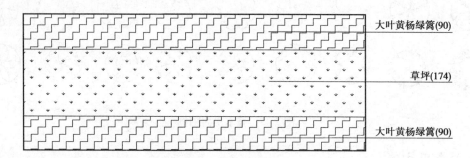

图 2.47　绿篱平面画法表现

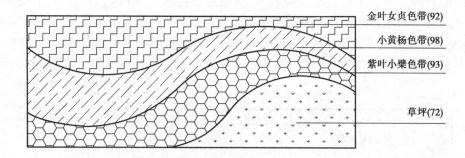

图 2.48　色带平面画法表现

4)攀援植物的表现方法

攀援植物经常依附于园林小品、建筑、地形或其他植物,在园林植物表现中主要以象征指示方式表示。在平面图中,攀援植物以轮廓表现为主,要注意表现其攀援线。如果是在建筑周围攀援的植物,应在不影响建筑结构平面表现的条件下作示意。

5)花卉的表现方法

花卉在平面图的表达方式与灌木相似,在图形符号上做相应的区别以表示与其他植物类型的差异。在使用图形符号时,可以用装饰性的花卉图案来标注,效果更为美观贴切。

6)草坪地被植物的表现方法

地被植物宜采用轮廓勾勒和质感表现的形式反映出来,作图时应以地被栽植线的范围为依据,用不规则的细线勾勒出地被的范围轮廓。

园林植物的种植形式一般分为两种:规则式和自然式。规则式园林植物配置多对植、行植

（图 2.49）。自然式园林中则采用不对称的自然式配置,充分发挥植物材料的自然姿态（图 2.50）。根据局部环境和在总体布置中的要求,采用不同形式的种植形式。

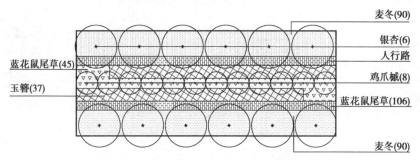

图 2.49 规则式种植平面画法表现

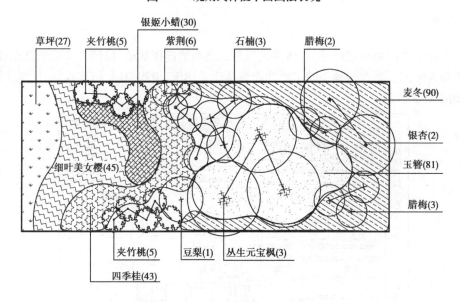

图 2.50 自然式种植平面画法表现

2.2.2 园林建筑小品的组成要素及画法表现

建筑根据园林的立意、功能、造景等需要,必须考虑建筑和建筑的适当组合,包括考虑建筑的体量、造型、色彩,以及与其配合的假山艺术、雕塑艺术等要素的安排,并要求精心构思,使园林中的建筑起到画龙点睛的作用。园林建筑按传统形式可分为亭、台、楼、阁、廊、榭、舫、厅。

1) 亭的表现

亭是深受人们喜爱的园林建筑小品之一。无论是在传统的古典园林,还是在新建的公园、风景游览区,人们都可以看到千姿百态、绚丽多彩的亭子,它与园中的其他建筑物、山水、植物相结合,形成独特景观。亭的造型极为多样,从平面形状可分为圆形、方形、三角形、六角形、八角形、扇形、长方形等,如图 2.51 所示。

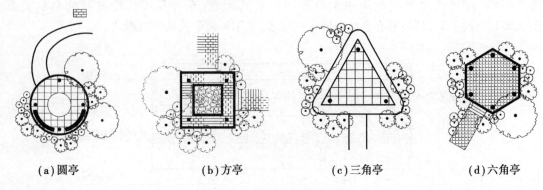

(a)圆亭　　　　　　(b)方亭　　　　　　(c)三角亭　　　　　　(d)六角亭

图2.51　各种形状亭平面图

2)廊的表现

廊在园林中的应用也很广泛,它是建筑与建筑之间的连接通道,以间为单位组合而成,又能结合环境布置平面。廊在园林中的主要功能包括联系建筑、组织空间、组廊成景、展览作用。廊的分类如图2.52所示。

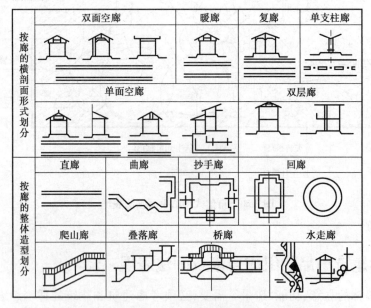

图2.52　常见廊的画法表现

①根据廊的剖面形式可将廊分为空廊、暖廊、复廊、柱廊、双层廊等。

②根据廊的立面造型可将廊分为平地廊、爬山廊、叠落廊等。

③根据廊的位置可将廊分为桥廊、水走廊等。

④根据廊的平面形式可将廊分为直廊、曲廊、回廊等。

3)花架的表现

花架是供攀援植物攀爬的棚架,又是供人们休息、乘凉、坐赏周围风景的场所。它造型灵活、富于变化,具有亭廊的作用。

　　花架的形式多种多样,下面介绍几种常见的花架形式,以及其平面、立面及效果图的表现。

　　①单片花架的立面、透视效果表现,如图2.53所示。

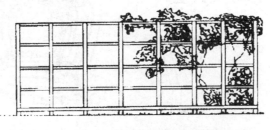

图2.53　单片花架的立面、透视效果表现

　　②直廊式花架的立面、透视效果表现,如图2.54所示。

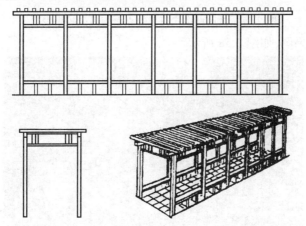

图2.54　直廊式花架的立面、透视效果表现

　　③单柱V形花架的透视效果表现,如图2.55所示。

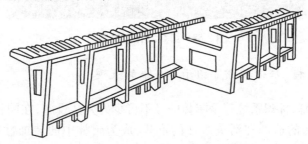

图2.55　单柱V形花架的透视效果表现

④弧顶直廊式花架的立面与透视效果表现,如图 2.56 所示。

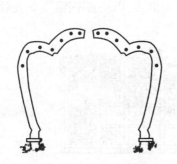

图 2.56　弧顶直廊式花架的立面与透视效果表现

⑤环形式花架的平面与透视效果表现,如图 2.57 所示。

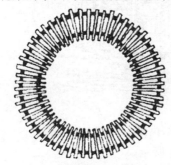

图 2.57　弧顶直廊式花架的立面与透视效果表现

⑥组合式花架效果图,如图 2.58 所示。

图 2.58　组合式花架效果图

4)园椅、园桌、垃圾桶、标识系统(指示牌)等的表现

园椅、园桌、垃圾桶、标识系统等是园林中必不可少的公共设施,在园林中不仅起到功能性作用,更以其优美精巧的造型和活泼多样的形式,成为园林中的装饰性小品。园椅、园桌如图 2.59 所示,标识系统如图 2.60 所示。

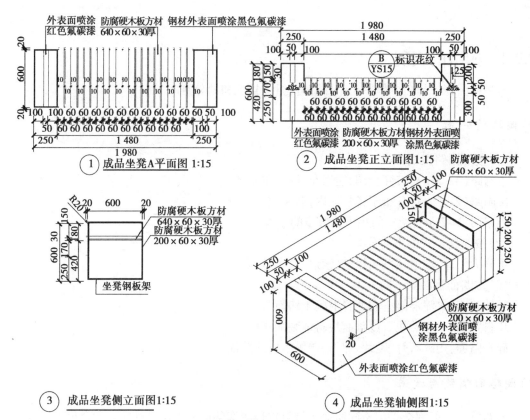

图 2.59 成品坐凳详图

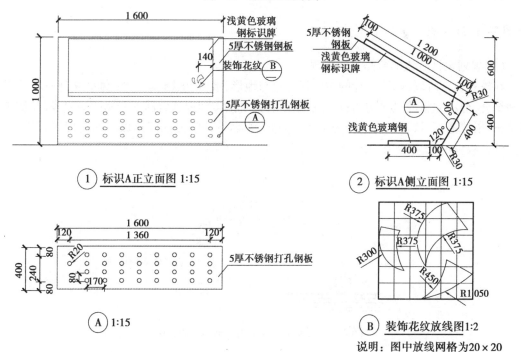

图 2.60 标识详图

2.2.3 园路的表现

园路在园林中的主要作用是引导游览、组织景色和划分空间。

1)园路的分类

(1)按照园路级别分类

主园路(4~6 m):贯穿全园,能通车,联系主景区。

次园路(2~4 m):分布于各景区内,联系主要景点。

小路(1.2~2 m):游览的小道或散步的小道。

(2)按筑路形式的不同分类

可分为平道、坡道、阶梯、栈道、索道、缆车道、廊道。

(3)按路面材料的不同分类

整体路面:水泥混凝土和沥青混凝土路面。

块料路面:由天然块石或预制块料铺装的路面。

碎石路面:用碎石片、瓦片、卵石、砖等组成的路面。

2)园路的铺装与效果

园路路面一般都会采用不同质地的材料进行图案装饰处理。设计师常常会根据设计,采用相应的材料、图案装饰画面。

3)园路平面表现

(1)规划设计阶段的园路平面表现

在规划设计阶段,园路设计的主要任务是与地形、水体、植物、建筑物、铺装场地及其他设施合理结合,形成完整的风景构图;连续展示园林景观的空间或欣赏前方景物的透视线,并使园路的转折、衔接通顺,符合游人的行为规律。因此,规划设计阶段的园路以平面表现形式为主,基本不涉及数据的标注,如图 2.61 所示。

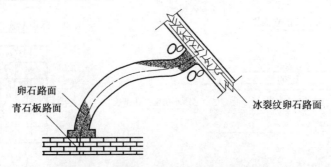

卵石路面
青石板路面
冰裂纹卵石路面

图 2.61 规划阶段园路平面图的画法表现

（2）施工设计阶段的园路平面表现

施工设计阶段园路的平面表现主要是指路面的纹样设计,且应有具体的尺寸标注及具体材质说明,如图2.62所示。

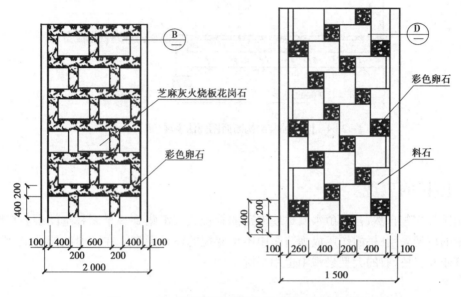

芝麻灰火烧板花岗石

彩色卵石

彩色卵石

料石

图2.62　施工图设计阶段园路平面图的画法表现

4）园路的断面表现

（1）横断面表示法

园路的横断面图主要表现园路的横断面形式和设计横坡。这种做法主要应用在道路绿化设计中,如图2.63所示。

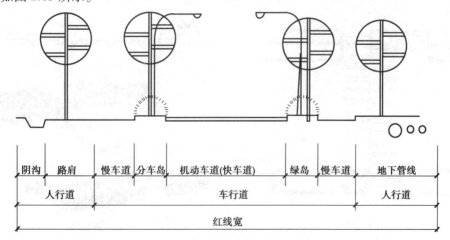

| 阴沟 | 路肩 | 慢车道 | 分车岛 | 机动车道(快车道) | 绿岛 | 慢车道 | 地下管线 |

人行道　　车行道　　人行道

红线宽

图2.63　园路标准横断面画法表现

（2）园路结构断面表示法

园路结构断面图主要表现园路各构造层的厚度与材料,通常通过图例和文字标注两部分表示,如图2.64所示。

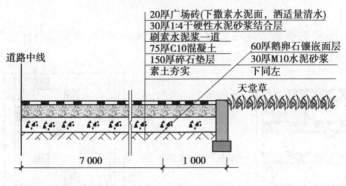

图2.64　园路铺装结构断面图画法表现（单位：mm）

2.2.4　园桥的表现

中国园林主张自然,自然山水园林使丰富的景观关系汇集到一个园林空间中。在园林中,由于水晕的广泛采用,桥的作用成为造园中不可忽视的设计元素。在一般的园林中,常用的桥主要是汀步和梁桥,有的大型景观中也用亭桥。

1）汀步

汀步也称跳桥,是一种原始的过水形式。在园林中采用情趣化的汀步,能丰富视觉,加强艺术感染力。汀步以各种形式的石墩或木桩最为常见,此外还有仿生的莲叶或其他水生植物等的造型。在现代园林中,汀步形式更是多种多样,材料也丰富多彩,在提升景观的同时也为人们的活动提供了便利。通常,汀步可分为规则式汀步、自然式汀步和仿生式汀步3种。

规则式汀步如图2.65所示,自然式汀步如图2.66所示,仿生式汀步如图2.67所示。

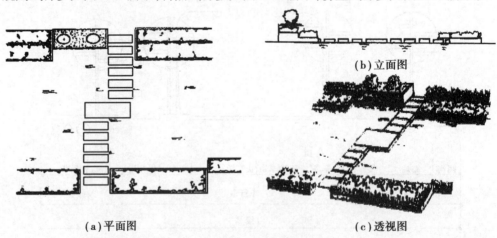

（a）平面图　　　　　　　　　　　　　　　（c）透视图

图2.65　规则式汀步的画法表现

2）园桥

园桥一般适用于宽度不大的溪流,它造型丰富,主要有平桥、曲桥、拱桥之分。在造园中根

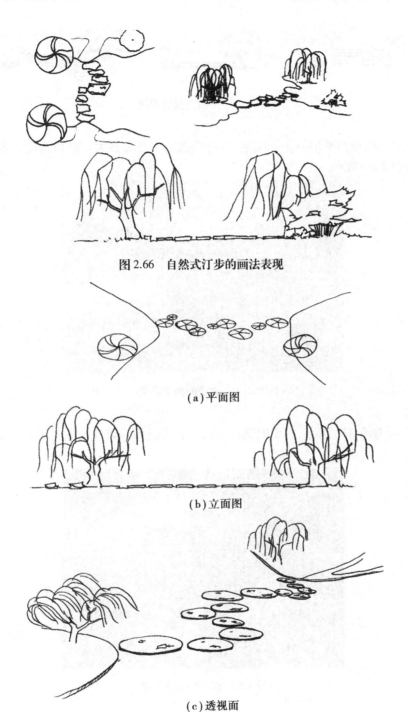

图 2.66　自然式汀步的画法表现

(a)平面图

(b)立面图

(c)透视面

图 2.67　仿生式汀步的画法表现

据不同的风格设计使用不同的桥梁造型,可以取得不同的艺术效果。

(1)平桥

平桥的桥面平直,造型古朴、典雅。它适用于两岸等高的地形,可以获得最接近水面的观赏效果,如图 2.68 所示。

图 2.68　平桥的画法表现

（2）曲桥

曲桥造型丰富，桥面平坦但曲折成趣，造型的感染力更为强大。曲桥为游人创造了更多的观赏角度，如图 2.69 所示。

图 2.69　曲桥的画法表现

（3）拱桥

拱桥的桥身最富于立体感，它中间高、两头低，游人过桥的路线是纵向变化。拱桥的造型变化丰富，如图 2.70 所示。

图 2.70　拱桥的画法表现

2.2.4　水景、山石的组成要素及画法

1) 静水的画法表现

静水的表现以描绘水面为主，同时还要注意与其相关的景物的巧妙表现。水面表示可采用

线条法、等深线法、平涂法等,如图 2.71 所示。

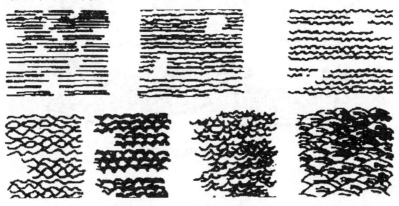

图 2.71　水面的几种画法表现

2)流水的画法表现

流水在速度或落差不同时产生的视觉效果各有千秋。设计师常根据流水的波动来描绘流水的性质及质感。和静水相同,流水描绘的时候也要注意对彼岸景物的表达,只是在流水表达的时候,可以根据水波的离析和流向产生的对景物投影的分割和颠簸来描绘水的动感。

流水表现的同时,设计师们还加强对水面的附着物的描绘。园林景观的水面经常有一些小品和设施,它们离水面比较近,在水面的投影相对比较清晰,水物之间相互影响而形成统一的画面。图 2.72 即为流水与石的表现。

图 2.72　流水与石的画法表现

3)落水的画法表现

落水是园林景观中动水的主要造景形式之一,落水的表现也是水的表现技法中一项重要的内容。园林景观中常使用以水造景的方法,水流根据地形自高而低,在悬殊的地形中形成落水。落水的表现主要以表现地形之间的差异为主,形成不同层面的效果,如图 2.73 所示。

落水景观经常和其他景观紧密相连。表现落水景观的时候,我们对主要表达对象要进行强化,对环境其他的景物相应进行弱化,这样才可以做到主次分明,达到表现的目的。

图 2.73　落水的画法表现

4)喷泉的画法表现

喷泉是在园林中应用非常广泛的一种园林表现手法,在表现时要对其景观特征充分理解之后根据喷泉的类型采用不同的方法进行处理。

喷泉类型多种多样,有水池喷泉、旱地喷泉、蘑菇泉、高压喷泉、涌泉等。不同的喷泉形式,其景观效果不同,则表现方法也应该不同,如图 2.74 所示。

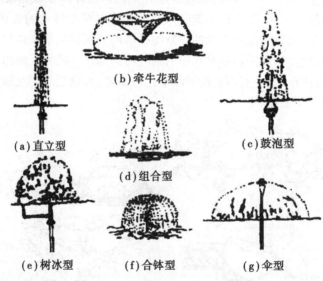

(b)牵牛花型

(a)直立型　　　　　　　　　　　　(c)鼓泡型

(d)组合型

(e)树冰型　　　(f)合钵型　　　(g)伞型

图 2.74　几种喷泉的画法表现

一般来说,在表现喷泉时应注意水景交融。对于水压较大的喷射式喷泉,要注意描绘的重点。采用墨线条进行描绘时,应该注意以下几点:

①水流线的描绘应该有力而流畅,表达水流在空中划过的形象。

②对于水景的描绘,应该努力强调泉水的形象,增强空间立体感觉,使用的线条也应该光滑。但是我们也要根据泉水的形象使用虚实相间的线条,以表达丰富的轮廓变化。

③泉水景观和其他水景共同存在时,应注意相互间的避让关系,以增强表现效果。

④水流的变现宜借助于背景效果加以渲染,这样可以增强喷泉的透明感。

2.2.5　园林地形的组成要素及画法表现

园林地形是指园林绿地中各种起伏形状的地貌。在规则式园林中,地形一般表现为不同标高的地平、层次;在自然式园林中,地形可以形成平原、丘陵、山峰、盆地等不同地貌,其中起伏最小的地形称为"微地形"。地形是园林的基底和骨架,造园必相地立基,方可得体。

地形一般可分为平地、坡地、山地三类。

1) 平地

平地按地面的材料分为土草地面、沙石地面、铺装地面(如砖、片石、水泥、预制块等)、绿地种植地面。为了有利于排水,一般要保持 0.5%~2% 的坡度。

2) 坡地

坡地即倾斜的地面,因地面倾斜的角度不同,又可分为缓坡(坡度为 8%~10%),中坡(坡度为 10%~20%)和陡坡(坡度为 20%~40%)。

3) 山地

山地的坡度一般为 30%,包括自然山地和人工堆山叠石。按山的主要构成材料可以分为土山、石山和土石混合的山体。

(1) 土山

可以利用园内挖湖的土方堆置,其上植树种草。

(2) 石山

石山又可分为天然山石(北方为主)和人工塑石(南方为主)两种。天然山石有湖石类、黄石类、卵石类、石笋类、吸水石类和砂片石类。

在表现山石景观时,我们主要采用传统绘画的方式。来自于绘画的表现方法非常丰富,尤其在山石方面。山石的质感十分丰富,根据其机理和发育方向,我们在描绘平面、立面和效果图表现时都用不同的线条组织方法来表现。

描绘顽石、或以顽石为主的山体时,一般采用调子描绘法。根据山势的结构变化和受光关系,采用相应的调子加以表达,形成丰富的调子,对比表达其结构变化。这种方法完全采用素描的方式,表现充分,感染力强。顽石的丰富变化在经过调子的表现以后,质感和体量都十分强烈。

①山石的平、立面画法。平面图中的石块通常只用线条勾勒轮廓即可,很少采用光线、质感的表现方法,以免失之零乱。用线条勾勒时,轮廓线要粗,石块面、纹理可用较细较浅的线条稍加勾绘,以体现石块的体积感。不同的石块,其纹理不同,有的圆浑、有的棱角分明,在表现时应采用不同的笔触和线条,如图 2.75 所示。

②山石的剖面表现。剖面上的石块,轮廓线应用剖断线,石块剖面上还可加上斜纹线,表示材质填充,如图 2.76 所示。

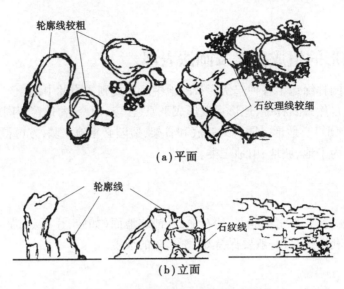

图 2.75　山石的平、立面画法表现

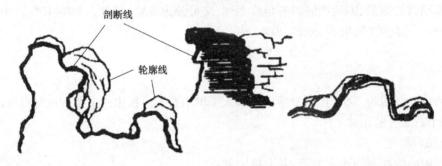

图 2.76　山石的剖面画法表现

（3）土石山

土石混合的山，一般有土山点石和石山包土两种做法，如颐和园万寿山、苏州的沧浪亭均为土山点石，而苏州的环秀山庄假山为石山包土。

2.3　园林工程常用材料及施工工艺

在园林工程中，材料是不可缺少的一部分，也是建设的基本条件。在园林设计中，设计只是一种概念，最终还是要落实于材料上。在这里，我们列举一些常用材料，介绍其在园林工程中的应用及具体施工工艺。

2.3.1　园林铺装中常用的材料及施工工艺

1）花岗岩

花岗岩为开采的坚硬天然石材：

①常用规格有 300 mm×300 mm，400 mm×200 mm，500 mm×250（500）mm，600 mm×300 mm，600 mm×600 mm；可使用的规格为 100 mm×100 mm，200 mm×200 mm，300 mm×200 mm。原则上花岗岩可以定制或者现场切割成任何规格，但会造成成本的增加和人工的浪费，所以如无特殊铺装设计要求，不建议使用（做圆弧状铺装除外）。当作为碎拼使用时，一般使用规格为边长 300～500 mm，设计者可以要求做成自然接缝，或者要求做成冰裂形式的直边接缝。当作为汀步时，一般使用规格为 600 mm×300 mm，800 mm×400 mm，或者边长为 300～800 mm 的不规则花岗岩，厚度为 50～60 mm，面层下不做基础，直接放置于绿地内。

②厚度在一般情况下，人行路为 30 mm 厚，车行路为 40 mm 厚，在车行流量不大及不通行大型车辆的道路上也可使用 30 mm 厚。

③常用颜色为浅灰色、深灰色、黄色、红色、绿色、黑色、金锈石。常用的颜色与市场中相对应的名称为：

浅灰色——芝麻白；

深灰色——芝麻灰；

黄色——黄金麻；

红色——五莲红（浅色）、樱花红（浅色）、中国红（深色）；

绿色——宝兴绿、万年青；

黑色——中国黑、丰镇黑。

④面层分为机切、自然面、抛光、烧毛、凿毛、荔枝面、机刨、剁斧等。

a.机切是指花岗岩经过机器切割后的面层质感，既不光滑也不粗糙。

b.自然面是指花岗岩经开采后所形成的自然形态。铺装时面层稍微经过加工，去除尖角，其他面为机切面，铺设完成后走在上面有明显的感觉。

c.抛光是指对经过机切后的花岗岩进行机器打磨后的面层质感，表面很光滑，在雨天和雪天会致使行人滑到，所以在设计时，此种花岗岩铺装面积及宽度都不宜过大。

d.烧毛是指对机切面的花岗岩作高温处理，形成较规则的凹凸面层，此面层的颜色会比其他几种面层的颜色稍浅；黄色花岗岩经过烧毛处理后颜色会偏红。

e.凿毛是指对机切面的花岗岩开凿处理后形成较不规则的凹凸面层，其粗糙程度大于烧毛，常用于黄色花岗岩的毛面处理。也可以对抛光的花岗岩进行凿毛处理。

f.荔枝面是指对机切面的花岗岩处理后形成不规则的凹凸面层，其粗糙程度大于凿毛。

g.机刨是指对机切面的花岗岩进行机器的拉槽处理。若对抛光面的花岗岩拉槽处理，可以形成光面和机切面相间的质感。

h.剁斧

⑤每块花岗岩铺装之间可以设计留缝宽度，一般图纸中不注明留缝宽度时，表示留缝宽度为 3～5 mm；根据铺装效果要求设计特殊的留缝宽度时，常用的宽度为 6 mm。

⑥常用的铺装方式为错缝、齐缝、席纹、人字形、碎拼等。机刨面花岗岩采用不同方向的铺装时会产生表面纹路的变化。图 2.77 为花岗岩铺装平面图，图 2.78 为花岗岩铺装（人行）剖面图。

2）水泥砖

水泥砖为水泥和染色剂混合预制成。

①常用规格为 200 mm×100 mm，400 mm×200 mm，也可以使用 200 mm×200 mm，300 mm×

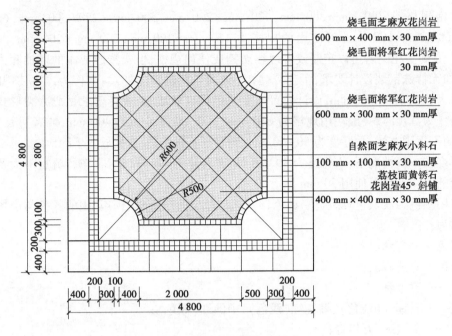

图 2.77　花岗岩铺装平面图

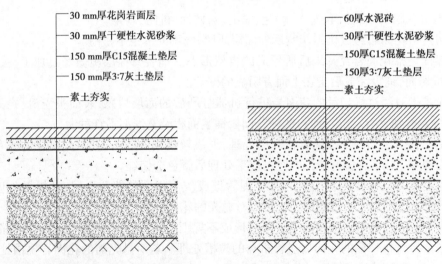

图 2.78　花岗岩铺装(人行)剖面图　　　图 2.79　水泥砖铺装平面图

150 mm,300 mm×300 mm。原则上水泥砖可以根据设计要求定制成任何规格。

②厚度一般为 60 mm 厚,也有 50 mm 厚。

③常用颜色为浅灰色、深灰色、黄色、红色、棕色、咖啡色等。由于水泥砖制作方便,而且染色剂可以调制,所以水泥砖可以定制成任何形状和颜色,但一般需要设计者大量使用定制的特色水泥砖。

④面层质感较粗糙,有较细的孔眼。

⑤水泥砖间的留缝宽度一般情况为 5~10 mm,通常不对水泥砖作留缝宽度要求。

⑥常用的铺装方式为错缝、齐缝、席纹、人字形等。图 2.79 为水泥砖铺装平面图,图 2.80 为水泥砖铺装(人行)剖面图。

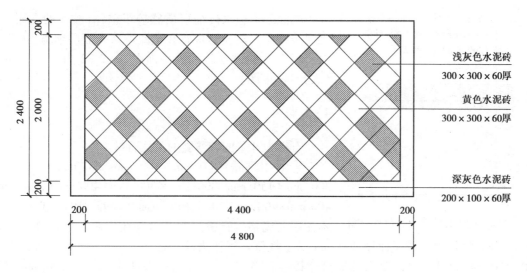

浅灰色水泥砖
300×300×60厚

黄色水泥砖
300×300×60厚

深灰色水泥砖
200×100×60厚

图2.80　水泥砖铺装(人行)剖面图

3)透水砖

按照原材料不同,可分为混凝土透水砖、陶质透水砖和全瓷透水砖。为了保证利于雨水渗透,透水砖铺装基础不能使用不透水的混凝土垫层。

①透水砖常用规格:

混凝土透水砖常用规格为 200 mm×100 mm,300 mm×150 mm,230 mm×115 mm;

陶质透水砖常用规格为 200 mm×100 mm,200 mm×200 mm;

全瓷透水砖常用规格为 200 mm×100 mm,200 mm×200 mm,250 mm×250 mm,300 mm×300 mm。

②常用厚度为 60 mm。

③透水砖常用颜色:

混凝土透水砖常用颜色为浅灰色、中灰色、深灰色、红色、黄色、咖啡色;

陶质透水砖常用颜色为浅灰色、深灰色、铁红色、沙黄色、浅蓝色、绿色;

全瓷透水砖常用颜色为浅灰色、深灰色、红色、黄色、浅蓝色。

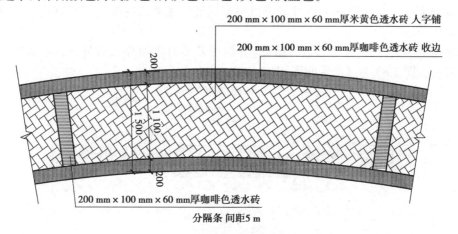

200 mm×100 mm×60 mm厚米黄色透水砖 人字铺

200 mm×100 mm×60 mm厚咖啡色透水砖 收边

200 mm×100 mm×60 mm厚咖啡色透水砖

分隔条 间距5 m

图2.81　透水砖铺装平面图

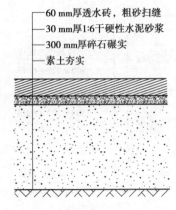

60 mm厚透水砖，粗砂扫缝
30 mm厚1:6干硬性水泥砂浆
300 mm厚碎石碾实
素土夯实

图2.82　透水砖铺装(人行)剖面图

④混凝土透水砖面层质感较粗糙,有较大的孔眼(与水泥砖相比),陶质透水砖和全瓷透水砖面层细腻,颗粒均匀。图2.81为透水砖铺装平面图,图2.82为透水砖铺装(人行)剖面图。

4) 石板

石板为开采的较薄脆的天然石材。

①常用规格:200 mm×100 mm,200 mm×200 mm,300 mm×150 mm,300 mm×300 mm,400 mm×200 mm,400 mm×400 mm。由于石板类质地较脆,所以一般情况下不使用大规格。石板定制或者现场切割成任何规格。石板作为铺地材料时不建议使用200 mm以下规格。当作为碎拼使用时,一般使用规格为边长300~500 mm,设计者可以要求做成自然接缝。当作为汀步时,一般使用规格为600 mm×300 mm,800 mm×400 mm,或者为边长300~800 mm的不规则石板,厚度为50~60 mm,面层下不做基础,直接放置于绿地内。

②厚度在一般情况下,人行路为30 mm厚,车行路为50 mm厚。

③常用颜色为青色、黄色、黑色、锈石和红色。

常用的颜色与市场中相对应的名称为:

青色——青石板;

黄色——黄石板;

黑色——黑石板;

锈石——锈石板;

红色——红石板(较少使用)。

④面层分为自然面、蘑菇面等。蘑菇面是指石板经过开采形成的自然形状,表面经过稍微加工处理,一般不作为地面铺装材料。

⑤整形石板铺装之间留缝宽度一般为10 mm;碎拼时留缝宽度为10~30 mm,设计者可以根据铺装效果要求特殊的留缝宽度,碎拼时留缝宽度不宜大于50 mm。

⑥常用的铺装方式:整形石板为错缝(分对中及不对中两种),齐缝,席纹,人字形;不规则形状为碎拼。图2.83为汀步平面图,图2.84为汀步剖面图。

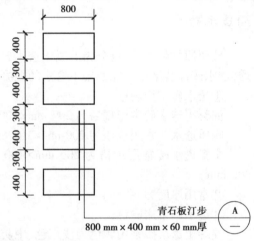

青石板汀步
800 mm × 400 mm × 60 mm厚

图2.83　汀步平面图

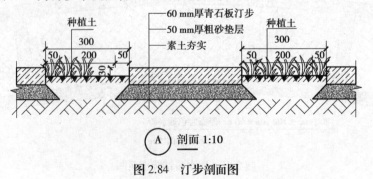

种植土
300
50 200 50
60 mm厚青石板汀步
50 mm厚粗砂垫层
素土夯实
种植土
300
50 200 50

Ⓐ 剖面 1:10

图2.84　汀步剖面图

5) 卵石

卵石分为天然河卵石和机制卵石:

①常用规格为 $\phi10\sim30$ 和 $\phi30\sim50$,如有特殊需要,可以使用大规格卵石,但不宜超过 $\phi200$。

②天然河卵石颜色比较杂乱,大部分为灰色系;机制卵石颜色比较单一,一般有黑色、灰色、白色、红色和黄色。

③天然河卵石面层质感粗糙,机制卵石面层光滑。

④卵石间的留缝宽度一般为 $20\sim30$ mm,留缝宽度不宜超过卵石本身的粒径。

⑤常用的铺装方式可分为平砌、立砌和散置,并且可以设计图案拼花铺装(单色或者多色)。卵石铺装的凹凸不平感比较明显,不利于高跟鞋的行走,但常常采用卵石立砌的方式设计健身步道(规格为 $\phi30\sim50$ 的卵石)。

6) 水洗石

水洗石是选用天然河、海卵石或砾石与水泥按一定比例拌和,涂抹在基层上,用负重工具压平,将表面黏合物处理干净,露出石子原貌的一种装饰做法。水洗石的施工工艺为:清理基层→抹底层砂浆→抹石子浆面层→清洗。

①清理基层:将基层表面的积灰、油污、浮浆及杂物等清理干净。如局部凹凸不平,应将凸处凿平,凹处用 1:3 砂浆补平;如有油污,需用 10% 火碱溶液洗刷干净,并用清水冲洗并晾干。

②抹底层砂浆:先在基层抹一道素水泥浆(内掺用水量 10% 的 107 胶水),随即分层分遍抹底层砂浆;底层砂浆要用直尺刮平,并用木杠搓毛,待砂浆终凝后洒水养护。

③抹石子浆面层:刮一道素水泥浆,自下而上分两遍抹石子浆,抹面应比两侧已完成的地面略高 1 mm,最后将石子浆层拍平、压实。

④用刷子蘸水将表面水泥浆刷去,重新压实溜光,再依次反复刷、压 $3\sim4$ 遍;待面层开始初凝、用水刷石子刷不掉石粒时,可一人用蘸水的刷子刷水泥浆,另一人用水管在距地表 20 cm 处喷水冲洗,待表面冲洗干净、出石子后,就可用清水将面层彻底冲洗干净,并进行封闭,派专人喷水养护。

7) 木材

不同树木制成的防腐木常用作木平台、木栈道或者桥的铺装。

①由于不同厂家生产的防腐木规格不一样,所以设计者的规格一般为指导性规格。防腐木的长度根据实际铺地中龙骨的间距确定。

②一般情况下厚度为 50 mm 厚,但不同品牌、不同厂家的木材厚度不同,例如美国南方松的厚度一般为 38 mm。

③常用的防腐木一般为浅绿色,施工前需要用清漆或桐油将木材颜色调成木本色(或其他设计要求的颜色)。

④木板之间的留缝大小为:宽度 95 mm 的木板留缝 5 mm;宽度为 140 mm 的木板留缝 10 mm。

⑤常用的铺装方式为齐缝、错缝(分对中或不对中两种),也可设计成其他有变化的铺装样式,比如每隔一段距离改变木板的铺设角度。图 2.85 是防腐木作为地面铺装剖面做法。

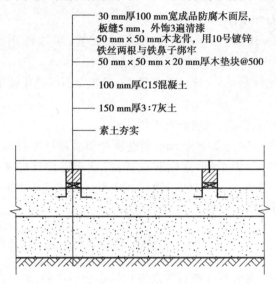

30 mm厚100 mm宽成品防腐木面层,
板缝5 mm,外饰3遍清漆
50 mm×50 mm木龙骨,用10号镀锌
铁丝两根与铁鼻子绑牢
50 mm×50 mm×20 mm厚木垫块@500

100 mm厚C15混凝土

150 mm厚3:7灰土

素土夯实

图 2.85　木铺装剖面图

8)烧结砖

烧结砖是利用建筑废渣或岩土、页岩等材料高温烧结而成的非黏土砖。

①常用规格为 100 mm×100 mm,200 mm×200 mm,200 mm×100 mm,230 mm×115 mm,原则上烧结砖可以根据设计要求定制成任何规格。

②厚度一般为 50 mm 厚,也有的厂家产品为 40~70 mm 厚。

③常用的颜色为深灰色、浅咖啡色、深咖啡色、黄色、红色、棕色等。

④其他性能与水泥砖相同,图 2.86 为烧结砖铺装常用样式及颜色。

图 2.86　烧结砖铺装常用样式及颜色

9)盲道砖

盲道砖是指盲道中含有导向砖和止步砖两种不同功能的砖块。按照原材料不同,盲道砖分为混凝土盲道砖和花岗岩盲道砖。

①常用规格为 200 mm×200 mm,250 mm×250 mm;花岗岩盲道砖可使用 500 mm×500 mm。

②厚度为 60 mm 厚。

③市政人行道中的盲道常用黄色。

④导向砖表面有 3 条长方形的突出条纹,指引行走的方向,止步砖表面有 16 个突出的圆点,二者都有明显的脚底感觉。

⑤盲道的宽度一般为 400~600 mm,盲道砖必须是齐缝铺设。

⑥其余与水泥砖相同。

10)道牙

按照原材料不同,道牙分为混凝土道牙和花岗岩道牙。

①常用规格为立道牙:500 mm×100(150)mm×300 mm;平道牙为 500 mm×100 mm×200 mm,500 mm×60 mm×200 mm(此规格适用于小园路)。原则上道牙可以根据设计要求定制成任何规格。

②混凝土道牙常用颜色为灰色系;花岗岩道牙常用颜色同花岗岩。

11)嵌草砖

嵌草砖是指预留种植孔的水泥砖,如图 2.87 所示。

①一般情况下嵌草砖不给出具体尺寸大小,根据市场和各厂家的产品封样确定。

②厚度一般为 80 mm。

③颜色一般为灰色系,也可订制其他颜色。

④为保证种植孔中的植物(草)成活,嵌草砖不用水泥砂浆和混凝土垫层。

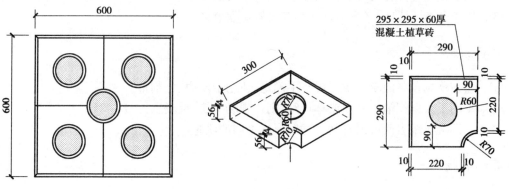

图 2.87 浅草砖详图

12)植草板(格)

植草板(格)由聚乙烯结合高抗冲击原料制成。

①植草板规格根据种植孔的大小确定,一般情况下不给出具体尺寸大小,根据市场和各厂家的产品封样确定。

②厚度一般为 30~40 mm。

③颜色一般为绿色,也可订制其他颜色的嵌草砖。

④为保证种植孔中的植物(草)成活,植草板不是用水泥砂浆和混凝土垫层。

13)压花艺术地坪

压花艺术地坪是通过对混凝土进行铺装形式、颜色和面层质感的处理的地面铺装形式。

①厂家通过4~8 mm厚的彩色路面艺术面层对刚铺设(未凝固)的混凝土地面,按照设计者的设计图案和颜色进行处理。

②颜色和铺装形式多样,根据不同的厂家有所不同。

③艺术地坪一般都有厂家负责施工。

④常见于园路,或者极不规则的场地,或者图案和颜色要求比较多样的场地,或者中心广场等。

14)生态透水石类

生态透水石类产品是由碎石或卵石或其他颗粒状物质与着色剂和高强黏结剂混合制成。由于各个生产厂家的具体名称不同,所以此类产品无统一称呼。

①有利于加速雨水渗透,补充城市地下水位,减少城市"热岛效应"。

②一般为现场浇筑,颜色和图案多样。

15)安全胶垫

①厚度一般为25 mm厚,分为现浇和成品铺设两种施工方式。

②颜色多样,若为现浇,可铺设成色彩、图案丰富的场地。

③常用于儿童游戏区、老人活动区和健身器械摆放区。

16)混凝土块

①一般在现场预制混凝土块。规格不确定,适用于压边、分割带。

②如果用于大面积铺装路面或车行路,则应现场浇筑,混凝土标号>C25。

③预制混凝土块表面可以打磨、拉槽,形成不同的质感。

17)透水混凝土

①透水混凝土的品种如下:

a.普通素色透水混凝土:为普通水泥本色的透水混凝土。

b.标准色透水混凝土:以普通水泥本色掺加无机耐候颜料组成的透水混凝土,色彩属一般。

c.艳丽色透水混凝土:以高要求的水泥掺加添加剂及无机耐候颜料组成的透水混凝土,色彩艳丽。

d.组合压模工艺的透水混凝土:由彩色混凝土压模工艺和透水混凝土相间组合成的混凝土。

e.组合纸模工艺的透水混凝土:由彩色混凝土压模工艺和透水混凝土相间组合成的混凝土。

f.组合喷涂工艺的透水混凝土:由彩色混凝土喷涂工艺和透水混凝土相间组合成的混凝土。

以上各类透水混凝土工艺,是根据项目的不同地点、环境、承载要求及基础条件等不同而进行针对性的设计及应用的,在图案变化、色彩变化上有更多的适用性和实用性。

②透水混凝土路面基层的要求:

a.透水混凝土路面的厚度。因彩色透水混凝土的强度原因,大都应用于人行道、广场、停车场、园林小道等场所,根据路面的不同,应用面板厚度不同。对人行道,自行车道等轻荷重地面,一般面层厚度不低于 8 cm;对停车场、广场等中荷重地面,面层厚度不低于 10 cm,考虑成本,可将面层分为二层,即表层为彩色透水混凝土层,厚度一般不低于 3 cm,下层为素色透水混凝土层。

b.为确保路体结构层具有足够的整体强度和透水性,表面层下需有透水基层和较好保水性的垫层。

基层要求:在素土层夯实层上配用的基层材料,除应有适当的强度外,还需有较好的透水性,可采用级配砂砾或级配碎石等。采用级配碎石时,碎石的最大粒径应小于 0.7 倍的基层厚度,且不超过 50 mm。

垫层一般采用天然碎石(粒径小于 10 mm,俗称瓜子片),并铺有一定厚度,铺设需均匀平整。

c.考虑大暴雨季节因素,为防止基层积水过多,影响地基,在基层处应设置专用透水管道,通向道路边的排水系统,用于排除过量的雨水。

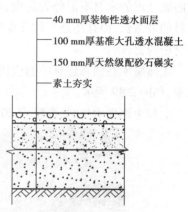

—— 40 mm厚装饰性透水面层
—— 100 mm厚基准大孔透水混凝土
—— 150 mm厚天然级配砂石碾实
—— 素土夯实

图 2.88　透水混凝土铺装剖面图

d.标准透水混凝土的施工一般以 8 cm 作为人行道的基准厚度,在此基础上按不同的功能,设计不同的厚度。为降低成本,可采用分层设计。

图 2.88 为透水混凝土铺装剖面图。

2.3.2　园林建筑中常用的材料及施工工艺

园林建筑包含:座凳(椅)、景墙(挡土墙)、亭、廊架、门房、景观塔等。

1)花岗岩

①一般贴面为 20 mm 厚,干挂为 30~50 mm 厚。

②座凳(椅)、景墙、水池池壁的压顶厚度为 30~60 mm,也可根据需要设计特殊造型来确定厚度。

③湿贴及干挂都不方便固定时,也可使用石材专用胶黏结。

④其他同地面铺装所用花岗岩。

2)卵石、雨花石和水洗石

①在装饰构筑物外立面时,一般设计图案。

②工艺流程为:脚手架安装→验收合格→选材定样→冲洗晒干→做样→评审确认→基层处理→抄平→分割弹线→贴限位面材→养护→贴卵石→扫缝→整改→成品保护→卫生清扫。

3)木材

木材施工工艺简单、操作方便,是园林建筑中不可缺少的一种材料。未经防腐处理的木材、木制品易受虫侵和腐烂,而且在木材与土壤或与水接触时也许只有延续 1~4 年的寿命。而经过防腐处理的木材不但外表美观,而且牢固、自重小、加工性能强,在正常的维护下可以比一般木材的寿命长,而且还是一种环保的建筑材料。所以防腐木以其轻便、自然、环保等特性,成为木材中的首选。

①防腐木在园林建筑中的应用。防腐木可广泛应用于亭、廊、花架、栈道、坐凳等多种园林元素,如图 2.89 所示。

②作为饰面木材时,厚度为 20~50 mm。

图 2.89　防腐木在园林中的应用(坐凳、栈道、花架、亭)

4)竹材

我国竹类资源丰富,养竹历史悠久,竹林面积、竹子种类及经济利用水平均居世界首位,因此被誉为"竹子王国"。竹子是一种天然速生材料,与木材有着相似的质感,我国竹材资源丰富,合理开发利用竹建筑材料可缓解国内木材供需矛盾,具有十分重要的经济、社会和环境效益。竹材色泽柔和、纹理清晰、手感光滑、富有弹性,给人以良好的视觉、嗅觉和触觉感受。它质

量轻、韧性好、强度高,可以被做成桁架来解决建筑中的大跨度问题,是一种优质的建筑材料。竹材与钢材、木材的抗拉强度对比见表2.4。

表 2.4 竹材、钢材及木材的抗拉强度

材料种类	类别	抗拉强度/MPa		
		内侧	外侧	平均
竹材	毛竹	298.4	89.3	193.9
钢材	工字钢	235.0~370.0		
木材	杉木	23.1~44.0		
	松木	22.7~90.7		

(1)竹材的特点

在全球范围内绿色生态思潮的巨大冲击下,竹材作为现代建筑材料已经越来越受到人们的重视。竹材在建筑业的应用中具有以下几点优势:

①竹材是一种极好的可再生资源,是很好的绿色材料。从表2.5建筑材料寿命周期对环境影响的比较可见,就能源利用和空气、水污染而言,竹材对环境的影响较小。

②竹材的韧性好,且竹结构住宅自重轻,地震时吸收的地震力也相对较少。

③竹材导热系数小,具有良好的保温隔热性能。若要达到同样的保温效果,竹材需要的厚度是混凝土的1/15,是钢材的1/400。

④竹结构及配套部件易于定型化、标准化。

⑤竹材人造板结构材料和传统的结构材料相比,具有强度高、韧性好、刚度大、变形小、尺寸稳定、性能优良等特点。

表 2.5 建材寿命周期对环境的影响

材料	水污染	温度效应	空气污染指数	固体废弃物
竹材	1	1	1	1
钢材	120	1.47	1.44	1.37
水泥	0.9	1.88	1.69	1.95

(2)竹建筑材料的应用

新型竹结构建筑将使用原竹、竹材、竹胶合板、竹地板、竹层积材等各种结构和装饰用材,是应用竹质材料量最大、种类最多的开发项目。

①原竹利用。原竹在景观构筑物中起承重或者装饰作用,如图2.90所示。

②板材利用。竹木板材一般厚度为18 mm。在园林中常用于铺装材料、建筑外装饰等。如图2.91所示。

图 2.90　竹木原材在建筑中的应用

图 2.91　竹木板材在园林中的应用

5）钢化玻璃

钢化玻璃属于安全玻璃，它是一种预应力玻璃，为提高玻璃的强度，通常使用化学或物理的方法，在玻璃表面形成压应力，使玻璃承受外力时首先抵消表层应力，从而提高了承载能力，增强玻璃自身抗风压性、抗寒暑性、抗冲击性等。

①厚度一般为 10～20 mm，根据玻璃的大小确定。

②颜色及图案可以根据设计确定，但一般情况下使用玻璃本色。

③玻璃饰面需要设立钢结构龙骨，通过玻璃连接件（玻璃爪）或者玻璃胶固定。

④玻璃饰面可形成透明、磨砂、喷砂等质感，设计者可根据整体饰面风格选择对玻璃表面的处理方式。

⑤钢化玻璃施工工艺为：测量放线→预埋铁件下部侧边上部玻璃槽安装→玻璃块安装定位→嵌缝打胶→边框装饰→清洁及成品保护与清扫。

⑥在园林中常用作花架顶、栏杆栏板、自行车棚顶、灯罩等，作为铺装材料使用时还可用于地面、栈道，给人一种通透、轻盈的感觉。

6）玻璃钢

玻璃钢因其具有强度高、质量轻、耐腐蚀、保温、隔音、寿命长等优点，广泛应用于航空航天、风力发电、游艇渔船、汽车零部件等方面。近来，发挥玻璃钢的造型方便、色彩多样的特点，将其用于城市景观建设已日趋广泛。

①玻璃钢在廊桥中的应用，常常表现为栈道、栏杆和长椅。对于栈道，一般使用木粉增强的热塑性玻璃钢，较之纯木，具有耐腐蚀、防虫蛀、可回收等优点。对于栏杆，使用的一般是拉挤成型的玻璃钢，经切割、打磨、喷漆、拼合后，安放于基座上构成连续性的围栏，远观时整齐划一、色彩清新一致，效果较好。对于长椅，则是木塑和拉挤成型的玻璃钢，二者兼而有之，安装时一般是将玻璃钢材料分段切割后安置于钢质骨架上，沿座椅横断面轮廓依次铺放形成单个椅面，单个椅面再沿纵向延伸最终形成长椅。图 2.92 为各种形态、颜色的玻璃钢坐凳。

图 2.92　各种形态、颜色的玻璃钢坐凳

②玻璃钢在雕塑中的应用,发挥的是其造型方便、色彩多样、适合单件或小批量生产的特点。采用玻璃钢材料制作的雕塑,色泽鲜艳、线条流畅、造型美观、安装方便,配合灯光照明进行展示时效果更佳。

③玻璃钢用于制作花盆和垃圾桶由来已久,如图 2.93 所示,主要是利用了其强度高、抗冲击、耐腐蚀、寿命长的特点。玻璃钢用于道路绿化的花盆或花槽时,需考虑安装、养护方便,与周围环境协调一致,注意排水和蓄水功能。

图 2.93　玻璃钢花盆及垃圾桶

④玻璃钢在幕墙和灯饰中的应用。目前市场上的玻璃钢类幕墙材料主要是采用无机的玻镁板或硅钙板,在表面喷涂氟碳涂料后,用于建筑物外墙装饰。相比于玻璃幕墙和铝塑复合板,它成本较低,有利于保温隔热,但其强度和耐久性还需进一步提高。

⑤玻璃钢用于游乐设施,优点突出,如防水性好、造型灵活可定制、色彩随便搭配,例如在游泳池的水滑梯方面和游乐场的儿童摇摆机上应用很多。当玻璃钢用于水滑梯时,设计和安装需注重产品的安全性,保证牢固可靠、抗冲击。

⑥玻璃钢格栅。根据其可用于树池、台阶、栈道等,如图 2.94 所示。

7) 建筑面砖

面砖一般作为建筑外墙的装饰材料,园林可以对景墙、亭(廊)柱等饰面采用建筑相同的材料,保持整个风格或颜色的统一。

8) 清水混凝土

清水混凝土结构一次成型,不剔凿修补,不抹灰,减少了大量建筑垃圾,不需要装饰,舍去了涂

图 2.94　玻璃钢格栅

料、饰面等化工产品，而且避免了抹灰开裂、空鼓甚至脱落等质量隐患，减少了结构施工的漏浆、楼板裂缝等质量通病。由于清水混凝土结构精工细作，工期拉长，结构施工阶段投入的人力、物力加大，使用成本要比使用普通混凝土高出 20% 左右，但由于舍去抹灰、吊顶、装饰面层等内容，减少了维保费用，最终降低了工程总造价，在现代园林中常用于景墙、构筑物等，如图 2.95 所示。

图 2.95　清水混凝土在园林建筑中的应用

9）钢

（1）不锈钢

不锈钢可以分为不锈耐酸钢和不锈钢两种，能抵抗大气腐蚀的钢称为不锈钢。不锈钢具有优良的耐腐蚀、耐用和几乎不需要维护表面等特性。不锈钢作为建筑材料，既可用于室内，也可用于室外；既可作非承重的纯粹装饰、装修制品，也可作承重构建，如工业建筑的屋顶、侧墙、幕墙等。为了满足建筑师们美学的要求，已开发出了多种不同的商用表面加工。例如，表面可以是高反射的或者无光泽的；可以是光面的、抛光的或压花的；可以是着色的、彩色的、电镀的或者是在不锈钢表面蚀刻有图案的，以满足设计人员对外观的各种要求。

（2）耐候钢

钢与铜、铬、镍和磷的合金暴露于空气中就会逐渐形成一层额外的永久性保护锈层。对于承重构件而言，即使是最薄的锈层都要考虑在内。但是，在水中或其他不利的气候条件下，锈层无法起到永久性的保护作用。

2.3.3　假山中常用的材料及施工工艺

1）太湖石

由于大自然的造化，使太湖石千姿百态，玲珑剔透，形态荒诞怪异，别具特色，从而成为建造园林假山、点缀自然景点理想的天然材料。

2）其他材料

其他材料还包括青石、黄石，也有用钢筋混凝土制造的假山石。

3）施工工艺

施工工艺为：施工放线→挖槽→基础施工挖底→中层施工→扫缝→收顶→检查完形。

2.3.4　防水材料

防水材料品种繁多，按其主要原料分为4类：

①沥青类防水材料。以天然沥青、石油沥青和煤沥青为主要原材料，制成的沥青油毡、纸胎沥青油毡、溶剂型和水乳型沥青类或沥青橡胶类涂料、油膏，具有良好的黏结性、塑性、抗水性、防腐性和耐久性。

②橡胶塑料类防水材料。以氯丁橡胶、丁基橡胶、三元乙丙橡胶、聚氯乙烯、聚异丁烯和聚氨酯等为原材料，可制成弹性无胎防水卷材、防水薄膜、防水涂料、涂膜材料及油膏、胶泥、止水带等密封材料，具有抗拉强度高，弹性和延伸率大，黏结性、抗水性和耐气候性好等特点，可以冷用，使用年限较长。

③水泥类防水材料。对水泥有促凝密实作用的外加剂,如防水剂、加气剂和膨胀剂等,可增强水泥砂浆和混凝土的憎水性和抗渗性;以水泥和硅酸钠为基料配置的促凝灰浆,可用于地下工程的堵漏防水。

④金属类防水材料。薄钢板、镀锌钢板、压型钢板、涂层钢板等可直接作为屋面板,用于防水。薄钢板用于地下室或地下构筑物的金属防水层。薄铜板、薄铝板、不锈钢板可制成建筑物变形缝的止水带。金属防水层的连接处要焊接,并涂刷防锈保护漆。

2.3.5 园林工程中的新材料

随着近年来我国科技的进步,园林设计不仅仅局限于原始材料的设计,而是利用新材料的出现来进行多种多样的设计。新材料的出现不仅促进了技术领域的变革,同时也改变了城市中人们生活的环境。下面介绍几种现代园林中使用的新材料。

1)人造石材

近年来,人造大理石和花岗岩等新型人造石材不断出现在人们视线范围内。这些人造石材具有美观、轻质等特征,它们在颜色上有着多样化的特点,在纹理上也呈现出丰富性。人造石材主要是采用废旧石渣和水泥等材料加压成型所形成的,这种方式不仅节约材料,同时也为国家的环保作出了贡献。此外,还有采用无机材料和高分子材料等聚合而成的人造石材,具有易清洁、可重复利用等特点。这些材料虽然在质地上不如天然石材,但也确实成为了现代园林建筑中的主要使用材料。

2)塑木

塑木也是新材料之一,它比传统木材有着更易清理和使用寿命长等优势,同时能够回收再利用。塑木有着较强的耐水性,又有木材的质量,这一点使得塑木在园林景观的建设中得到了广泛的应用,不仅能够替代石材,更能应用于其他范围,如水中座椅等都是塑木所制成的。

3)陶砖和瓷片

像陶砖和瓷片等这样的新材料,一般在园林建筑中应用得较少。瓷片一般应用于泳池的建设或者地面的装饰等,而陶砖则用于园林的架空层等方面。

4)装饰金属

现代园林建设中装饰金属的应用越来越广泛,其有着高密度和高熔点等特征。装饰金属不仅有着各种丰富又美观的外形,同时也保持着构造上的高承重能力,在园林建筑中成为了最常运用的新材料。像地面除了进行分隔缝处理,采用金属进行拼花等也能起到良好的效果,有着十足的美感。在环保性方面,装饰金属能够做到回收再利用,与传统材料相比更具有环保功能。此外,在园林建筑中应用装饰金属时应注意使用防腐防锈的工艺,避免由于时间久远而产生的破败,影响其使用寿命。

课后练习题

(1)园林工程图纸中常用的比例有哪些?

(2)完整的尺寸标注都包括什么?

(3)下列索引符号中,表示详图与索引图在同一张图纸中的是哪个?

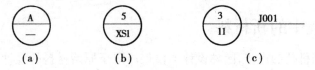

(a)　　　　　　(b)　　　　　　(c)

(4)下图中由下往上的顺序是什么?

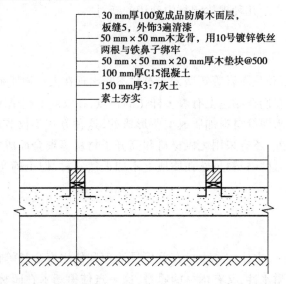

30 mm厚100宽成品防腐木面层,板缝5,外饰3遍清漆
50 mm×50 mm木龙骨,用10号镀锌铁丝两根与铁鼻子绑牢
50 mm×50 mm×20 mm厚木垫块@500
100 mm厚C15混凝土
150 mm厚3:7灰土
素土夯实

(5)园林工程施工图一般包含哪些图纸?

(6)园林的组成要素一般包含哪几项?我们为什么要掌握园林各组成要素的画法表现?

(7)施工设计阶段的园路平面重点要表现什么?

(8)花岗岩用于路面铺装时的厚度是多少?

(9)透水砖的常用厚度是多少?

(10)透水混凝土的基层一般都有什么?

(11)竹材在建筑材料的应用一般分为几种?

(12)简述不锈钢的定义。

3 园林工程项目管理

本章导读　本章介绍园林工程项目管理基础知识,如建设工程项目、项目管理、建设项目管理等的概念,建设项目管理的内容和程序,建设项目的成本管理、风险管理的内容和方法等,明确了建设项目组织计划体系、目标控制的措施和方法,以及流水施工组织、网络计划技术等方法,为编制科学合理的园林工程概预算,实现项目的成本控制打下基础。

3.1　项目管理概述

3.1.1　项目及项目管理的概念

项目是在限定的资源及限定的时间内需完成的一次性任务,可以是建造一座工厂、一栋建筑,也可以是举办一次活动,开展一个研究课题等,项目具有目标性、约束性、独特性、临时性、不确定性、整体性等特点。

项目管理(Project Management,缩写为 PM),是指在项目活动中运用专门的知识、技能、工具和方法,使项目能够在有限资源限定条件下,实现或超过设定的需求和期望的过程,包含领导(Leading)、组织(Organizing)、用人(Staffing)、计划(Planning)、控制(Controlling)等 5 项主要工作。在项目管理方法论上,主要有阶段化管理、量化管理和优化管理 3 个方面。

3.1.2　项目管理的内容

1)项目范围管理

项目范围管理是为了实现项目的目标,对项目的工作内容进行控制的管理过程,它包括范围的界定、范围的规划、范围的调整等。

2) 项目时间管理

项目时间管理是为了确保项目最终的按时完成的一系列管理过程,它包括具体活动界定、活动排序、时间估计、进度安排及时间控制等各项工作。很多人也将 GTD 时间管理引入其中,大幅提高工作效率。

3) 项目成本管理

项目成本管理是为了保证完成项目的实际成本、费用不超过预算成本、费用而实施的一系列管理过程,它包括资源的配置,成本、费用的预算以及费用的控制等项工作。

4) 项目质量管理

项目质量管理是为了确保项目达到客户所规定的质量要求所实施的一系列管理过程,它包括质量规划,质量控制和质量保证等。

5) 项目人力资源管理

项目人力资源管理是为了保证所有项目关系人的能力和积极性都得到最有效地发挥和利用所做的一系列管理措施,它包括组织的规划、团队的建设、人员的选聘和项目的班子建设等一系列工作。

6) 项目沟通管理

项目沟通管理是为了确保项目的信息的合理收集和传输所需要实施的一系列措施,它包括沟通规划、信息传输和进度报告等。

7) 项目风险管理

项目风险管理涉及项目可能遇到各种不确定因素,它包括风险识别、风险量化、制定对策和风险控制等。

8) 项目采购管理

项目采购管理是为了从项目实施组织之外获得所需资源或服务所采取的一系列管理措施,它包括采购计划、采购与征购、资源的选择及合同的管理等项目工作。

9) 项目集成管理

项目集成管理是指为确保项目各项工作能够有机地协调和配合所展开的综合性和全局性的项目管理工作和过程,它包括项目集成计划的制订、项目集成计划的实施、项目变动的总体控制等。

10)项目干系人管理

项目干系人管理是指对项目干系人需要、希望和期望的识别,并通过沟通上的管理来满足其需要、解决其问题的过程。通过项目干系人管理会赢得更多人的支持,从而能够确保项目取得成功。

3.2　建设项目的概念与划分

3.2.1　建设项目的概念

基本建设工程项目,也称建设项目(construction project),是指在一个总体设计和初步设计范围内,由一个或几个单项工程所组成,经济实行统一核算,行政上实行统一管理的建设单位。一般以一个企业(或联合企业)、事业单位或独立工程作为一个建设项目。

现有企业、事业单位按照规定使用基本建设投资单纯购置设备、工具、器具(包括车、船、飞机、勘探设备、施工机械等),不作为基本建设项目。全部投资在 10 万元以下的工程,国家不单独作为一个建设项目计算。

3.2.2　建设项目的分类

1)按建设性质划分

①新建项目:是指从无到有,"平地起家",新开始建设的项目。有的建设项目原有基础很小,经扩大建设规模后,其新增加的固定资产价值超过原有固定资产价值 3 倍以上的,也算新建项目。

②扩建项目:是指原有企业、事业单位,为扩大原有产品生产能力(或效益)或增加新的产品生产能力,而新建主要车间或工程的项目。

③改建项目:是指原有企业,为提高生产效率,改进产品质量,或改变产品方向,对原有设备或工程进行改造的项目。有的企业为了平衡生产能力,增建一些附属、辅助车间或非生产性工程,也算改建项目。

④迁建项目:是指原有企业、事业单位,由于各种原因经上级批准搬迁到另地建设的项目。迁建项目中符合新建、扩建、改建条件的,应分别作为新建、扩建或改建项目。迁建项目不包括留在原址的部分。

⑤恢复项目:是指企业、事业单位因自然灾害、战争等原因使原有固定资产全部或部分报废,以后又投资按原有规模重新恢复起来的项目。在恢复的同时进行扩建的,应作为扩建项目。

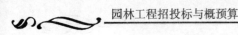

2）按计划管理要求划分

①基本建设项目：是指利用国家财政预算内投资、地方财政预算内投资、银行贷款、外资、自筹资金和各种专项资金安排的新建、扩建、迁建、复建项目和扩大再生产性质的改建项目。

②更新改造项目：是指利用中央、地方政府补助的更新改造资金、企业的折旧基金和生产发展基金、银行贷款和外资安排的企业设备更新或技术改造项目。

③商品房屋建设项目：是指由房屋开发公司综合开发，建成后出售或出租的住宅、商业用房以及其他建筑物的建设项目，包括新区开发和危旧房改造项目。

④其他固定资产投资项目：是指国有单位纳入固定资产投资计划管理，但不属于基本建设、更新改造和商品房屋建设的项目。

另外，按照隶属关系，建设项目可以划分为中央项目、地方项目、合建项目等；按照项目在国民经济中的用途，建设项目可以划分为生产性项目（包括工业项目（含矿业）、建筑业和地区资源勘探事业项目、农林水利项目、运输邮电项目、商业和物资供应项目等）和非生产性项目（包括住宅、教育、文化、卫生、体育、社会福利、科学实验研究项目、金融保险项目、公用生活服务事业项目、行政机关和社会团体办公用房等项目）。

3.2.3　建设项目的规模

基本建设项目按照总规模（能力）或投资额大小划分为大型项目、中型项目、小型项目（习惯上将大型和中型项目合称为大中型项目），更新改造项目分为限额以上项目、限额以下项目。新建项目按一个项目的全部设计能力或所需的全部投资（总概算）计算，扩建项目按扩建新增的设计能力或扩建所需投资（扩建总概算）计算，不包括扩建前原有的生产能力。按照国家规定，根据总投资额度，基本建设项目中能源、交通、原材料工业项目 5 000 万元以上，其他项目 3 000万元以上作为大中型，在此标准以下的为小型项目。

需要注意的是：新建项目的规模是指经批准的可行性研究报告中规定的近期建设的总规模，而不是指远景规划所设想的长远发展规模。明确分期设计、分期建设的，应按分期规模来计算。另外，凡是产品为全国服务，或者对生产新产品、采用新技术等具有重大意的项目，以及边远的、经济基础比较薄弱的省、区和少数民族地区，对发展地区经济有重大作用的建设项目，其设计规模或总投资虽不够规定的标准，经国家计委批准，也可以按大中型建设项目管理。

3.2.4　建设项目层次划分

根据工程设计要求以及编审建设预算、制订计划、统计、会计核算的需要，建设项目一般可进一步划分为（由大到小）：单项工程、单位工程、分部工程及分项工程。园林工程项目层次划分框图如图 3.1 所示。

①单项工程（single construction）：是建设项目的组成单元，具有独立设计文件，建成后能独立发挥生产能力或效益，例如建设项目的某一个标段，某高校校园建设中的教学楼建设工程。

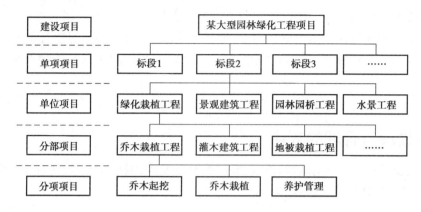

图 3.1　园林工程项目层次划分框图

②单位工程(unit construction):是单项工程中具有独立施工条件的工程,是单项工程的组成部分。通常按照不同性质的工程内容,根据组织施工和编制工程预算的要求,将一个单项工程划分为若干个单位工程。规模较大的单位工程,可将其能形成独立使用功能的部分为一个子单位工程。

③分部工程(parts of construction):是单位工程的组成部分,是按单位工程的结构形式、工程部位、构件性质、使用材料、设备种类等的不同而划分的工程项目。例如,一般房屋建筑可分为土方工程、打桩工程、砖石工程、混凝土工程、装饰工程等。当分部工程较大或较复杂时,可按材料种类、施工特点、施工顺序、专业系统和类别等划分成若干子分部工程。

④分项工程(kinds of construction):是工程项目划分的基本单元,是对分部工程的再分解,指在分部工程中能用较简单的施工过程生产出来,并能适当计量和估价的基本构造。一般是按不同的施工方法、不同的材料、不同的规划来划分的,如砖石工程就可以分解成砖基础、砖内墙、砖外墙等分项工程。

分部、分项工程是编制施工预算,制订检查施工作业计划,核算工、料费的依据,也是计算施工产值和投资完成额的基础。

3.3　建设项目管理的内容与程序

3.3.1　建设项目管理的内容

建设项目管理的内涵是自建设项目开始至建设项目完成,通过项目策划和项目控制,以使项目的投资目标、进度目标和质量目标得以实现,因此建设项目管理包含以下内容。

①建设项目管理的对象是一个具体的工程项目,是一次性的活动过程,建设项目管理的时间范畴是"自建设项目开始至建设项目完成",对业主方来说是指建设项目决策到投产竣工的全过程管理,对施工方来说是指自工程开工到工程竣工移交的施工过程管理。

②建设项目管理的工作内容包括项目策划和项目控制。项目策划是指目标控制前的一系列策划和准备工作,主要是项目目标的分析和再论证、组织策划和合同策划。建设项目管理实

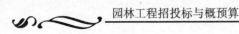

施的主体包括业主方、设计方、施工方、供货方和咨询方等。

③建设项目管理的目标是投资目标、进度目标和质量目标,即项目管理的三大约束性目标。项目管理的核心任务是项目的目标控制。项目管理是面向项目实施全过程的一种任务型管理。

3.3.2　建设项目管理的程序

尽管各建设项目所涉及的地域、内容、部门等有所差异,但总体来讲,建设项目管理通常包括立项、实施和交付使用3个阶段。

1)项目前期阶段(立项阶段)

此阶段主要是为了保证工程项目的成功、提高项目的整体效益而做的项目的前期研究、规划、决策等工作,主要工作内容包括:发展战略规划、项目建议书(代可行性研究报告)的编制及评审、编制环境影响评价报告书、初步设计概算等前期支撑性文件并获得批复、成立项目部(或确定项目责任人)并签订《项目管理目标责任书》。

2)项目的实施阶段

此阶段主要工作内容包括项目设计、施工准备、工程施工等。

建设工程项目的设计环节包括方案设计和施工图设计。建设方通常采取招投标的形式选定合作单位,签订设计合同。合同中需要明确项目的规模、功能、工作范围、工作内容、设计进度、成果质量与安全、成果提交、知识产权以及相关配合工作等内容。为了保证项目的顺利推进,签订合同的双方都需要编制较为详细的总体实施方案。建设方要对各阶段的设计文件进行审核。

在施工之前,需要完成征地,拆迁和场地平整,完成施工用水、电、通信、道路等接通工作,组织招标选择工程监理单位、承包单位及设备、材料供应商,准备必要的施工图纸等工作内容,并完成工程报建手续的办理(包括办理项目用地预审、建设用地规划许可证、建设工程规划许可证、工程招投标备案手续、工程报建手续、施工许可证、质量和安全监督手续等)。

工程施工阶段是项目实施的主要阶段,涉及工程监理、工程进度管理、工程质量管理、工程变更控制、工程结算及投资控制管理、工程统计信息管理等内容。

3)交付使用阶段

交付使用阶段包括试运行、竣工验收以及使用评价等工作内容。

工程施工结束后,某些工程项目(尤其是安装工程)需要进行项目的试运行,以考察项目的完成情况,应根据相关施工验收规范及质量验收标准、设计方案、施工图、施工合同等文件对项目进行竣工验收,编制竣工验收报告,并对相关材料进行备案。项目竣工验收后,由建设方委托具有相应资质的非利益相关部门开展项目综合后评价,及时反馈项目后评价信息与成果,总结经验教训。

3.4 建设项目成本管理

3.4.1 建设项目成本管理的内涵

建设项目成本管理是指在保证满足工程质量、工期等合同要求的前提下,对项目实施过中所发生的费用,通过计划、组织、控制和协调等活动实现预定的成本目标,并尽可能地降低成本费用的一种科学的管理活动,它主要通过技术(如施工方案的制订比选)、经济(如核算)和管理(如施工组织管理、各项规章制度等)活动达到预定目标,实现盈利的目的。

成本管理一直贯穿建设项目管理全过程,从项目建议书、可行性研究报告阶段的估算,到设计阶段的概算,施工阶段的预算、结算,直至竣工阶段的决算,后续评价的经济效益评估等,始终都与项目的成本管理紧密结合。

3.4.2 建设项目成本管理内容和方法

建设项目成本管理内容包括成本预测、成本计划、成本控制、成本核算、成本分析和成本考核,这些内容相互联系相互作用。

1)成本预测

成本预测是项目成本计划的依据,是确定目标成本和选择达到目标成本的最佳途径的重要手段。成本预测应从工程投标报价开始,直至项目竣工结算、保修金返还为止,贯穿项目实施的全过程。

成本预测的方法可分为定性预测和定量预测两种。

①定性预测:专业人员根据经验对成本的分析推测,具体方式有座谈会法和函询调查法。

②定量预测(建立数学模型计算):具体方式有加权平均法、回归分析法等。

2)成本计划

成本计划是以货币形式编制的项目在计划期内的生产费用、成本水平及为降低成本采取的措施计划方案。成本计划是以成本预测为基础编制的,是项目管理的目标成本,是建立成本管理责任制、实施项目成本控制和工程价款结算的主要依据。

(1)项目成本计划的内容

项目成本计划一般由直接成本计划和间接成本计划组成。

(2)项目成本计划的编制流程

图 3.2 为成本计划编制的流程。

(3)项目成本计划的编制方法

①施工预算法:施工预算法计划成本等于施工预算施工生产消耗水平(工料消耗费用)与技术节约措施计划节约额之差。

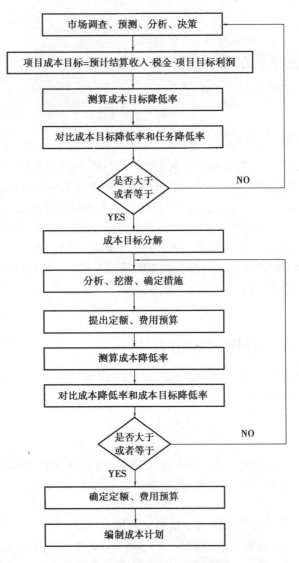

图 3.2　成本计划编制流程图

②技术节约措施法:工程项目技术计划成本等于工程项目预算成本与技术节约措施计划节约额(成本降低额)之差。

③成本习性法:工程项目计划成本等于固定成本总额与变动成本总额之和。

④按实计算法:是工程项目经理部有关职能部门(人员)以该项目施工图预算的工料分析资料作为控制计划成本的依据,根据工程项目经理部执行施工定额的实际水平和要求,由各职能部门归口计算各项计划成本(包括人工费的计划成本、材料费的计划成本、机械使用费的计划成本、措施费的计划成本、间接费用的计划成本等)。

3)成本控制

成本控制是指在项目实施过程中,对影响项目成本的各项要素(即施工所耗费的人力、机械、材料和各项费用开支),采取一定措施进行监督、调解和控制,及时预防、发现和纠正偏差,保证项目成本目标的实现。

成本控制应贯穿于项目建设的各个阶段,是项目成本管理的核心内容,也是项目成本管理中不确定因素最多、最复杂、最基础的管理内容。

项目成本控制包括预控、比较、分析、纠偏和检查等环节。在建设工程施工之前,应结合项目的实际情况、当地物价水平等编制科学完善的实施方案,做到事先控制;在建设工程实施过程中,对成本数据进行收集、整理,对比实际成本和计划成本,如果出现偏差,则需要分析偏差的严重性及偏差产生的原因,有针对性地采取纠偏措施,从而实现成本的动态控制和主动控制;此后仍需要跟踪检查,及时了解工程进展状况以及纠偏措施的执行情况和效果,为今后的工作积累经验。因此,项目的成本控制是过程控制。

4)成本核算

成本核算是指利用会计核算体系,对项目建设工程中所发生的各项费用进行归集,统计其实际发生额,并计算项目总成本和单位工程成本的管理工作。项目成本核算所提供的各种信息是成本预测、成本计划、成本控制和成本考核的依据。图 3.3 为建设项目成本的构成。

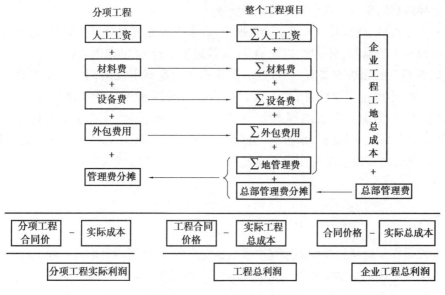

图 3.3　建设项目成本构成

5)成本分析

成本分析是揭示项目成本变化情况及其变化原因的过程,项目成本分析的基本方法包括:比较法、比率法、差额计算法、因素差异分析法。

(1)比较法

比较法是关于工期和进度的分析指标。

$$时间消耗程度 = 已用工期 / 计划总工期 \times 100\%$$

$$工程完成程度 = 已完成工程量 / 计划总工程量 \times 100\%$$

$$或 = 已完成工程价格 / 工程计划总价格 \times 100\%$$

$$或 = 已投入人工工时 / 计划使用总工时 \times 100\%$$

（2）比率法

比率法是指效率比，仅针对已完成的工程的各个成本项目：

$$机械生产效率 = 实际台班数 / 计划台班数$$

$$劳动效率 = 实际使用人工工时 / 计划使用人工工时$$

相似的还有材料消耗的比较及各项费用消耗的比较。

（3）差额计算法

该方法计算成本偏差、偏差率，以及利润，也是针对已完成的工程：

$$成本偏差 = 实际成本 - 计划成本$$

$$成本偏差率 = （实际成本 - 计划成本）/ 计划成本 × 100\%$$

$$利润 = 已完工程价格 - 实际成本$$

（4）因素差异分析法

因素差异分析法是通过对比分析，确定影响项目实际成本的因素（如人工费、工程量、效率等），分别计算各因素造成的项目成本变化情况。用该法不仅可以确定实际和计划的差异，而且可确定差异影响因素以及它们各自的影响份额。

完成成本分析后，通常要编写成本分析报告，成本报告通常包括分析时期、总收支状况，实际成本与计划成本的偏差、偏差率，以及偏差（尤其是超支）产生的原因等。

通常成本超支的原因主要有以下几点：原成本计划数据不准确；上级、业主的干扰，阴雨天气，物价上涨，不可抗力事件等；实施管理中不适当的控制程序，费用控制存在问题，被罚款；成本责任不明；劳动效率低，工人频繁地调动，施工组织混乱；采购了劣质材料，工人培训不充分，财务成本高；合同不利，承包商（分包商、供应商）的赔偿要求。针对超支产生的原因应及时采取措施，尤其应重点关注成本偏差负值最大的工作包或成本项目，或者近期就要进行的活动等。

6）成本考核

成本考核是在工程项目建设的过程中或项目完成后，定期对项目形成过程中的各级单位成本管理的成绩或失误的总结和评价。如果成本核算和信息反馈及时，在工程施工过程中，分次进行成本考核并奖罚兑现效果会更好。

3.4.3 园林工程项目管理流程

1）在工程投标阶段的成本管理

投标阶段的成本管理工作主要是通过编制施工预算为最终确定投标报价提供依据。根据施工现场的踏勘情况，技术部门提出施工技术措施；工程管理部门提出施工组织方案和设备配备规模；劳资部门提出工种结构和人员规模；结合招标文件规定的材料供应方式，确定出施工中各种消耗材料价格；根据工程所在地与现驻地距离及需要调遣的人员和设备数量，计算出机构调遣费用；财务部门根据项目经理部管理人员数量、交通工具及检验工具等配备情况，计算出现

场管理费用;最后根据招标文件规定的工期要求,按上述各方案计算出工程的总体施工费用预算。

然后根据招标文件规定的税金计取比例和方式确定工程税金,再加上投标费用,预计发生的交工后保修费和后期管理费等费用,就构成了施工企业承揽该项工程的全部支出,并可依此作为投标的最低报价。

2) 在施工准备阶段的成本管理

工程中标后,项目部(人员)要根据企业本部下达的预算成本编制责任预算。首先根据图纸和技术资料对施工技术措施、施工组织程序、作业组织形式、机械设备的选型、人力资源调配等进行优化,还要再对施工项目所在地的劳动定额、材料消耗定额、工程机械定额等进行全面调查,确定劳动定员、机械运行及材料供应定额。

同时,经过反复比较制定出材料、机械单价控制表,结合现场施工条件计算出各分部分项工程的责任预算。

三是以分部分项工程实物量为基础,按照部门、施工队和班组的分工进行分解,形成各部门、施工队和班组的责任成本,为以后的成本控制做好准备。

3) 在施工过程中的成本管理

施工过程中的成本管理主要指成本控制和分析。

①人工费控制:按照事先确定的工日单价乘以各施工小组应完成实物工作量的工日数,以此作为施工小组的人工费,从根本上杜绝"出工不出力"的现象;进行技术培训,提高施工人员的专业素质,合理调节各工序人数松紧情况,既加快工程进度,又节约人工费用。

②材料费控制:材料费控制分为价格和数量两个方面。首先要把好进货关,对用量较大的材料应采取招标的办法,货比三家,或者直接从厂家进货,减少中间环节,节约材料差价;其次是零星的材料要尽量用多少结算多少,以免造成库存积压和损失;做好现场物资管理,严格避免材料浪费。

③机械使用费控制:切实加强设备的维护与保养,提高设备的利用率和完好率;对确需租用外部机械的,要做好工序衔接,提高利用率,促使其满负荷运转,对于按完成工作量结算的外部设备,要做好原始记录。

④非生产费用控制:要压缩非生产人员,在保证工作的前提下,实行一人多岗,满负荷工作;采取指标控制、费用包干、一支笔审批等方法,最大限度地节约非生产开支。

4) 在工程结算阶段的成本管理

在结算之前,项目技术、预算人员要认真核对已完工程量,对尚未办理变更索赔手续的项目要取得业主的签认,确保取得足额结算收入。在工程保修期内,应根据实际工程质量,合理预计可能发生的维修费用,并作出保修计划,以此作为保修费用的控制依据。

图3.4为园林工程企业在建设工程项目管理中成本管理的流程图。

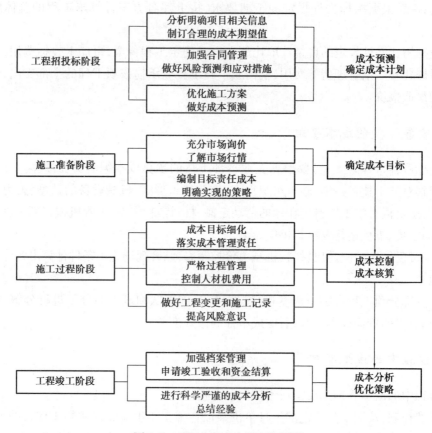

图 3.4　工程企业成本管理流程图

3.5　建设项目风险管理的基本知识

3.5.1　建设项目风险及其类型

对于风险(Risk)的定义通常有两种解释,一种是将风险定义为风险的不确定性;另一种是把风险定义为我们预期的目标和实际的差距。美国 Cooper D1F 和 Chapman C.B 在《大项目风险分析》一书中给出了较权威的定义:"风险是由于从事某项特定活动过程中存在的不确定性而产生的经济或财务的损失,自然破坏或损伤的可能性。"

建设项目由于具有规模大、周期长、影响因素多等特点,在实施过程中存在着很多不确定性,导致项目的实际结果与预期目标常出现差异。按照风险的来源,建设项目风险分为自然类、社会类、行为类,见表3.1。另外,按照是否可以管理分为可管理风险和不可管理风险,按照风险影响范围划分可将工程项目风险划分为局部风险和总体风险。

表 3.1 建设项目风险类型

风险类型	风险因素
源自自然力作用	地震、火灾、洪水、暴风雨、冰雹、泥石流、山崩、滑坡等自然力事件
源自社会政策作用	战争、动乱、宏观经济调控、政策法规改变、通货膨胀、物价上涨、利率汇率波动、金融动荡等
源自人的行为	管理机构或者机制失灵、决策判断失误、市场调查不准确、操作失误、设计缺陷、技术资料供应不及时等

3.5.2 建设项目风险管理

风险管理(Risk Manage,简称 RiskM),是社会组织或者个人用以降低风险的消极结果的决策过程,通过风险识别、风险估测、风险评价,并在此基础上选择与优化组合各种风险管理技术,对风险实施有效控制和妥善处理风险所致损失的后果,从而以最小的成本收获最大的安全保障。

建设项目风险管理策略有风险识别、风险回避、风险分散和转移、风险损失控制、风险自留,以及风险的投机和利用等。

1)风险识别

建设项目具有范围广、工作复杂、流动性大、周期长等特点,因此工程项目的风险因素也较为错综复杂。在项目管理过程中,需要把建设项目中可能遇到的风险全部列举出来,然后再逐一进行风险分析,如对社会政治、经济环境、自然条件等各个方面进行风险分析,即"风险识别"。

风险识别的方法有:专家调查法、财务报表法、流程图法、初始清单法、经验数据法、风险调查法。通常采用两种或多种风险识别方法综合考虑,才能取得较为满意的结果。而且,不论采用何种风险识别方法组合,都必须包含风险调查法。从某种意义上讲,前 5 种风险识别方法的主要作用都在于建立初始风险清单,而风险调查法的作用则是为了建立最终的风险清单。

当风险因素被正确地识别以后,应积极采取防范与控制措施,避免或者降低损失。

2)风险的回避

风险回避就是在"识别风险"后,采取应对措施中断风险源,避免可能产生的潜在损失。例如,某工程项目虽然从净现值、内部受益率等指标看是可行的,但是项目对投资额、产品价格、经营成本均很敏感,这意味着该建设工程的不确定性很大,也就是风险很大,因此最终决定放弃建设该项目。如果项目已经开始实施建设,则应该充分利用合同条款来回避、减少风险。在实践中通常采取在合同中增加保值条款,选择合适的外汇计价结算方式,减少预付、垫付资金数额等策略。

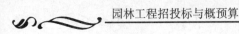

在采用风险回避对策时,需注意以下问题:

①回避一种风险的同时可能会产生另一种新的风险。

②回避风险的同时也丧失了从风险中获益的可能性。

③回避风险有时是不实际甚至不可能的。

④总之,风险回避虽然是一种必要的、有时甚至是最佳的风险对策,但必须意识到这是一种消极的风险对策。

3)风险的分散与转移

风险的分散和转移主要有两种策略。

一种策略是投保,即将不可抗的特殊风险(如战争、自然灾害、意外事故等)转移给保险公司,例如参加人身事故险、机械安全险、货物运输险以及自然灾害险等。这种方法尽管要支付一定的保险费用,但相对于风险的损失而言要小得多,况且保险费用是可以计入工程项目成本的,所以这是一种现代社会最常用的风险转移方法。

另一种策略是通过合同的条款,使各个子项目的承包商共同分担风险。这也是国际上承包商常用的一种风险转移方法。

4)风险损失的控制

风险损失的控制是一种主动、积极的风险对策,是工程项目建设单位通过内部的经营管理对风险进行控制,企业应形成一个周密的、完整的损失控制计划系统。控制成本和提出索赔是建设单位最为主要的两种应对风向损失的策略。

控制成本是指将工程项目建设的各项费用控制在总成本计划中。首先,在制订成本计划时,要为不可预见的风险因素留有一定的余地,在投标定价中考虑增加一定比例的不可预见费或应急费;其次,是加强工程项目建设中的成本管理,密切注意并反馈风险发生发展的征兆,以便采取必要的控制措施。

提出索赔是根据合同条款向工程项目的所有权单位、保险公司和子项目承包商要求经济赔偿的方式。工程合同既是项目管理的法律文件,也是项目全面风险管理的主要依据,它是对合同主体各方应承担风险的一种界定,风险分配通常在合同与招标文件中定义。

总之,项目的管理者必须具有强烈的风险意识,学会从风险分析与风险管理的角度研究合同的每一个条款,对项目可能遇到的风险因素有全面深刻的了解,否则将给项目带来巨大的损失。

5)风险自留

风险自留也称为风险承担,是指企业自己非理性或理性地主动承担风险,即指一个企业以其内部的资源来弥补损失。风险自留既可以是有计划的,也可以是无计划的。

有计划的风险自留也可以称之为"自保"。管理者察觉到风险的存在,预测到风险造成的损失,决定以其内部的资源(自有资金或借入资金),来对损失加以弥补。在有计划的风险自留中,对损失的处理有许多种方法,有的会立即将其从现金流量中扣除,有的则将损失在较长的一段时间内进行分摊,以减轻对单个财务年度的冲击。

无计划的风险自留往往是建设单位没有发现风险或者对风险造成的损失预测不足,一旦损失发生,必须以其内部的资源(自有资金或者借入资金)来加以补偿,如果内部资源不足(筹集资金不足),建设项目就不得不终止或者暂停,建设单位陷入经营困境。无计划的风险自留是管理者非理性应对风险的表现,因此,准确地说,非计划的风险自留不能称之为一种风险管理的措施。

6)风险的投机与利用

在风险的管理过程中,管理者必须充分认识到风险是分为纯粹风险和可利用风险两种类型的。纯粹风险是有害的,不能由工程项目开发者控制的,只能想办尽量地减少、转移的风险;可利用风险也称为可投机风险,存在着有利和不利的两个方面,管理者应及时准确地做好预测工作,并主动创造索赔的条件,变不利为有利,化被动为主动。

总之,管理者要根据建设项目特点,着眼全局,利用动态和发展的态度考虑管理思路和步骤,选择科学合理的风险管理策略。

3.6 工程项目的组织计划体系、目标控制的措施和方法

3.6.1 工程项目的组织计划体系

工程项目组织计划是为实现工程项目的既定目标,对工程项目实施过程进行组织和安排的过程。通过制订计划,可预先确定工程项目目标,制定项目目标实现方法及具体措施。

项目组织计划是实施项目控制的前提条件,项目管理人员实施项目控制的目的就是使体现该项目目标的计划得以实现。

按照实施者不同,项目组织计划体系分为建设单位的组织计划体系和施工单位的组织计划体系。

1)建设单位的组织计划体系

建设单位编制(也可委托监理单位编制)的计划体系包括工程项目前期工作计划、工程项目建设总进度计划和工程项目年度计划。

(1)工程项目前期工作计划

工程项目前期工作计划是指对工程项目可行性研究、项目评估及初步设计的工作进度安排,它可使工程项目前期决策阶段各项工作的时间得到控制。工程项目前期工作计划需要在预测的基础上编制,其表式见表3.2。

表 3.2　工程项目前期工作进度计划

项目名称	建设性质	建设规模	可行性研究		项目评估		初步设计	
			进度要求	负责单位负责人	进度要求	负责单位负责人	进度要求	负责单位负责人

注:①建设性质是指新建、改建或扩建;
　　②建设规模是指生产能力、使用规模或建筑面积等。

（2）工程项目建设总进度计划

工程项目建设总进度计划是指对工程项目从开始建设(设计、施工准备)至竣工投产(动用)全过程的统一部署。其主要目的是安排各单位工程的建设进度,合理分配年度投资,组织各方面的协作,保证初步设计所确定的各项建设任务的完成。

工程项目建设总进度计划是编报工程建设年度计划的依据,其主要内容包括文字和表格两部分。

①文字部分:包括工程项目的概况和特点,安排建设总进度的原则和依据,建设投资来源和资金年度安排情况,技术设计、施工图设计、设备交付和施工力量进场时间的安排,道路、供电、供水等方面的协作配合及进度的衔接,计划中存在的主要问题及采取的措施,需要上级及有关部门解决的重大问题等。

②表格部分:包括工程项目一览表、工程项目总进度计划、投资计划年度分配表和工程项目进度平衡表。

（3）工程项目年度计划

工程项目年度计划是依据工程项目建设总进度计划和批准的设计文件进行编制的。该计划既要满足工程项目建设总进度计划的要求,又要与当年可能获得的资金、设备、材料、施工力量相适应。应根据分批配套投产或交付使用的要求,合理安排本年度建设的工程项目。工程项目年度计划主要包括文字和表格两部分内容。

①文字部分:包括编制年度计划的依据和原则,建设进度、本年计划投资额及计划建造的建筑面积,施工图、设备、材料、施工力量等建设条件的落实情况,动力资源情况,对外部协作配合项目建设进度的安排或要求,需要上级主管部门协助解决的问题,计划中存在的其他问题,以及为完成计划而采取的各项措施等。

②表格部分:包括年度计划项目表、年度竣工投产交付使用计划表、年度建设资金平衡表和年度设备平衡表。

2）施工单位的计划体系

施工单位的计划体系包括投标之前编制的项目管理规划大纲和签订合同之后编制的项目管理实施规划。

(1)项目管理规划大纲

项目管理规划大纲是指由企业管理层在投标之前编制的,旨在作为投标依据,满足招标文件要求及签订合同要求的文件。根据国家标准《建设工程项目管理规范》要求,项目管理规划大纲应包括下列内容:

①项目概况。

②项目实施条件分析。

③项目投标活动及签订施工合同的策略。

④项目管理目标。

⑤项目组织结构。

⑥质量目标和施工方案。

⑦工期目标和施工总进度计划。

⑧成本目标。

⑨项目风险预测和安全目标。

⑩项目现场管理和施工平面图。

⑪投标和签订施工合同。

⑫文明施工及环境保护。

(2)项目管理实施规划

项目管理实施规划是在开工之前由项目经理主持编制的,旨在指导施工项目实施阶段管理的文件。根据国家标准《建设工程项目管理规范》要求,项目管理实施规划应包括下列内容:

①工程概况。包括:工程特点,建设地点及环境特征,施工条件,项目管理特点及总体要求。

②施工部署。包括:项目的质量、进度、成本及安全目标,拟投入的最高人数和平均人数,分包计划、劳动力使用计划、材料供应计划、机械设备供应计划,施工程序,项目管理总体安排。

③施工方案。包括:施工流程和施工顺序,施工阶段划分,施工方法和施工机械选择,安全施工设计,环境保护内容及方法。

④施工进度计划。应包括施工总进度计划和单位工程施工进度计划。

a.施工总进度计划应依据施工合同、施工进度目标、工期定额、有关技术经济资料、施工部署与主要工程施工方案等编制。施工总进度计划的内容应包括编制说明,施工总进度计划表,分期分批施工工程的开工日期、完工日期及工期一览表,资源需要量及供应平衡表等。

b.单位工程施工进度计划的编制依据包括:项目管理目标责任书,施工总进度计划,施工方案,主要材料和设备的供应能力,施工人员的技术素质及劳动效率,施工现场条件、气候条件、环境条件,已建成的同类工程实际进度及经济指标。单位工程施工进度计划的内容应包括编制说明、进度计划图、单位工程施工进度计划的风险分析及控制措施。

⑤资源供应计划。包括:劳动力需求计划,主要材料和周转材料需求计划,机械设备需求计划,预制品订货和需求计划,大型工具、器具需求计划。

⑥施工准备工作计划。包括:施工准备工作组织及时间安排,技术准备及编制质量计划,施工现场准备,作业队伍和管理人员的准备,物资准备,资金准备。

⑦施工平面图。包括:施工平面图说明,施工平面图,施工平面图管理规划。

⑧技术组织措施计划。包括:保证进度目标的措施,保证质量目标的措施,保证安全目标的措施,保证成本目标的措施,保证季度施工的措施,保护环境的措施,文明施工措施。各项措施应包括技术措施、组织措施、经济措施及合同措施。

⑨项目风险管理。包括:项目风险因素识别一览表,风险可能出现的概率及损失值估计,风险管理要点,风险防范对策,风险责任管理。

⑩信息管理。包括:与项目组织相适应的信息流通系统,信息中心的建立规划,项目管理软件的选择与使用规划,信息管理实施规划。

⑪技术经济指标分析。包括:规划的指标,规划指标水平高低的分析和评价,实施难点的对策。

(3)项目管理实施规划与传统的施工组织设计的不同。

①性质不同:施工项目管理规划是一种规范性管理文件,产生管理职能,服务于项目管理;施工组织设计是一种技术经济文件,服务于施工准备和施工活动,要求产生技术效果和经济效果。

②范围不同:施工项目管理规划所涉及的范围是施工项目管理的全过程,即从投标开始至交付使用后服务的全过程;施工组织设计所涉及的范围只是施工准备和施工阶段。

③产生的基础不同:施工项目管理规划是在市场经济条件下,为了提高施工项目的综合经济效益,以目标控制为主要内容而编制的;而施工组织设计是在计划经济条件下,为了组织施工,以技术、时间、空间的合理利用为中心,使施工正常进行而编制的。

④实施方式不同:施工项目管理规划是以目标管理的方式编制和实施的,目标管理的精髓是以目标指导行动,实行自我控制,具有考核标准。

3.6.2 工程项目目标管理措施和方法

为了取得目标控制的理想成果,应当从多方面采取措施。建设工程目标控制的措施通常可以概括为组织措施、技术措施、经济措施和合同措施4个方面。

1)组织措施

组织措施包括:组成监督管理小组,监督劳动力、机具、设备、材料等的投入情况,巡视、检查工程实施情况,对项目信息的收集、加工、整理,分析评价项目目标实施情况,预测目标偏差,及时发现,及时采取措施。除此之外,管理人员还需要在控制过程中激励人们以调动和发挥他们实现目标的积极性、创造性,组织技术培训,提升专业素质和技术水平,提高工作效率等。只有采取适当的组织措施,保证目标控制的组织工作明确、完善,才能使目标控制取得良好效果。

2)技术措施

技术措施是指在技术层面上探索目标实现的最佳途径,首先应从编制科学可行的施工方案开始,通过对各种技术数据进行审核、比较,确定最优方案;其次应引入先进的技术手段、生产工艺,使用新设备、新结构等,对各种文件(如招投标文件、合同等)及主要技术方案进行必要的论证,寻求节约投资、保障工期和质量的技术措施,在提高工程进度和质量的同时降低成本。

3)经济措施

对于项目的成本管理一直贯穿项目始终,无论是对工程造价实施控制,还是对工程质量、进

度实施控制,都离不开经济措施。为了实现工程项目既定的经济目标,项目管理人员要收集、整理相关的工程经济信息和数据(如现行市场行情,价格信息等),对各种实现目标的计划进行资源、经济、财务等方面的可行性分析,对经常出现的各种设计变更和其他工程变更方案进行技术经济分析,以力求减少对计划目标实现的影响,要对工程概、预算进行审核,要编制资金使用计划,对工程付款进行审查等。

4)合同措施

项目管理者应熟悉、熟知《合同法》《招投标法》等相关法律法规,合理利用法律手段,保护自身的合法权益。管理者应对项目涉及的合同进行科学管理,以实现对工程项目目标的有效控制。业主还可委托专业化、社会化的项目管理单位及监理单位,在其授权范围内由项目管理单位及监理单位依据其与业主签订的委托合同及相关的工程建设合同行使管理及监理职责,对合同的履行实施监督管理。由此可见,确定对目标控制有利的承发包模式和合同结构,拟订合同条款,参加合同谈判,处理合同执行过程中的问题,以及做好防止和处理索赔的工作等,是建设工程目标控制的重要手段。

3.7 流水施工组织方法

3.7.1 流水施工组织方法

流水施工为工程项目组织实施的一种管理形式,是由固定组织的工人在若干个工作性质相同的施工环境中依次连续地工作的一种施工组织方法。工程施工中,可以采用依次施工(也称顺序施工法)、平行施工和流水施工等组织方式。对于相同的施工对象,当采用不同的作业组织方法时,其效果也各不相同。

流水施工组织方式是将拟建工程项目的整个建造过程分解成若干个施工过程(也就是划分成若干个工作性质相同的分部、分项工程或工序),同时将拟建工程项目在平面上划分成若干个劳动量大致相等的施工段,在竖向上划分成若干个施工层,按照施工过程分别建立相应的专业工作队,专业工作队按照一定的施工顺序投入施工,完成第一个施工段上的施工任务后,在专业工作队的人数、使用的机具和材料不变的情况下,依次地、连续地投入到第二、第三……直至最后一个施工段的施工,在规定的时间内,完成同样的施工任务。

流水施工组织方式使得不同的专业工作队在工作时间上最大限度地、合理地搭接起来,保证拟建工程项目的施工全过程在时间上和空间上,有节奏、连续地、均衡地进行下去,直至完成全部施工任务。

3.7.2 流水施工组织的参数

流水施工组织的参数包括工艺参数、空间参数和时间参数三类。

1）工艺参数

工艺参数包括施工过程数和流水强度。

①施工过程数：施工过程的数目以 n 表示，它是流水施工的基本参数之一。施工过程数目主要依据项目施工进度计划在客观上的作用、采用的施工方案、项目的性质和建设单位对项目建设工期的要求等进行确定。

②流水强度：流水强度用 V 表示，又称流水能力或生产能力，它是指每一施工过程在单位时间内所完成的工程量（如浇捣混凝土施工过程，每工作班能浇筑多少立方米混凝土）。

2）空间参数

（1）工作面

专业工种在工作时所必须具备的活动空间，称为该工种的工作面。工作面的大小可以采用不同的单位来计量。例如对于道路工程，可以采用沿着道路的长度以 m 为单位；对于浇筑混凝土楼板，则可以采用楼板的面积以 m² 为单位等。

（2）施工段

为了有效地组织流水施工，通常把拟建工程项目在平面上划分成若干个劳动量大致相等的施工段落，这些施工段落称为施工段。施工段的数目以 m 表示，它是流水施工的基本参数之一。划分施工段是组织流水施工的基础。

3）时间参数

在组织流水施工时，用以表达流水施工在时间排列上所处状态的参量，均称为时间参数。时间参数包括流水节拍、流水步距、技术间歇、组织间歇和平行搭接时间等 5 种。

（1）流水节拍

在组织流水施工时，每个专业工作队在各个施工段上完成各自的施工过程所必需的持续时间，均称为流水节拍。流水节拍以 t 表示，它是流水施工的基本参数之一。第 j 个专业工作队在第 i 个施工段的流水节拍一般用 $t_{j,i}$ 来表示（$j=1,2,\cdots,n;i=1,2,\cdots,m$）。流水节拍数值大小，可以反映流水速度快慢、资源供应量大小。流水节拍的影响因素主要有：采用的施工方法、投入的劳动力或施工机械多少，以及工作班次的数目。

为避免浪费工时，流水节拍在数值上应为半个班的整数倍，其数值可按下列两种方法确定。一是定额计算法，它根据各施工段的工程量、能够投入的资源量进行计算；二是经验估算法，它是根据以往的施工经验进行估算。一般为了提高其准确程度，往往先估算出该流水节拍的最长、最短、正常（即最可能）3 种时间，然后据此求出期望时间作为某专业工作队在某施工段上的流水节拍。因此，经验估算法也称为三时估算法。这种方法多适用于采用新工艺、新方法和新材料等没有定额可循的工程或项目。

（2）流水步距 K

在组织项目流水施工时，通常将相邻两个专业工作队先后开始施工的合理时间间隔，称为它们之间的流水步距。流水步距以 $K_{j,j+1}$ 来表示，其中 $j(j=1,2,\cdots,n-1)$ 为专业工作队或施工过程的编号。流水步距的数目取决于参加流水的施工过程数。如果施工过程数为 n 个，则流水步

距的总数为 $n-1$ 个。流水步距的大小取决相邻两个施工过程(或专业工作队)在各个施工段上的流水节拍及流水施工的组织方式。

（3）流水施工工期

流水施工工期是指从第一个专业工作队投入流水施工开始,到最后一个专业工作队完成流水施工为止的整个持续时间。由于一项建设工程往往包含有许多流水组,故流水施工工期一般均不是整个工程的总工期。

3.7.3　流水施工组织的分类

建筑工程的流水施工要求有一定的节拍,才能步调和谐、配合得当。流水施工的节奏是由流水节拍所决定的。由于建筑工程的多样性,各分部分项的工程量差异较大,要使所有的流水施工都组织成统一的流水节拍是很困难的。在大多数情况下,各施工过程的流水节拍不一定相等,甚至一个施工过程本身在各施工段上的流水节拍也不相等。因此形成了不同节奏特征的流水施工。

在节奏性流水施工中,根据各施工过程之间流水节拍的特征不同,流水施工可分为等节拍流水施工、异节拍流水施工和无节奏流水施工三大类。

表 3.3　流水施工组织形式

组织形式			特　点	工期计算
有节奏流水	等节拍流水施工		是指同一施工过程在各施工段上的流水节拍都相等,并且不同施工过程之间的流水节拍也相等的一种流水施工方式,也称为全等节拍流水或同步距流水	$T = (m + n - 1)t + \sum G + \sum Z - \sum C$
	异节拍流水施工	异步距异节奏流水施工	是指同一施工过程在各施工段上的流水节拍相等,不同施工过程之间的流水节拍不相等也不成倍数的流水施工方式	$T = \sum k + mt$
		等步距异节奏流水施工	是指同一施工过程在各个施工段上的流水节拍相等,不同施工过程的流水节拍之间存在一个最大公约数的流水施工方式	$T = (m + n' - 1)K$
非节奏流水施工			是指同一施工过程在各施工段上的流水节拍不完全相等的一种流水施工方式,它是流水施工的普遍形式,在非节奏流水施工中,通常采用累加数列错位相减取大差法计算流水步距	$T = \sum k + \sum tn$

注：T 为流水施工工期;

M 为施工段数;

N 为专业工作队数;

K 为流水步距,用 $K_{j,j+1}$ 来表示,流水步距不包括搭接时间和间歇时间;

G 为组织间歇时间,用 $G_{j,j+1}$ 来表示;

C 为平行搭接时间;

Z 为技术间歇时间。

3.7.3　流水施工组织的实施步骤

园林工程流水施工组织方法大致可以归纳为以下步骤：

①确定工序及其施工顺序，然后计算各工序的工程量，工程量计算要准确，以确定作业时间。

②划分施工段，保证不同工种能在不同工作面上同时工作，为流水作业创造条件，施工段数目应满足流水作业组织的要求，即施工段数目应大于或等于流水线中所包含的工序（施工队组）数目，施工段的大小应尽可能与主要机械的使用效率相适应。

③按专业分工组建施工队组，一般每个施工队组的人数，应根据最小施工段上的工作面情况，保证每一个工人至少能够占有为充分发挥其劳动效率所必需的最小工作面，同时队组人数还应满足合理劳动组织要求，否则劳动力会降低。

④确定流水节拍（即每段作业时间），并组织连续施工。为避免施工队组的转移耽误时间，流水节拍最好等于半班或其倍数。流水节拍确定后，就可把各施工段的施工时间依次排列起来，使其连续完成各段的工作。

⑤采用数列法计算流水步距，组织各队先后插入施工，形成施工流水线，即把它们合理地搭接起来，使各专业队组先后插入平行的连续施工，组成一条流水线。合理搭接，首先就要做到各队组都有必要的工作面，各在一个不同的施工段上工作；其次是保证流水线中各队组都能连续施工；第三，能充分利用工作面，使后一施工队组能尽早插入施工，合理缩短工期。

流水步距计算法中比较简单的是潘特考夫斯基法，该法没有计算公式，它的文字表达式为：累加数列错位相减取其最大差。

⑥把各条流水线搭接起来，编制整个工程的综合施工进度计划，使单位工程在施工总进度计划和合同工期指导下，在规定的期限内有条不紊地完成拟建工程的施工任务。

3.8　网络图法

3.8.1　网络图的概念

网络图是一种由一系列箭线和圆圈（节点）所组成的网状图形，用以表示整个计划中各项工序（或工作）的先后次序以及所需要时间的流程图。

根据绘图表达方法的不同，分为双代号表示法（以箭线及其两端节点编号表示工作，如图3.5（a）所示）和单代号表示法（以节点及其编号表示工作，如图3.5（b）所示）；根据表达的逻辑关系和时间参数肯定与否，又可分为肯定型和非肯定型两大类；根据计划目标的多少，可以分为单目标网络模型和多目标网络模型。由于篇幅有限，本章只针对常用的双代号网络图和单代号网络图进行讲解。

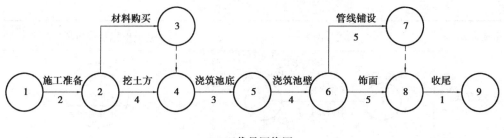

(a) 双代号网络图

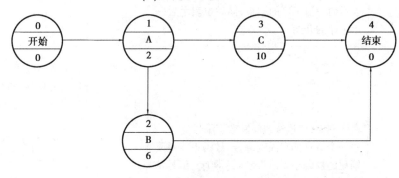

(b) 单代号网络图

图 3.5　网络图

3.8.2　网络图的组成元素

在网络图中,一项工程是由若干个按照一定的路线顺序排列、表示一个个工作或者工序的箭线和节点(圆圈)来代表的,所以箭线、节点和路线是网络图的 3 个重要元素。在不同的网络图中,这 3 个元素的表示方式有所不同,双代号网络图和单代号网络图表示方法见表 3.4。

表 3.4　双代号网络图和单代号网络图组成元素表示方式对照表

组成元素		双代号网络图	单代号网络图
箭线	表示方式	→　　－－－→ (虚箭线)	→
	表示内容	工作以及工作之间的逻辑关系消耗时间和资源	仅表示工作之间的逻辑关系不消耗时间和资源
	虚箭线	正确表达各工作之间的关系,避免逻辑错误,不消耗时间和资源	无虚箭线

续表

组成元素		双代号网络图	单代号网络图
节点	表示方式	起始节点 工作名称 终止节点 i → j 工期估计 $i<j$	工作代号 工作名称 工作时间
	表示内容	表示前一道工序的结束,同时也表示后一道工序的开始	工作
	规则	由小到大,可连续或间断数字编号 每一个节点都有固定编号,号码不能重复 箭尾的号码小于箭头号码(即 $i<j$,编号从左到右,从上到下进行)	每一个节点都有固定代码,代码不能重复 当几个工作同时开始或同时结束时,就必须引入虚工作(节点),即起始节点和终止节点 
路线	表示内容	网络图中从起点节点顺箭头方向顺序通过一系列箭杆及节点最后到达终点节点的一条条通路	
	关键路线	工作持续时间之和最大的路线,或者总时差为零的工序(关键工序)组成的路线,可以用带箭头的粗线、双线或红线表示	

3.8.3 逻辑关系

根据网络图中有关工序之间的相互关系,可以划分为:紧前工序、紧后工序、平行工序和交叉工序。

①紧前工序,是指紧接在该工序之前的工序。紧前工序不结束,则该工序不能开始。

②紧后工序,是指紧接在该工序之后的工序。该工序不结束,紧后工序不能开始。

③平行工序,是指能与该工序同时开始的工序。

④交叉工序,是指能与该工序相互交替进行的工序。

网络图中作业之间的逻辑关系是相对的,不是一成不变的。只有指定了某一确定作业,考察与之有关的各项作业的逻辑联系,才是有意义的。

3.8.4 网络图绘制的基本原则

绘制网络图必须严格遵循下列原则：

①网络图中不能出现循环路线,否则将使组成回路的工序永远不能结束,工程永远不能完工。

②进入一个节点的箭线可以有多条,但相邻两个节点之间只能有一条箭线。当需表示多活动之间的关系时,需增加节点,或者用虚作业来表示。

③在网络图中,除网络起点、终点外,其他各结点的前后都有箭线连接(即图中不能有缺口),使自网络始点起经由任何箭线都可以达到网络终点。

④箭线的首尾必须有节点,不允许从一条箭线的中间引出另一条箭线,如图3.6所示。

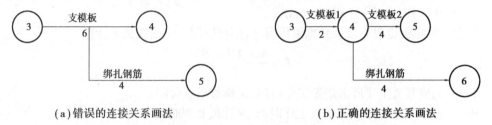

(a)错误的连接关系画法   (b)正确的连接关系画法

图3.6 箭线的首尾必须有节点

⑤为表示工程的开始和结束,在网络图中只能有一个始点和一个终点。当工程开始时有几个工序平行作业,或在几个工序结束后完工,用一个网络始点、一个网络终点表示。若这些工序不能用一个始点或一个终点表示,可用虚作业把它们与始点或终点连接起来。

⑥网络图绘制力求简单明了,要尽量减少不必要的节点和箭线。

⑦箭线最好画成水平线或具有一段水平线的折线;箭线尽量避免交叉;尽可能将关键路线布置在中心位置。

⑧节点采用唯一的编号,可以连续,也可以非连续,并要保证箭尾节点编号小于箭头节点编号。

3.8.5 网络图绘制步骤

1)分工序

根据施工图、施工现场条件以及人员物资准备状况等,把一项工程或一个计划分解成若干个可以独立完成的工序,工序可根据管理范围大小而划分,编成一级、二级、三级网络。

2)排顺序

排顺序就是按照各工序作业活动的先后约束条件,确定这些工序在工作时客观上存在的一种先后顺序关系,即确定它们内在的逻辑关系,包括工艺上的关系和组织上的关系。

确定工序之间的逻辑关系时,通常以工艺关系为基础,考虑项目施工现场的实际情况和条件(包括实际投入的施工资源量和具体采取的施工组织方法),加上相应的组织逻辑关系,就可以画

出可供实施的施工网络图。这是编制网络图的重点,也是提高资源的效率、降低施工成本的关键。

3)定工时

定工时是指把各项工序或者工作所需要的时间值确定下来。工作时间的确定可以运用工时定额,也可参照经验统计。

$$T = \frac{Q}{S \cdot R \cdot N}$$

式中　D——某工作(工序)持续时间;

Q——该工作(工序)的工程量;

S——该工作(工序)的计划产量定额;

R——该工作(工序)的工人数或机械台数;

N——该工作(工序)计划工作班次。

若没有工时定额也没有以往数据可供参考,则可以用三时估算法来计算。

$$T = \frac{A + 4M + B}{6}$$

式中　A——完成某道工序所需最短工作时间,又称最乐观时间;

B——完成某道工序所需最长工作时间,又称最悲观时间;

M——完成某道工序所需最可能工作时间。

4)填表格

将前面得到的内容进行整理,编写工作明细表,见表3.5。

表 3.5　某园林工程施工工作明细表

序号	工程名称	工序代号	紧前工序	紧后工序	持续时间
1	整理绿化地	A	—	C、D	5
2	伐树、挖树根	B	—	D、E	7
3	定点放线	C	A	F	12
4	土方工程	D	AB	F、H	7
5	砌筑种植池	E	B	F、H	7
6	栽植乔木	F	CDE	K	2
7	栽植花卉	H	DE	—	6
8	栽植灌木	K	F	—	4

5)编网络

根据工作明细表中的关系,逐步列写网络图。先从"工作明细表"中找出所有没有紧前工序的工序,画一节点,从该节点绘制箭线,引出所有开始工序,以保证网络图只有一个起始节点,

并将工作明细表中将相关工序抹掉。根据工作明细表中的紧前工序依次绘制其他工作箭线，并依次从分析表中抹掉。最后找出所有工序的紧后工序，从而找到所有结束的工序，画一节点，往这个节点引入所有的结束工序。完成后对照"工作明细表"，根据网路图绘制原则进行复核，检查是否有遗落或者重复、多余的工作。

表 3.5 对应的双代号网络图如图 3.7 所示，在这个网络图中使用了 3 处虚箭线，即 3—4、5—6、6—7。3—4 处设置虚箭线保证了工序 A、B 都完成后才能够进行工序 D，而 5—6、6—7 处的虚箭线是保证工序 C、D、E 都完成后才进行工序 F，以及工序 D、E 完成后才能进行工序 H。由此可见，在绘制双代号网络图时，合理运用虚箭线是非常重要的。

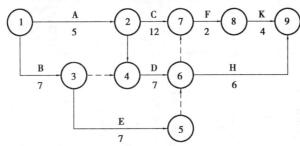

图 3.7　双代号网络图

单代号网络图的绘制较为简单，只要将绘制好的节点根据各工序的逻辑关系用箭线连接起来就可以了，如图 3.8 所示。另外，在具体操作过程中，也可以先绘制单代号网络图，然后用双代号网络图中的工序表示方式代替单代号网络图中的节点（工序），再加以调整，最终完成双代号网络图的绘制。

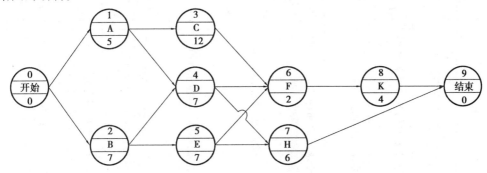

图 3.8　单代号网络图

6）加时间

根据各个工作（工序）的工时计算出网络计划的时间参数，并将其填写到网络图对应位置上或者单独列写时间参数表。

7）时间参数的计算

（1）时间参数的表示和计算

计算网络计划的时间参数是编制网络计划的重要步骤。通过时间参数的计算，能够确定项目的关键线路，从而确定总工期，并以此为依据对网络计划进行调整和优化（时间优化、资源优化和工期优化等）。时间参数的表示和计算方法参见表 3.6。

表 3.6　网络图中时间参数及其计算表

序号	名称		代码 双	代码 单	定义	计算公式 双	计算公式 单	备注
1	工作时间/持续时间		T_{i-j}	T_i	完成某项工作(工序)所需时间	—	—	
2	工期	计算工期	T_c	T_c	根据网络计划计算时间参数而得到的工期	$T_c = \max\{EF_{i-n}\}$	$T_c = \max\{EF_n\}$	
		要求工期	T_r	T_r	是任务委托人所提出的指令性工期	—	—	
		计划工期	T_p	T_p	指根据要求工期和计算工期所确定的作为实施目标的工期	当已规定了要求工期 T_r 时：$T_p \le T_r$；当未规定要求工期时：$T_p = T_c$		
3	最早可能开工时间		ES_{i-j}	ES_i	紧前工序全部完成，本工序可能开始的时间	$ES_{i-j} = \max\{ES_{h-i} + T_{h-i}\}$ $ES_{i-j}=0\ (i=0)$	$ES_i = \max\{ES_i + T_i\}$ $= \max\{EF_h\}$ $ES_i = 0\ (i=0)$	计算由箭尾顺着箭头方向依次顺序进行计算
4	最早可能完工时间		EF_{i-j}	EF_i	本工序全部完成最早可能的时间	$EF_{i-j} = ES_{i-j} + T_{i-j}$	$EF_i = ES_i + T_i$	
5	最迟必须完工时间		LF_{i-j}	LF_i	在不影响全工程如期完成的条件下，本工序最迟必须完工的时间	$LF_{i-j} = \min\{LF_{j-k} - T_{j-k}\}$ $= \min\{LS_{j-k}\}$ $LF_{i-n} = T_p$	$LF_i = \min\{LF_j - T_j\}$ $= \min\{LS_j\}$ $LF_n = T_p$	计算由箭头往箭尾逆向依次顺序进行
6	最迟必须开工时间		LS_{i-j}	LS_i	在不影响全工程如期完成的条件下，本工序最迟必须开工的时间	$LS_{i-j} = LF_{i-j} - T_{i-j}$	$LS_i = LF_i - T_i$	
7	节点最早时间		ET_i	无	在双代号网络计划中，以该节点为开始节点的各项工作的最早开始时间	$ET_i = \max\{ET_h + T_{i-h}\}$ $ET_i = 0(i=1)$	—	计算由箭尾顺着箭头方向依次顺序进行计算

续表

序号	名称	双代号	单代号	含义	双代号	单代号	备注
8	节点最迟时间	LT_i	无	在双代号网络计划中，以该节点为完成节点的各项工作的最迟完成时间	$LT_i = \min\{LT_j - T_{i-j}\}$ $LT_n = T_p\ (i=n)$	—	计算由箭头在箭尾逆向依次顺序进行
9	时间间隔	无	$LAG_{i,j}$	指本工作的最早完成时间与其紧后工作的最早开始时间之间可能存在的差值	—	$LAG_{i-j} = EF_i - ES_j$	
10	总时差	TF_{i-j}	TF_i	在不影响总工期的前提下，一道工序所拥有的机动时间的极限值	$TF_{i-j} = LF_{i-j} - EF_{i-j} = LS_{i-j} - ES_{i-j}$ $TF_{i-j} = LT_j - (ET_i + D_{i-j})$	$TF_i = LF_i - EF_i = LS_i - ES_i$	
11	自由时差	FF_{i-j}	FF_i	一道工序在不影响紧后工序最早开始时间的前提下，本工序可以灵活机动使用的时间	$FF_{i-j} = ES_{j-k} - EF_{i-j}$ $FF_{i-j} = 0$ $(TF_{i-j}=0)$	$FF_i = ES_k - EF_i$ $FF_i = 0$　$(TF_i=0)$	自由时差只可能存在于多条内向箭杆的节点之前的工序之中
12	总工期		L_{cp}/PT	在网络计划中，关键路线的工作时间之和	$L_{cp} = \max\{\Sigma EF_{i-j}\}$	$L_{cp} = \max\{\Sigma EF_i\}$	

注：①双代号表双代号网络计划，单代号表单代号网络计划；

②在双代号网络计划中，下角标分别代表：i-j 表示本工序，h-i 表示紧前工序，j-k 表示紧后工序，i-n 表示终止工序；

③在单代号网络计划中，下角标分别代表：i 表示本工序，h 表示紧前工序，j 表示紧前工序 j，n 表示终止工序。

（2）双代号网络图时间参数的计算与表示

双代号网络图的时间参数计算有两种方法：按节点计算法和按工作计算法。在熟练掌握表3.6 中时间参数的表示和计算方法后，可以直接在网络图中标注时间参数，标注方法如图 3.9 和 3.10 所示。

图 3.9　按工作计算时间参数法　　　　　　　图 3.10　按节点计算时间参数法

（3）单代号网络图时间参数的计算与表示

单代号网络图时间参数具体标注方式如图 3.11 所示。

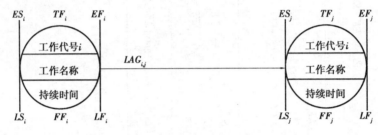

图 3.11　单代号网络图时间参数表示方法

3.8.6　网络图优化

园林工程施工管理过程中，还需要对初始网络图进行优化和调整，使之获得最佳的周期、最低的成本和对资源的最有效的利用，并根据工期、资源和成本等方面优化的结果，选择最优方案，作出决策。

网络图的优化包括以下 3 个方面：

- 工期优化：缩短网络计划的工期，使其符合规定工期的要求。
- 工期-成本优化：缩短工期并使费用增加最少。
- 工期-资源优化：就是在一定资源条件下，寻求最短的工期，或在一定工期的条件下，使投入的资源量最少。

1）工期优化

在网络图中，关键路线决定了总工期，当规定的工期大于关键路线持续时间时，关键路线上各作业的总时差就会出现正值，说明完成该任务的时间比较宽裕，计划安排的时间还有潜力可挖，必要时可适当延长某些工作的持续时间，以便做到减少资源或节省费用。

另一方面，如果任务紧急，规定的工期小于关键路线的持续时间，则需要对网络进行调整。调整时可针对超过工期的各条路线上的某些作业，采用组织和技术上的措施，以缩短它们的工作持续时间，从而使计划符合规定工期的要求。

缩短计划工期,通常可以从组织上和技术上采取如下方法:

①在关键路线上寻找最有利的作业来缩短其作业时间。

②在可能条件下采取平行作业或交叉作业缩短工期。

③采取新技术和新工艺,进行技术革新和技术改造,或增加人力和设备等,缩短某些工作的作业时间。

④利用时差,从非关键线路上抽调适当的人力、物力集中于关键线路,以缩短关键线路的持续时间。

需要注意的是,采用上述方法缩短网络工期,在调整工作中都会引起网络计划的改变,每次改变后都要重新计算网络时间参数和确定关键线路,直至求得最短周期。

2) 工期-成本优化

进行工期-成本优化,目的是找到成本最低的最优工期,或者与规定工期对应的最低成本,以此为依据进行施工进度计划的调整。

(1) 工期和成本的关系

工程成本是由直接费用和间接费用所组成的。在正常工期 T_0 和赶工工期 T_s(指工程项目的工期从正常状态逐步缩短到无法再缩短为止的时间)之间,缩短工期将引起直接费用的增加和间接费用的减少;反之,延长工期会使直接费用减少,间接费用增加。将直接费用曲线和间接费用曲线叠加后得到的工期-成本曲线,如图 3.12 所示。工期-成本曲线上的最低点所对应的工期和费用就是满足要求的最佳工期和最佳费用。

对于某一项工序而言,在一定范围内(正常持续时间与赶工时间之间),随着持续时间的缩短,直接费用将增加,如图 3.12 持续时间-直接费曲线中,点 A(赶工点)对应工序最小持续时间 d,即赶工时间(某项工序持续时间从正常状态逐步缩短到无法再缩短为止的时间),这一时间所需要的成本为赶工成本 m,此成本最高。曲线可以近似为赶工点与正点(B)的连线,该连线的斜率称为费用率 e_{i-j},其意义是每缩短(延长)一个单位时间所需增加(减少)的费用。

$$e_{i-j} = \frac{m_{i-j} - M_{i-j}}{D_{i-j} - d_{i-j}}$$

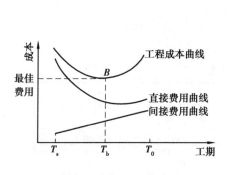

图 3.12 工期-成本曲线

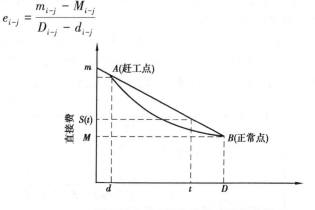

图 3.13 工序持续时间-直接费曲线

该工序所需的直接费用计算公式:

$$S(t) = k - et$$

式中

$$k = M + De = \frac{DM - dM}{D - d} + \frac{Dm - DM}{D - d} = \frac{Dm - dM}{D - d}$$

（2）工期-成本优化方法

①缩短工期首先要缩短关键工序的持续时间，在关键工作中，首先应缩短费用率最小的关键工作的持续时间，这称为最低费用加快方法。

②当关键线路只有一条时，那么首先将这条线路上费用率 e_{i-j} 最小的工作持续时间缩短 Δt。但应满足两个条件，即

a.$\Delta t \leq D_{i-j} - d_{i-j}$　（D_{i-j} 为该工序的正常持续时间，d_{i-j} 为该工序的赶工时间）

b.缩短持续时间的工作 $i-j$ 仍为关键工作。

该工序的直接费增加额为：

$$\Delta S = \Delta t \cdot e_{i-j}$$

则该工序的直接费用为：

$$S = \Delta S + S_0$$

式中　S_0——上一循环该工序的直接费用。

③如果关键线路有两条以上时，那么每条关键线路都需要缩短持续时间 Δt，才能使计划工期也相应缩短 Δt。为此，必须找出费用率总和 Σe_{i-j} 为最小的工作组合，我们把这种工作组合称为"最小切割"。即缩短持续时间 Δt 应满足

$$\Delta t \leq \min\{D_{i-j} - d_{i-j}\}$$

并应保证缩短持续时间的工作仍为关键工作。

该工序的直接费增加额为：

$$\Delta S = \Delta t \cdot \Sigma e_{i-j}$$

则该工序的直接费用仍按公式 $S = \Delta S + S_0$ 计算。

④步骤②或③进行多次循环，以逐步缩短工期，直至计划工期满足规定的要求，计算出相应的直接费总和及各工作的时间参数。

假设任意一循环为第 k 次循环，它以前一循环（第 $k-1$ 次循环）为基础的确定工期-成本优化方案如框图 3.14 所示。

下面结合一个实例说明经济赶工（工期-成本优化）的方法。

【例 3.1】已知某园林工程施工项目初始网络图（图 3.15），各个工序的持续时间、成本以及费用率列于表 3.7 中，如何以最低成本来缩短工期？

表 3.7　工程项目费用率表

工　序	正　常		赶　工		费用率（元/天）
	时间（天）	成本（元）	时间（天）	成本（元）	
①→②	5 *	220	4	300	80
①→③	10	480	8	660	90
①→④	8	440	6	640	100
②→③	7 *	600	5	720	60
②→⑤	11	560	9	640	40
③→④	5	600	2	1 200	200

续表

工　序	正　常		赶　工		费用率(元/天)
	时间(天)	成本(元)	时间(天)	成本(元)	
③→⑤	6*	150	5	250	100
④→⑥	4	180	4	180	不能赶工
⑤→⑥	8*	600	7	760	160
	26**	3 830	21	5 350	

注:* 为关键路线上的持续时间;

* * 为关键路线的持续时间总和,即总工期。

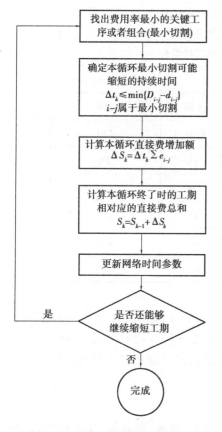

图 3.14　工期-成本优化流程图

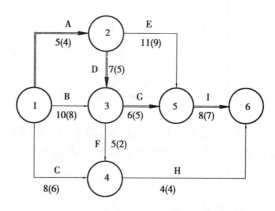

注:( )外是各工序正常持续时间;

　　( )内是各工序赶工时间

图 3.15　某工程初始网络图

【分析】从关键路径着手,以天为单位时间逐步缩短工期,即在关键路线上取费用率最小的作业来缩短 1 天,总工期由 26 天缩减为 25 天,找到施工成本最小的一个方案,然后按照相同的方法,计算确定工期由 25 天缩减为 24 天的施工成本最小方案,以此类推。

【解】表 2.13 中的关键路线为①→②→③→⑤→⑥,费用率最小的是②→③,持续时间缩短 1 天,成本增加 60 元,此时总工期变为 25 天,工序 D 持续时间缩减为 6 天,网络图没有改变。

若将总时间由 25 天缩短到 24 天,可再花 60 元缩短②→③即可(②→③的费用率仍是最小)。但是,将使关键线路从一条增至三条,即Ⅰ:①→②→③→⑤→⑥;Ⅱ:①→③→⑤→⑥;Ⅲ:①→②→⑤→⑥,如图 3.16 所示。

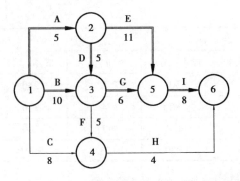

图 3.16　工序②→③持续时间缩减为 5 天后的网络图

若再将时间缩短 1 天,变为 23 天,由于关键线路已有 3 条,因此,必须对每一条关键线路缩短 1 天才能达到要求。从各关键线路中选出费用率最小的,即Ⅰ中选②→⑤;Ⅱ中选①→②(因②→③已不能再减);Ⅲ中选①→③。我们把 3 个关键线路各缩短 1 天的各种组合列于表 3.11。

表 3.8　3 个关键路线各缩短 1 天的各种组合

方案	Ⅰ	Ⅱ	Ⅲ	成本合计(元)
A	②→⑤40	①→②80	①→③90	210
B	②→⑤40	③→⑤100	③→⑤0	140
C	②→⑤40	⑤→⑥160	⑤→⑥0	200
D	①→②80	①→②0	①→③90	170
E	①→②80	③→⑤100	⑤→⑥0	180
F	①→②80	⑤→⑥160	⑤→⑥0	240
G	⑤→⑥160	⑤→⑥0	⑤→⑥0	100

可以看到 B 方案成本最少,即②→⑤的 40 元,加上③→⑤的 100 元,合计为 140 元,同时它也可以满足 3 条关键线路的需求。再加上②→③作业缩短 2 天所花费的费用为 60 元×2＝120 元,共需 140 元+120 元＝260 元。这就是由 26 天缩短为 23 天时所需的赶工费用,即 ΔS。

3)工期-资源优化

网络计划需要的总工期是以一定的资源条件(人员、材料、机械、设备等)为基础的,而且资源条件常常是影响作业进度的主要原因。因此,网络计划需要考虑资源,进行资源平衡工作,适当调整工期,以保证资源的合理使用。

为合理使用资源,必须对网络进行调整。这里有两种情况:一是所需资源仅限于某一项工序使用;另一种是为同时开展的多项工序所需要。对于第一种情况,只需根据现有资源条件,计算出该项工序的持续时间,并重新进行时间参数的计算,即可得到调整后的工期。对于第二种情况,调整比较复杂,通常是在横道图上进行,其调整应遵循以下条件:

①优先保证关键作业和时差较少的工序对资源的需要。

②充分利用时差,错开各个工序的开工时间,尽量使资源的使用连续均衡。

③在技术条件允许的情况下,可适当延长工序的完工期,以减少所需资源。

④对有限资源的运用,不仅要考虑供应数量的限制,而且要考虑供应或作用的适当平稳。

课后练习题

一、思考题:

1.建设工程项目管理的内容和程序。

2.建设工程成本管理的内容。

3.园林工程成本管理流程。

4.项目管理实施规划与传统的施工组织设计的区别。

5.掌握非流水施工的特点,流水施工工期的计算方法。

6.双代号网络计划与单代号网络计划的区别。

7.双代号网络图中,工作时间参数有哪些?在网络图中的表示方法。

二、名词解释:

1.建设项目

2.单项工程

3.单位工程

4.分部分项工程

5.流水施工

6.网络图

三、分析题

1.请指出下图中存在哪些错误,并绘制正确的网络图。

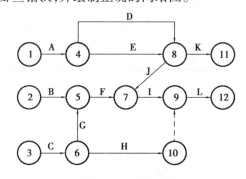

图 3.17　习题 1 图

2.已知网络计划如下图所示,箭线下方括号外数字为工作的正常持续时间,括号内数字为工作的最短持续时间;箭线上方括号外数字为正常持续时间时的直接费,括号内数字为最短持续时间时的直接费。费用单位为千元,时间单位为天。如果工程间接费率为 0.8 千元/天,则最低工程费用时的工期为多少天?

3.某园林绿化工程施工工期为本年度 4 月 1 日至本年度 5 月 31 日,养护期为 2 年,工程量清单见下表,请编制项目管理实施规划,并绘制网络图。

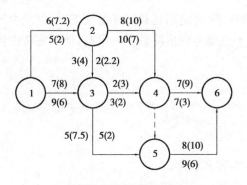

图3.18 习题2图

表3.9 习题3工程量清单附表

工程名称	单 位	数 量	开工日	完工日
准备工作	组	1	4月1日	4月3日
绿化地整理	m^2	1 856	4月4日	4月7日
定点放线	组	1	4月6日	4月11日
土山工程	m^3	3 270	4月8日	4月15日
喷灌工程	m	452.63	4月15日	4月26日
园路铺装	m^2	1 324.57	4月22日	5月2日
栽植乔木	株	450	5月1日	5月7日
栽植灌木	株	673	5月7日	5月15日
栽植花卉	m^2	364	5月15日	5月21日
草坪工程	m^2	900	5月21日	5月28日
收尾	队	1	5月28日	5月30日

4 园林工程合同管理

本章导读 了解合同法的有关内容;了解建设工程管理涉及的相关合同,熟悉工程造价管理相关合同;了解建设工程施工合同文件的组成,熟悉建设工程施工合同造价相关条款;了解建设工程施工合同争议的解决办法;熟悉建设工程合同类型及其选择方法;熟悉建设工程总承包合同及分包合同的订立、履行与变更的基本原则。

4.1 园林工程合同概述

4.1.1 合同的概念

合同又称为契约、协议,《中华人民共和国合同法》(以下简称《合同法》)第一章第 2 条指出:"合同是平等主体的自然人、法人、其他组织之间设立、变更、终止民事权利义务关系的协议。"这是对合同概念最权威的解释。这一定义表明,合同的本质是两个或两个以上的当事人,意思相合,意思一致所订立的协议,是他们为实现一定的目标,进行平等协商,对各自的权利与义务的确认。

4.1.2 合同的形式

当事人订立合同,有书面形式、口头形式和其他形式。法律法规规定采用书面形式的,或当事人约定采用书面形式的,应当采用书面形式。

1)书面形式

书面形式是指合同书、信件和数据电文(包括电报、电传、传真、电子数据交换和电子邮件)等可以有形地表现所载内容的形式。书面合同的优点在于有据可查、权利义务记载清楚、便于履行,发生纠纷时容易举证和分清责任。书面合同是实践中广泛采用的一种合同形式。建设工程合同应当采用书面形式。

（1）合同书

合同书是书面合同的一种，也是合同中常见的一种。合同书有标准合同书与非标准合同书之分。标准合同书是指合同条款由当事人一方预先拟定，对方只能表示同意或者不同意的合同书，即格式条款合同；非标准合同书是指合同条款完全由当事人双方协商一致所签订的合同书。

（2）信件

信件是当事人就要约与承诺的内容相互往来的普通信函。信件的内容一般记载于纸张上，因而也是书面形式的一种。它与通过计算机及其网络手段而产生的信件不同，后者被称为电子邮件。

（3）数据电文

数据电文包括传真、电子数据交换和电子邮件等。其中，传真是通过电子方式来传递信息的，其最终传递结果总是产生一份书面材料。而电子数据交换和电子邮件虽然也是通过电子方式传递信息，可以产生以纸张为载体的书面资料，但也可以被储存在磁带、磁盘或接收者选择的其他非纸张的中介物上。

2）口头形式

口头形式是指当事人用谈话的方式订立的合同，如当面交谈、电话联系等。口头合同形式一般运用于标的数额较小和即时结清的合同。例如，到商店、集贸市场购买商品，基本上都是采用口头合同形式。以口头形式订立合同，其优点是建立合同关系简便、迅速，缔约成本低。但在发生争议时，难以取证、举证，不易分清当事人的责任。

3）其他形式

其他形式是指除书面形式、口头形式以外的方式来表现合同内容的形式。主要包括默示形式和推定形式。默示形式是指当事人既不用口头形式、书面形式，也不用实施任何行为，而是以消极的不作为的方式进行的意思表示。默示形式只有在法律有特别规定的情况下才能运用。推定形式是指当事人不用语言、文字，而是通过某种有目的的行为表达自己意思的一种形式，从当事人的积极行为中，可以推定当事人已进行意思表示。

4.1.3　合同的作用

（1）合同是实现国民经济计划的工具

合同既是编制国民经济计划的重要依据，又是落实和检验计划的重要形式和必要补充。各行、各业、各部门之间合同的如期履行，就意味着国家计划的完成。

（2）合同是加强企业经济核算的措施

通过签订合同，能促使双方切实地按照合同规定的任务，有效地组织生产活动，合理地使用人力、物力、财力，尽可能减少劳动、原材料的消耗，加速资金周转，克服不讲经济效益、不计成本的思想，提高经营管理水平。

（3）合同是实现专业化协作的纽带

合同是具体组织专业协作的有效方式,通过合同,可以把互相依赖的生产单位之间及生产与科研、销售单位之间联系起来,巩固协作关系,推动专业化生产的发展。

4.2 园林建设工程合同类型及其选择方法

4.2.1 建设工程合同类型

根据我国《合同法》,建设工程合同是指承包人进行工程建设,发包人支付价款的合同。建设工程合同包括工程勘察、设计、施工合同等。

发包人可以与总承包人订立建设工程合同,也可以分别与勘察人、设计人、施工人订立勘察、设计、施工承包合同。发包人不得将应当由一个承包人完成的建设工程肢解成若干部分发包给几个承包人。

总承包人或者勘察、设计、施工承包人经发包人同意,可以将自己承包的部分工作交由第三人完成。第三人就其完成的工作成果与总承包人或者勘察、设计、施工承包人向发包人承担连带责任。承包人不得将其承包的全部建设工程转包给第三人或者将其承包的全部建设工程肢解以后以分包的名义分别转包给第三人。承包商主要合同关系如图4.1所示。

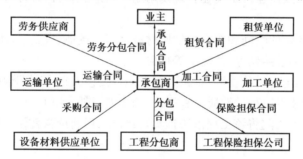

图 4.1 承包商主要合同关系

1) 建设工程勘察、设计合同

（1）工程勘察、设计合同的内容

包括提交有关基础资料和文件(包括概预算)的期限、质量要求、费用及其他协作条件等条款。

（2）发包人的合同责任

因发包人变更计划,提供的资料不准确,或者未按照期限提供必要的勘察、设计工作条件而造成的勘察、设计的返工、停工,或者修改设计,发包人应当按照勘察人、设计人实际消耗的工作量增付费用。

（3）勘察、设计人的合同责任

勘察、设计的质量不符合要求或者未按照期限提交勘察、设计文件拖延工期,造成发包人损失的,勘察人、设计人应当继续完善勘察、设计,减收或者免收勘察、设计费并赔偿损失。

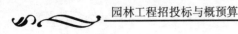

2）建设工程施工合同

（1）工程施工合同的内容

包括工程范围、建设工期、中间交工工程的开工和竣工时间、工程质量、工程造价、技术资料交付时间、材料和设备供应责任、拨款和结算、竣工验收、质量保修范围和质量保证期、双方相互协作等条款。

（2）发包人的权利和义务

①发包人在不妨碍承包人正常作业的情况下，可以随时对作业进度、质量进行检查。

②因施工人的原因致使建设工程质量不符合约定的，发包人有权要求施工人在合理期限内无偿修理或者返工、改建。经过修理或者返工、改建后，造成逾期交付的，施工人应当承担违约责任。

③因发包人的原因致使工程中途停建、缓建的，发包人应当采取措施弥补或者减少损失，赔偿承包人因此造成的停工、窝工、倒运、机械设备调迁、材料和构件积压等损失和实际费用。

④建设工程竣工后，发包人应当根据施工图纸及说明书、国家颁发的施工验收规范和质量检验标准及时进行验收。验收合格的，发包人应当按照约定支付价款，并接收该建设工程。建设工程竣工经验收合格后，方可交付使用；未经验收或者验收不合格的，不得交付使用。

（3）承包人的权利和义务

①隐蔽工程在隐蔽以前，承包人应当通知发包人检查。发包人没有及时检查的，承包人可以顺延工程日期，并有权要求赔偿停工、窝工等损失。

②因承包人的原因致使建设工程在合理使用期限内造成人身和财产损害的，承包人应当承担损害赔偿责任。

③发包人未按照约定的时间和要求提供原材料、设备、场地、资金、技术资料的，承包人可以顺延工程日期，并有权要求赔偿停工、窝工等损失。

④发包人未按照约定支付价款的，承包人可以催告发包人在合理期限内支付价款。发包人逾期不支付的，除按照建设工程的性质不宜折价、拍卖的以外，承包人可以与发包人协议将该工程折价，也可以申请人民法院将该工程依法拍卖。建设工程的价款就该工程折价或者拍卖的价款优先受偿。

4.2.2　建设工程施工合同类型及选择

1）建设工程施工合同的类型

按计价方式不同，建设工程施工合同可以划分为总价合同、单价合同和其他方式合同三大类。根据招标准备情况和建设工程项目的特点不同，建设工程施工合同可选用其中的任何一种。

（1）总价合同

总价合同又分为固定总价合同和可调总价合同。

①固定总价合同。承包商按投标时业主接受的合同价格一笔包死。在合同履行过程中，如果业主没有要求变更原定的承包内容，承包商在完成承包任务后，不论其实际成本如何，均应按合同价获得工程款的支付。

采用固定总价合同时,承包商要考虑承担合同履行过程中的主要风险,因此,投标报价较高。固定总价合同的适用条件一般为:

a.工程招标时的设计深度已达到施工图设计的深度,合同履行过程中不会出现较大的设计变更,以及承包商依据的报价工程量与实际完成的工程量不会有较大差异。

b.工程规模较小,技术不太复杂的中小型工程或承包工作内容较为简单的工程部位。这样,可以使承包商在报价时能够合理地预见到实施过程中可能遇到的各种风险。

c.工程合同期较短(一般为1年之内),双方可以不必考虑市场价格浮动可能对承包价格的影响。

②可调总价合同。这类合同与固定总价合同基本相同,但合同期较长(1年以上),只是在固定总价合同的基础上,增加合同履行过程中因市场价格浮动对承包价格调整的条款。由于合同期较长,承包商不可能在投标报价时合理地预见1年后市场价格的浮动影响,因此,应在合同明确约定合同价款的调整原则、方法和依据。常用的调价方法有:文件证明法、票据价格调整法和公式调价法。

(2)单价合同

单价合同是指承包商按工程量报价单内分项工作内容填报单价,以实际完成工程量乘以所报单价确定结算价款的合同。承包商所填报的单价应为计入及各种摊销费用后的综合单价,而非直接费单价。

单价合同大多用于工期长、技术复杂、实施过程中发生各种不可预见因素较多的大型土建工程,以及业主为了缩短工程建设周期,初步设计完成后就进行施工招标的工程。单价合同的工程量清单内所开列的工程量一般为估计工程量,而非准确工程量。

(3)其他方式合同

其他方式合同中常用的是成本加酬金合同。成本加酬金合同是将工程项目的实际造价划分为直接成本费和承包商完成工作后应得酬金两部分。工程实施过程中发生的直接成本费由业主实报实销,另按合同约定的方式付给承包商相应报酬。

成本加酬金合同大多适用于边设计、边施工的紧急工程或者灾后修复工程。由于在签订合同时,业主还不能为承包商提供用于准确报价的详细资料,因此,在合同中只能商定酬金的计算方法。在成本加酬金合同中,业主需承担工程项目实际发生的一切费用,因而也就承担了工程项目的全部风险。而承包商由于无风险,其报酬也往往较低。

按照酬金的计算方式不同,成本加酬金合同的形式有:成本加固定酬金合同、成本加固定百分比酬金合同、成本加浮动酬金合同、目标成本加奖罚合同等。

在传统承包模式下,不同计价方式的合同类型比较如表4.1所示。

表4.1　不同计价方式合同类型比较

合同类型	总价合同	单价合同	成本加酬金合同			
			百分比酬金	固定酬金	浮动酬金	目标成本加奖罚
应用范围	广泛	广泛	有局限性			酌情
业主方造价控制	易	较易	最难	难	不易	有可能
承包商风险	风险大	风险小	基本无风险		风险不大	有风险

2）建设工程施工合同类型的选择

建设工程施工合同的形式繁多、特点各异,业主应综合考虑以下因素选择不同计价模式的合同:

（1）工程项目的复杂程度

规模大且技术复杂的工程项目,承保风险较大,各项费用不易准确估算,因而不宜采用固定总价合同。最好是有把握的部分采用总价合同,估算不准的部分采用单价合同或成本加酬金合同。有时,在同一工程项目中采用不同的合同形式,是业主和承包商合理分担施工风险因素的有效办法。

（2）工程项目的设计深度

施工招标时所依据的工程项目设计深度,经常是选择合同类型的重要因素。招标图纸和工程量清单的详细程度能否使投标人进行合理报价,取决于已完成的设计深度。表 4.2 中列出了不同设计阶段与合同类型的选择关系。

表 4.2　不同设计阶段与合同类型选择

合同类型	设计阶段	设计主要内容	设计应满足的条件
总价合同	施工图设计	1.详细的设备清单 2.详细的材料清单 3.施工详图 4.施工图预算 5.施工组织设计	1.设备、材料的安排 2.非标准设备的制造 3.施工图预算的编制 4.施工组织设计的编制 5.其他施工要求
单价合同	技术设计	1.较详细的设备清单 2.较详细的材料清单 3.工程必需的设计内容 4.修正概算	1.设计方案中重大技术问题的要求 2.有关试验方面确定的要求 3.有关设备制造方面的要求
成本加酬金合同或单价合同	初步设计	1.总概算 2.设计依据、指导思想 3.建设规模 4.主要设备选型和配置 5.主要材料需要量 6.主要建筑物、构筑物的形式和估计工程量 7.公用辅助设施 8.主要技术经济指标	1.主要材料、设备订购 2.项目总造价控制 3.技术设计的编制 4.施工组织设计的编制

（3）工程施工技术的先进程度

如果工程施工中有较大部分采用新技术和新工艺,当业主和承包商在这方面过去都没有经验,且在国家颁布的标准、规范、定额中又没有可作为依据时,为了避免投标人盲目地提高承包价款或由于对施工难度估计不足而导致承包亏损,不宜采用固定价合同,而应选用成本加酬金合同。

（4）工程施工工期的紧迫程度

有些紧急工程（如灾后恢复工程等）要求尽快开工且工期较紧时，可能仅有实施方案，还没有施工图纸，因此，承包商不可能报出合理的价格，宜采用成本加酬金合同。

对于一个建设工程项目而言，采用何种合同形式不是固定的，即使在同一个工程项目中，各个不同的工程部分或不同阶段，也可以采用不同类型的合同。在划分标段、进行合同策划时，应根据实际情况，综合考虑各种因素后再作出决策。

一般而言，合同工期在1年以内且施工图设计文件已通过审查的建设工程，可选择总价合同；紧急抢修、救援、救灾等建设工程，可选择成本加酬金合同；其他情形的建设工程，均宜选择单价合同。

4.3　园林工程施工合同文件的组成，建设工程施工合同造价相关条款

4.3.1　建设工程施工合同文件的组成

住房和城乡建设部、国家工商行政管理总局2013年4月印发的《建设工程施工合同（示范文本）》（GF—2013—0201）是各类公用建筑、民用住宅、工业厂房、交通设施及线路工程施工和设备安装的合同范本。由《协议书》《通用条款》《专用条款》三部分组成，并附有11个附件。

（1）协议书

合同协议书是建设工程施工合同的总纲性法律文件，经过双方当事人签字盖章后合同即成立。标准化的协议书文字量不大，需要结合承包工程特点填写。主要内容包括：工程概况、项目经理、合同工期、质量标准、签约合同价和合同价格形式、合同生效条件，以及对双方当事人均有约束力的合同文件构成、承诺等内容。

建设工程施工合同文件包括：①施工合同协议书；②中标通知书；③投标书及其附件；④施工合同专用条款；⑤施工合同通用条款；⑥标准、规范及有关技术文件；⑦图纸；⑧工程量清单；⑨工程报价单或预算书。

在合同履行过程中，双方有关工程的洽商、变更等书面协议或文件也构成对双方有约束力的合同文件，将其视为协议书的组成部分。

上述合同文件应能够互相解释、互相说明。当合同文件中出现不一致时，上面的顺序就是合同的优先解释顺序。当合同文件出现含糊不清或者当事人有不同理解时，按照合同争议的解决方式处理。

（2）通用条款

通用条款是在全面总结国内工程实施中的成功经验和失败教训的基础上，参考FIDIC编写的《土木工程施工合同条件》相关内容规定根据建筑法、合同法等法律法规的规定，编制的规范发包人和承包人双方权利义务的标准化合同条款。通用条款的内容包括：一般约定、发包人、承包人、监理人；工期和进展；质量与检验；安全施工与环境保护；合同价款与支付；材料设备供应；工程变更；竣工验收与结算；违约、索赔和争议解决等。共20条。通用条款基本适用于各类建设工程，在具体使用时不作任何改动。

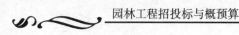

（3）专用条款

考虑到具体实施的建设工程的内容各不相同,工期、造价也随之变动,承包人、发包人各自的能力、施工现场和外部环境条件也各异,通用条款不能完全适用于各个具体工程。为反映发包工程的具体特点和要求,配之以专用条款对通用条款进行必要的修改或补充,使通用条款和专用条款成为当事人双方统一意愿的体现。专用条款只为合同当事人提供合同内容的编制指南,具体内容需要当事人根据发包工程的实际情况进行细化。

（4）附件

《建设工程施工合同(示范文本)》为使用者提供了"承包人承揽工程项目一览表""发包人供应材料设备一览表"和"工程质量保修书""主要建设工程文件"等目录 11 个附件。

4.3.2　建设工程施工合同中有关造价的条款

1) 合同的价款及调整

（1）合同价款

合同价款是按有关规定和协议条款约定的各种取费标准计算、用以支付承包人按照合同要求完成工程内容时的价款。招标工程的合同价款由发包人、承包人依据中标通知书中的中标价格在协议书内约定。非招标工程的合同价款由发包人、承包人依据工程预算书在协议书内约定。合同价款在协议书内约定后,任何一方不得擅自改变。

（2）合同价款的确定方式

通用条款中规定了三种确定合同价款的方式:总价合同、单价合同和其他方式合同,发包人、承包人可在专用条款内约定采用其中的一种。

①总价合同:是指合同当事人约定以施工图、已标价工程量清单或预算书及有关条件进行合同价格计算、调整和确认的建设工程施工合同。

②单价合同:是指合同当事人约定以工程量清单及其综合单价进行合同价格计算、调整和确认的建设工程施工合同。

③其他价格形式:合同当事人可在专用合同条款中约定其他合同价格形式。

（3）合同价款的调整因素

在可调价格合同中,合同价款的调整因素包括:

①法律、行政法规和国家有关政策变化影响合同价款。

②工程造价管理部门公布的价格调整。

③一周内非承包人原因停水、停电、停气造成停工累计超过 8 h。

④双方约定的其他因素。

（4）合同价款的调整

通用条款规定,承包人应当在合同价款的调整因素发生后 14 d 内,将调整原因、金额以书面形式通知工程师,工程师确认调整金额后作为追加合同价款,与工程款同期支付。工程师收到承包人通知后 14 d 内不予以确认也不提出修改意见,视为已经同意该项调整。这里的工程师,在实行工程监理的情况下,是指工程监理单位委派到本工程的总监理工程师;在不实行工程

监理的情况下,是指发包人派驻施工场地履行合同的代表。

2)工程预付款

工程预付款是发包人为了帮助承包人解决工程施工前期资金紧张的困难而提前给付的一笔款项。工程是否实行预付款,取决于工程性质、承包工程量的大小以及发包人在招标文件中的规定。

通用条款规定,工程实行预付款的,双方应当在专用条款内约定发包人向承包人预付工程款的时间和数额。开工后按约定的时间和比例逐次扣回。预付时间应不迟于约定的开工日期前7 d。发包人不按约定预付,承包人在约定预付时间7 d后向发包人发出要求预付的通知,发包人收到通知后仍不能按要求预付,承包人可在发出通知后7 d停止施工,发包人应从约定应付之日起向承包人支付应付款的贷款利息,并承担违约责任。

3)工程量的确认

对承包人已完成工程量的核实确认,是发包人支付工程款的前提。通用条款规定,承包人应按专用条款约定的时间,向工程师提交已完工程量的报告。工程师接到报告后7 d内按设计图纸核实已完工程量(以下称计量)。并在计量前24 h通知承包人,承包人为计量提供便利条件并派人参加。承包人收到通知后不参加计量,计量结果有效,作为工程价款支付的依据。

工程师收到报告后7 d内未进行计量,从第8 d起,承包人报告中开列的工程量即视为被确认,作为工程价款支付的依据。工程师不按约定时间通知承包人,致使承包人未能参加计量,计量结果无效。

对承包人超出设计图纸范围和因承包人原因造成返工的工程量,工程师不予计量。

4)工程款(进度款)支付

在确认计量结果后14 d内,发包人应向承包人支付工程款(进度款)。按约定时间发包人应扣回的预付款,与工程款(进度款)同期结算。按约定需要调整的合同价款、设计变更调整的合同价款及追加的合同价款,也应与工程款(进度款)同期调整支付。

发包人超过约定的支付时间不支付工程款(进度款),承包人可向发包人发出要求付款的通知,发包人收到承包人通知后仍不能按要求付款,可与承包人协商签订延期付款协议,经承包人同意后可延期支付。协议应明确延期支付的时间和从计量结果确认后第15 d起计算应付款的贷款利息。

发包人不按合同约定支付工程款(进度款),双方又未达成延期付款协议,导致施工无法进行,承包人可停止施工,由发包人承担违约责任。

5)竣工结算

(1)竣工结算程序

工程竣工验收报告经发包人认可后28 d内,承包人向发包人递交竣工结算报告及完整的结算资料,双方按照协议书约定的合同价款及专用条款约定的合同价款调整内容,进行工程竣工结算。

发包人收到承包人递交的竣工结算报告及结算资料后 28 d 内进行核实,给予确认或者提出修改意见。发包人确认竣工结算报告后通知经办银行向承包人支付工程竣工结算价款。承包人收到竣工结算价款后 14 d 内将竣工工程交付发包人。

(2)竣工结算的违约责任

①发包人的违约责任。发包人收到竣工结算报告及结算资料后 28 d 内无正当理由不支付工程竣工结算价款,从第 29 d 起按承包人同期向银行贷款利率支付拖欠工程价款的利息,并承担违约责任。

发包人收到竣工结算报告及结算资料后 28 d 内不支付工程竣工结算价款,承包人可以催告发包人支付结算价款。发包人在收到竣工结算报告及结算资料后 56 d 内仍不支付的,承包人可以与发包人协议将该工程折价,也可以由承包人申请人民法院将该工程依法拍卖,承包人就该工程折价或者拍卖的价款优先受偿。

②承包人的违约责任。工程验收报告经发包人认可后 28 d 内,承包人未能向发包人递交竣工结算报告及完整的结算资料,造成工程竣工结算不能正常进行或工程竣工结算价款不能及时支付,发包人要求交付工程的,承包人应当交付;发包人不要求交付工程的,承包人承担保管责任。

6)质量保修金

承包人应在工程竣工验收之前,与发包人签订质量保修书,作为施工合同的附件。质量保修书的内容包括:质量保修项目内容及范围、质量保修期、质量保修责任、质量保修金的支付方法。

工程质量保修金一般不超过施工合同价款的 3%,具体比例及金额由双方在工程质量保修书中约定。发包人应当在质量保修期满后 14 d 内,将剩余保修金和按约定利率计算的利息返还承包人。

4.4　合同的签订、履行、变更、转让和终止

4.4.1　园林工程施工合同的签订

1)签订园林工程施工合同应具备的条件

①工程立项及设计概算已得到批准。
②工程项目已列入国家或地方年度建设计划。
③施工需要的设计文件和有关技术资料已准备充分。
④建设资料、材料、施工设备已落实。
⑤招投标工程的中标文件已下达。
⑥施工现场(三通一平)已准备就绪。

⑦合同主体合法,并有履行合同能力。

2)签订园林工程施工合同应遵守的原则

(1)合同第一位原则

在市场经济中,合同是当事人双方经过协商达成一致的协议,签订合同是双方的民事行为。在合同所定义的经济活动中,合同是第一位的,作为双方的最高行为准则,合同限定和调节着双方的权利和义务。任何工程问题和争议首先都要按照合同解决,只有当法律判定合同无效,或争议超过合同范围时才通过法律解决。所以在工程建设过程中,合同具有法律上的最高优先地位。合同一经签订,则成为一个法律文件。双方按合同内容承担相应的法律责任,享有相应的法律权利。合同双方都必须用合同规范自己的行为,并用合同保护自己。在任何国家,法律均只确定经济活动的约束范围和行为准则,而经济活动的具体细节则由合同规定。

(2)合同自愿原则

合同自愿是市场经济运行的基本原则之一,也是一般国家的法律准则。合同自愿原则体现在以下两个方面:

①合同签订时,双方当事人在平等自愿的条件下进行商讨,自由表达意见,自己决定签订与否,自己对自己的行为负责。任何人不得利用权力、暴力或其他手段胁迫对方当事人,以致签订违背当事人意愿的合同。

②合同的自愿构成。合同的形式、内容、范围由双方商定。合同的签订、修改、变更、补充和解释,以及合同争议的解决等均由双方商定,只要双方一致同意即可,他人不得随便干预。

(3)合同的法律原则

建设工程合同都是在一定的法律背景条件下签订和实施的,合同的签订和实施必须符合合同的法律原则。它具体体现在以下 3 个方面:

①合同不能违反法律,合同不能与法律抵触,否则合同无效。这是法律对合同有效性的控制。

②合同自由原则受法律原则的限制,所以工程实施和合同管理必须在法律所限定的范围内进行。

③法律保护合法合同的签订和实施。签订合同是一个法律行为,合同一经签订,合同及双方的权益即受法律保护。如果合同一方不履行或不正确履行合同,致使对方利益受到损害,则不履行一方必须赔偿对方的经济损失。

(4)诚实信用原则

合同的签订和顺利实施应建立在施工企业、建设单位和监理单位紧密协作、互相配合、互相信任的基础上,合同各方应对自己的合作伙伴,对合同及工程的总目标充满信心,建设单位和施工企业才能圆满地执行合同,监理工程师才能正确地、公正地解释和进行合同管理。

(5)公平合理原则

建设工程合同调节双方的合同法律关系,应不偏不倚,维护合同双方在工程建设中公平合理的关系。

3)签订园林施工合同的程序

①工程开标确定中标单位后,双方按中标条件签订施工合同后交建设主管部门审查。

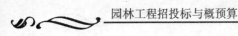

②合同交验审查的同时出示下列资料、证件：

a.标书、答疑文件及中标通知。

b.施工企业资质等级证书及营业执照。

c.五大员证(即项目经理、施工员、质检员、安全员、预算员)。

d.监理合同及监理单位资质等级证书。

e.总监理工程师及监理员资格证书。

③审查合同条款，符合国家法律规定及招标条件的合同盖合同审查章认可，不合格的退回重签。

4.4.2　合同的履行

1)合同履行的概念

合同的履行，指的是合同规定义务的执行。任何合同规定义务的执行，都是合同的履行行为；相应地，凡是不执行合同规定义务的行为，都是合同的不履行。因此，合同的履行，表现为当事人执行合同义务的行为。当合同义务执行完毕时，合同也就履行完毕。

2)合同履行的内容

（1）合同履行是当事人的履约行为

由于合同的类型不同，履行的表现形式也不尽一致。但任何合同的履行，都必须有当事人的履约行为，这是合同债权得以实现的一般条件，也是债权与所有权在实现方式上的基本区别。合同的履行通常表现为义务人的作为，由于合同大多是双务合同，当事人双方一般均须为一定的积极作为，以实现对方的权利。但在极少数情况下，合同的履行也表现为义务人的不作为。无论是作为还是不作为，都是义务人的履约行为。

（2）履行合同的标准

履行合同，就其本质而言，是指合同的全部履行。只有当事人双方按照合同的约定或者法律的规定，全面、正确地完成各自承担的义务，才能使合同债权得以实现，也才使合同法律关系归于消灭。因而，当事人全面、正确地完成合同义务，是对当事人履约行为的基本要求。只完成合同规定的部分义务，就是没有完全履行；任何一方或双方均未履行合同规定的义务，则属于完全没有履行。无论是完全没有履行，或是没有完全履行，均与合同履行的要求相悖，当事人均应承担相应的责任。

（3）履行合同的行为过程

当事人完成合同义务的整个行为过程，不仅包括当事人的依约交付行为，而且还应包括当事人为完成最终交付行为所实施的一系列准备行为。尽管在通常情况下，准备行为并非合同义务，但绝不能因此得出准备行为不是合同履行行为的结论。准备行为是最终履行行为的基础或前提，甚至可以说没有准备行为即没有最终的履行行为。合同的履行是一个过程，这其中包括执行合同义务的准备、具体合同义务的执行、义务执行的善后等。在这一过程中，具体合同义务的执行是合同履行的核心内容，传统意义上的合同履行，指的就是这一阶段的合同履行。然而，

为执行合同义务所作的准备和义务执行完毕后的善后义务,固然不是合同规定的义务,但因其与第二阶段意义上的合同履行具有密切的联系,也是合同履行的内容。这同时也是现代合同法发展的趋势所在。

3)合同履行的原则

合同履行的原则,是指法律规定的所有种类合同的当事人在履行合同的整个过程中所必须遵循的一般准则。根据中国合同立法及司法实践,合同的履行除应遵守平等、公平、诚实信用等民法基本原则外,还应遵循以下合同履行的特有原则,即适当履行原则、协作履行原则、经济合理原则和情势变更原则。以下就这些合同履行的特有原则加以介绍。

(1)适当履行原则

适当履行原则是指当事人应依合同约定的标的、质量、数量,由适当主体在适当的期限、地点,以适当的方式,全面完成合同义务的原则。这一原则要求:第一,履行主体适当。即当事人必须亲自履行合同义务或接受履行,不得擅自转让合同义务或合同权利让其他人代为履行或接受履行。第二,履行标的物及其数量和质量适当。即当事人必须按合同约定的标的物履行义务,而且还应依合同约定的数量和质量来给付标的物。第三,履行期限适当。即当事人必须依照合同约定的时间来履行合同,债务人不得迟延履行,债权人不得迟延受领;如果合同未约定履行时间,则双方当事人可随时提出或要求履行,但必须给对方必要的准备时间。第四,履行地点适当。即当事人必须严格依照合同约定的地点来履行合同。第五,履行方式适当。履行方式包括标的物的履行方式以及价款或酬金的履行方式,当事人必须严格依照合同约定的方式履行合同。

(2)协作履行原则

协作履行原则是指在合同履行过程中,双方当事人应互助合作共同完成合同义务的原则。合同是双方民事法律行为,不仅仅是债务人一方的事情,债务人实施给付,需要债权人积极配合受领给付,才能达到合同目的。由于在合同履行的过程中,债务人比债权人更多地应受诚实信用、适当履行等原则的约束,协作履行往往是对债权人的要求。协作履行原则也是诚实信用原则在合同履行方面的具体体现。协作履行原则具有以下几个方面的要求:第一,债务人履行合同债务时,债权人应适当受领给付。第二,债务人履行合同债务时,债权人应创造必要条件、提供方便。第三,债务人因故不能履行或不能完全履行合同义务时,债权人应积极采取措施防止损失扩大,否则,应就扩大的损失自负其责。

(3)经济合理原则

经济合理原则是指在合同履行过程中,应讲求经济效益,以最少的成本取得最佳的合同效益。在市场经济社会中,交易主体都是理性地追求自身利益最大化的主体,因此,如何以最少的履约成本完成交易过程,一直都是合同当事人所追求的目标。由此,交易主体在合同履行的过程中应遵守经济合理原则是必然的要求。该原则一直为我国的立法所认可,如《纺织品、针织品、服装购销合同暂行办法》规定,供需双方应商定选择最快、最合理的运输方法。

(4)情势变更原则

合同有效成立以后,若非因双方当事人的原因而构成合同基础的情势发生重大变更,致使继续履行合同将导致显失公平,则当事人可以请求变更和解除合同。

所谓情势,是指合同成立后出现的不可预见的情况,即"影响及于社会全体或局部之情势,

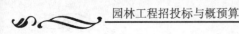

并不考虑原来法律行为成立时,'为其基础或环境之情势'"。所谓变更,是指"合同赖以成立的环境或基础发生异常变动。"我国学者一般认为,变更指的是构成合同基础的情势发生根本的变化。在合同有效成立之后、履行之前,如果出现某种不可归责于当事人原因的客观变化会直接影响合同履行结果时,若仍然要求当事人按原来合同的约定履行合同,往往会给一方当事人造成显失公平的结果,这时,法律允许当事人变更或解除合同而免除违约责任的承担。这种处理合同履行过程中情势发生变化的法律规定,就是情势变更原则。

情势变更原则实质上是诚实信用原则在合同履行中的具体运用,其目的在于消除合同因情势变更所产生的不公平后果。自上世纪第二次世界大战后,由于战争的破坏,战后物价暴涨,通货膨胀十分严重。为了解决战前订立的合同在战后的纠纷,各国学者特别是德国学者借鉴历史上的"情势不变条款"理论,提出了情势变更原则,并经法院采为裁判的理由,直接具有法律上的效力。经过长期的发展,这一原则已成为当代合同法中的一个极富特色的法律原则,为各国法律所普遍采用。我国法律虽然没有规定情势变更原则,但在司法实践中,这一原则已为司法裁判所采用。因此,情势变更原则,既是合同变更或解除的一个法定原因,更是解决合同履行中情势发生变化的一项具体规则。

4)合同履行的规则

对于依法生效的合同而言,在其履行期限届满以后,债务人应当根据合同的具体内容和合同履行的基本原则实施履行行为。债务人在履行的过程中,应当遵守一些合同履行的基本规则。

（1）履行主体

合同履行主体不仅包括债务人,也包括债权人。因为,合同全面适当地履行的实现,不仅主要依赖于债务人履行债务的行为,同时还要依赖于债权人受领履行的行为。因此,合同履行的主体是指债务人和债权人。除法律规定、当事人约定、性质上必须由债务人本人履行的债务以外,履行也可以由债务人的代理人进行,但是代理只有在履行行为是法律行为时方可适用。同样,在上述情况下,债权人的代理人也可以代为受领。此外,必须注意的是,在某些情况下,合同也可以由第三人代替履行,只要不违反法律的规定或者当事人的约定,或者符合合同的性质,第三人也是正确的履行主体。不过,由第三人代替履行时,该第三人并不取得合同当事人的地位,第三人仅仅只是居于债务人的履行辅助人的地位。

（2）履行标的

合同的标的是合同债务人必须实施的特定行为,是合同的核心内容,是合同当事人订立合同的目的所在。合同标的不同,合同的类型也就不同。如果当事人不按照合同的标的履行合同,合同利益就无法实现。因此,必须严格按照合同的标的履行合同就成为了合同履行的一项基本规则。合同标的的质量和数量是衡量合同标的的基本指标,因此,按照合同标的履行合同,在标的的质量和数量上必须严格按照合同的约定进行履行。如果合同对标的的质量没有约定或者约定不明确的,当事人可以补充协议,协议不成的,按照合同的条款和交易习惯来确定。如果仍然无法确定的,按照国家标准、行业标准履行;没有国家标准、行业标准的,按照通常标准或者符合合同目的的特定标准履行。在标的数量上,全面履行原则的基本要求便是全部履行,而不应当部分履行,但是在不损害债权人利益的前提下,也允许部分履行。

（3）履行期限

合同履行期限是指债务人履行合同义务和债权人接受履行行为的时间。作为合同的主要

条款,合同的履行期限一般应当在合同中予以约定,当事人应当在该履行期限内履行债务。如果当事人不在该履行期限内履行,则可能构成迟延履行而应当承担违约责任。履行期限不明确的,根据《合同法》第 61 条的规定,双方当事人可以另行协议补充,如果协议补充不成的,应当根据合同的有关条款和交易习惯来确定。如果还无法确定的,债务人可以随时履行,债权人也可以随时要求履行,但应当给对方必要的准备时间。这也是合同履行原则中诚实信用原则的体现。不按履行期限履行,有两种情形:迟延履行和提前履行。在履行期限届满后履行合同为迟延履行,当事人应当承担迟延履行责任,此为违约责任的一种形态;在履行期限届满之前所为之履行为提前履行,提前履行不一定构成不适当履行。

(4)履行地点

履行地点是债务人履行债务、债权人受领给付的地点,履行地点直接关系到履行的费用和时间。在国际经济交往中,履行地点往往是纠纷发生以后用来确定适用的法律的根据。如果合同中明确约定了履行地点的,债务人就应当在该地点向债权人履行债务,债权人应当在该履行地点接受债务人的履行行为。如果合同约定不明确的,依据《合同法》的规定,双方当事人可以协议补充,如果不能达成补充协议的,则按照合同有关条款或者交易习惯确定。如果履行地点仍然无法确定的,则根据标的不同情况确定不同的履行地点。如果合同约定给付货币的,在接受货币一方所在地履行;如果交付不动产的,在不动产所在地履行;其他标的,在履行义务一方所在地履行。

(5)履行方式

履行方式是合同双方当事人约定以何种形式来履行义务。合同的履行方式主要包括运输方式、交货方式、结算方式等。履行方式由法律或者合同约定或者是合同性质来确定,不同性质、内容的合同有不同的履行方式。根据合同履行的基本要求,在履行方式上,履行义务人必须首先按照合同约定的方式进行履行。如果约定不明确的,当事人可以协议补充;协议不成的,可以根据合同的有关条款和交易习惯来确定;如果仍然无法确定的,按照有利于实现合同目的的方式履行。

(6)履行费用

履行费用是指债务人履行合同所支出的费用。如果合同中约定了履行费用,则当事人应当按照合同的约定负担费用。如果合同没有约定履行费用或者约定不明确的,则按照合同的有关条款或者交易习惯确定;如果仍然无法确定的,则由履行义务一方负担。因债权人变更住所或者其他行为而导致履行费用增加时,增加的费用由债权人承担。

4.4.3　合同变更

1)合同变更的含义

合同变更有广义与狭义两种含义。广义的合同变更是指合同主体和合同内容发生变化。主体变更主要指以新的主体取代原合同关系的主体。这种变更并未使合同内容发生变化。债权人发生变更的,合同法将其称为债权转让或者债权转移。合同变更主要是指合同内容的变更,即狭义变更。狭义合同变更是指合同成立后,尚未履行或者尚未完全履行以前,当事人就合

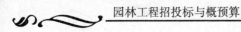

同内容达成修改和补充的协议。我国《合同法》第77条规定："当事人协商一致,可以变更合同。"《合同法》的这一规定,实际上就是指狭义的合同变更。

2)合同变更的特点

(1)双方协商变更合同

合同的变更必须经当事人双方协商一致,并在原合同的基础上达成新的协议。合同的任何内容都是经过双方协商达成的,因此,变更合同的内容须经过双方协商同意。任何一方未经过对方同意,无正当理由擅自变更合同内容,不仅不能对合同的另一方产生约束力,反而将构成违约行为。由于合同变更必须经过双方协商,所以,在协议未达成以前,原合同关系仍然有效。

值得注意的是,强调变更在原则上必须经过双方协商一致,并非意味着变更只能由约定产生,而不存在着法定的变更事由。事实上,在特殊情况下,依据法律规定可以使一方享有法定变更合同的权利,如在重大误解、显失公平的情况下,受害人享有请求法院或仲裁机构变更合同内容的权利。在出现了法定的变更事由以后,一方将依法享有请求法院变更合同的权利,但享有请求变更权的人必须实际请求法院或仲裁机构变更合同,且法院或仲裁机构经过审理,确认了变更的请求,合同才能发生变更。任何一方当事人即使享有请求变更的权利,也不得不经诉讼而单方面变更合同。

(2)合同变更是指合同内容的变化

合同的变更指合同关系的局部变化,也就是说合同变更只是对原合同关系的内容作某些修改和补充,而不是对合同内容的全部变更。如标的数量增减,关于质量方面的变化,价格方面的变化,改变交货地点、时间、结算方式等,均属于合同内容的变更。如果合同内容已全部发生变化,则实际上已导致原合同关系的消灭,产生了一个新的合同。如合同标的的变更,由于标的本身是权利、义务指向的对象,属于合同的实质内容。合同标的变更,合同的基本权利义务也发生变化。因此,变更标的,实际上已结束了原合同关系。当然,仅仅是标的数量、质量、价款发生变化,一般不会影响到合同的实质内容,而只是影响到局部内容,所以不会导致合同关系消灭的问题。

(3)合同的变更会产生新的有关债权债务

当事人在变更合同以后,需要增加新的内容或改变合同的某些内容。合同变更以后,不能完全以原合同内容来履行,而应按变更后的权利义务关系来履行。当然,这并不是说在变更时必须首先消灭原合同的权利义务关系。事实上,合同的变更是指在保留原合同的实质内容的基础上产生一个新的合同关系,它仅是在变更的范围内使原债权债务关系消灭,而变更之外的债权债务关系仍继续生效。所以从这个意义上讲,合同变更是使原合同关系相对消灭。

3)合同变更的条件

(1)原已存在着合同关系

合同的变更是在原合同的基础上,通过当事人双方的协商,改变原合同关系的内容。因此,不存在原合同关系,就不可能发生变更问题。如果合同应被确认无效,则不能变更原合同。如果合同具有重大误解或显失公平的因素,享有撤销权的一方可以要求撤销或变更。原合同中享有变更或者撤销权的当事人,如果只提出了变更合同,未提出撤销合同,那么在经双方同意变更合同以后,享有撤销权的一方当事人不得再提出撤销合同,撤销权因合同的变更发生消灭。

（2）合同的变更在原则上必须经过当事人协商一致

我国《合同法》第 78 条规定："当事人对合同变更的内容约定不明确的，推定为未变更。"如果当事人对合同变更的内容规定不明确的，则推定当事人并没有达成变更合同的协议，合同视为未变更，当事人仍应当按原合同履行。

（3）合同的变更必须遵循法定的程序和方式

我国《合同法》第 77 条第 2 款规定："法律、行政法规规定变更合同应当办理批准、登记等手续的，依照其规定。"这类合同的变更，不但要求当事人双方协商一致，而且还必须履行变更合同的法定的程序和方式，合同才能发生变更的效力。

（4）合同变更使合同内容发生变化

合同标的以外的有关数量、质量、合同价款、合同履行期限、地点、方式等各种条款的变更，都产生合同内容的变更，排除了合同主体与合同标的改变的情形。

4.4.4　合同的转让

1）合同权利的转让

（1）合同权利转让的概念

我国《合同法》第 79 条规定："债权人可以将合同的权利全部或者部分转让给第三人"，这是关于合同权利转让的规定。所谓合同权利的转让，是指合同债权人通过协议将其债权全部或部分地转让给第三人的行为。为了更好地理解合同的转让，我们对合同转让的概念作进一步理解。

合同权利转让是指不改变合同权利的内容，由债权人将权利转让给第三人。权利转让的当事人是债权人和第三人。但权利转让时债权人应当及时通知债务人，未经通知，该转让对债务人不发生效力。转让权利是以权利的有效为前提的。合同是债产生的原因之一，合同权利转让的对象是合同中的债权人享有的债权。这种权利的转让既可以是全部的转让，也可以是部分的转让。在权利全部转让时，受让人将完全取代转让人的地位而成为合同当事人，原合同关系消灭，而产生了一个新的合同关系。在权利部分转让情况下，受让人作为第三人将加入到原合同关系之中，与原债权人共同享有债权。不管采取何种方式转让，都不得因权利的转让而增加债务人的负担，因转让发生的费用和损失，应由转让人或者受让人承担。

（2）合同权利转让的条件

①必须有有效的合同权利存在。合同权利的有效存在，是合同权利转让的根本前提。如果合同根本不存在，或者已经被宣告无效或者被撤销而发生的转让行为都是无效的，转让人应对善意的受让人所遭受的损失承担损害赔偿责任。

②转让双方之间必须达成转让合意。合同权利的转让，必须要由让与人和受让人之间订立权利转让合同。此种合同的当事人是转让人和受让人，订立权利转让合同应具备合同的有效条件。

③转让的合同权利具有可让与性。合同权利具有可让与性，即合同的权利依法可以转让。

（3）合同权利依法不可转让的情形

根据我国《合同法》第79条的规定，下列合同权利不得转让：

①根据合同权利的性质不得转让。根据合同权利的性质，如果只能在特定当事人之间生效，则不得转让。因为如果转让给第三人，将会使合同的内容发生变更，从而使转让后的合同内容与转让前的合同内容失去联系性和同一性，且违反了当事人订立合同的目的。一般来说，根据合同性质不得让与的权利主要包括如下四种：一是根据个人信任关系而发生的债权，如委任人对受托人的债权。二是以选定债权人为基础发生的合同权利，如与特定人签订的出版合同。三是合同内容中包括了针对特定当事人的不作为义务，如禁止受让人转让其权利。四是与主权利不能分离的从权利，如保证合同权利。

②按照当事人约定不得转让。根据合同自由原则，当事人可以在订立合同时或订立合同后特别约定，禁止任何一方转让合同权利，只要此约定不违反法律的禁止性规定和社会公共道德，就应当产生法律效力。任何一方违反此种约定而转让合同权利，将构成违约行为。如果一方当事人违反禁止转让的规定而将合同权利转让给善意的第三人，则善意的第三人可取得这项权利。

③法律规定不得转让。根据我国《民法通则》第91条的规定：依照法律规定应由国家批准的合同，当事人在转让权利义务时，必须经过原批准机关批准。如原批准机关对权利的转让不予批准，则权利的转让无效。我国《合同法》第87条规定："法律、行政法规规定转让权利或者转移义务应当办理批准、登记等手续的，依其规定。"

（4）合同权利转让的法律效力

合同权利转让的生效，首先应取决于两个条件：一是合同权利转让合同的成立；二是债权人将权利转让的事实通知债务人以后，债务人未表示异议。在符合这两个条件的情况下，合同权利转让将会产生一定的法律效力。

①对受让人的效力：

a.受让人取得合同权利。合同权利由让与人转让给受让人，合同权利转让如果是全部权利转让，则受让人将作为新债权人而成为合同权利的主体，转让人将脱离原合同关系，由受让人取代其地位。如果是部分权利转让，则受让人将加入合同关系，与原债权人一起成为债权人。

b.受让人取得属于主权利的从权利。在转让合同权利时从属于主债权的从权利，如抵押权、利息债权、定金债权、违约金债权及损害赔偿请求权等也将随主权利的移转而发生转移，但专属于债权人的从权利不能随主权利移转而转移。我国《合同法》第81条规定："债权人转让权利的，受让人取得与债权有关的从权利，但该从权利专属于债权人自身的除外。"

②对转让人即原债权人的效力：

a.保证转让的权利有效且无瑕疵。转让人应保证其转让的权利有效存在且不存在权利瑕疵。如果在权利转让以后，因权利存在瑕疵而给权利人造成损失的，转让人应当向受让人承担损害赔偿责任。当然，转让人在转让权利时，若明确告知受让人权利有瑕疵，则受让人无权要求赔偿。

b.不得重复转让。转让人在某项权利转让给他人以后，不得就该项权利再作出转让。如果转让人重复转让债权，则涉及应由哪一个受让人取得受让的权利的问题。一般认为，有偿让与的受让人应当优先于无偿让与的受让人取得权利；全部让与中的受让人应当优先于部分让与中的受让人取得权利。同时，按照"先来后到"的规则，先前的受让人应当优先于在后的受让人取得权利。

③对债务人的效力：

a.债务人应向受让人履行债务。债务人不得再向转让人即原债权人履行债务，如果债务人仍然向原债权人履行债务，则不构成合同的履行，更不应使合同终止。如果债务人向原债权人履行，造成受让人损害，债务人应负损害赔偿的责任。同时原债权人接受此种履行，构成不当得利，则受让人和债务人均可请求其返还。

b.免除债务人对转让人所负的责任。债务人负有向受让人即新债权人作出履行的义务，同时免除其对原债权人所负的责任。如果债务人向受让人作出履行以后，转让合同被宣告无效或被撤销，但债务人出于善意，则债务人向受让人作出的履行仍然有效。

c.对受让人的抗辩权不因权利转让而消灭。债务人在合同权利转让时所享有的对抗原债权人的抗辩权，并不因合同权利的转让而消灭。我国《合同法》第82条规定："债务人接到债权转让通知后，债务人对让与人的抗辩，可以向受让人主张。"这一规定主要是为了保护债务人的利益，使其不因合同权利的转让而受到损害。在合同权利转让之后，债务人对原债权人所享有的抗辩权仍然可以对抗受让人即新的债权人，如同时履行抗辩、时效完成的抗辩、债权业已消灭的抗辩、债权从未发生的抗辩、债权无效的抗辩等。只有保障债务人的抗辩权，才能维护债务人的应有利益。

d.债务人的抵销权。我国《合同法》第83条规定："债务人接到债权转让通知时，债务人对让与人享有债权，并且债务人的债权先于转让的债权到期或者同时到期的，债务人可以向受让人主张抵销。"

2) 合同义务的移转

（1）合同义务移转的概念

合同义务的移转又称债务承担，是指基于债权人、债务人与第三人之间达成的协议，将债务移转给第三人承担。合同义务移转可因法律的直接规定而发生，也可因法律行为而发生，但前者最为常见。因此，一般所指的合同义务移转，仅指依当事人间的合同将债务人的债务移转给第三人承担。合同义务的移转包括两种情况：一是债务人将合同义务全部转移给第三人，由该第三人取代债务人的地位，成为新的债务人，这种移转称为免责的债务承担；二是债务人将合同义务部分转移给第三人，由债务人和第三人共同承担债务，原债务人并不退出合同关系。这种移转称为并存的债务承担。

（2）合同义务移转的条件

①必须有有效合同义务存在。根据我国法律的规定，当事人移转的合同义务只能是有效存在的债务。如果债务本身不存在，或者合同订立后被宣告无效或被撤销，就不能发生义务转移的后果。将来可能发生的债务虽然理论上也可由第三人承担，但仅在该债务有效成立后，债务承担合同才能发生效力。

②转让的合同义务必须具有可让与性。因合同义务移转后，合同义务主体发生变更，因此，所移转的合同义务必须具有可让与性。依据法律的规定或合同的约定不得移转的义务，不得移转。

③必须存在合同义务移转的协议。合同义务的移转，须由当事人达成移转的协议。该合同义务移转协议的订立有两种形式：既可通过债权人与第三人订立，也可通过债务人与第三人订立。

④必须经债权人的同意。一般来说,债权转让不会给债务人造成损害,但债务的移转则有可能损害债权人的利益。因为债务人在转让其债务以后,新的债务人是否具有履行债务的能力,或者是否为诚实守信的商人等,这些情况都是债权人所无法预知的。如果允许债务人随意移转债务,而接受移转人没有能力履行债务,或者有能力履行而不愿意履行,将直接导致债权人的债权不能实现。据此,《合同法》第84条规定:"债务人将合同的义务全部或者部分转移给第三人的,应当经债权人同意。"如果未征得债权人同意,合同义务移转无效,原债务人仍负有向债权人履行的义务,债权人有权拒绝第三人向其作出的履行,同时也有权追究债务人迟延履行或不履行的责任。债务人与第三人之间达成的移转合同义务的协议,一经债权人的同意即发生效力。债权人的同意可以采取明示或默示的方式。如果债权人未明确表示同意,但他已经将第三人作为其债务人并请求其履行,可以推定债权人已经同意债务的移转。

⑤必须依法办理有关手续。如果法律、行政法规规定,移转合同义务应当办理批准、登记等手续的,则在移转合同义务时应当办理这些手续。

(3)合同义务移转的效力

①合同义务全部转移的效力。合同义务全部移转的,新债务人将代替原债务人的地位而成为当事人,原债务人将不再作为债的一方当事人。如果新债务人不履行或不适当履行债务,债权人只能向新债务人而不能向原债务人请求履行债务或要求其承担违约责任。

②合同义务部分转移的效力。合同义务部分移转的,第三人加入合同关系,与原债务人共同承担合同义务。原债务人与新债务人之间应承担的债务份额应依移转协议确定。如果当事人没有明确约定义务移转的份额,则原债务人与新债务人应负连带责任。

③义务转移后的抗辩权。合同义务移转后,新债务人可以主张原债务人对债权人的抗辩。我国《合同法》第85条规定:"债务人转移义务的新债务人可以主张原债务人对债权人的抗辩。"新债务人享有的抗辩权包括同时履行抗辩权、合同撤销和无效的抗辩权、合同不成立的抗辩权、诉讼时效已过的抗辩权等等。当然,这些抗辩事由必须是在合同义务移转时就已经存在的。专属于合同当事人的合同的解除权和撤销权非经原合同当事人的同意,不能移转给新的债务人享有。

④新债务人承担的相关从义务。合同义务移转后,新债务人应当承担与主债务有关的从债务。我国《合同法》第86条规定:"债务人转移义务的,新债务人应当承担与主债务有关的从债务,但该从债务专属于原债务人自身的除外。"从债务与主债务是密切联系在一起的,不能与主债务相互分离而单独存在。所以,当主债务发生移转以后,从债务也要发生转移,新债务人应当承担与主债务有关的从债务。值得注意的是,主债务移转后,专属于原债务人自身的从债务不得移转。

(4)合同权利义务的概括移转

我国《合同法》第88条规定:"当事人一方经对方同意,可以将自己在合同中的权利和义务一并转让给第三人。"这就是对合同权利和义务的概括移转的规定。所谓合同权利和义务的概括移转,是指由原合同当事人一方将其债权债务一并移转给第三人,由第三人概括地继受这些债权债务。这种移转与前面所说的权利转让和义务移转的不同之处在于它不是单纯地转让债权或移转债务,而是概括地移转债权债务。由于移转的是全部债权债务,与原债务人利益不可分离的解除权和撤销权也将因概括的权利和义务的移转而移转给第三人。

合同权利义务的概括移转,可以依据当事人之间订立的合同而发生,也可以因法律的规定

而产生,在法律规定的移转中,最典型的就是因企业的合并而发生的权利义务的概括移转。我国《民法通则》第 44 条第 2 款规定:"企业法人分立、合并,它的权利和义务由变更后的法人享有和承担。"我国《合同法》第 90 条规定:"当事人订立合同后合并的,由合并后的法人或者其他组织行使合同权利,履行合同义务。当事人订立合同后分立的,除债权人和债务人另有约定的以外,由分立的法人或者其他组织对合同的权利和义务享有连带债权,承担连带债务。"

由于合同权利义务的概括移转,将要移转整个权利义务,因此只有双务合同中的当事人一方才可以移转此种权利和义务。在单务合同中,由于一方当事人可能仅享有权利或仅承担义务,因此不能移转全部的权利义务,单务合同一般不发生合同权利义务概括移转的问题。

在合同当事人一方与第三人达成概括移转权利义务的协议后,必须经另一方当事人同意后方可生效。因为概括移转权利义务包括了义务的移转,所以必须取得合同另一方的同意,在取得另一方同意之后,"第三人"将完全代替原合同当事人一方的地位,原合同当事人的一方将完全退出合同关系。如在转让之后不履行或不适当履行合同义务,则由"第三人"承担义务和责任。

根据我国《合同法》第 89 条的规定,在合同权利义务的概括移转时,要适用《合同法》第 79 条、第 81 条~第 83 条、第 85 条~第 87 条的规定,具体内容包括:根据合同性质不得转让的权利、按照当事人约定不得转让的权利、依照法律规定不得转让的权利,合同权利不能转让;受让人在取得主债权的同时也取得了与主债权有关的从权利,但该从权利专属于债权人自身的除外;在合同权利转让之后,债务人对原债权人所享有的抗辩权,可以对抗受让人;债务人接到债权转让通知时,债务人对让与人享有债权,并且债务人的债权先于转让的债权到期或者同时到期的,债务人可以向受让人主张抵销;债务人移转义务的,新债务人可以主张原债务人对债权人的抗辩;新债务人应当承担与主债务有关的从债务,但该从债务专属于原债务人自身的除外;法律、行政法规规定转让权利或者转让义务应当办理批准、登记手续的,应依照其规定。上述这些规定,也适用于合同权利义务的概括移转。

4.4.5　合同权利义务的终止

1)合同终止的含义

合同权利义务的终止简称合同的终止,又称合同的消灭,是合同当事人双方之间的权利义务在客观上不复存在。合同的终止必须基于一定的法律事实,这就是合同终止的原因。合同的终止不同于合同的解除,合同的解除只是合同终止的一种原因。合同的解除不同于合同的变更。合同终止后,当事人之间的债权债务关系消灭。合同的变更,仅是合同内容的变更,债权债务关系仍然存在,合同关系并没有消灭。

2)合同终止的法定情形

合同关系是基于一定的法律事实而产生、变更的,同时也基于一定的法律事实而终止。能够引起合同终止的法律事实,就是合同终止的原因。没有终止原因,合同就不能消灭。我国《合同法》第 91 条规定了合同终止的几种情形:

（1）债务已经按照约定履行

债务已经按合同的约定履行是指合同的清偿，指债务人按照合同的约定向债权人履行义务、实现债权目的的行为。清偿的主体，即清偿当事人。清偿人包括清偿人与清偿受领人。清偿人是清偿债务的人。清偿人包括债务人、债务人的代理人、第三人。清偿受领人是指受领债务人给付的人，即受领清偿利益的人。债务的清偿应由清偿人向有受领权的人为之，并经受领后，才能发生清偿的效力。债权人作为合同关系的权利主体，当然有权受领清偿利益。但是，在下列情形下，债权人不得受领：一是债权已出质。债权已作为质权的标的出质于他人时，债权人非经质权人同意，不得受领；二是债权人已被宣告破产。债权人被宣告破产时，自然不能为有效的受领，其债权应由破产清算人受领；三是在债务人的履行行为属于法律行为，并须债权人为必要的协助时，债权的受领人应具有完全民事行为能力，若债权人无完全民事行为能力，则不能为有效的受领；四是法院按民事诉讼法的规定，对债权人的债权采取强制执行措施时，债权人不得自行受领。除债权人以外，债权人的代理人、债权人的破产管理人、债权质权的质权人、持有真正合法收据的人（通常称为表见受领人）、代位权人、债权人和债务人约定受领清偿的第三人等都可为有权受领清偿的人。债务人向无受领权人清偿的，其清偿为无效。但其后受领人的受领经债权人承认或者其取得债权人的债权，债务人的清偿为有效。

（2）解除合同

①合同解除的概念。合同的解除有狭义与广义之分。狭义的合同解除是指在合同依法成立后而尚未全部履行前，当事人一方基于法律规定或当事人约定行使解除权而使合同关系归于消灭的一种法律行为；广义的合同解除包括狭义的合同解除和协议解除。我国《合同法》对合同解除采取了广义的概念，包括协议解除、约定解除和法定解除。因此，合同的解除是指在合同依法成立后而尚未全部履行前，当事人基于协商、法律规定或者当事人约定而使合同关系归于消灭的一种法律行为。

②合同解除具有如下特点：

a.合同的解除以当事人之间存在有效合同为前提。当事人之间自始就不存在合同关系的，不存在合同的解除问题；当事人之间原存在合同关系，但合同关系已经消灭的，也不发生合同的解除。同时，当事人之间的合同应当为有效合同，否则，也不存在合同的解除，即无效合同、可撤销合同、效力待定合同不发生合同的解除。

b.合同的解除须具备一定的条件。合同依法成立后，即具有法律拘束力，任何一方不得擅自解除合同。但是，在具备了一定条件的情况下，法律也允许当事人解除合同，以满足自己的利益需要。合同解除的条件，既可以是法律规定的，也可以是当事人约定的。法定解除条件就是由法律规定的当事人享有解除权的各种条件；约定解除条件就是由当事人约定的当事人享有解除权的条件。当然，当事人也可以通过协商而解除合同。

c.合同的解除是一种消灭合同关系的法律行为。在具备了合同解除条件的情况下，当事人可以解除合同。但当事人解除合同必须实施一定的行为，即解除行为。这种解除行为是一种法律行为。如果仅有合同解除的条件，而没有当事人的解除行为，合同不能自动地解除。解除合同的法律行为，既可以是单方法律行为，也可以是双方法律行为。

③合同解除的种类如下：

a.协议解除。协议解除是指在合同依法成立后而尚未全部履行前，当事人通过协商而解除合同。我国《合同法》第93条第1款规定："当事人协商一致，可以解除合同。"

b.约定解除。约定解除是指在合同依法成立后而尚未全部履行前,当事人基于双方约定的事由行使解除权而解除合同。我国《合同法》第93条第2款规定:"当事人可以约定一方解除合同的条件。解除合同的条件成就时,解除权人可以解除合同。"

值得注意的是,约定解除与协商解除都是当事人意志的反映,都是通过合同的形式实现的,但二者适用的条件是不同的。约定解除是事先确定解除合同的条件,协商解除则并不需要什么条件,只要当事人协商一致即可解除合同。因此,应当将约定解除和协商解除区分开来。

c.法定解除。法定解除是指在合同依法成立后而尚未全部履行前,当事人基于法律规定的事由行使解除权而解除合同。法定解除是与约定解除一样,属于一种单方解除合同的方式。由法律直接规定解除合同的条件,在具备条件时,当事人可以行使解除权以解除合同。法定解除既不同于约定解除,也不同于协商解除。

我国《合同法》第94条规定,有下列合同之一的,当事人可以解除合同:

第一,因不可抗力致使不能实现合同目的。不可抗力是指不能预见、不能避免并不能克服的客观现象。不可抗力事件的发生,对合同履行的影响程度存在着差异。有的是影响合同的部分履行,有的是影响合同的全部履行,也有的只是暂时影响合同的履行。不可抗力影响合同履行的,只有达到不能实现合同目的的程度时,当事人才能解除合同。

第二,在履行期限届满之前,当事人一方明确表示或者以自己的行为表明不履行主要债务。

第三,当事人一方迟延履行主要债务,经催告后在合理期限内仍未履行。

第四,当事人一方迟延履行债务或者有其他违约行为致使不能实现合同目的。

第五,法律规定的其他情形。例如,当事人在行使不安抗辩权而中止履行的情况下,如果对方在合理期限内未恢复履行能力并且未提供适当的担保,则中止履行的一方可以解除合同。

④合同解除的程序。关于合同解除的程序,我国《合同法》根据合同解除的不同种类,规定了不同的解除程序,即合同解除的程序应分别按下列两种情况处理。

a.协议解除合同的程序。协议解除合同是当事人通过订立一个新合同的办法,达到解除合同的目的。因此,协议解除合同的程序必须遵循合同订立的程序,即必须经过要约和承诺两个阶段。就是说,当事人双方必须对解除合同的各种事项达成意思表示一致,合同才能解除。

b.通知解除合同的程序。约定解除和法定解除都属于单方解除。在具备了当事人约定的或法律规定的条件时,当事人一方或双方就享有解除合同的权利,简称解除权。我国《合同法》对解除合同的通知的方式没有具体规定,从解释上说,通知可以采取书面形式、口头形式或其他形式。但为了避免产生争议,最好采取书面形式。对于法律规定或当事人约定采取书面形式的合同,当事人在解除合同时也应当采取书面通知的方式。如果法律、行政法规规定解除合同应当办理批准、登记手续的,应当依法办理批准、登记手续。解除权的行使,应当在确定期间内或合理期限内进行。我国《合同法》第95条规定:"法律规定或者当事人约定解除权行使期限,期限届满当事人不行使的,该权利消灭。"法律没有规定或者当事人没有约定解除权行使期限,经对方催告后在合理期限内不行使的,该权利消灭。我国《合同法》第97条规定:"合同解除后,尚未履行的,终止履行;已经履行的,根据履行情况和合同性质,当事人可以要求恢复原状、采取其他补救措施,并有权要求赔偿损失。"

(3)债务相互抵消

抵消是指当事人双方相互负有给付义务,将两项债务相互充抵,使其相互在对等额内消灭。在抵消中,主张抵消的债务人的债权,称为主动债权。被抵消的权利即债权人的债权,称为被动

债权。我国《合同法》第99条规定,"当事人互负到期债务,该债务的标的物种类、品质相同的,任何一方可以将自己的债务与对方的债务抵消,但依照法律规定或者按照合同性质不得抵消的除外。当事人主张抵消的,应当通知对方。通知自到达对方时生效。抵消不得附条件或者附期限。"这就是关于法定抵消的规定。合意抵消又称为契约上抵消,是指依当事人双方的合意所为的抵消。合意抵消是由当事人自由约定的,其效力也决定于当事人的约定。我国《合同法》第100条规定:"当事人互负债务,标的物种类、品质不相同的,经双方协商一致,也可以抵消",这就是关于合意抵消的规定。

合意抵消与法定抵消尽管效力相同,但它们之间存在很大的差别。主要表现在:第一,抵消的根据不同。法定抵消的根据在于法律的规定,只要具备法律规定的条件,当事人任何一方都有权主张抵消;合意抵消的根据在于当事人双方订立的抵消合同,只有基于抵消合同,当事人才能主张抵消。第二,债务的性质要求不同。法定抵消要求当事人互负债务的种类、品质相同;合意抵消则允许当事人互负债务的种类、品质不相同。第三,债务的履行期限要求不同。法定抵消要求当事人的债务均已届履行期;合意抵消则不受是否已届履行期的限制。

4.5 工程变更与工程索赔

4.5.1 工程变更

1) 工程变更的概念

在工程项目的实施过程中,按照合同约定的程序对招标文件中原业主或监理人根据工程实际设计、工程数量、计划进度、技术指标、使用材料等任一方面的改变,统称工程变更,包括设计变更、进度计划变更、施工条件变更及原招标文件和工程量清单中未包括的"新增工程"。

2) 工程变更的产生原因

工程变更是建筑施工生产的特点之一,主要原因是:
①业主方对项目提出新的要求。
②由于现场施工环境发生了变化。
③由于设计上的错误,必须对图纸作出修改。
④由于使用新技术有必要改变原设计。
⑤由于招标文件和工程量清单不准确引起工程量增减。
⑥发生不可预见的事件,引起停工和工期拖延。

3) 工程变更的确认

由于工程变更会带来工程造价和工期的变化,为了有效地控制造价,无论哪一方提出工程变更,均需由工程师确认并签发工程变更指令。当工程变更发生时,要求工程师及时处理并确

认变更的合理性。一般过程是:提出工程变更→分析提出的工程变更对项目目标的影响→分析有关的合同条款和会议、通信记录→初步确定处理变更所需的费用、时间范围和质量要求(向业主提交变更详细报告)→确认工程变更。

4)工程变更的控制

(1)工程变更的分类

工程变更按照发生的时间划分,有以下几种:

①工程尚未开始:这时的变更只需对工程设计进行修改和补充。

②工程正在施工:这时变更的时间通常很紧迫,甚至可能发生现场停工,等待变更通知。

③工程已完工:这时进行变更,就必须作返工处理。

(2)工程变更的不利影响

①因为承包工程实际造价=合同价+索赔额,所以承包方为了适应日益竞争的建设市场,通常在合同谈判时让步而在工程实施过程中通过索赔获取补偿。由于工程变更所引起的工程量的变化、承包方的索赔等,都有可能使最终投资超出原来的预计投资,所以造价工程师应密切注意对工程变更价款的处理。②工程变更容易引起停工、返工现象,会延迟项目的完工时间,对进度不利;③变更的频繁还会增加工程师的组织协调工作量(协调会议、联席会的增多),而且变更频繁对合同管理和质量控制也不利。因此,对工程变更进行有效控制和管理十分重要,应尽可能避免工程完工后进行变更,这样既可以防止浪费,又可以避免一旦处理不好引起纠纷,损害投资者或承包商的利益,对项目目标控制不利。

(3)施工条件的变更

工程变更中除了对原工程设计进行变更、工程进度计划变更之外,施工条件的变更往往较复杂,需要特别重视,尽量避免索赔的发生。施工条件的变更,往往是指未能预见的现场条件或不利的自然条件,即在施工中实际遇到的现场条件同招标文件中描述的现场条件有本质的差异,使承包商向业主提出施工单价和施工时间的变更要求。在土建工程中,现场条件的变更一般出现在基础地质方面,如厂房基础下发现流沙或淤泥层,隧洞开挖中发现新的断层破碎等。

在施工实践中,控制由于施工条件变化所引起的合同价款变化,主要是把握施工单价和施工工期的科学性、合理性。因为在施工合同条款的理解方面,对施工条件的变更没有十分严格的定义,往往会造成合同双方各执一词,所以应充分做好现场记录资料和试验数据库的收集整理工作,使以后在合同价款的处理方面,更具有科学性和说服力。

5)工程变更的处理程序

(1)建设单位需对原工程设计进行变更

根据《建设工程施工合同文本》的规定,发包方应不迟于变更前14 d以书面形式向承包方发出变更通知。变更超过原设计标准或批准的建设规模时,须经原规划管理部门和其他有关部门审查批准,并由原设计单位提供变更的相应图纸和说明。发包方办妥上述事项后,承包方根据发包方变更通知并按工程师要求进行变更。因变更导致合同价款的增减及造成的承包方损失,由发包方承担,延误的工期相应顺延。

合同履行中发包方要求变更工程质量标准及发生其他实质性变更,由双方协商解决。

（2）承包商（施工合同中的乙方）要求对原工程进行变更

其控制程序如图4.2所示。具体规定如下：

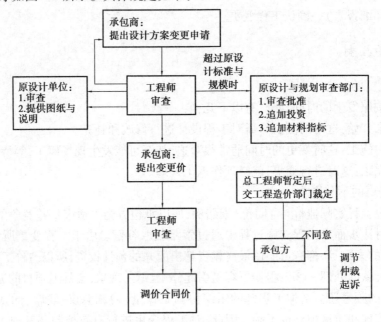

图4.2　对承包方提出的工程变更的控制程序

①施工中乙方不得擅自对原工程设计进行变更。因乙方擅自变更设计发生的费用和由此导致甲方的直接损失，由乙方承担，延误的工期不予顺延。

②乙方在施工中提出的合理化建议涉及设计图纸或施工组织设计的更改及对原材料、设备的换用，须经工程师同意。未经同意擅自更改或换用时，乙方承担由此发生的费用，并赔偿甲方的有关损失，延误的工期不予顺延。

③工程师同意采用乙方的合理化建议，所发生的费用或获得的收益，甲乙双方另行约定分担或分享。

工程变更程序一般由合同规定，最好的变更程序是在变更执行前，双方就办理工程变更中涉及的费用增加和造成损失的补偿协议，以免因费用补偿的争议影响工程的进度。

6）工程变更价款的计算方法

工程变更价款的确定应在双方协商的时间内，由承包商提出变更价格，报工程师批准后方可调整合同价或顺延工期。造价工程师对承包方（乙方）所提出的变更价款，应按照有关规定进行审核、处理，主要有：

①乙方在工程变更确定后14 d内，提出变更工程价款的报告，经工程师确认后调整合同价款。变更合同价款按下列方法进行：

a.合同中已有适用于变更工程的价格，按合同已有的价格计算变更合同价款。

b.合同中只有类似于变更工程的价格，可以参照类似价格变更合同价款。

c.合同中没有适用或类似于变更工程的价格，由乙方提出适当的变更价格，经工程师确认后执行。

②乙方在双方确定变更后 14 d 内不向工程师提出变更工程报告时,可视该项变更不涉及合同价款的变更。

③工程师收到变更工程价款报告之日起 14 d 内,应予以确认。工程师无正当理由不确认时,自变更价款报告送达之日起 14 d 后变更工程价款报告自行生效。

④工程师不同意乙方提出的变更价款,可以和解或者要求有关部门(如工程造价管理部门)调解。和解或调解不成的,双方可以采用仲裁或向法院起诉的方式解决。

⑤工程师确认增加的工程变更价款作为追加合同价款,与工程款同期支付。

⑥因乙方自身原因导致的工程变更,乙方无权追加合同价款。

7) 工程变更申请

在工程项目管理中,工程变更通常要经过一定的手续,如申请、审查、批准、通知等。申请表的格式和内容可根据具体工程需要设计。某工程项目的工程变更申请表如表 4.3 所示。

表 4.3 工程变更申请表

申请人:	申请表编号:		合同号:
变更的分项工程内容及技术资料说明:			
工程号: 施工段号:		图号:	
变更依据		变更说明	
变更所涉及的资料			
变更的影响: 技术要求: 对其他工程的影响: 劳动力:		工程成本: 材料: 机械:	
计划变更实施日期			
变更申请人(签字)			
变更批准人(签字)			
备注			

对国有资金投资项目,施工中发包人需对原工程设计进行变更,如设计变更涉及概算调增的,应报原概算批复部门批准,其中涉及新增财政性投资的项目应商同级财政部门同意,并明确新增投资的来源和金额。承包人按照发包人发出并经原设计单位同意的变更通知及有关要求进行变更施工。

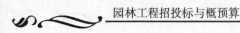

8）工程变更中应注意的问题

（1）工程师的认可权应合理限制

在国际承包工程中，业主常常通过工程师对材料的认可权，提高材料的质量标准；对设计的认可权，提高设计质量标准；对施工的认可权，提供施工质量标准。如果施工合同条文规定比较含糊，他就变为业主的修改指令，承包商应办理业主或工程师的书面确认，然后再提出费用的索赔。

（2）工程变更不能超过合同规定的工程范围

工程变更不能超出合同规定的工程范围。如果超出了这个范围，承包商有权不执行变更或坚持先商定价格、后进行变更。

（3）变更程序的对策

国际承包工程中，经常出现变更已成事实后，再进行价格谈判，这对承包商很不利。当遇到这种情况时应采取以下对策：

①控制施工进度，等待变更谈判结果。这样不仅损失较小，而且谈判回旋余地较大。

②争取以计时工或按承包商的实际费用支出计算费用补偿，也可采用成本加酬金的方法计算，避免价格谈判中的争执。

③应有完整的变更实施的记录和照片，并由工程师签字，为索赔作准备。

（4）承包商不能擅自做主进行工程变更

对任何工程问题，承包商不能自作主张进行工程变更。如果施工中发现图纸错误或其他问题需进行变更，应首先通知工程师，经同意或通过变更程序后再进行变更。否则，不仅得不到应有的补偿，还会带来不必要的麻烦。

（5）承包商在签订变更协议过程中必须提出补偿问题

在商讨变更工程、签订变更协议过程中，承包商必须提出变更索赔问题。在变更执行前就应对补偿范围、补偿办法、索赔值的计算方法、补偿款的支付时间等问题双方达成一致的意见。

4.5.2　合同价款的调整

由于建设工程的特殊性，常常在施工中变更设计，带来合同价款的调整，在市场经济条件下，物价的异常波动，会带来合同材料价款的调整；国家法律、法规或政策的变化，会带来规费、税金等的调整，影响工程造价随之调整。因此，在施工过程中，合同价款的调整是十分正常的现象。

1）工程变更的价款调整

变更合同价款的方法，合同专用条款中有约定的按约定计算。无约定的按《建设工程价款结算暂行办法》（财建〔2004〕369号，以下简称价款结算办法）的方法进行计算：

①合同中已有适用于变更工程的价格，按合同已有的价格计算变更合同价款。

②合同中只有类似于变更工程的价格，可以参照类似价格变更合同价款。

③合同中没有适用或类似于变更工程的价格，由承包商提出适当的变更价格，经造价工程师确认后执行。

如双方不能达成一致的,双方可提请工程所在地工程造价管理机构进行咨询或按合同约定的争议或纠纷解决程序办理。

2)综合单价的调整

当工程量清单中工程量有误或工程变更引起实际完成的工程量增减超过工程量清单中相应工程量的10%或合同中约定的幅度时,工程量清单项目的综合单价应予调整。

3)材料价格调整

由承包人采购的材料,材料价格以承包人在投标报价书中的价格进行控制。

施工期内,当材料价格发生波动,合同有约定时超过合同约定的涨幅的,承包人采购材料前应报经发包人复核采购数量,确认用于本合同工程时,发包人应认价并签字同意,发包人在收到资料后,在合同约定日期到期后,不予答复的可视为认可,作为调整该种材料价格的依据。如果承包人未报经发包人审核即自行采购,再报发包人调整材料价格,如发包人不同意,不作调整。

4)措施费用调整

施工期内,措施费用按承包人在投标报价书中的措施费用进行控制,有下列情况之一者,措施费用应予调整:

①发包人更改承包人的施工组织设计(修正错误除外),造成措施费用增加的应予调整。

②单价合同中,实际完成的工作量超过发包人所提工程量清单的工作量,造成措施费用增加的应予调整。

③因发包人原因并经承包人同意顺延工期,造成措施费用增加的应予调整。

④施工期间因国家法律、行政法规以及有关政策变化导致措施费中工程税金、规费等变化的,应予调整。

措施费用具体调整办法在合同中约定,合同中没有约定或约定不明的,由发包、承包双方协商,双方协商不能达成一致的,可以按工程造价管理部门发布的组价办法计算,也可按合同约定的争议解决办法处理。

4.5.3 工程索赔

1)工程索赔的概念

工程索赔是指在合同履行过程中,对于并非自己的过错,而是应由对方承担责任的情况造成的实际损失向对方提出经济补偿和(或)时间补偿的要求。

索赔是工程承包中经常发生的经常现象。由于施工现场条件、气候条件的变化,施工进度、物价的变化,以及合同条款、规范、标准文件和施工图纸的变更、差异、延误等因素的影响,使得工程承包中不可避免地出现索赔。

对于施工合同的双方来说,索赔是维护自身合法利益的权利。它与合同条件中双方的合同

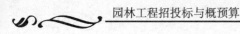

责任一样,构成严密的合同制约关系。承包商可以向业主提出索赔,业主也可以向承包商提出索赔。本节主要结合合同和价款结算办法讨论承包商向业主的索赔。

索赔的性质属于经济补偿行为,而不是惩罚,称为"索补"可能更容易被人们所接受,工程实际中一般多称为"签证申请"。只有先提出了"索",才有可能"赔",如果不提出"索",就不可能有"赔"。

2)索赔的起因和条件

(1)索赔的起因

索赔主要由以下几个方面引起:

①由现代承包工程的特点引起。现在承包工程的特点是工程量大、投资大、结构复杂、技术和质量要求高、工期长等。再加上工程环境因素、市场因素、社会因素等影响工期和工程成本。

②合同内容的有限性。施工合同是在工程开始前签订的,不可能对所有问题作出预见和规定,对所有的工程问题做出准确说明。

另外,合同中难免有考虑不周的条款,有缺陷和不足之处,如措辞不当,说明不清楚,有二义性等,都会导致合同内容的不完整性。

上述原因会导致双方在实施合同中对责任、义务和权力的争议,而这些争执往往都与工期、成本、价格等经济利益相联系。

③业主要求。业主可能会在建筑造型、功能、质量、标准、实施方式等方面提出合同以外的要求。

④各承包商之间的相互影响。完成一个工程往往需若干个承包商共同工作。由于管理上的失误或技术上的原因,当一方失误时不仅会造成自己的损失,而且还会殃及其他合作者,影响整个工程的实施。因此,在总体上应按合同条件,平等对待各方利益,坚持"谁过失,谁赔偿"的索赔原则。

⑤对合同理解的差异。由于合同条件十分复杂,内容又多,再加双方看问题的立场和角度不同,会造成对合同权利和义务的范围界限划分的理解不一致,造成合同上的争执,引起索赔。

在国际承包工程中,合同双方来自不同的国度,使用不同的语言,适应不同的法律参照系,有不同的工程施工习惯。所以,双方对合同责任理解的差异也是引起索赔的主要原因之一。

上述这些情况在工程承包合同实施过程中都有可能发生,所以,索赔也不可避免。

(2)索赔的条件

索赔是受损失者的权力,其根本目的在于保护自身利益,挽回损失,避免亏本。要想取得索赔的成功,提出索赔要求必须符合以下基本条件:

①客观性。是指客观存在不符合合同或违反合同的干扰事件,并对承包商的工期和费用造成影响、这些干扰事件还要有确凿的证据说明。

②合法性。当施工过程产生的干扰是由非承包商自身责任引起时,按照合同条款应给予对方补偿。

索赔要求必须符合工程施工合同的规定。按照合同法律文件,可以判定干扰事件的责任由谁承担、承担什么样的责任、应赔偿多少等。所以,不同的合同条件,索赔要求具有不同的合法性,因而会产生不同的结果。

③合理性。是指索赔要求合情合理,符合实际情况,真实反映由于干扰事件引起的实际损

失、采用合理的计算方法等。

承包商不能为了追求利润,滥用索赔,或者采用不正当手段搞索赔,否则会产生以下不良影响:

a.合同上方关系紧张,互不信任,不利于合同的继续实施和双方的进一步合作。

b.承包商信誉受损,不利于将来的继续经营活动。在国际工程承包中,不利于在工程所在国继续扩展业务。任何业主在招标中都会对上述承包商存有戒心,敬而远之。

c.在工程施工中滥用索赔,对方会提出反索赔的要求。如果索赔违反法律,还会受到相应的法律处罚。

综上所述,承包商应该正确地、辩证地对待索赔问题。

3)索赔的分类

(1)按发生索赔的原因分类

由于发生索赔的原因很多,根据工程施工索赔实践,通常有:

①增加(或减少)工程量索赔。

②地基变化索赔。

③工期延长索赔。

④加速施工索赔。

⑤不利自然条件及人为障碍索赔。

⑥工程范围变更索赔。

⑦合同文件错误索赔。

⑧工程拖期索赔。

⑨暂停施工索赔。

⑩终止合同索赔。

⑪设计图纸拖延交付索赔。

⑫拖延付款索赔。

⑬物价上涨索赔。

⑭业主风险索赔。

⑮特殊风险索赔。

⑯不可抗拒因素索赔。

⑰业主违约索赔。

⑱法令变更索赔等。

(2)按索赔的目的分类

就施工索赔的目的而言,施工索赔有以下两类的范畴,即工期索赔和经济索赔。

①工期索赔。工期索赔是指承包商向业主要求延长施工的时间,使原定的工程竣工日期顺延一段合理的时间。

如果施工中发生计划进度拖后的原因在承包商方面,如实际开工日期较工程师指令的开工日期拖后,施工机械缺乏,施工组织不善等,在这种情况下,承包商无权要求工期延长,唯一的出路是自费采取赶工措施把延误的工期赶回来。否则,必须承担误期损害赔偿费。

②经济索赔。经济赔偿就是承包商向业主要求补偿不应该由承包商自己承担的经济损失

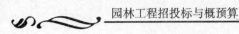

或额外开支,也就是取得合理的经济补偿。通常,人们将经济索赔具体地称为"费用索赔"。承包商取得经济补偿的前提是:在实际施工过程中发生的施工费用超过了投标报价书中该项工作所预算的费用,而这些费用超支的责任不在承包商方面,也不属于承包商的风险范围。具体地说,施工费用超支的原因,主要来自两种情况:一是施工受到了干扰,导致工作效率降低;二是业主指令工程变更或额外工程,导致工程成本增加。由于这两种情况所增加的施工费用,即新增费用或额外费用,承包商有权索赔。因此,经济索赔有时也被称为额外费用索赔,简称为费用索赔。

（3）按索赔的合同依据分类

合同依据分类法在国际工程承包界是众所周知的,它是在确定经济补偿时,根据工程合同文件来判断,在哪些情况下承包商拥有经济索赔的权利。

①合同规定的索赔。合同规定的索赔是指承包商所提出的索赔要求,在该工程项目的合同文件中有文字依据,承包商可以据此提出索赔要求,并取得经济补偿。这些在合同文件中有文字规定的合同条款,在合同解释上被称为明示条款,或称为明文条款。

②非合同规定的索赔。非合同规定的索赔也被称为"超越合同规定的索赔",即承包商的该项索赔要求,虽然在工程项目的合同条件中没有专门的文字叙述,但可以根据该合同条件的某些条款的含义,推论出承包商有索赔权。这一种索赔要求,同样有法律效力,有权得到相应的经济补偿。这种有经济补偿含义的合同条款,在合同管理工作中被称为"默示条款",或称为"隐含条款"。

③道义索赔。这是一种罕见的索赔形式,是指通情达理的业主目睹承包商为完成某项困难的施工,承受了额外费用损失,因而出于善良意愿,同意给承包商以适当的经济补偿。因在合同条款中找不到此项索赔的规定,这种经济补偿称为道义上的支付,或称优惠支付。道义索赔俗称为"通融的索赔"或"优惠索赔",这是施工合同双方友好信任的表现。

（4）按索赔的有关当事人分类

①工程承包商同业主之间的索赔。这是承包施工中最普遍的索赔形式。在工程施工索赔中,最常见的是承包商向业主提出的工期索赔和经济索赔;有时,业主也向承包商提出经济补偿的要求,即"反索赔"。

②总承包商同分包商之间的索赔。总承包商是向业主承担全部合同责任的签约人,其中包括分包商向总承包商所承担的那部分合同责任。

总承包商和分包商,按照他们之间所签订的分包合同,都有向对方提出索赔的权利,以维护自己的利益,获得额外开支的经济补偿。

分包商向总承包商提出的索赔要求,经过总承包商审核后,凡是属于业主方面责任范围内的事项,均由总承包商汇总加工后向业主提出;凡属于总承包商责任的事项,则由总承包商同分包商协商解决。有的分包合同规定:所有的属于分包合同范围内的索赔,只有当总承包商从业主方面取得索赔款后,才拨付给分包商。这是对总承包商有利的保护性条款,在签订分包合同时,应由签约双方具体商定。

③承包商同供货商之间的索赔。承包商在中标以后,根据合同规定的质量和工期要求,向设备制造厂家或材料供应商询价订货,签订供货合同。如果供货商违反供货合同的规定,使承包商受到经济损失时,承包商有权向供货商提出索赔,反之亦然。承包商同供货商之间的索赔,一般称为"商务索赔",无论施工索赔或商务索赔,都属于工程承包施工的索赔范围。

（5）按索赔的处理方式分类

①单项索赔。单项索赔就是采取一事一索赔的方式，即在每一件索赔事项发生后，报送索赔通知书，编报索赔报告书，要求单项解决支付，不与其他的索赔事项混在一起单项索赔是施工索赔通常采用的方式。它避免了多项索赔的相互影响制约，所以解决起来比较容易。

②综合索赔。综合索赔又称总索赔，俗称一揽子索赔，即对整个工程（或某项工程）中所发生的数起索赔事项，综合在一起进行索赔。

采取这种方式进行索赔，是在特定的情况下被迫采用的一种索赔方法。有时，在施工过程中受到非常严重的干扰，以致承包商的全部施工活动与原来的计划大不相同，原合同规定的工作与变更后的工作相互混淆，承包商无法为索赔保持准确而详细的成本记录资料，无法分辨哪些费用是原定的，哪些费用是新增的，在这种条件下，无法采用单项索赔的方式。

综合索赔也就是总成本索赔，它是对整个工程（或某项工程）的实际总成本与原预算成本之差额提出索赔。采取综合索赔时，承包商必须事前征得工程师的同意，并提出以下证明：

a.承包商的投标报价是合理的。

b.实际发生的总成本是合理的。

c.承包商对成本增加没有任何责任。

d.不可能采用其他方法准确地计算出实际发生的损失数额。

虽然如此，承包商应该注意，采取综合索赔的方式应尽量避免，因为它涉及的争论因素太多，一般很难成功。

（6）按索赔的对象分类

索赔是指承包商向业主提出的索赔。

反索赔是指业主向承包商提出的索赔。

4）索赔的基本程序及其规定

（1）索赔的基本程序

在工程项目施工阶段，每出现一个索赔事件，都应按照国家有关规定、国际惯例和工程项目合同条件的规定，认真及时地协商解决，一般索赔程序如图4.3所示。

（2）索赔时限的规定

①业主未能按合同约定履行自己的各项义务或发生错误以及应由业主承担责任的其他情况，造成工期延误和（或）承包商不能及时得到合同价款及承包商的其他经济损失，承包商可按下列程序以书面形式向业主索赔：

a.索赔事件发生后28 d内，向业主方发出索赔意向通知。

b.发出索赔意向通知后28 d内，向业主提出补偿经济损失和（或）延长工期的赔偿报告及有关资料。

c.业主方在收到承包商送交的索赔报告和有关资料后，于28日内给予答复，或要求承包商进一步补充索赔理由和证据。

d.业主方在收到承包商送交的索赔报告和有关资料后28 d内未予答复或未对承包商做进一步要求，视为该项索赔已经认可。

e.当该索赔时间持续进行时，承包商应当阶段性地向业主方发出索赔意向，在索赔事件终了后28 d天内，向业主方递交索赔的有关资料和最终索赔报告。索赔答复程序与c、d规定相同。

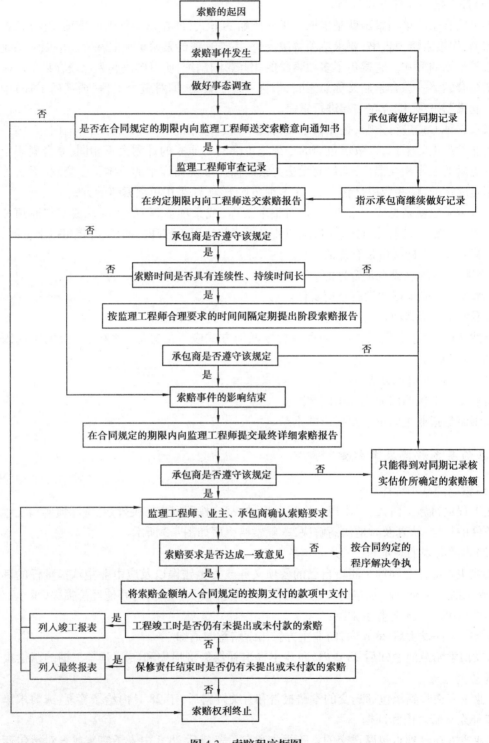

图 4.3 索赔程序框图

②承包商未能按合同约定履行自己的各项义务或发生错误,给业主造成经济损失,业主也按以上的时限向承包商提出索赔。

双方如果在合同中对索赔的时限有约定的从其约定。

5)工程索赔的处理原则与依据

（1）索赔证据

任何索赔事件的确定,其前提条件是必须有正当的索赔理由。对正当索赔理由的说明必须具有证据,因为索赔的进行主要是靠证据说话。没有证据或证据不足,索赔是难以成功的。正如《建设工程施工合同文本》中所规定的,当合同一方向另一方提出索赔时,要有正当索赔理由,且有索赔事件发生时的有效证据。

①对索赔证据的要求:

a.真实性。索赔证据必须是在实施合同过程中确定存在和发生的,必须完全反映实际情况,能经得住推敲。

b.全面性。所提供的证据应能说明事件的全过程。索赔报告中涉及的索赔理由、事件过程、影响、索赔值等都应有相应证据,不能零乱和支离破碎。

c.关联性。索赔的证据应当能够互相说明,互相具有关联性,不能互相矛盾。

d.及时性。索赔证据的取得及提出应当及时。

e.具有法律证明效力。一般要求证据必须是书面文件,有关记录、协议、纪要必须是双方签署的;工程中重大事件、特殊情况的记录、统计必须由工程师签证认可。

②索赔证据的种类:

a.招标文件、工程合同及附件、业主认可的施工组织设计、工程图纸、技术规范等。

b.工程各项有关的设计交底记录、变更图纸、变更施工指令等。

c.工程各项经业主或工程师签认的签证。

d.工程各项往来信件、指令、信函、通知、答复等。

e.工程各项会议纪要。

f.施工计划及现场实施情况记录。

g.施工日报及工长工作日志、备忘录。

h.工程送电、送水、道路开通、封闭的日期及数量记录。

i.工程停电、停水和干扰事件影响的日期及恢复施工的日期。

j.工程预付款、进度款拨付的数额及日期记录。

k.工程图纸、图纸变更、交底记录的送达份数及日期记录。

l.工程有关施工部位的照片及录像等。

m.工程现场气候记录,有关天气的温度、风力、雨雪等。

n.工程验收报告及各项技术鉴定报告等。

o.工程材料采购、订货、运输、进场、验收、使用等方面的凭据。

p.工程会计核算材料。

q.国家和省、市有关影响工程造价、工期的文件、规定等。

（2）索赔文件

索赔文件是承包商向业主索赔的正式书面材料,也是业主审议承包商索赔请求的主要依

据。索赔文件通常包括 3 个部分。

①索赔信。索赔信是一封承包商致业主或其代表的简短的信函,应包括以下内容:

a.说明索赔事件。

b.列举索赔理由。

c.提出索赔金额与工期。

d.附件说明。

整个索赔信是提纲挈领的材料,它把其他材料贯通起来。

②索赔报告。索赔报告是索赔材料的正文,其结构一般包含三个主要部分。首先是报告的标题,应言简意赅地概括索赔的核心内容;其实是事实与理由,这部分应该叙述客观事实,合理引用合同规定,建立事实与损失之间的因果关系,说明索赔的合理合法性;再次是损失计算与要求赔偿金额及工期,这部分应列举各项明细数字及汇总数据。

需要特别注意的是,索赔报告的表述方式对索赔的解决有重大影响。一般要注意:

a.索赔事件要真实、证据确凿,令对方无可推卸和辩驳。对事件叙述要清楚明确,避免使用"可能""也许"等估计猜测性语言,造成索赔说服力不强。

b.计算索赔值要合理、准确。要将计算的依据、方法、结果详细说明列出,这样易于对方接受,减少争议和纠纷。

c.责任分析要清楚。一般索赔所针对的事件都是由于非承包商责任而引起的,因此,在索赔报告中必须明确对方负全部责任,而不可用含糊的语言,这样会丧失自己再索赔中的有利地位,使索赔失败。

d.要强调事件的不可预见性和突发性,说明承包商对它不可能有准备,也无法预防,并且承包商为了避免和减轻该事件影响和损失已尽了最大的努力,采取了能够采取的措施,从而使索赔理由更加充分,更易于对方接受。

e.明确阐述由于干扰事件的影响,使承包商的工程施工受到严重干扰,并为此增加了支出,拖延了工期,表明干扰事件与索赔有直接的因果关系。

f.索赔报告书写用语应尽量婉转,避免使用强硬、不客气的语言,否则会给索赔带来不利的影响。

③附件。

a.索赔报告中所列举事实、理由、影响等的证明文件和证据。

b.详细计算书,这是为了证实索赔金额的真实性而设置的,为了简明可以大量选用图表。

(3)承包商的索赔

①承包商索赔的主要内容如下:

a.业主未能按合同规定的内容和时间完成应该做的工作。当业主未能按合同专用条款第8.1 款约定的内容和时间完成应该做的工作,导致工期延误或给承包商造成损失的,承包商可以进行工期索赔或损失费用索赔。工期确认时间根据合同通用条款第13.2 款约定为 14 d。

b.业主方指令错误。因业主方指令错误发生的追加合同价款和给承包商造成的损失、延误的工期,承包商可以根据合同通用条款的约定进行损失费用和工期索赔。

c.业主方未能及时向承包商提供所需指令、批准。因业主方未能按合同约定,及时向承包商提供所需指令、批准及履行约定的其他义务时,承包商可以根据合同通用条款第 6.3 款的约定进行费用、损失费用和工期赔偿。工期确定时间根据合同通用条款第13.2 款约定为 14 d。

　　d.业主方未能按合同规定时间提供图纸、因业主未能按合同专用条款第4.1款约定提供图纸,承包商可以根据合同通用条款第13.1款的约定进行索赔。发生费用损失的,还可以进行费用索赔。工期确认时间根据合同通用条款第13.2款约定为14 d。

　　e.延期开工。

　　•承包商可以根据合同通用条款第11.1款的约定向监理和业主提出延期开工的申请,申请被批准则承包商可以进行工期索赔。业主的确认时间为48 h。

　　•业主根据合同通用条款第11.2款的约定要求延期开工,承包商可以提出因延期开工造成的损失和工期索赔。

　　f.地址条件发生变化。当开挖过程中遇到文物或地下障碍物时,承包商可以根据合同通用条款第43条的约定进行费用、损失费用和工期索赔。

　　当业主没有完全履行告知义务、开挖过程中遇到的地质条件显著异常与招标文件描述不同时,承包商可以根据合同通用条款第36.2款的约定进行费用、损失费用和工期索赔。

　　当开挖后低级需要处理时,承包商应该按照设计单位出具的设计变更单进行地基处理。承包商按照设计变更单的索赔程序进行费用、损失费用和工期的索赔。

　　g.暂停施工。因业主原因造成暂停施工时,承包商可以根据合同通用条款第12条的约定进行费用、损失费用和工期索赔。

　　h.因非承包商原因一周内停水、停电、停气造成停工累计超过8 h。承包商可以根据合同通用条款第13.1款约定要求进行工期索赔。工期确认时间根据合同通用条款第13.2款约定为14 d。能否进行费用索赔视具体的合同约定而定。

　　i.不可抗力。发生合同通用条款第39.1款及专用条款第39.1款约定的不可抗力,承包商可以根据合同通用条款第39.3款的约定进行费用、损失费用和工期索赔。工期确认时间根据合同通用条款第13.2款约定为14 d。

　　因业主一方迟延履行合同后发生不可抗力的,不能免除其迟延履行的响应责任。

　　j.检查检验。监理(业主)对工程质量的检查检验不应该影响施工正常进行。如果影响施工正常进行,承包商可以根据合同通用条款第16.3款的约定进行费用、损失费用和工期索赔。

　　k.重新检验。当重新检验时检验合格,承包商可以根据合同通用条款第18条的约定进行费用、损失费用和工期索赔。

　　l.工程变更和工程量增加。因工程变更引起的工程费用增加,按前述工程变更的合同价款调整程序处理。造成实际的工期延误和因工程量增加造成的工期延长,承包商可以根据合同通用条款第13.1款的约定要求进行工期索赔。工期确认时间根据合同通用条款第13.2款约定为14 d。

　　m.工程预付款和进度款支付。工程预付款和进度款没有按照合同约定的时间支付,属于业主违约。承包商可以按照合同通用条款第24条、第26条及专用条款第24条、第26条的约定处理,并按专用条款第35.1款的约定承担违约责任。

　　n.业主供应的材料设备。业主供应的材料设备,承包商按照合同通用条款第27条及专用条款第27条的约定处理。

　　o.其他。合同中约定的其他顺延工期和业主违约责任,承包商视具体合同约定处理。

　　②索赔时可索赔费用的组成部分,同施工承包合同价所包含的组成部分一样,包括直接费、间接费和利润。具体内容如图4.4所示。

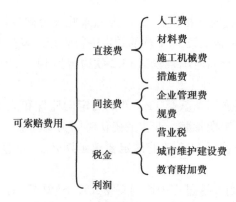

图 4.4　可索赔费用的组成部分

原则上说,凡是承包商有索赔权的工程成本增加,都是可以索赔的费用。这些费用都是承包商为了完成额外的施工任务而增加的开支。但是,对于不同原因引起的索赔,可索赔费用的具体内容有所不同。同一种新增的成本开支,在不同原因、不同性质的索赔中,有的可以肯定地列入索赔款额中,有的则不能列入,还有的在能否列入的问题上需要具体分析判断。

在具体分析费用的可索赔性时,应对各项费用的特点和条件进行审核论证。

a.人工费。人工费是指直接从事索赔事项建筑安装工程施工的生产工人开支的各项费用。主要包括:基本工资、工资性补贴、生产工人辅助工资、职工福利费、生产工人劳动保护费。

b.材料费。材料费是指施工过程中耗费的构成工程实体的原材料、辅助材料、构配件、零件、半成品的费用。主要包括:材料原件、材料运杂费、运输损耗费、采购保管费、检验试验费。对于工程量清单计价来说,还包括操作及安装耗损费。

为了证明材料原价,承包商应提供可靠的订货单、采购单,或造价管理机构公布的材料信息价格。

c.施工机械费。施工机械费的索赔计价比较繁杂,应根据具体情况协商确定。

•使用承包商自有的设备时,要求提供详细的设备运行时间和台数,燃料消耗记录,随即工作人员工作记录,等等。这些证据往往难以齐全准确,因而有时双方争执不下。因此,在索赔计价时往往按照有关预算定额中的台班单价计价。

•使用租赁的设备时,只要租赁价格合理,又有可信的租赁收费单据时,就可以按租赁价格计算索赔款。

•索赔项目需要新增加机械设备时,双方事前协商解决。

d.措施费。索赔项目造成的措施费用的增加,可以据实计算。

e.企业管理费。企业组织施工生产和经营管理的费用,如:人员工资、办公、差旅交通、保险等多项费用。企业管理费按照有关规定计算。

f.利润。利润按照投标文件的计算方法计取。

g.规费及税金。规费及税金按照投标文件的计算方法计取。

可索赔的费用,除了前述的人工费、材料费、设备费、分包费、管理费、利息、利润等几个方面以外,有时,承包商还会要求赔偿额外担保费用,尤其是当这项担保费的款额相当大时。对于大型工程,履行担保的额度款都很可观,由于延长履约担保所付的款额甚大,承包商有时会提出这一索赔要求,是符合合同规定的。如果履约担保的额度较小,或经过履约过程中对履约担保款额的逐步扣减,此项费用已无足轻重的,承包商亦会自动取消额外担保费的索赔,只提出主要的

索赔款项,以利整个索赔工作的顺利解决。

在工程索赔的实践中,以下几项费用一般不允许索赔:

a.承包商对索赔事项的发生原因负有责任的有关费用。

b.承包商对索赔事项未采取减轻措施因而扩大的损失费用。

c.承包商进行索赔工作的准备费用。

d.索赔款在索赔处理期间的利息。

e.工程有关的保险费用,索赔事项涉及的一些保险费用,如工程一切险、工人事故险、第三方保险费用等,均在计算索赔款时不予考虑,除非在合同条款中另有规定。

③工期索赔的计算。

a.比例法。在工程实施中,因业主原因影响的工期,通常可直接作为工期的延长天数。但是,当提供的条件能满足部分施工时,应按比例法来计算工期索赔值。

b.相对单位法。工程的变更必然会引起劳动量的变化,这时我们可以用劳动量相对单位法来计算工期索赔天数。

c.网络分析法。网络分析法是通过分析干扰事件发生前后的网络计划,对比两种工期的计算结果,从而计算出索赔工期。

d.平均值计算法。平均值计算法是通过计算业主对各个分项工程的影响程度,然后得出应该索赔工期的平均值。

e.其他方法。在实际工程中,工期补偿天数的确定方法可以是多样的。例如,在干扰事件发生前由双方商讨,在变更协议或其他附加协议中直接确定补偿天数。

④费用索赔的计算。费用索赔是整个工程合同索赔的重要环节。费用索赔的计算方法,一般有以下几种:

a.总费用法。总费用法是一种较简单的计算方法。其基本思路是,按现行计价规定估计算索赔值,另外也可按固定总价合同转化为成本加酬金合同,即以承包商的额外成本为基础加上管理费和利润、税金等作为索赔值。

使用总费用法计算索赔值应符合以下几个条件:

• 合同实施过程中的总费用计算式是准确的;工程成本计算符合现行计价规定;成本分摊方法、分摊基础选择合理;实际成本与索赔报价成本所包括的内容应一致。

• 承包商的索赔报价是合理的,反映实际情况。

• 费用损失的责任,或干扰事件的责任与承包商无任何关系。

b.分项法。分项法是按每个或每类干扰事件引起费用项目损失分别计算索赔值的方法。其特点是:

• 比总费用法复杂。

• 能反映实际情况,比较科学、合理。

• 能为索赔报告的进一步分析、评价、审核明确双方责任提供证据。

• 应用面广,容易被人们接受。

c.因素分析法。也称连环替代法,为了保证分析结果的可比性,应将各指标按客观存在的经济关系,分解为若干因素指标连乘形式。

(4)业主的反索赔

反索赔的目的是维护业主方面的经济利益。为了实现这一目的,需要进行两个方面的工

作。首先,要对承包商的索赔报告进行评论和反驳,否定其索赔要求,或者削减索赔款额。其次,对承包商的违约,提出经济赔偿要求。

①对承包商履约中的违约责任进行索赔。主要是针对承包商在工期、质量、材料应用、施工管理等方面对违反合同条款的有关内容进行索赔。

②对承包商所提出的索赔要求进行评审、反驳与修正。一方面是对无理的索赔要求进行有理的驳斥与拒绝;另一方面在肯定承包商具有索赔权前提下,业主和工程师要对承包商提出的索赔报告进行详细审核,对索赔款的各个部分逐项审核、查对单据和证明文件,确定那些不能列入索赔款项额,哪些款额偏高,哪些在计算上有错误和重复。通过检查,削减承包商提出的索赔款额,使其更加准确。

4.6　园林建设工程施工合同争议的解决办法

发包人、承包人在履行合同时发生争议,可以和解或者要求有关主管部门调解。当事人不愿和解、调解或者和解、调解不成的,双方可以在专用条款内约定以下一种方式解决争议:

第一种解决方式:双方达成仲裁协议,向约定的仲裁委员会申请仲裁;

第二种解决方式:向有管辖权的人民法院起诉。

发生争议后,在一般情况下,双方都应继续履行合同,保持施工连续,保护好已完工程。当出现下列情况时,可以停止履行合同:

①单方违约导致合同确已无法履行,双方协议停止施工。

②调解要求停止施工,且为双方接受。

③仲裁机构要求停止施工。

④法院要求停止施工。

课后练习题

(1)谈谈园林建设工程合同争议的解决办法。

(2)简述合同终止的含义。

(3)合同履行的原则有哪些?

(4)什么是总价合同?

(5)什么是单价合同?

(6)简述费用索赔的计算方法。

5 园林工程造价计价方法和依据

本章导读 本章从定额的概念入手,介绍了园林工程预算定额、概算定额和投资估算指标的编制原则和编制步骤,重点介绍园林工程预算的费用组成、计价原理、要素定额(人工、材料、机械台班)的消耗量的确定方法及其单价的编制方法及预算定额基价的编制方法,目的是使读者了解园林工程定额的基础知识,为工程量清单计价打好基础。

5.1 定额的概念、性质与分类

5.1.1 定额的概念

完成一个园林施工项目必须消耗一定数量的劳动力、材料和施工机具(机械台班和仪器仪表),对于这些消耗的数量规定就是定额。简言之,定额即规定的额度或限额,它是一种标准,是事物和活动在时间和空间上的数量尺度。定额的制定是在一定的社会生产条件下通过对生产过程的观测、分析后再综合而取得的。定额水平不受社会政治和意识形态的影响,它随社会生产力水平的提高而降低,反映生产技术和劳动组织的先进合理程度,反映一定时期的社会劳动生产率水平。

对劳动者的生产劳动量确定一个限额来源于 20 世纪初资本主义的工厂管理革命——泰罗制,原本用来加强管理,降低成本,提高劳动生产率,但也可以以这种限额为基础来估计生产成本,预测产品价格,所以后来就利用它来确定工程造价。

园林工程定额就是在正常的施工条件下完成园林工程中一定计量单位的合格产品所必须消耗的劳动力、材料和施工机具的数量标准。正常的施工条件指生产过程按生产工艺和施工验收规范操作,施工条件完善,劳动组织合理,物料齐全,机械正常,在这样的条件下确定完成单位合格产品的劳动工日数、材料和施工机具的用量,同时规定工作内容及其他要求。

5.1.2 定额的性质

定额既是造价管理的依据,也能调动施工企业职工的生产积极性。一般来讲具有科学性、指导性、群众性、时效性与相对稳定性。

1)科学性

各类定额都是在认真调研和总结生产实践经验的基础上运用科学的方法制定的。定额的内容是在大量收集资料、大量测定和综合生产中的数据的基础上,采用一套严密的、科学的编制定额的手段和方法形成的,反映了当前已经成熟的先进生产技术和先进生产组织方式,因此定额能够反映当前社会生产力水平。

2)指导性

定额是由授权部门制定颁布的,在全国范围内或某一地域内使用。企业可以根据有关规定来确定是否使用有关部门颁布的定额,但任何单位在使用时不得任意变更其内容和水平,在使用时如果项目缺少可以补充定额项目。政府颁布的定额对施工企业的造价计价具有指导性,施工企业可以采用定额进行计价,也可以参照定额和市场价格进行计价。

3)群众性

定额的制订,要观测实际生产中的千万个数据,是在工人的直接参与下进行的。定额的水平反映施工企业工人的劳动生产能力的水平,既具有一定的先进性,又能体现工人的诉求。同时,定额的执行也是在工人群众中进行,也更离不开群众的参与。

4)时效性与相对稳定性

随着科技水平的提高,社会生产力水平必然会提高,另外还有市场上物价的变化,使得定额中的各项指标必然会逐渐脱离实际,因此每一部定额都具有时效性,但定额不能朝定夕改,要保持一定的稳定性。只有当技术水平有较大提高,或者定额中的价格脱离实际太大,不利于使用,原有定额不能适应生产需要时,授权部门才会更新定额,所以每隔若干年要更新一次定额。

5.1.3 定额分类

工程建设中由于使用对象和目的的不同,定额的种类很多,按不同的标准有不同的分类,定额的分类如图 5.1 所示。

1)按生产要素分

定额按生产要素可分为劳动定额、材料消耗定额、机械台班使用定额。国家颁布这 3 种定额作为制订其他各种定额的基础,所以又称为全国统一基础定额。

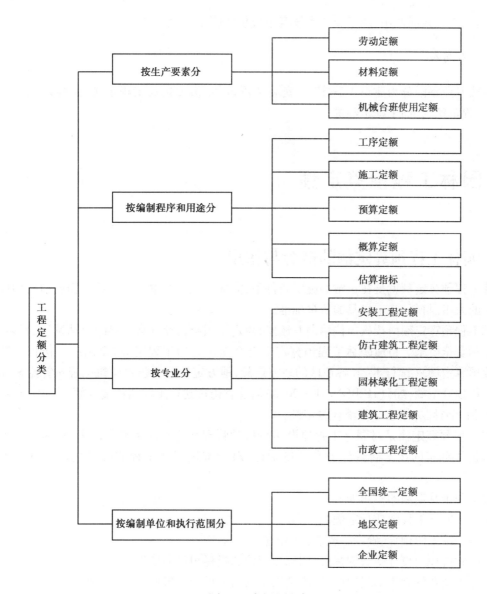

图 5.1　定额的分类

2) 按编制程序和用途分

定额按编制程序和用途分为工序定额、施工定额、预算定额、概算定额和概算指标。一般后一种定额的一个项目是综合了前一种定额的若干个项目得到的,步距较大,比较概括。

3) 按编制单位和执行范围分

定额按编制单位和执行范围分为全国统一定额、地区定额、企业定额。全国统一定额由国家造价管理部门颁布,在全国通行,一般作为各省区和施工企业制订定额的基础;地区定额在一定的区域通常是省级区域内使用,由各省级造价管理部门颁布;企业定额由各企业根据自身的管理和工人技术水平以全国统一定额为基础,参考地区定额制定,或者补充地区定额中缺少的

项目,与地区定额共同使用,用于企业市场竞争报价和施工管理。

4)按专业不同分

定额按专业不同分为建筑工程定额、安装工程定额、仿古建筑工程定额、园林绿化工程定额、市政工程定额、装饰工程定额等。

5.2 园林工程预算定额

5.2.1 园林工程预算定额的概念与作用

园林工程预算定额就是在正常的施工条件下,完成一定计量单位的分项工程或结构构件所必须消耗的人工、材料、施工机具的数量标准。

园林工程预算定额由授权单位编制并颁发,规定了园林行业社会平均的劳动量、工程内容、工程质量和安全要求。目前园林工程预算定额有全国统一的工程定额《全国统一仿古建筑及园林工程预算定额》(试行本)和各地区的地方定额,地方定额分为仿古建筑工程预算定额和园林绿化工程预算定额,如《(HEBGYD-F—2013)河北省仿古建筑工程消耗量定额》、《(HEBGYD-E—2013)河北省园林绿化工程消耗量定额》。

园林工程预算定额是对园林工程建设实行科学管理和监督的重要手段之一,为园林工程造价管理提供翔实的技术衡量标准和数量指标,对于推进园林工程的市场化建设具有重要意义。

园林工程预算定额的作用如下:

①是编制园林工程消耗量定额的依据。

②是编制施工图预算、确定工程造价的依据。

③是园林工程招投标中编制标底、招标控制价和投标报价的依据。

④是施工企业编制施工组织设计,确定人工、材料、机械台班使用量的依据。

⑤是施工企业进行经济核算和经济活动分析的依据。

⑥是拨付工程款和工程竣工结算的依据。

⑦是控制投资、分析设计方案的经济性、审核审计投资项目的依据。

⑧是编制概算定额和概算指标的基础。

5.2.2 园林工程预算定额的内容

园林工程预算定额通常由若干本手册组成,在不同的时期和不同的地方,其组成也不同,如河北省园林工程预算定额目前由《(HEBGYD-F—2013)河北省仿古建筑工程消耗量定额》(上下册)、《(HEBGYD-E—2013)河北省园林绿化工程消耗量定额》组成。

一般定额手册包括文字说明、定额项目表、附录3部分内容。

（1）文字说明

文字说明包括总说明、分章说明、分项工程说明3部分。

总说明列在定额手册最前面，主要阐述其适用范围、定额中已考虑和未考虑的因素、使用方法和有关规定等。因此使用定额前应首先了解和掌握总说明。

分章说明是各章第一部分，介绍了各章即分部工程所包括的主要项目和工作内容，编制中有关问题的说明、特殊情况的处理、各分项工程工程量计算规则及定额中概念的界定等。它是执行定额和进行工程量计算的基准，必须全面掌握。

分项工程说明在定额项目表的表头上方，说明该分项工程主要工作内容及使用说明。

（2）定额项目表

定额项目表包括分项工程名称，工作内容（分项工程说明），计量单位，项目表和附注。项目表中有基价、人工费、材料费、机械费及人工、材料、机械台班使用量指标。在项目表中人工综合了工种和技术等级以综合用工的形式表现，综合用工根据其技术含量分为三类，列出了综合用工的数量和人工单价，人工单价按总平均等级编制；材料栏内只列出主要材料、辅助材料的消耗量，零星材料以"其他材料费"表示。项目表中基价（综合单价）= 人工费+材料费+机械费，其中：

人工费 = 人工工日数量 × 工日单价

材料费 = $\sum$（材料用量 × 材料预算选价）+ 其他材料费

机械费 = $\sum$（机械台班使用量 × 机械台班费选价）

"附注"列在项目表下部，是对定额表中某些问题的进一步说明和补充。

表5.1为园林绿化工程消耗量定额手册中栽植挺水植物的例表。

表 5.1　栽植挺水植物

工作内容：种植搬运、挖穴栽植、回土浇水、整形清理、养护　　　　　　　　　　单位：10株（丛）

定额编号			1-220	1-221	1-222	1-223	1-224	1-225
项目名称			栽植挺水植物					
			根盘直径 15 cm 以内			根盘直径 15 cm 以外		
			5芽以内	10芽以内	10芽以外	5芽以内	10芽以内	10芽以外
基　价/元			4.56	5.70	6.84	5.70	7.14	8.58
其中	人工费/元		4.56	5.70	6.84	5.70	7.14	8.58
	材料费/元		—	—	—	—	—	—
	机械费/元		—	—	—	—	—	—
名　称	单　位	单价/元	数　量					
人工	综合用工二类	工　日	60.00	0.076	0.095	0.114	0.095	0.119	0.143

——引自《（HEBGYD-E—2013）河北省园林绿化工程消耗量定额》

（3）附录

根据定额手册内容的需要，某些内容作为附录在定额手册的最后，主要内容有施工机械台班预算价格，材料预算价格表，配合比，门窗五金用量表等。定额手册也可以没有附录。

下面以《（HEBGYD-E—2013）河北省园林绿化工程消耗量定额》为例，简要介绍园林绿化工程定额的主要内容。

第1章　绿化工程

第1部分　绿地整理。①砍挖乔木、挖树根（蔸）：共8个子项，以树干胸径（树根地径）分项，计量单位为株。②砍挖灌木丛及根：共5个子项，以丛高分项，计量单位为株。③砍挖竹及根：共11个子项，散生竹以胸径、丛生竹以根盘丛径分项，计量单位为株（丛）。④砍挖芦苇（或其他水生植物）及根：共1个子项，计量单位为10 m²。⑤清除草皮（人工割草挖草皮）：共1个子项，计量单位为10 m²。⑥清除地被植物：共1个子项，计量单位为10 m²。⑦整理绿化用地：共3个子项，整理绿化用地子项计量单位为10 m²、人工回填原土和原土过筛子项计量单位为m³。⑧绿地起坡造型：共2个子项，以起坡平均高度分项，计量单位为100 m³。⑨屋顶花园基底处理：根据屋顶花园基底结构层共分为17个子项，各分项的计量单位根据此材料而不同。⑩砍挖芦苇（或其他水生植物）及根：共1个子项，计量单位为10 m²。

第2部分　栽植花木。①起挖、栽植乔木，其中起挖乔木共20个子项，以土球直径或胸径分项，计量单位为株；栽植乔木共20个子项，以土球直径或胸径分项，计量单位为株。②大树移植，其中大树共9个子项，以土球直径或胸径分项，计量单位为株；大树栽植共9个子项，以土球直径或胸径分项，计量单位为株。③起挖、栽植灌木，其中起挖灌木共14个子项，以土球直径或灌丛高分项，计量单位为株；栽植灌木共14个子项，以土球直径或灌丛高分项，计量单位为株。④起挖、栽植竹类，其中起挖竹类共11个子项，以胸径或根盘丛径分项，计量单位为株或丛；栽植竹类共11个子项，以胸径或根盘丛径分项，计量单位为株或丛。⑤起挖、栽植棕榈类，其中起挖棕榈类共3个子项，以地径分项，计量单位为株；栽植棕榈类共3个子项，以地径分项，计量单位为株。⑥起挖、栽植绿篱，其中起挖绿篱（单排）共6个子项，以高度分项，计量单位为10 m；起挖绿篱（双排）共4个子项，以高度分项，计量单位为10 m；栽植绿篱（单排）共6个子项，以高度分项，计量单位为10 m；栽植绿篱（双排）共4个子项，以高度分项，计量单位为10 m；栽植成片绿篱共2个子项，以高度分项，计量单位为10 m²。⑦起挖、栽植攀缘植物，其中起挖攀缘植物共4个子项，以地径分项，计量单位为100株；栽植攀缘植物共4个子项，以地径分项，计量单位为株。⑧起挖、栽植色带，其中起挖色块植物共2个子项，以密度分项，计量单位为10 m²；栽植色带共4个子项，以密度分项，计量单位为10 m²。⑨栽植花卉，其中露地花卉栽植共9个子项，以栽植方式分项，计量单位为10 m²；盆花摆设共4个子项，以盆径分项，计量单位为100盆。⑩栽植水生植物，其中盆植共1个子项，计量单位为株（丛）；栽植湿生植物共6个子项，以根盘直径和芽的数量分项，计量单位为10株（丛）；栽植挺水植物共6个子项，以根盘直径和芽的数量分项，计量单位为10株（丛）；栽植挺水植物（荷花）共2个子项，以水深分项，计量单位为10株（丛）；栽植浮叶植物共4个子项，以密度和水深分项，计量单位为10株（丛）。⑪起挖、栽植草皮，其中起挖草皮共1个子项，计量单位为10 m²；铺种草皮共4个子项，以铺种方式分项，计量单位为10 m²。⑫喷播植草，共6个子项，以坡度和坡长分项，计量单位为100 m²。⑬嵌草砖内植草，共2个子项，以铺种方式分项，计量单位为10 m²。⑭换土工程，其中裸根乔木换土，共10个子项，以胸径分项，计量单位为株；裸根灌木换土，共4个子项，以灌丛高分项，计量单位为

株;带土球乔灌木换土,共10个子项,以土球直径分项,计量单位为株;攀缘植物换土共4个子项,以坑大小分项,计量单位为100株;草坪、花卉换土共1个子项,计量单位为10 m²。⑮后期管理费,共22个子项,按乔木、灌木、绿篱、色带、草坪、花卉、攀缘植物、水生植物、等分类分项,计量单位为株·年、盆·年、m²·年。⑯洒水车运水、洒水,共3个子项,按运距分项,计量单位为100 m³。

第3部分　绿地喷灌。①管道安装,共46个子项,按棺材和管径分项,计量单位为10 m。②阀门安装,共31个子项,按阀门种类和管径分项,计量单位为个。③水表组成与安装,共12个子项,按连接方式和管径分项,计量单位为组。④喷灌喷头安装,共8个子项,按连接方式和管径分项,计量单位为个。⑤管道除锈及刷油,共7个子项,按锈蚀程度和油漆种类分项,计量单位为10 m²。⑥井体砌筑,共1个子项,计量单位为10 m³。

第2章　园路、园桥工程

第1部分　园路桥工程。①园路,其中园路土基、路床整理,1个子项,计量单位为10 m²;基础垫层,共5个子项按垫层材料分项,计量单位为10 m³;路面铺筑,共27个子项,按材料分项,计量单位为10 m²。②路牙铺设,共8个子项,按材料和铺设方式分项,计量单位为100 m。③树池围牙、盖板,共5个子项,按材料分项,计量单位为套或100 m。④嵌草砖铺装,共1个子项,计量单位为10 m²。⑤石桥,其中基础、桥台、桥墩,共6个子项,按材料分项,计量单位为m³;拱碹石安装,1个子项,计量单位为m³;碹脸石安装,1个子项,计量单位为m³;金刚墙砌筑,1个子项,计量单位为m³;石桥面铺砌,1个子项,计量单位为10 m²;仰天石、地伏石,1个子项,计量单位为m³。⑥木制步桥,共14个子项,按构件分项,计量单位有m³、kg、10 m²。⑦木栈道、木平台,共4个子项,按构件分项,计量单位有m³、10 m²。⑧混凝土桥,共4个子项,按构件分项,计量单位为10 m³。

第2部分　驳岸。①石砌驳岸,共3个子项,按驳岸形式和材料分项,计量单位为m³、t。②原木桩驳岸,共3个子项,按驳岸形式和材料分项,计量单位为m³、t。③铺卵石驳岸,1个子项,计量单位为10 m³。

第3章　园林景观工程

第1部分　堆塑假山。①堆筑土山丘,共3个子项,按堆筑方式分项,计量单位为10 m³。②堆砌石假山,共14个子项,按石材和高度分项,计量单位为t。③堆砌石假山,共14个子项,按石材和高度分项,计量单位为t。④塑假山,包括砖骨架、钢网钢骨架假山共5个子项,按材料和高度分项,计量单位为10 m²,按外围表面积计量时单位为t;山皮料塑假山制作、安装,分制作、安装2个子项,计量单位为10 m²。⑤石笋,共3个子项,按堆高度分项,计量单位为t。⑥点风景石、布置景石,共7个子项,土山点石按高度分项、布置景石按单件质量分项,计量单位为t。⑦池石、盆景山,共1个子项,计量单位为t。⑧山石护角,共1个子项,计量单位为m³。⑨山坡石台阶,共1个子项,计量单位为m³。

第2部分　原木构件。①原木(带树皮)柱、梁、檩、椽,柱、梁、椽各1个子项,计量单位为m³。②原木(带树皮)墙,共3个子项,按梢径分项,计量单位为m³。

第3部分　亭廊屋面。①草屋面,共3个子项,按草料种类分项,计量单位为10 m²。②树皮屋面,共1个子项,计量单位为10 m²。

第4部分　花架。①木花架柱、梁,共3个子项,按构件分项,计量单位为m³。②金属花架柱、梁,共2个子项,按构件分项,计量单位为t。

第5部分　园林桌椅。①白色水磨石飞来椅、平板凳,共3个子项,按制作方式分项,计量单位为10 m。②混凝土桌凳,共2个子项,按制作方式分项,计量单位为 m³。③圆桌、园凳安装,分圆桌基础和园凳安装2项,计量单位为件。④塑料、铁艺、金属椅,分塑料椅、铁艺椅、金属椅3个子项,计量单位为组。

第6部分　喷泉安装。①喷泉电缆,其中电缆敷设按截面面积分4个子项,计量单位为100 m;电缆保护管敷设按管材分4个子项,计量单位为10 m。②喷泉喷头,按喷头类型和直径分17个子项,计量单位为套。③水泵保护罩制安,按面积规格分2个子项,计量单位为个。④水下艺术装饰灯具,按灯具类型分4个子项,计量单位为10套。⑤配电箱安装,按安装方式和半周长分5个子项,计量单位为台。

第7部分　杂项。①石灯,按灯的类型和规格尺寸分48个子项,计量单位为 m³。②堆塑装饰,按所塑装饰物分11个子项,计量单位为10 m²展开面积或10 m。③预制混凝土花色栏杆,制作按栏杆高度分10个子项、安装1各子项,计量单位为10 m。④标志牌,分带雕花边框、素边框、刻字、混色油漆4个子项,计量单位为 m²。⑤其他,共16个子项,计量单位随杂项不同而不同。

第4章　可竞争措施项目

①模板工程,按模板的使用位置和模板材料格分3个子项,计量单位为 m²。②树木假植,假植乔木(裸根)按胸径分5个子项,计量单位为株;假植灌木(裸根)按灌丛高分4个子项,计量单位为株。③树木支撑,按树桩的材料和支撑方式分15个子项,计量单位为株。④草绳绕树干,按树干胸径分9个子项,计量单位为 m。⑤树干涂白,按树干胸径分6个子项,计量单位为10株。⑥树木防寒(风)障安拆,按防寒(风)障高度分2个子项,计量单位为10 m²。⑦树木防寒防冻,按树木胸径高度分6个子项,计量单位为株。⑧花卉防寒,分高培土、低培土2个子项,计量单位为株。⑨搭设遮阴篷,按遮阴篷高度分3个子项,计量单位为10 m²。⑩场内苗木运输,带土球乔木按土球直径分11个子项,计量单位为10株;裸根乔木按胸径分7个子项,计量单位为10株;灌木按灌丛高分4个子项,计量单位为10株;运送草皮,1个子项,计量单位为10 m²。

5.2.3　园林工程预算定额的编排形式

园林工程预算定额手册根据园林的构成要素和施工程序按分部分项顺序排列,以分部工程为章,以分项工程为节。如《(HEBGYD-E—2013)河北省园林绿化工程消耗量定额》,第1章绿化工程,第2章园路、园桥工程,第3章园林景观工程,第4章可竞争措施项目,第5章其他可竞争措施项目,第6章不可竞争措施项目……

每章可分为不同的节,如第1章又分为绿地整理、栽植花木、绿地喷灌三节。将每节按工程性质、工程内容、施工方法及使用材料分成许多分项工程。如栽植花木又分为起挖、栽植乔木;大树移植;起挖、栽植灌木;起挖、栽植竹类……共16个分项。

分项工程再按不同规格、材料分成若干子目。如起挖乔木分项又分为起挖乔木(带土球)土球直径在20 cm以内,起挖乔木(带土球)土球直径在30 cm以内,起挖乔木(带土球)土球直径在40 cm以内,起挖乔木(带土球)土球直径在50 cm以内……共20个子目。

每个定额子目都有统一的编号,通常采用两个符号法编号。第一个号码表示第几章,第二个号码表示子目的顺序号。如"基础垫层(碎石)"子目的编号为2-4,"2"表示是第2章园路、园

桥工程,"4"表示基础垫层(碎石)在本章的顺序号。有的地区手册中第一个数字表示分部工程编号,第二个编号表示子目顺序号。

5.2.4 园林工程预算定额的编制

1)编制原则

(1)技术先进

编制定额既要结合历年定额水平,又要考虑发展趋势,制定符合社会发展需要的定额。所谓技术先进,是指定额的确定、施工方法和材料的选择等应采用已成熟并推广的新结构、新材料、新技术和先进管理方式。

(2)经济合理

在正常施工条件下,定额项目中的各项消耗量指标要以社会平均的劳动强度、劳动熟练程度、技术装备来确定,使定额起到鼓励先进、推动企业提高劳动生产效率的作用。

(3)简明实用

预算定额的内容和形式要简明扼要,层次结构清楚严谨,并使用方便。因此,定额项目的划分、计量单位的选择、定额工程量计算规则等应在保证定额消耗指标相对准确的前提下适当综合扩大,让定额粗细恰当并简单明了,使定额在形式和内容上具有多方面的适应性。定额项目的多少与步距有关。步距大时,项目减少,精确度随之降低;步距小时,项目增多,精确度随之提高。因此对于主要的工种、项目和常用项目步距应小些;对于次要的工种、项目及不常用项目步距应大些。另外定额中各种说明要简明扼要,通俗易懂,还要注意定额项目计量单位的选择应能简化工程量计算。

各种定额指标应尽量定死,避免争议,但对于情况变化较大并且影响定额水平幅度大的项目应留活口,允许调整换算。

2)编制依据

①现行全国统一劳动定额、材料消耗定额、机械台班定额和现行的预算定额及其编制过程中的基础资料。

②现行的设计、施工及验收规范,质量评定标准和安全操作规程。

③标准图集,定型设计图纸和有代表性的设计图纸或图集。

④有关科学实验、技术测定和可靠的统计资料。

⑤已推广的新结构、新材料、新技术、新工艺和先进管理经验的资料。

⑥现行的人工工资标准和材料预算价格及机械台班费标准。

3)编制程序

(1)制订预算定额编制方案

预算定额编制方案的内容包括建立编制定额的机构,确定编制进度,确定编制定额的指导

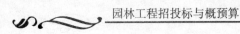

思想、编制原则,明确定额的作用,确定定额的适用范围、水平和内容,确定定额的编排形式和计量单位精确度。

(2)划分定额项目,确定工程工作内容

预算定额的分项内容以施工定额为基础综合扩大,应做到项目齐全、粗细适度、简明适用。在划分定额项目的同时,应将各个工程项目的工作内容范围予以确定。

(3)确定定额项目的消耗指标

确定定额项目的消耗指标应先确定计量单位和计算精确度、施工方法、工程量、人、材、机的消耗量指标。

计量单位应使用方便,利于简化工程量的计算并与工程项目内容相适应,能反映分项工程最终产品形态和实物量。计量单位一般根据结构构件或分项工程形体特征及变化规律来确定。当物体的长、宽、高都发生变化时,以 m³ 为计量单位,如砖石、土石方、混凝土及钢筋混凝土;当长、宽、高中两个度量发生变化时,以 m² 为计量单位,如楼地面、墙面抹灰、墙面勾缝等;当断面形状基本固定、长度变化时,以 m 为计量单位,如管道、绿篱等;当分项工程无一定规格而构造又比较复杂时,可按自然单位个、块、套、丛、株、t 或 kg 为计量单位。当计量单位确定后,一般采用扩大的计量单位,取原定单位的 10 或 100 的倍数。

预算定额中的数值单位和计算精度的取定一般为:单价以"元"为单位,取 2 位数;人工以工日为单位,取 2 位数;木材以 m³ 为单位,取 3 位数;钢材及钢筋以 t 为单位,取 3 位数;铝合金型材以 kg 为单位,取 2 位数;砂浆、混凝土和玛蹄脂等半成品以 m³ 为单位,取 2 位数;草皮、露地花卉以 10m² 为单位,取 2 位数。

不同的施工方法会影响定额中生产要素的消耗指标,编制定额时应以本地区的施工组织条件,施工验收规范、安全技术操作规程和已推广的新结构、新材料、新技术、新工艺和先进管理经验为依据,合理确定施工方法,使其正确反映当前生产水平。

预算定额包括完成某一分项工程的全部工程内容,应采取图纸计算和现场测算相结合、编制人员与现场工作人员相结合等多种方法进行计算。应根据典型工程图纸等资料计算出定额项目所综合的劳动定额各项目所占的比例,即进行含量测算。这样才能保证定额项目综合合理,使定额内工日、材料、机械台班消耗量相对准确。

预算定额中,人工消耗量指标量是根据多个典型工程中综合取定的工程量数据和地方劳动定额求得。一般来讲,人工消耗量包括基本用工量、材料和半成品超运距用工量、辅助用工量、人工辅助差。基本用工量指完成某工程子项目的主要用工数量。材料和半成品超运距用工量指预算定额中材料和半成品的运输距离超过了劳动定额基本用工中规定的距离所需增加的用工量。辅助用工量主要指施工现场所发生的材料加工等用工量。人工辅助差是指预算定额和劳动定额由于定额水平不同而引起的水平差,也包括在正常施工条件下劳动定额中所没有包含的因素,如工序交叉的停歇时间,工程质量检查影响工人操作的时间,施工中难以测定的不可避免的少数零星用工等。国家规定预算定额的人工辅助差系数为 10%。预算定额中的人工消耗指标计算公式为:综合工日数量=(基本用工量+材料超运距用工量+辅助用工量)×(1+辅助差系数)。

材料消耗量由材料的净用量和损耗量组成。主材净用量应结合分项工程的构造做法、综合取定的工程量及有关资料计算。损耗量由施工操作损耗、场内运输损耗、加工制作损耗和场内管理损耗组成。预算定额中对于用量很少、价值又不大的次要材料估算其用量后,合并成"其他材料费",以"元"为单位列入预算定额。周转性材料按多次使用、分次摊销的方式计入预算定额的。

施工机械消耗指标一般按全国统一劳动定额中的机械台班量,并考虑一定的机械幅度差来计算。机械幅度差指在合理的施工组织条件下机械的停歇时间。

4) 编制定额表

编制定额表就是将计算出的各项目的消耗量指标填入已设计好的预算定额项目空白表中。人工消耗部分应列出工种名称、用工数量及平均工资等级。用工数量很少的工种合并为其他工种。材料消耗部分应列出不同规格的主要材料名称,计量单位以实物表示。材料应包括主要材料和次要材料的数量,次要材料合并入其他材料费,其计量单位以金额元表示。机械台班消耗部分应列出主要机械名称,以台班为计量单位。在基价部分应列出人工费、材料费、机械费,同时合计出基价。

5) 审查定稿

初稿编出后应用新定额与现行和以往的定额进行比较,测算定额水平,分析定额水平提高或降低的原因,然后对定额初稿进行修改。测算的内容有单项定额水平测算,造价水平测算,同实际施工现场工料消耗水平作比较等。分析测算时还要考虑规范变更的影响,施工方法改变的影响,材料消耗率改变的影响,劳动定额水平变化的影响,机械台班定额单价及人工工资标准、材料价差的影响,定额项目变更对工程量计算的影响。

在测算和修改的基础上组织有关部门讨论,修改定稿,连同编制说明书呈报主管部门审批。

5.3 园林工程概算定额与投资估算指标的编制原则和方法

概算定额又称扩大结构定额,规定了完成单位扩大分项工程或单位扩大结构构件所必须消耗的人工、材料和机械机具的数量标准。概算定额是以扩大的分部分项工程为对象编制的是在预算定额基础上根据有代表性的通用设计图和标准图等资料,以主要工序为准,综合相关工序,进行综合、扩大和合并而成的定额,预算定额的综合扩大。概算定额也是一种计价性定额,是编制扩大初步设计概算、确定建设项目投资额的依据,主要用于方案图设计。

按照《建设工程工程量清单计价规范》的要求,为适应工程招标投标的需求,有的地方预算定额的某些定额项目的综合已与概算定额项目一致,如挖土方只有一个项目,不再划分一、二、三、四类土。砖墙也只有一个项目,综合了外墙、半砖、一砖、一砖半、二砖、二砖半墙等。化粪池、水池等按座计算,综合了土方、砌筑或结构配件全部项目。

如果将概算定额的内容扩大与合并,以整个建筑物(构筑物、绿地)为对象,以扩大的计量单位来编制,内容也包括劳动、机械机具、材料 3 个部分,那就是概算指标。概算指标也是一种计价定额,主要用于初步设计,其深度要与初步设计的深度相适应。

5.3.1　概算定额的编制依据和原则

1)概算定额的编制依据

①现行的设计规范和园林工程施工验收规范。
②具有代表性的标准设计图纸和其他设计资料。
③现行的园林工程预算定额和劳动定额。
④现行的人工工资标准、材料预算价格、机械台班预算价格及其他的价格资料。
⑤有关的施工图预算和园林工程决算资料。

2)概算定额的编制原则

概算定额的编制原则和预算定额的编制原则一样,由于编制原则是在预算定额的基础上综合扩大的,因此允许与预算定额之间有5%以内的幅度差,这样设计概算就能起到控制投资的作用。总之,要按社会平均水平编制,简明适用、项目齐全、粗细适度、计算简单、准确可靠。

5.3.2　概算定额的编制

概算定额的编制方法和预算定额的编制是一样的,只是预算定额以施工定额为基础编制,而概算定额是以预算定额为基础的。

(1)准备阶段

准备阶段应进行调查研究,了解现行概算定额执行情况、存在问题与编制范围,并制订概算定额的编制细则和项目划分。

(2)编制阶段

根据设计图纸、资料和工程量计算规则进行细致的测算和分析,编制概算定额初稿。做法是先选择标准设计图纸,确定典型扩大分项工程项目,根据图纸计算出工程量,然后确定该子目所包含的预算定额的项目,再套用预算定额确定人工、材料和机械台班的消耗量,最后再综合预算定额中没有包含但在施工中会出现的次要项目,得出概算定额该子目的人工、材料和机械台班的消耗量。注意:应将概算定额的分项定额总水平与预算定额水平相比控制在允许的范围之内,如果差距较大,则应对概算定额水平进行调整。

(3)审批阶段

在征求意见修改后形成报批稿,经批准之后实施。

5.3.3　投资估算指标编制原则

投资估算指标是在项目建议书和可行性研究阶段编制投资估算、计算投资需要量时使用的一种定额,概略程度与可行性研究阶段相适应,具有较强的综合性、概括性,往往以独立的单项

工程或完整的工程项目为计算对象。它的主要作用是为项目决策和投资控制提供依据,是一种扩大的技术经济指标。投资估算指标虽然往往根据历史的预、决算资料和价格变动等资料编制,但其编制基础仍离不开预算定额、概算定额,其编制方法同于概算定额。

投资估算指标是确定和控制建设项目全过程各项投资支出的技术经济指标。其范围涉及建设前期、建设实施期和竣工验收交付使用期等各个阶段的费用支出,一般可分为建设项目综合指标、单项工程指标和单位工程指标 3 个层次。建设项目综合指标一般以项目的综合生产能力单位投资表示。单项工程指标一般以单项工程生产能力单位投资表示。单位工程指标按专业性质的不同采用不同的方法表示。

由于投资估算指标属于项目建设前期进行估算投资的技术经济指标,它不但要反映实施阶段的静态投资,还必须反映项目建设前期和交付使用期内发生的动态投资,所以以投资估算指标为依据编制的投资估算包含项目建设的全部投资额,因此投资估算指标比其他各种计价定额具有更大的综合性和概括性,投资估算指标的编制工作除应遵循一般定额的编制原则外,还必须坚持下述原则:

①确定投资估算指标项目时,应考虑编制建设项目建议书和可行性研究中投资估算的需要,要与项目建议书、可行性研究报告的编制深度相适应,而且具有更高的综合性。

②投资估算指标的分类、项目划分、项目内容、表现形式等要结合园林专业的特点,在内容上既要贯彻指导性、准确性和可调性的原则,又要有一定的深度和广度。

③投资估算指标的编制内容、典型工程的选择,必须遵循国家的有关建设方针政策,符合国家技术发展方向,使指标的编制既能反映当前的高科技成果,反映正常建设条件下的造价水平,又能适应今后若干年的科技发展水平。坚持技术上先进可行和经济上合理。

④投资估算指标的编制要体现国家对固定资产投资实施间接调控作用的特点。要贯彻能分能合、有粗有细、细算粗编的原则,使投资估算指标能满足项目建议书和可行性研究各阶段的要求,既能有反映一个建设项目的全部投资及其构成,又要有组成建设项目投资的各个单项工程投资。做到既能综合使用,又能个别分解使用。占投资比例大的建筑工程和市政工程,要做到有量、有价,根据不同结构形式的建筑物列出每 100 m^2 的主要工程量和主要材料量。同时,要以编制年度为基期计价,有必要的调整、换算办法等,便于由于设计方案、建设实施阶段的变化而对投资产生影响作相应的调整,扩大投资估算指标的覆盖面,使投资估算能够根据建设项目的具体情况合理准确地编制。

⑤投资估算指标的编制要贯彻静态和动态相结合的原则。要充分考虑市场经济条件下,由于建设条件、实施时间、建设期限等因素的不同而造成的建设期的动态因素,即价格、建设期利息、固定资产投资方向调节税等因素的变动,导致指标的量差、价差、利息差、费用差等"动态"因素对投资估算的影响。对上述动态因素给予必要的调整办法和调整参数,尽可能减少这些动态因素对投资估算准确度的影响,使指标具有较强的实用性和可操作。

5.3.4 投资估算指标编制方法

(1)整理资料阶段

收集整理已建成或正在建设的、符合现行技术政策和技术发展方向、有可能重复采用的、有代表性的工程设计施工图、标准设计及相应的竣工决算或施工图预算等资料。这些资料是编制

工作的基础,资料收集得越广泛,反映的问题越多,编制工作就会考虑得越全面,就越有利于提高投资估算指标的实用性。

（2）平衡调整阶段

由于调查收集的资料来源不同,虽然经过一定的分析整理,但难免会由于设计方案、建设条件和建设时间上的差异带来的某些影响,使数据失准或漏项等。必须对有关资料进行综合平衡调制。

（3）测算审查阶段

测算是将新编的指标和选定工程的概预算,在同一价格条件下进行比较,检验其"量差"的偏离程度是否在允许偏差的范围之内,如偏差过大,则要查找原因,进行修正,以保证指标的确切、实用。测算同时也是对中表编制质量进行一次系统检查,应由专人进行,以保持测算口径的统一,在此基础上组织有关专业人员予以全面审查。

目前在省级层面上,园林工程概算定额和投资估算指标大多数省区都没有建立。

5.4　工程造价资料积累的内容、方法及应用

工程造价资料是工程建设过程中宝贵经验的总结,是对建设项目经济技术特点的反映,是造价确定与控制的重要依据。工程造价资料是指已建成竣工和在建的有使用价值和有代表性的工程设计概算、施工预算、工程竣工结算、竣工决算、单位工程施工成本及新材料、新结构、新设备、新施工工艺等园林工程的分部分项的单价分析等资料。工程造价资料应包括以下三方面内容:第一,反映工程建设各个阶段、各个部分的造价资料,包括造价指数;第二,反映工程建设及其组成部分经济特性的参数,如单位面积造价、功能参数等;第三,影响工程造价的技术条件和特点,如建设地点,结构特征,新工艺使用及价值工程的应用等。但核心是竣工决算资料积累,只有这样才可以保证造价资料的真实性,真正实现其使用价值。

5.4.1　工程造价资料积累的内容

工程造价资料积累的内容应包括"量"和"价",还要包括对造价确定有重要影响的技术经济条件,主要有以下内容:

（1）建设项目和单项工程造价资料

①对造价有主要影响的技术经济条件。

②主要的工程量、主要的材料量和主要设备的名称、型号、规格、数量等。

③投资估算、概算、预算、竣工决算及造价指数等。

（2）单位工程造价资料

单位工程造价资料包括工程的内容、主要工程量、主要材料的用量和单价、人工工日和人工费及相应的造价。

（3）其他

主要包括有关新材料、新工艺、新设备、新技术分部分项工程的人工工日,主要材料用量,机械台班用量。

5.4.2　工程造价资料积累的方法

目前我国工程建设领域经济技术沟通的不完全性,收集造价资料的主体一为造价协会和造价咨询机构,他们收集并负责向相关领域公开发布造价资料,重点**包括**各种不同类型的、有代表性的造价资料和重点投资兴建的建设项目资料,并应使收集制度和发布制度规范化、程序化,其目的是形成社会统一参照;二为企业或施工集团,他们重点收集企业或施工集团所擅长的工程领域,并应形成特色化管理,其目的是形成工程建设领域的企业化标准。

进入工程建设市场的各要素单位既有权力使用已发行的工程造价信息,又有义务向工程造价管理机构提供工程造价资料。工程造价资料收集的对象主要有施工企业、工程造价咨询单位、工程建设材料、机械租赁等供应单位。施工企业是工程造价资料使用最频繁、最直接的单位,它们的经营活动依赖于各类工程造价信息,同时又通过自身生产实践积累了具体的工程建设资料,它们是目前工程造价资料收集的主要对象。工程造价咨询企业是工程建设市场改革发展的产物,还在不断完善中,它们在经营活动中积累了大量的工作经验和技术经济资料,总结整理工程造价资料不仅可以为自身的发展积累资本,而且可以给工程造价机构提供宝贵的数据资料。工程建设材料、机械租赁等供应单位直接面对市场,最了解建筑市场的动态,可以提供大量的市场信息,从供应的角度来丰富工程造价管理资料。

收集的工程造价资料经过整理加工后才可以作为有用的工程造价信息使用,造价资料的积累和管理,应形成以数据库系统为主的模式。按数据库管理模式,应对造价资料编码、分类,并建立相应的子系统,便于满足查询及各种分析工作的要求。一般先需对造价资料的内容进行分类。

1)造价资料的分类

(1)工程竣工决算资料

收集的竣工决算资料应是完全单价形式,包括人工费、物资耗费、盈利3个部分。人工费用应包括工人工资、管理人员工资等与人力消耗有关的费用。物资耗费包括材料消耗、机械台班消耗。盈利包括企业利润和税金两部分。其他不在以上内容中包括的工程建设其他费用,可根据具体情况另列。决算资料还应包括各种单项造价指数和综合造价指数等。

(2)经济特性参数

该部分内容从经济角度反映了工程造价情况,包括单位面积造价、工期耗用情况、工程质量鉴定、功能参数等。

(3)技术条件及特点

该部分内容包括影响工程造价较大的施工条件、技术使用、管理模式等因素及特点,为工程类比的合理确定及有关技术分析提供客观依据。

(4)工程建设基本情况

工程建设基本情况包括工程名称,建设地点,建筑单位,设计单位,施工单位,资金来源等情况。

按上述划分完类别外,应设置编码。可设置两套编码(设 An、Bn),一套适用于工程类别划分(An),一套适用了造价资料内容划分(Bn),则 An·Bn 可确定任一子项,也可确定同一属性的不同子项。这样可使造价资料实现纵横对比查找,成为一个有机整体,为各种分析计价程序的进行提供有效的数据模块。

2）工程造价资料的整理方法

（1）典型测算

当收集的造价资料离散性较大,不便于使用统计方法时,可以在规定的条件下对典型工程进行测算。

（2）统计方法

当造价资料一致性较好时,即从时间、标准、规模基本一致的情况下,可以通过统计的方法测算出平均结果。

（3）单项测算

对于特殊的项目,可以对某个单项按要求进行测算。

另外,随着计算机技术的发展应采用计算机整理数据。目前在工程造价资料处理方面的计算机应用还很落后,应当大力发展工程造价应用软件,只有这样才能提高管理效率和标准化的程度。另外,在计算机网络迅速发展的今天,工程造价的收集可以通过网络提供资料,扩大收集的范围和提高传送的速度,并且还可以通过计算机网络对资料进行必要的处理和信息的发布。

5.4.3　工程造价资料的应用

工程造价资料是为工程造价管理服务的,它的应用是多方面的,既可为工程造价提供重要依据,又可为建设等相关领域部门分析各种技术数据及规律变化提供系统参数库。它是编制投资估算的重要依据;是编制初步设计概算和审查施工图预算的重要依据;是确定标底和投标报价的参考资料;是技术经济分析的基础资料;是编制各类定额的基础资料;还可用于测定调价系数,编制造价指数。下面重点说明以下两个方面的应用。

（1）用以研究同类工程造价的变化规律

通过对类比工程分析,采用分解、换算、替代等方法,分析影响造价变化的因素和造价指数的变化可以方便地对工程造价做出计算,并可对已做出的造价进行合理评估。如果采用专家智能模拟系统,对工程造价采用建模分析计算方法,使造价计算更加方便并便于调整。具体案例可参照相关书籍论述。

（2）技术数据及其规律性变化的分析应用

造价资料为各种技术数据及其规律性变化的分析提供原始数据库,应用数学分析方法可对所需问题进行分析。一般会通过计算机分析程序进行,分析程序一般与造价资料库捆绑链接。造价资料在这方面的应用不仅取决造价资料库的完整性和系统性,还取决于应用分析程序的开发。

5.5　园林工程造价计价方法和特点

园林工程造价计价的原理就像"微积分",将一个园林工程项目分解为分项工程,然后计算各分项工程和措施项目的价格,最后汇总得出整个园林工程的造价。这就需要确定各分项工程的费用项目组成和汇总园林工程的造价方式。

5.5.1 园林工程费用项目组成(按要素)

根据《建筑安装工程费用项目组成》(建标〔2013〕44号),建筑安装工程费按照费用构成要素划分由人工费、材料(包含工程设备,下同)费、施工机具使用费、企业管理费、利润、规费和税金组成,如图5.2所示。其中人工费、材料费、施工机具使用费、企业管理费和利润包含在分部分项工程费、措施项目费、其他项目费中。

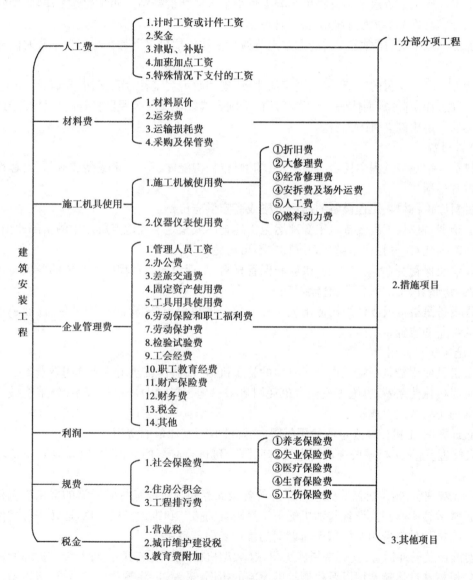

图5.2 工程项目费用组成

（1）人工费

人工费是指按工资总额构成规定,支付给从事建筑安装工程施工的生产工人和附属生产单位工人的各项费用。内容包括:

①计时工资或计件工资:按计时工资标准和工作时间或对已做工作按计件单价支付给个人的劳动报酬。

②奖金:对超额劳动和增收节支支付给个人的劳动报酬。如节约奖、劳动竞赛奖等。

③津贴补贴:为了补偿职工特殊或额外的劳动消耗和因其他特殊原因支付给个人的津贴,以及为了保证职工工资水平不受物价影响支付给个人的物价补贴。如流动施工津贴、特殊地区施工津贴、高温(寒)作业临时津贴、高空津贴等。

④加班加点工资:按规定支付的在法定节假日工作的加班工资和在法定日工作时间外延时工作的加点工资。

⑤特殊情况下支付的工资:根据国家法律、法规和政策规定,因病、工伤、产假、计划生育假、婚丧假、事假、探亲假、定期休假、停工学习、执行国家或社会义务等原因按计时工资标准或计时工资标准的一定比例支付的工资。

（2）材料费

材料费是指施工过程中耗费的原材料、辅助材料、构配件、零件、半成品或成品、工程设备的费用。内容包括:

①材料原价:材料、工程设备的出厂价格或商家供应价格。

②运杂费:材料、工程设备自来源地运至工地仓库或指定堆放地点所发生的全部费用。

③运输损耗费:材料在运输装卸过程中不可避免的损耗。

④采购及保管费:为组织采购、供应和保管材料、工程设备的过程中所需要的各项费用。包括采购费、仓储费、工地保管费、仓储损耗。

工程设备是指构成或计划构成永久工程一部分的机电设备、金属结构设备、仪器装置及其他类似的设备和装置。

（3）施工机具使用费

施工机具使用费是指施工作业所发生的施工机械、仪器仪表使用费或其租赁费。

①施工机械使用费:以施工机械台班耗用量乘以施工机械台班单价表示,施工机械台班单价应由下列7项费用组成:

a.折旧费:施工机械在规定的使用年限内,陆续收回其原值的费用。

b.大修理费:施工机械按规定的大修理间隔台班进行必要的大修理,以恢复其正常功能所需的费用。

c.经常修理费:施工机械除大修理以外的各级保养和临时故障排除所需的费用。包括为保障机械正常运转所需替换设备与随机配备工具附具的摊销和维护费用,机械运转中日常保养所需润滑与擦拭的材料费用及机械停滞期间的维护和保养费用等。

d.安拆费及场外运费:安拆费指施工机械(大型机械除外)在现场进行安装与拆卸所需的人工、材料、机械和试运转费用以及机械辅助设施的折旧、搭设、拆除等费用;场外运费指施工机械整体或分体自停放地点运至施工现场或由一施工地点运至另一施工地点的运输、装卸、辅助材料及架线等费用。

e.人工费:机上司机(司炉)和其他操作人员的人工费。

f.燃料动力费:施工机械在运转作业中所消耗的各种燃料及水、电等。

g.税费:施工机械按照国家规定应缴纳的车船使用税、保险费及年检费等。

②仪器仪表使用费:工程施工所需使用的仪器仪表的摊销及维修费用。

（4）企业管理费

企业管理费是指建筑安装企业组织施工生产和经营管理所需的费用。内容包括:

①管理人员工资:按规定支付给管理人员的计时工资、奖金、津贴补贴、加班加点工资及特殊情况下支付的工资等。

②办公费:企业管理办公用的文具、纸张、账表、印刷、邮电、书报、办公软件、现场监控、会议、水电、烧水和集体取暖降温（包括现场临时宿舍取暖降温）等费用。

③差旅交通费:职工因公出差、调动工作的差旅费、住勤补助费,市内交通费和误餐补助费,职工探亲路费,劳动力招募费,职工退休、退职一次性路费,工伤人员就医路费,工地转移费及管理部门使用的交通工具的油料、燃料等费用。

④固定资产使用费:管理和试验部门及附属生产单位使用的属于固定资产的房屋、设备、仪器等的折旧、大修、维修或租赁费。

⑤工具用具使用费:企业施工生产和管理使用的不属于固定资产的工具、器具、家具、交通工具和检验、试验、测绘、消防用具等的购置、维修和摊销费。

⑥劳动保险和职工福利费:由企业支付的职工退职金、按规定支付给离休干部的经费,集体福利费、夏季防暑降温、冬季取暖补贴、上下班交通补贴等。

⑦劳动保护费:企业按规定发放的劳动保护用品的支出。如工作服、手套、防暑降温饮料及在有碍身体健康的环境中施工的保健费用等。

⑧检验试验费:施工企业按照有关标准规定,对建筑以及材料、构件和建筑安装物进行一般鉴定、检查所发生的费用,包括自设试验室进行试验所耗用的材料等费用。不包括新结构、新材料的试验费,对构件做破坏性试验及其他特殊要求检验试验的费用和建设单位委托检测机构进行检测的费用,对此类检测发生的费用,由建设单位在工程建设其他费用中列支。但对施工企业提供的具有合格证明的材料检测不合格的,该检测费用由施工企业支付。

⑨工会经费:企业按《工会法》规定的全部职工工资总额比例计提的工会经费。

⑩职工教育经费:按职工工资总额的规定比例计提,企业为职工进行专业技术和职业技能培训,专业技术人员继续教育、职工职业技能鉴定、职业资格认定以及根据需要对职工进行各类文化教育所发生的费用。

⑪财产保险费:施工管理用财产、车辆等的保险费用。

⑫财务费:企业为施工生产筹集资金或提供预付款担保、履约担保、职工工资支付担保等所发生的各种费用。

⑬税金:企业按规定缴纳的房产税、车船使用税、土地使用税、印花税等。

⑭其他:包括技术转让费、技术开发费、投标费、业务招待费、绿化费、广告费、公证费、法律顾问费、审计费、咨询费、保险费等。

（5）利润

利润是指施工企业完成所承包工程获得的盈利。

（6）规费

规费是指按国家法律、法规规定,由省级政府和省级有关权力部门规定必须缴纳或计取的费用。包括:

①社会保险费:

a.养老保险费:企业按照规定标准为职工缴纳的基本养老保险费。

b.失业保险费:企业按照规定标准为职工缴纳的失业保险费。

c.医疗保险费:企业按照规定标准为职工缴纳的基本医疗保险费。

d.生育保险费:企业按照规定标准为职工缴纳的生育保险费。

e.工伤保险费:企业按照规定标准为职工缴纳的工伤保险费。

②住房公积金:企业按规定标准为职工缴纳的住房公积金。

③工程排污费:按规定缴纳的施工现场工程排污费。

其他应列而未列入的规费,按实际发生计取。

(7)税金

税金是指国家税法规定的应计入建筑安装工程造价内的营业税、城市维护建设税、教育费附加及地方教育附加。

5.5.2 园林工程计价的综合单价法

根据《建筑安装工程费用项目组成》(建标[2013]44号),园林工程计价按照价格形成过程分为分部分项工程费、措施项目费、其他项目费、规费、税金5部分组成,所采用的计价方式是综合单价法。根据建设部第107号部令《建筑工程施工发包与承包计价管理办法》的规定综合单价法是分部分项工程单价为全费用单价,全费用单价经综合计算后生成,其内容包括人工费、材料费、施工机具使用费、管理费、利润和税金(措施费也可按此方法生成全费用价格)。

各分项工程量乘以综合单价的合价汇总后,生成工程发承包价。

由于各分部分项工程中的人工、材料、机械含量的比例不同,各分项工程可根据其材料费占人工费、材料费、机械费合计的比例(以字母"C"代表该项比值)在以下3种计算程序中选择一种计算其综合单价。

(1)当$C>C_0$时(C_0为本地区原费用定额测算所选典型工程材料费占人工费、材料费、机械费合计的比例)时,可采用以人工费、材料费、机械费合计为基数计算该分项的间接费和利润,如表5.2所示。

表5.2 以人工费、材料费、机械费合计为基数

序号	费用项目	计算方法	备注
1	分项直接工程费	人工费+材料费+机械费	
2	间接费	(1)×相应费率	
3	利润	[(1)+(2)]×相应利润率	
4	合计	(1)+(2)+(3)	
5	含税造价	(4)×(1+相应税率)	

(2)当$C<C_0$时,以人工费和机械费为计算基础,如表5.3所示。

表 5.3   以人工费、机械费合计为基数计费

序号	费用项目	计算方法	备　注
1	分项直接工程费	人工费+材料费+机械费	
2	其中人工费和机械费	人工费+机械费	
3	间接费	(2)×相应费率	
4	利　润	(2)×相应利润率	
5	合　计	(1)+(3)+(4)	
6	含税造价	(5)×(1+相应税价)	

（3）如该分项的直接费仅为人工费、无材料费和机械费时,可采用以人工费为基数计算该分项的间接费和利润,如表 5.4 所示。

表 5.4   以人工费为基数计费

序号	费用项目	计算方法	备　注
1	分项直接工程费	人工费+材料费+机械费	
2	直接工程费中人工费	人工费	
3	间接费	(2)×相应费率	
4	利　润	(2)×相应利润率	
5	合　计	(1)+(3)+(4)	
6	含税造价	(5)×(1+相应税率)	

5.5.3   园林工程造价计价的特点

由于园林工程产品本身的特点使得园林工程造价计价也有不同于一般商品计价的特点。

（1）单件性

由于每个园林工程都有各自的一套图纸,每个产品都是不一样的,所以每个园林工程都需要单独计价,这就是造价计价的单件性。

（2）多次性

每个园林工程项目从决策开始到竣工验收完成要有不同的建设阶段,每个阶段都会产生一个造价,所以一个园林工程项目会有多次计价,而每次计价的依据都会不同,所得的价格也不相等,一般上一级的计价价格应大于下一级的计价价格。

（3）组合性

由于园林工程计价的原理是先拆分，再分别计价，然后再综合，所以一个价格是几个部分组合成的。

（4）计价方法的多样性

园林工程计价有工料单价法和综合单价法，定额计价和工程量清单计价，目前国际上通用的是工程量清单计价。另外在工程建设的不同阶段，其计价方式也不相同。

（5）计价依据的复杂性

园林工程计价的依据很多，除了定额外，工程量计算规则、人工和材料设备的价格、费用项目组成、措施费和其他费用的计算依据、政府的税费、物价指数和造价指数等都会影响计价的结果，这些计价依据都在不断地变化着，所以工程计价的方式方法随着时间的推移在不断地变化。

5.6 园林工程造价计价依据分类、作用与特点

用于计算工程造价的基础资料的总称，包括工程定额、人工、材料、机械台班及设备单价，工程量清单，工程造价指数，工程量计算规则，政府主管部门发布的有关工程造价的经济法规、政策等。造价依据主要有以下 7 类：

①设备和工程量计算依据。如项目建议书、可行性研究报告、设计任务书、设计文件等。

②人工、材料、机械台班消耗量计算依据。如投资估算指标、概算定额、预算定额。

③工程单价计算依据。如人工单价、材料单价、机械台班单价等。

④设备单价计算依据。如设备单价、设备运杂费、进口关税等。

⑤措施费、管理费和其他费用的计算依据。主要是相关的费用定额和指标、相关的政府文件。

⑥政府规定的税费。

⑦物价指数和工程造价指数。

在这些造价依据中，属于单价类的会随着市场的变化不断变化，属于定额类的会随着生产技术水平和施工组织管理的提高及新工艺、新材料的应用而不断更新变化，还有一些如规费的组成、税费等会随着政府指导思想的变化而增减。这些依据不仅种类多而且处于不断地变化中，使得造价计价也处于不断变化中。

5.7 人工、材料、机械台班定额消耗量的确定方法及其单价的编制方法

5.7.1 人工定额消耗量的确定方法

根据施工过程的复杂程度，园林工程施工可以分为工序、工作过程、综合工作过程，其中工序

是最基本的,它是指在组织上不可分开、技术操作上属于同一类型的施工过程,若干个工序组成工作过程,几个工作过程组成综合工作过程,一般定额标定的对象多是工作过程和综合工作过程。

在施工过程中,工人的劳动时间可分为定额时间和损失的时间,定额时间包括休息时间、有效工作时间和不可避免的中断时间,他们是确定单位产品用工时应予考虑的时间。

休息时间是工人在工作过程中为恢复体力所必需的短暂休息和生理需要的时间消耗。

有效工作时间是与产品生产直接有关的时间消耗,它包括:

①基本工作时间:工人直接完成部分园林工程产品的生产任务所必须消耗的工作时间。

②辅助工作时间:为保证基本工作能顺利完成所做的辅助性工作消耗的时间。

③准备与结束工作时间:在工作开始前的准备工作和任务完成后的结束工作所消耗的工作时间。

不可避免的中断时间指的是由于施工工艺特点和施工组织的原因引起的工作中断时所必需的时间。

损失的时间包括多余和偶然工作时间、停工时间、违反劳动纪律时间,这些时间不能作为定额时间。

关于上述的工作时间,有如下计算公式:

$$工序作业时间 = 基本工作时间 + 辅助工作时间$$

$$= \frac{基本工作时间}{1 - 辅助工作时间\%}$$

$$规范时间 = 准备与结束时间 + 休息时间 + 不可避免的中断时间$$

$$时间定额 = \frac{工序作业时间}{1 - 规范时间\%}$$

确定人工消耗量定额的方法一般有经验估工法、统计分析法、比较类推法和技术测定法(计时观察法),计时观察法又有测时法、写实记录法、工作日写实法和简易测定法。这里介绍计时观察法确定人工的消耗量定额。

首先通过各种计时观察法积累各种必须消耗时间的资料,然后将这些时间进行归纳、换算和依据不同的工时规范附加,最后把各种定额时间综合和类比,得到时间定额。方法如下:

(1)确定工序作业时间

选择和分析计时观察资料,可以得到基本工作时间和辅助工作时间,它们是主要的定额时间,是各种影响因素的集中反映,决定着定额时间。

①拟定基本工作时间。基本工作时间占定额时间的比例最高,一般根据计时观察资料来确定,首先确定施工工作过程中每一部分的工时消耗,然后将各部分的时间消耗相加,得到工作过程的工时消耗。

②拟定辅助工作时间。其确定方法与基本工作时间相同,也可采用工时规范或经验数据来确定。工时规范中确定了辅助工作时间占工序时间的比例。

(2)确定规范时间

规范时间包括准备与结束时间、休息时间、不可避免的中断时间3个部分。

①准备与结束的时间。准备与结束的时间分为工作日和任务两种,任务的准备与结束时间通常不能体现在某一个工作日中,而要分摊计算,分摊在单位产品的时间定额里。如果缺乏资料,准备与结束的时间也可根据工时规范或经验数据来确定。

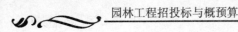

②休息时间。休息时间根据工作班作息制度、经验资料、计时观察资料及对工作的疲劳程度作全面分析来确定,同时应尽可能考虑利用不可避免的中断时间来作为休息时间。

③不可避免的中断时间。一般根据计时观察资料分析获得,也可根据工时规范或经验数据来确定。

值得注意的是,如果有现行的工时规范,规范时间均可用工时规范或经验数据来确定。

(3)确定定额时间

以上所确定出的各种时间都属于定额时间,可以各部分相加得出,也可以利用工时规范根据上文中的计算公式计算得出。

5.7.2　材料定额消耗量的确定方法

材料消耗定额指生产单位合格产品所必须消耗的一定规格的材料、半成品或配件的数量。它包括材料的净用量和合理的损耗量。材料在施工中可分为实体性材料和周转性材料(非实体性材料),前者直接构成工程实体,包括主要材料和辅助材料。主要材料是一次性消耗、直接构成工程构筑物本体的材料,用量较大。辅助材料也是一次性消耗但并不构成工程构筑物本体的材料。周转性材料指不构成工程实体的措施性材料。

实体性材料根据在施工中的消耗可分为必须消耗的材料和损失的材料,必须消耗的材料属于材料定额消耗量的范围,损失的材料不能计入材料定额消耗量。必须消耗的材料包括直接用于建筑安装工程的材料——用于编制材料净用量定额,以及不可避免的施工废料和不可避免的材料损耗——用于编制材料损耗定额。其损耗的范围是由现场仓库或露天堆放场所运到施工地点的运输损耗及施工损耗。所以材料消耗定额是由材料净用量定额和材料损耗定额组成。

$$材料消耗量 = 材料净用量 + 材料损耗量$$

$$材料损耗率 = \frac{材料损耗量}{材料净用量} \times 100\%$$

当确定下材料损耗率后,编制材料消耗定额时常用下式计算:

$$材料消耗量 = 材料净用量 \times (1 + 材料损耗率)$$

一般使用实验法、计算法、统计法、观测法4种方法来制定消耗定额。观测法是在合理地节约利用材料的条件下,对施工过程中所完成的产品的数量和所消耗的各种材料的数量进行观察测定,再通过分析整理和计算确定材料消耗定额。在编制材料损耗定额时常用这种方法;实验法是通过专门的仪器设备在实验室内观察和测定,在整理计算出材料消耗定额地方法;统计法是指在施工过程中,对分部分项工程所拨付的材料和竣工后所完成的产品数量和所剩余的材料进行统计分析后,来确定材料消耗定额的方法;计算法是根据施工图纸和其他技术资料用理论计算公式确定材料消耗定额的方法。四种方法各有优缺点,对于某种材料采用一种方法来标定或采用两种以上的方法结合使用。

周转性材料需要计算摊销量,计算比较复杂,例如模板摊销量按下式计算:

$$摊销量 = 一次使用量 \times (1 + 施工损耗) \times$$

$$\left[\frac{1 + (周转次数 - 1) \times 补损率}{周转次数} - \frac{(1 - 补损率) \times 50\%}{周转次数} \right]$$

"一次使用量×(1+施工损耗)"即一次使用量加损耗;"(周转次数−1)×补损率/周转次数"即总补损率÷周转次数=每次周转的补损率,其中最后一次周转不再补损,所以减1;"(1−补损率)×50%/周转次数"即最后一次没有补损的50%是可以回收的,除以周转次数是每次周转的回收率。

$$模板租赁费 = 模板使用量 × 使用日期 × 租赁价格 + 支、拆、运输费$$

脚手架摊销量计算公式:

$$脚手架摊销量 = \frac{单位一次使用量 × (1 − 残值率)}{耐用期 ÷ 一次使用期}$$

$$租赁费 = 脚手架每日租金 × 搭设周期 + 搭、拆、运输费$$

5.7.3　机械台班定额消耗量的确定方法

机械台班定额消耗量是指在机械工作正常条件下的生产效率,确定方法为:

(1)拟订机械正常的工作地点

正常的工作地点就是对施工地点机械、构件和材料的放置位置、工人从事操作的条件,做出科学合理的平面布置和空间安排,使之有利于机械运转和工人操作,又能减轻劳动强度。它要求施工机械和操纵机械的工人在最小范围内移动,但又不阻碍机械运转和工人操作;应使机械的开关和操纵装置尽可能集中地装置在操纵工人的近旁,以节省工作时间;应最大限度发挥机械的效能,减少工人的手工操作。

(2)拟订正常的工人编制

拟定合理的工人编制就是根据施工机械的性能和设计能力,工人的专业分工和劳动工效,合理确定操纵机械的工人和直接参加机械化施工过程的工人(如装卸料工人)的编制人数。

(3)确定机械1小时纯工作的正常生产率

机械纯工作时间就是指机械必需消耗的时间。机械1小时纯工作的正常生产率,就是在正常施工组织条件下,具有必需的知识和技能的技术工人操纵机械1小时的生产率。

①对于循环动作机械,确定机械纯工作1小时正常生产率的计算按下列公式进行:

$$机械一次循环的正常延续时间 = \sum(循环各组成部分正常延续时间) − 交叠时间$$

$$机械纯工作1小时循环次数 = 60 × \frac{60}{1次循环的正常延续时间(秒)}$$

$$机械纯工作1小时正常生产率 = 机械纯工作1小时正常循环次数 × 一次循环生产的产品数量$$

②对于连续动作机械,确定机械纯工作一小时正常生产率要根据机械的类型和结构特征,以及工作过程的特点来进行。可按下式计算:

$$连续动作机械纯工作1小时正常生产率 = \frac{工作时间内生产的产品数量}{工作时间}$$

工作时间内的产品数量和工作时间的消耗,要通过多次现场观察和机械说明书来取得数据。

（4）确定施工机械的正常利用系数

施工机械的正常利用系数是指机械在工作班内对工作时间的利用率。机械的利用系数和机械在工作班内的工作状况有着密切的关系。所以，要确定机械的正常利用系数。首先要拟定机械工作班的正常工作状况，保证合理利用工时。机械正常利用系数可按下式计算：

$$机械正常利用系数 = \frac{一个工作班内纯工作时间}{一个工作班的延续时间}$$

（5）计算施工机械台班消耗量

计算施工机械台班消耗量是确定机械消耗量工作的最后一步。在确定了机械工作正常条件、机械1小时纯工作正常生产率和机械正常利用系数之后，采用下列公式计算施工机械的产量定额：

$$施工机械台班产量定额 = 机械1小时纯工作正常生产率 \times 工作班纯工作时间$$

或

$$施工机械台班产量定额 = 机械1小时纯工作正常生产率 \times 工作班延续时间 \times$$
$$机械正常利用系数$$

$$施工机械时间定额 = \frac{1}{机械台班产量定额}$$

5.8 人工、材料、机械台班单价

5.8.1 人工单价的确定方法

人工单价（日工资单价）是指施工企业平均技术熟练程度的生产工人在每工作日（国家法定工作时间内）按规定从事施工作业应得的日工资总额。其组成见园林工程费用项目一节。

$$日工资单价 = \frac{\begin{array}{c}生产工人平均月工资（计时、计件）+ \\ 平均月（奖金 + 津贴补贴 + 特殊情况下支付的工资）\end{array}}{年平均每月法定工作日}$$

年平均每月法定工作日=（全年日历日−法定假日）/12，法定假日指双休日和法定假日。

工程造价管理机构确定日工资单价应根据工程项目的技术要求，通过市场调查，参考实物工程量人工单价综合分析确定，最低日工资单价不得低于工程所在地人力资源和社会保障部门所发布的最低工资标准：普工1.3倍，一般技工2倍，高级技工3倍。

工程计价定额不可只列一个综合工日单价，应根据工程项目技术要求和工种差别适当划分多种日人工单价，确保各分部工程人工费的合理构成。

影响人工单价的因素有社会平均工资水平、生活消费指数、人工单价的组成、劳动力市场供需变化、社会保障和福利政策等。

$$工程的人工费 = \sum（工程工日消耗量 \times 日工资单价）$$

5.8.2 材料单价的组成和确定方法

材料单价指材料(包括构件、成品及半成品)由来源地、交货地点或供应者仓库提货地点到达工地仓库或指定堆放地点后的出库价格。其组成见园林工程费用项目一节。

$$材料费 = \sum(材料消耗量 \times 材料单价)$$

材料单价分为地区材料价格和某项工程使用的材料价格。地区材料价格按地区编制,供该地区所有工程使用;某项工程使用的材料价格是以一个工程为编制对象,专供该工程项目使用。两者的编制原理和方法是一样的,只是在材料来源地和运输数量权数等具体数据上有所不同。

(1)材料原价

材料原价是指材料的出厂价格、进口材料的抵岸价格、销售部门的批发牌价、市场采购价格。同一种材料因来源地、交货地、生产厂家、供货单位不同而有几种价格时,根据供货数量比例采用加权平均的方法计算材料的综合价格。

$$材料加权平均原价 = \frac{\sum(各来源地材料原价 \times 相应材料数量)}{材料总数量}$$

(2)材料运杂费

材料运杂费是指材料从来源地运至工地仓库或指定堆放地点所发生的全部费用。包含外埠中转所发生的所有费用和过境过桥费,包括调车费、驳船费、运输费、装卸费及附加工作费。同一品种的材料有若干个来源地,因运输工具、运距不同而有几种运杂费时,应采用加权平均的方法计算,方法同上。

(3)运输损耗费

运输损耗费是指材料在运输装卸中不可避免的损耗。

$$运输损耗费 = (材料原价 + 材料运杂费) \times 相应材料的运输损耗率$$

(4)采购及保管费

采购及保管费指材料供应部门(包括工地仓库及其以上各级材料管理部门)在组织采购、供应和保管过程中所发生的各种费用。包括采购费、仓储费、工地管理费、仓储损耗。采购及保管费一般采用材料到库价格以费率确定。

$$材料采购及保管费 = (材料原价 + 运杂费 + 运输损耗费) \times 采购及保管费率$$

综上,材料单价为:

$$材料单价 = [(材料原价 + 运杂费) \times (1 + 运输损耗率)] \times (1 + 采购保管费率)$$

同样的,工程设备单价=(设备原价+运杂费)×[1+采购保管费率(%)]

影响材料价格的因素有市场供需的变化、材料生产成本的变化、流通环节的多少及材料供应体制、运输距离及运输方式等。

5.8.3　机械台班单价的组成和确定方法

机械台班单价是指施工机械在正常运转条件下一个工作班中所发生的所有费用。根据《建设工程施工机械台班费用编制规则》(2015)的规定,施工机械台班单价由 7 部分组成:

机械台班单价 = 台班折旧费 + 台班大修费 + 台班经常修理费 + 台班安拆费及场外运费 +

台班人工费 + 台班燃料动力费 + 台班车船税费

其中,台班折旧费、台班大修费、台班经常修理费、台班安拆费及场外运费构成第一类费用,这类费用不因施工地点和条件的变化而改变的费用,故也称不变费用;人工费、台班燃料动力费构成第二类费用,它们随着施工地点和条件的不同而发生较大变化的费用,也称可变费用;台班车船税费构成其他费用。

(1)台班折旧费

台班折旧费是指机械在使用年限内陆续收回其原价值及购置资金的时间价值,计算方式:

$$台班折旧费 = \frac{机械预算价格 \times (1 - 残值率) \times 时间价值系数}{耐用总台班}$$

国产机械的预算价格由机械原值、功效部门手续费、一次运杂费和车辆购置税所组成,进口机械的预算价格由机械原值(机械到岸价格)、关税、增值税、消费税、外贸手续费、国内运杂费、财务费、车辆购置税所组成。

残值率是指机械设备报废时的残余价值占机械原值的比例。按有关文件各类机械的残值率为:运输机械2%,掘进机械5%,特大型机械3%,中小型机械4%。

时间价值系数是指购置机械的资金在施工生产过程中随着时间的推移而产生的单位增值。计算方式:

$$时间价值系数 = 1 + \frac{折旧年限 + 1}{2} \times 年折现率(\%)$$

其中,年折现率按编制期银行年贷款利率确定。

耐用总台班是指施工机械从开始使用至报废前所使用的总台班数,耐用总台班应按机械的技术指标及寿命期等相关参数确定。计算公式:

耐用总台班 = 折旧年限 × 年工作台班

或者　　　　　　　耐用总台班 = 大修周期 × 大修间隔台班

年工作台班 = (360 − 节假日 − 全年平均气候影响工日) × 机械利用率 × 工作班次系数

(2)大修费

大修费是指当机械使用达到规定的大修间隔台班为恢复使用功能而大修时所发生的费用。台班大修费是机械的所有大修费在台版中的分摊额,计算公式:

$$台班大修费 = \frac{一次大修费 \times 大修次数}{耐用总台班}$$

一次大修费包括工时费、配件费、辅料费、油燃料费及送修运杂费,费用的计算应以《施工机械保养修理技术经济定额》为基础,结合编制期市场价格综合确定。大修次数亦参照该定额确定。

（3）经常修理费

经常修理费是指一个大修期内的定期各级保养及临时故障排除所需要的费用,还包括替换设备及工具、辅具费和例保辅料费。

$$台班经修理费 = \frac{临时故障排除费 + \sum（各级保养一次费用 \times 寿命期各级保养总次数）}{耐用总台班 + 替换设备及工具、辅具费 + 例保辅料费}$$

或者 $$台班经修理费 = 台班大修费 \times K（K 为台班经修理费系数）$$

各级保养一次费用、寿命期各级保养总次数、设备及工具、辅具费和例保辅料费应以《施工机械保养修理技术经济定额》为基础,结合编制期市场价格综合确定。临时故障排除费可按各级保养(不含例保辅料费)费用之和的3%计算。

（4）安拆费及场外运费

安拆费是指机械在现场进行安拆所需的工料消耗和试运转费及机械辅助设施分摊费用。场外运费指机械整体或部分从停放地点至工地或另一施工地点的运输、装卸、辅助材料及架线等费用。

（5）台班人工费

台班人工费是指机上司机(司炉)和其他操作工人在工作日的人工费及上述人员在机械规定的年工作台班以外的人工费。

$$台班人工费 = 人工消耗量 \times \left(1 + \frac{年制度工作日 - 年工作台班}{年工作台班}\right) \times 人工单价$$

（6）台班燃料动力费

燃料动力费指机械在运转时需要的各种燃料费及水、电费等。

$$台班燃料动力费 = 台班燃料动力消耗量 \times 相应的单价$$

$$台班燃料动力消耗量 = \frac{实测数 \times 4 + 定额平均值 + 调查平均值}{6}$$

（7）台班车船税费

$$台班车船税费 = \frac{年养路费 + 年车船使用税 + 年检费 + 年保险费}{年工作台班}$$

综上,

$$施工机械使用费 = \sum（施工机械台班消耗量 \times 机械台班单价）$$

5.9 园林工程费用定额的构成

园林工程计价的费用组成中,人工、材料、机械的费用可以通过定额手册查出,管理费、利润、规费和税金需要根据已经计算出的人工费、材料费、机械费算出,确定这些费用的定额就是费用定额。根据关于综合单价方面内容的叙述,管理费、利润、规费的计费基础可以是人工费,也可以是人工费+机械费,还可以是人工费+材料费+机械费,例如河北省2013年园林绿化工程定额就是以人工费+机械费的总和为基础的,如表5.5所示。

表 5.5 园林工程费用标准

序号	费用项目	计费基础	费用标准
1	直接费	—	—
2	企业管理费	人工费+机械费	10
3	利　润		6
4	规　费		12(投标报价、结算时按核定费率记取)
5	税　金	3.48%、3.41%、3.28%	

注:直接费=人工费+材料费+机械费

(1)规费费率的计算公式

根据各种定额的不同,规费是以人工费+材料费+机械费(直接费)或人工费+机械费或人工费为计算基础来计算的。

①以人工费+材料费+机械费为计算基础:

$$规费费率 = \frac{\sum 规费缴纳标准 \times 每万元发承包价计算基数}{每万元发承包价中的人工费含量} \times 人工费占直接费的比例$$

②以人工费和机械费合计为计算基础:

$$规费费率 = \frac{\sum 规费缴纳标准 \times 每万元发承包价计算基数}{每万元发承包价中的人工费含量和机械费含量} \times 100\%$$

③以人工费为计算基础:

$$规费费率 = \frac{\sum 规费缴纳标准 \times 每万元发承包价计算基数}{每万元发承包价中的人工费含量} \times 100\%$$

(2)企业管理费费率计算公式

根据各种定额的不同,企业管理费是以人工费+材料费+机械费(直接费)或人工费+机械费或人工费为计算基础来计算的。

①以直接费为计算基础:

$$企业管理费费率 = \frac{生产工人年平均管理费}{年有效施工天数 \times 人工单价} \times 人工费占直接费的比例$$

②以人工费和机械费合计为计算基础:

$$企业管理费费率 = \frac{生产工人年平均管理费}{年有效施工天数 \times (人工单价 + 每一工日机械使用费)} \times 100\%$$

③以人工费为计算基础:

$$企业管理费费率 = \frac{生产工人年平均管理费}{年有效施工天数 \times 人工单价} \times 100\%$$

5.10 预算定额、概算定额单价的编制方法

工程单价一般指单位建筑安装产品的价格,通常指预算定额基价和概算定额基价,所包含的只是人工费、材料费和机械费,是不完全单价。

分部分项工程单价(基价)= 单位分部分项工程人工费+单位分部分项工程材料费+单位分部分项工程机械费

其中,

$$人工费 = \sum (人工用量 \times 人工单价)$$

$$材料费 = \sum (各类材料消耗量 \times 相应的单价)$$

$$机械费 = \sum (各类机械台班使用量 \times 相应的机械台班单价)$$

所以,确定出定额中人工、材料、机械的消耗量和单价就是编制定额基价的主要内容。概、预算定额中各类消耗量就是通常所说的"三量"(人工、材料、机械台班的消耗数量)和"三价"(人工、材料、机械台班的单价)。

5.10.1 预算定额中人工消耗量的确定

(1)人工消耗指标的组成

预算定额中的人工消耗指标包括一定计量单位的分项工程所必需的各种用工,由基本工和其他工两部分组成。

①基本工。基本工是指完成某个分项工程所需的主要用工,主要是劳动定额中的用工。它在定额中通常以不同的工种分别列出,例如砌筑各种墙体工程包括砌砖、调制砂浆、运砖和砂浆的用工。此外还应包括属于预算定额项目工作内容范围内的一些基本用工。如墙体砌筑工程中的基本工还应包括砌砖旋、墙心和附墙烟囱孔、垃圾道、预留抗震柱孔、墙体抹找平层等。

②其他工。其他工是指辅助基本用工所消耗的工日,按其工作内容不同又分三类:

a.人工幅度差用工:指在劳动定额中未包括的,而在一般正常施工情况下是不可避免但无法计量的用工。它包括如下内容:

●在正常施工组织条件下,施工过程中各工种间的工序搭接及土建工程与水电工程之间的交叉配合所需的停歇时间。

●场内施工机械在单位工程之间变换位置及临时水电线路移动所引起工人的停歇时间。

●工程检查及隐蔽工程验收而影响工人的操作时间。

●场内单位工程操作地点的转移而影响工人的操作时间。

●施工中不可避免的少数零星用工。

b.超运距用工:指超过劳动定额规定的材料、半成品运距的用工。

c.辅助用工:指材料需要在现场加工的用工,如筛沙子、淋石灰膏等。

（2）人工消耗指标的计算

人工消耗指标的计算，包括计算定额子目的用工数量和工人平均工资等级两项内容。

①定额子目用工数量的计算。预算定额子目的用工数量是根据它的工程内容范围及综合取定的工程数量，在劳动定额相应子目的人工工日基础上经过综合，加上人工幅度差计算出来的。基本公式如下：

$$基本工用工数量 = \sum（工序或工作过程工程量 \times 时间定额）$$

通常一个预算定额项目综合了若干个劳动定额项目，这时基本工的计算是将所包含的劳动定额加权平均。

$$超运距用工数量 = \sum（超运距材料数量 \times 时间定额）$$

$$辅助工用工数量 = \sum（加工材料数量 \times 时间定额）$$

$$人工幅度差 =（基本工 + 超运距用工 + 辅助工用工）\times 人工幅度差系数$$

②工人平均工资等级的计算。计算步骤是首先计算出各种用工的工资等级系数和等级总系数，除以汇总后用工日数求得定额项目各种用工的平均等级系数，再查对工资等级系数表，求出预算定额用工的平均工资等级。

$$劳动小组成员平均工资等级系数 = \frac{\sum（某等级的工人数量 \times 相应等级工资系数）}{小组工人总数}$$

某种用工的工资等级总系数=劳动小组成员平均工资等级系数×某种用工的工日。

$$幅度差平均工资等级系数 = \frac{幅度差所含各用工工资等级总系数}{幅度差总用工}$$

超运距用工和辅助用工的平均工资系数可按规定取值。

5.10.2 预算定额中材料消耗量的确定

（1）预算定额材料消耗指标的组成

预算定额内的材料按其使用性质、用途和用量大小划分为四类，即：

①主要材料：是指直接构成工程实体的材料。

②辅助材料：也是直接构成工程实体，但比重较小的材料。

③周转性材料：又称工具性材料，是施工中多次使用但并不构成工程实体的材料，如模板、脚手架等。

④次要材料：指用量小、价值不大、不便计算的零星用材料，可用估算法计算，以其他材料费用元表示。

预算定额内材料用量是由材料的净用量和材料的损耗量组成。

（2）实体材料消耗指标的确定方法

实体材料消耗指标是在编制预算定额方案中已经确定的有关因素，如在工程项目划分、工程内容范围、计算单位和工程量计算基础上首先确定出材料的净用量，然后确定材料的损耗率，计算材料的消耗量，并结合测定材料，采用加权平均的方法计算测定材料消耗指标。然后根据

各类材料的预算单价,计算出材料费,材料的预算单价依据地区发布的编制期材料价格指数(表)确定。

（3）周转性材料消耗量的确定

周转性材料是指那些不是一次消耗完,可以多次使用反复周转的材料。在预算定额中周转性材料消耗指标分别用一次使用量和摊销量指标表示。一次使用量是在不重复使用的条件下的使用量,一般供申请备料和编制计划用;摊销量是按照多次使用,分次摊销的方法计算,定额表中是使用一次应摊销的实物量。

5.10.3　预算定额中机械台班消耗量的确定

（1）机械幅度差

机械幅度差是指在劳动定额中未包括的,而机械在合理的施工组织条件下所必需的停歇时间,这些因素会影响机械效率,在编制预算定额时必须考虑。其内容包括:

①施工机械转移工作面及配套机械互相影响损失的时间。

②在正常施工情况下,机械施工中不可避免的工序间歇时间。

③工程结尾时,工作量不饱满所损失的时间。

④检查工程质量影响机械操作的时间。

⑤临时水电线路在施工过程中移动所发生的不可避免的工序间歇时间。

⑥配合机械的人工在人工幅度差范围内的工作间歇,从而影响机械操作的时间。

机械幅度差系数,一般根据测定和统计资料取定。如 1981 年国家编预算定额规定大型机械的机械幅度差系数是:土方机械 1.25;打桩机械 1.33;吊装机械 1.3。其他分部工程的机械,如木作、蛙式打夯机、水磨石机等专用机械,均为 1.1。

（2）预算定额机械台班消耗指标编制方法

预算定额机械台班消耗指标应根据全国统一劳动定额中的机械台班产量编制。以手工操作为主的工人班组所配备的施工机械,如砂浆、混凝土搅拌机、垂直运输用塔式起重机,为小组配用,其台班量应以小组日产量计算机械台班,不另加机械幅度差。

$$分项定额机械台班使用量 = \frac{预算定额项目计量单位值}{小组总产量}$$

$$小组总产量 = 小组总人数 \times \sum（分项计算取定的比重 \times 劳动定额每工综合产量）$$

机械化施工过程,如机械化土石方工程、机械挖树坑工程、机械化运输及吊装工程所用的大型机械及其他专用机械,应在劳动定额中的台班定额基础上另加机械幅度差。

$$分项定额机械台班使用量 = \frac{预算定额项目计量单位值}{小组总产量 \times 机械幅度差系数}$$

计算出定额机械台班使用量后,再根据机械台班单价,就可算出机械费。

概算定额单价的编制方法与预算定额相同,不同的是其编制基础是预算定额,即一个概算定额的子目综合了若干个预算定额的项目,而预算定额是以劳动定额为基础的。另外,在省级区域内目前均无园林工程概算定额。

课后练习题

(1)什么是定额,有何意义?什么是园林工程预算定额,有何作用?

(2)园林工程预算定额、概算定额与投资估算指标各有何作用?

(3)学习本地区的园林工程定额,了解其内容。

(4)简述园林工程造价的综合单价法。

(5)简述本地区间接费的组成及取费方法有哪些。

(6)园林工程造价有哪些特点?

(7)园林工程造价计价依据分类、作用与特点是什么?

(8)简述人工、材料、机械台班定额消耗量的确定方法及其单价的组成。

(9)园林工程预算费用由哪些项目组成?

6 园林工程清单计价及规范

本章导读 本章简介 2013 清单内容,重点了解《园林绿化工程工程量计算规范》(GB 50858—2013)等园林工程方面的清单计价方法与规范。

6.1 《建设工程工程量清单计价规范》的主要内容

6.1.1 总则

《建设工程工程量清单计价规范》(GB 50500—2013)总则首先提出其适用于建设工程的工程计价活动,使用国有资金投资或以国有资金投资为主的建设工程发、承包必须采用工程量清单计价。非国有资金投资为主的建设项目,可以采用工程量清单计价。其次,总则还指出工程量清单、招标控制价、投标报价、中标后的价款结算应该由具有相应资格的工程造价专业人员承担。建设工程工程量清单计价应该遵循客观、公正、公平的原则。建设工程工程量清单计价活动,除应该满足《建设工程工程量清单计价规范》的要求外,还应符合国家现行有关标准的规定。

《建设工程工程量清单计价规范》中的强制性条款包括以下两条:

①全部使用国有资金投资或以国有资金投资为主的大中型建设工程执行本规范。

②规范中要求强制执行的 4 个统一。

a.统一的分部分项工程项目名称。

b.统一的计量单位。

c.统一的工程量计算规则。

d.统一的项目编码。

6.1.2 术语

（1）工程量清单

工程量清单是表现拟建工程的分部分项工程项目、措施项目、其他项目、规费项目和税金项目的名称和相应数量的明细清单。

工程量清单一般由分部分项工程量清单、措施项目清单、其他项目清单、规费清单和税金清单组成。其中分部分项工程量清单和措施项目清单包括项目编码、项目名称、项目特征、计量单位和工程量 5 个组成部分。清单中的工程量主要表现的是工程实体的工程量。清单工程量是招标人估算出来的，仅作为投标报价的基础。结算时的工程量应以招标人或由授权委托的监理工程师核准的实际完成量为依据。

（2）招标工程量清单

招标工程量清单是招标人依据国家标准、招标文件、设计文件以及施工现场实际情况编制的，随招标文件发布供投标报价的工程量清单，包括其说明和表格。招标工程量清单必须作为招标文件的组成部分，其准确性和完整性由招标人负责。

招标工程量清单标明的工程量是投标人投标报价的共同基础，竣工结算的工程量按发、承包双方在合同中约定且实际完成的工程量确定。合同履行期间，出现招标工程量清单项目缺项的，发、承包双方应调整合同价款。招标工程量清单中出现缺项，造成新增工程量清单项目的，应确定单价，调整分部分项工程费。由于招标工程量清单中分部分项工程出现缺项，引起措施项目发生变化的，应在承包人提交的实施方案经发包人批准后，计算调整的措施费用。

（3）已标价工程量清单

已标价工程量清单是指构成合同文件组成部分的投标文件中已标明价格，经算术性错误修正且承包人已确认的工程量清单，包括其说明和表格。

（4）工程量偏差

工程量偏差是指承包人按照合同签订时的图纸（含经发包人批准由承包人提供的图纸）实施，完成合同工程应予计量的实际工程量与招标工程量清单列出的工程量之间的偏差。

（5）项目编码

项目编码是指分部分项工程和措施项目清单名称的阿拉伯数字标识。

项目编码采用 12 位阿拉伯数字标示（图 6.1）。其中一、二、三、四级编码统一；第五级编码由编制人自行设置。第一级表示分类码（2 位）：建筑工程和装饰装修工程为 01、仿古建筑工程为 02、安装工程为 03、市政工程为 04、园林绿化工程为 05、矿山工程为 06。第二级表示章顺序码（2 位）、第三级表示节顺序码（2 位）、第四级表示清单项目码（3 位）、第五级表示具体清单项目码（3 位）。

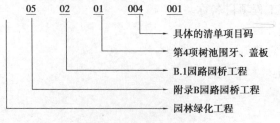

图 6.1　项目编号标示

（6）项目名称和项目特征

项目名称即分部分项工程量清单中的分项工程名称。项目名称应按规范的项目名称结合拟建项目实际情况确定。以附录规范中的分项工程项目名称为基础，考试该项目的规格、型号、材质等特征要求，结合拟建工程的实际情况，使其工程量清单项目名称具体化、细化，能够反映影响工程造价的主要因素。

项目特征是构成分部分项工程量清单项目、措施项目自身价值的本质特征。项目特征按规范中规定的项目特征内容，结合拟建工程项目的实际予以描述，满足确定综合单价的需要。在描写项目特征时，应注意哪些是必须描述的，哪些是可以不描述的，哪些是可不详细描述的。

例如，乔木栽植必须描述的项目特征如下：

①乔木种类。

②乔木规格。

③养护期。

④起挖方式。

景墙必须描述的项目特征如下：

①土质类别。

②垫层材料种类。

③基础材料种类、规格。

④墙体材料种类、规格。

⑤墙体厚度。

⑥混凝土、砂浆强度等级、配合比。

⑦饰面材料种类。

承包人在招标工程量清单中对项目特征的描述，应被认为是准确和全面的，并且与实际施工要求相符合。承包人应按照发包人提供的工程量清单，根据其项目特征描述的内容及有关要求实施合同工程，直到其被改变为止。

合同履行期间，出现实际施工设计图纸（含设计变更）与招标工程量清单任一项目的特征描述不符，且该变化引起该项目的工程造价增减变化的，应按照实际施工的项目特征重新确定相应工程量清单项目的综合单价，计算调整合同价款。

（7）计量单位与工程量计算规则

计量单位应采用基本单位。以质量计算的项目以 t 或 kg 为单位，以体积计算的项目以 m^3 为单位，以面积计算的项目以 m^2 为单位，以长度计算的项目以 m 为单位，以自然计量单位计算的项目以株、丛、个、套、块、座为单位，没有具体数量的项目以系统、项为单位。

清单工程量的计算应遵守规范中的工程量计算规则。一般情况下，清单规则往往比定额规则综合。例如，预算定额中的基础包括垫层、模板、现浇混凝土基础 3 项，清单中只有现浇混凝土基础一项，模板作为措施项目另列，垫层与混凝土基础合二为一。部分清单项目的清单工程量计算方法与定额不同。例如，清单"挖基础土方"以垫层底面积乘以挖土深度计算，定额工程量"挖基础土方"要考虑放坡和工作面的需要。

当清单工程量以 t 为单位时，计算结果要求保留 3 位小数。当清单工程量以 m^3、m^2、m 为单位时，计算结果保留 2 位小数。当清单工程量以株、丛、个、套、块、系统、项为单位时，计算结果取整数。

（8）工程内容

工程内容是指完成该清单项目可能发生的具体工程。实际工程招标时,工程量清单中一般不用写出工程内容。投标单位在理解工程量清单中的分部分项工程内容时应该以规范中的描述为准。例如,"栽植乔木"项目的工程内容包括起挖、运输、栽植、支撑、草绳绕树干、养护等。"园路"项目的工程内容包括路基床整理、垫层铺筑、路面铺筑、路面养护。

（9）措施项目

措施项目是发生于工程施工前和施工过程中技术、生活、安全等方面的非工程实体项目。措施项目根据专业类别的不同,可以分为一般措施项目和建筑工程、装饰装修工程、安装工程、市政工程、园林绿化工程、矿山工程等专业工程项目。如表6.1所示。

表 6.1   一般措施项目

序　号	项目名称
1	安全文明施工(含环境保护、文明施工、安全施工、临时设施)
2	夜间施工
3	二次搬运
4	冬雨季施工
5	大型机械设备进出场及安拆
6	施工排水
7	施工降水
8	地上、地下设施,建筑物的临时保护设施
9	已完工程及设备保护

措施项目有两类:措施项目(一)和措施项目(二)。

措施项目(一)用于不能计算工程量的措施项目,以"项"为计量单位进行编制。措施项目(二)用于可以计算工程量的措施项目。宜采用分部分项工程量清单的方式编制,列出项目编码、项目名称、项目特征、计量单位和工程数量。

（10）暂列金额和暂估价

暂列金额是招标人在工程量清单中暂定并包括在合同价款中的一笔款项。用于施工合同签定时尚未确定或不可预见的材料、设备、服务的采购,施工合同变更,索赔和现场签证确认费用。

已签约合同中的暂列金额由发包人掌握使用。发包人支付后,暂列金额如有余额归发包人。

暂估价(材料暂估价、专业工程暂估价)是招标人在工程量清单中提供的用于支付必然发生但暂时不能确定价格的材料单价,以及专业工程金额。暂估价包括材料暂估价、专业工程暂估价。其中,材料暂估价应计入分部分项工程量清单的综合单价报价中。

（11）总承包服务费和计日工

总承包服务费是指为配合协调发包人进行专业工程分包、发包人自行采购的材料设备管

理,以及施工现场管理、竣工资料汇总整理等所发生的费用。

计日工是指在施工过程中完成发包人所提出的施工图纸以外的零星项目或工作,按合同约定的综合单价计价。

采用计日工计价的任何一项变更工作,承包人应在该项变更的实施过程中,每天提交报表和有关凭证送发包人复核。

①工作名称、内容和数量。

②投入该工作所有人员的姓名、工种、级别和耗用工时。

③投入该工作的材料名称、类别和数量。

④投入该工作的施工设备型号、台数和耗用台时。

⑤发包人要求提交的其他资料和凭证。

(12)施工索赔和现场签证

在工程合同履行过程中,合同当事人一方因非己方的原因而遭受损失,按合同约定或法规规定应由对方承担责任,从而向对方提出补偿的要求。

现场签证是指发包人现场代表与承包人现场代表就施工过程中涉及的责任事件所作的签证证明。

(13)提前竣工费和误期赔偿费

提前竣工(赶工)费是指承包人应发包人的要求,采取加快工程进度的措施,使合同工程工期缩短,产生的应由发包人支付的费用。

误期赔偿费是指承包人未按照合同工程的计划进度施工,导致实际工期大于合同工期与发包人批准的延长工期之和,承包人应向发包人赔偿损失发生的费用。

(14)企业定额

企业定额是指施工企业根据本企业的施工技术和管理水平而编制的人工、材料和施工机械台班等的消耗标准。

(15)规费

规费是指按国家法律、法规规定,由省级政府和省级有关权力部门规定必须缴纳或计取的费用。包括:

①社会保险费:

养老保险费:是指企业按照规定标准为职工缴纳的基本养老保险费。

失业保险费:是指企业按照规定标准为职工缴纳的失业保险费。

医疗保险费:是指企业按照规定标准为职工缴纳的基本医疗保险费。

生育保险费:是指企业按照规定标准为职工缴纳的生育保险费。

工伤保险费:是指企业按照规定标准为职工缴纳的工伤保险费。

②住房公积金:是指企业按规定标准为职工缴纳的住房公积金。

③工程排污费:是指按规定缴纳的施工现场工程排污费。

(16)税金

税金是指国家税法规定的应计入建筑安装工程造价内的营业税、城市维护建设税、教育费附加及地方教育附加。

(17)招标控制价、投标报价、签约合同价及竣工结算价

招标控制价是指招标人根据国家或省级、行业建设主管部门颁发的有关计价依据和办法,

以及拟定的招标文件和招标工程量清单,编制的招标工程的最高限价。

投标报价是指投标人投标时报出的工程合同价。

签约合同价是指发、承包双方在施工合同中约定的,包括暂列金额、暂估价、计日工的合同总金额。

竣工结算价是发、承包双方依据国家有关法律、法规和标准规定,按照合同约定的,包括在履行合同过程中按合同约定进行的工程变更、索赔和价款调整,是承包人按合同约定完成了全部承包工作后,发包人应付给承包人的合同总金额。

6.1.3　计价风险

①采用工程量清单计价的工程,应在招标文件或合同中明确计价的风险内容及其范围,不得采用无限风险、所有风险或类似语句规定计价中的风险内容及其范围。

②出现下列影响合同价款的因素,应由发包人承担:

a.国家法律、法规、规章和政策变化。

b.省级或行业建设主管部门发布的人工费调整。

③由于市场价格波动影响合同价款,应由发承包双方合理分摊并在合同中约定。合同中没有约定,发、承包双方发生争议时,按下列规定实施:

a.材料、工程设备的涨幅超过招标时基准价格5%以上由发包人承担。

b.施工机械使用费涨幅超过招标时的基准价格10%以上由发包人承担。

④由于承包人使用机械设备、施工技术以及组织管理水平等自身原因造成施工费用增加的,应由承包人全部承担。

⑤不可抗力发生时,影响合同价款的,按(GB 50500—2013)第9、10节的规定执行。

6.2　《园林绿化工程工程量计算规范》简介

园林绿化工程分部分项工程量清单、措施项目清单需要根据国家标准《园林绿化工程工程量计算规范》(GB 50858—2013)进行编制。《园林绿化工程工程量计算规范》(GB 50858—2013)分为4个部分:绿化工程(附录 A)、园路园桥工程(附录 B)、园林景观工程(附录 C)和措施项目(附录 D)。

6.2.1　绿化工程(附录 A)

1)绿地整理

绿地整理工程量清单项目设置、项目特征描述的内容、计量单位、工程量计算规则应按表6.2的规定执行。

表 6.2 绿地整理(编码:050101)

项目编码	项目名称	项目特征	计量单位	工程量计算规则	工作内容
050101001	砍伐乔木	树干胸径	株	按数量计算	1.砍伐 2.废弃物运输 3.场地清理
050101002	挖树根(蔸)	地 径			1.挖树根 2.废弃物运输 3.场地清理
050101003	砍挖灌木丛及根	丛高或蓬径	1.株 2.m²	1.以株计量,按数量计算 2.以平方米计量,按面积计算	1.砍伐 2.废弃物运输 3.场地清理
050101004	砍挖竹及根	根盘直径	株(丛)	按数量计算	
050101005	砍挖芦苇及根	根盘丛径	m²	按面积计算	
050101006	清除草皮	草皮种类			1.除草 2.废弃物运输 3.场地清理
050101007	清除地被植物	植物种类			1.清除植物 2.废弃物运输 3.场地清理
050101008	屋面清理	1.屋面做法 2.屋面高度		按设计图示尺寸以面积计算	1.原屋面清扫 2.废弃物运输 3.场地清理
050101009	种植土回(换)填	1.回填土质要求 2.取土运距 3.回填厚度 4.弃土运距	1.m³ 2.株	1.以立方米计量,按设计图示回填面积乘以回填厚度以体积计算 2.以株计量,按设计图示数量计算	1.土方挖、运 2.回填 3.找平、找坡 4.废弃物运输
050101010	整理绿化用地	1.回填土质要求 2.取土运距 3.回填厚度 4.找平找坡要求 5.弃渣运距	m²	按设计图示尺寸以面积计算	1.排地表水 2.土方挖运 3.耙细过筛 4.回填 5.找平找坡 6.拍实 7.废弃物运输

续表

项目编码	项目名称	项目特征	计量单位	工程量计算规则	工作内容
050101011	绿地起坡造型	1.回填土质要求 2.取土运距 3.起坡平均高度	m³	按设计图示尺寸以体积计算	1.排地表水 2.土方挖运 3.耙细过筛 4.回填 5.找平找坡 6.废弃物运输
050101012	屋顶花园基底处理	1.找平层厚度、砂浆种类、强度等级 2.防水层种类、做法 3.排水层厚度、材质 4.过滤层厚度、材质 5.回填轻质土厚度、种类 6.屋面高度 7.阻根层厚度、材质、做法	m²	按设计图示尺寸以面积计算	1.抹找平层 2.防水层铺设 3.排水层铺设 4.过滤层铺设 5.填轻质土壤 6.阻根层铺设 7.运输

注:整理绿化用地项目包含厚度≤300 mm回填土,厚度>300 mm回填土,应按现行国家标准《房屋建筑与装饰工程工程量计算规范》(GB 50854)相应项目编码列项。

2)栽植花木

栽植花木工程量清单项目设置、项目特征描述的内容、计量单位、工程量计算规则应按表6.3的规定执行。

表 6.3 栽植花木 (编码 : 050102)

项目编码	项目名称	项目特征	计量单位	工程量计算规则	工作内容
050102001	栽植乔木	1.种类 2.胸径或干径 3.株高、冠径 4.起挖方式 5.养护期	株	按设计图示数量计算	1.起挖 2.运输 3.栽植 4.养护
050102002	栽植灌木	1.种类 2.根盘直径 3.冠丛高 4.蓬径 5.起挖方式 6.养护期	1.株 2.m²	1.以株计量,按设计图示数量计算 2.以 m² 计量,按设计图示尺寸以绿化水平投影面积计算	
050102003	栽植竹类	1.竹种类 2.竹胸径或根盘丛径 3.养护期	株(丛)	按设计图示数量计算	
050102004	栽植棕榈类	1.种类 2.株高、地径 3.养护期	株		
050102005	栽植绿篱	1.种类 2.篱高 3.行数、蓬径 4.单位面积株数 5.养护期	1.m 2.m²	1.以 m 计量,按设计图示长度以延长米计算 2.以 m² 计量,按设计图示尺寸以绿化水平投影面积计算	1.起挖 2.运输 3.栽植 4.养护
050102006	栽植攀缘植物	1.植物种类 2.地径 3.单位长度株数 4.养护期	1.株 2.m	1.以株计量,按设计图示数量计算 2.以 m 计量,按设计图示种植长度以延长米计算	
050102007	栽植色带	1.苗木、花卉种类 2.株高或蓬径 3.单位面积株数 4.养护期	m²	按设计图示尺寸以绿化水平投影面积计算	
050102008	栽植花卉	1.花卉种类 2.株高或蓬径 3.单位面积株数 4.养护期	1.株(丛、缸) 2.m²	1.以株(丛、缸)计量,按设计图示数量计算 2.以 m² 计量,按设计图示尺寸以水平投影面积计算	
050102009	栽植水生植物	1.植物种类 2.株高或蓬径或芽数/株 3.单位面积株数 4.养护期	1.丛(缸) 2.m²		

续表

项目编码	项目名称	项目特征	计量单位	工程量计算规则	工作内容
050102010	垂直墙体绿化种植	1.植物种类 2.生长年数或地(干)径 3.栽植容器材质、规格 4.栽植基质种类、厚度 5.养护期	1.m² 2.m	1.以m²计量,按设计图示尺寸以绿化水平投影面积计算 2.以m计量,按设计图示种植长度以延长米计算	1.起挖 2.运输 3.栽植容器安装 4.栽植 5.养护
050102011	花卉立体布置	1.草本花卉种类 2.高度或蓬径 3.单位面积株数 4.种植形式 5.养护期	1.单体(处) 2.m²	1.以单体(处)计量,按设计图示数量计算 2.以m²计量,按设计图示尺寸以面积计算	1.起挖 2.运输 3.栽植 4.养护
050102012	铺种草皮	1.草皮种类 2.铺种方式 3.养护期	m²	按设计图示尺寸以绿化投影面积计算	1.起挖 2.运输 3.铺底砂(土) 4.栽植 5.养护
050102013	喷播植草(灌木)籽	1.基层材料种类、规格 2.草(灌木)籽种类 3.养护期			1.基层处理 2.坡地细整 3.喷播 4.覆盖 5.养护
050102014	植草砖内植草	1.草坪种类 2.养护期			1.起挖 2.运输 3.覆土(砂) 4.铺设 5.养护
050102014	挂网	1.种类 2.规格		按设计图示尺寸以挂网投影面积计算	1.制作 2.运输 3.安放
050102015	箱/钵栽植	1.箱/钵体材料品种 2.箱/钵外形尺寸 3.栽植植物种类、规格 4.土质要求 5.防护材料种类 6.养护期	个	按设计图示箱/钵数量计算	1.制作 2.运输 3.安放 4.栽植

注:1.挖土外运、借土回填、挖(凿)土(石)方应包括在相关项目内。

2.苗木计算应符合下列规定:

①胸径应为地表向上 1.2 m 高处树干直径。

②冠径又称冠幅,应为苗木冠丛垂直投影面的最大直径和最小直径之间的平均值。

③蓬径应为灌木、灌木丛垂直投影面的直径。

④地径应为地表面向上 0.1 m 高处树干直径。

⑤干径应为地表面向上 0.3 m 高处树干直径。

⑥株高应为地表面至树顶端的高度。

⑦冠丛高应为地表面至乔(灌)木顶端的高度。

⑧篱高应为地表面至绿篱顶端的高度。

⑨养护期应为招标文件中要求苗木种植结束后承包人负责养护的时间。

3.苗木移(假)植应按花木栽植相关项目单独编码列项。

4.土球包裹材料、树体输液保湿及喷洒生根剂等费用包含在相应项目内。

5.墙体绿化浇灌系统按本规范绿地喷灌相关项目单独编码列项。

6.发包人如有成活率要求时,应在特征描述中加以描述。

3)绿地喷灌

绿地喷灌工程量清单项目设置、项目特征描述的内容、计量单位、工程量计算规则应按表 6.4规定执行。

表 6.4　绿地喷灌(编码:050103)

项目编码	项目名称	项目特征	计量单位	工程量计算规则	工作内容
050103001	喷灌管线安装	1.管道品种、规格 2.管件品种、规格 3.管道固定方式 4.防护材料种类 5.油漆品种、刷漆遍数	m	按设计图示管道中心线长度以延长米计算,不扣除检查(阀门)井、阀门、管件及附件所占的长度	1.管道铺设 2.管道固筑 3.水压试验 4.刷防护材料、油漆
050103002	喷灌配件安装	1.管道附件、阀门、喷头品种、规格 2.管道附件、阀门、喷头固定方式 3.防护材料种类 4.油漆品种、刷漆遍数	个	按设计图示数量计算	1.管道附件、阀门、喷头安装 2.水压试验 3.刷防护材料、油漆

注:1.挖填土石方应按现行国家标准《房屋建筑与装饰工程工程量计算规范》(GB 50854)附录 A 相关编码列项。

2.阀门井应按现行国家标准《市政工程工程量计算规范》(GB 50857)相关项目编码列项。

6.2.2　园路、园桥工程(附录 B)

1)园路、园桥工程

园路、园桥工程工程量清单项目设置、项目特征描述的内容、计量单位、工程量计算规则应按表 6.5 规定执行。

表 6.5　园路、园桥工程（编码:050201）

项目编码	项目名称	项目特征	计量单位	工程量计算规则	工作内容
050201001	园路	1.路床土石类别 2.垫层厚度、宽度 3.路面厚度、宽度、材料种类 4.砂浆强度等级	m²	按设计图示尺寸以面积计算,不包括路牙	1.路基、路床整理 2.垫层铺筑 3.路面铺筑 4.路面养护
050201002	踏(蹬)道			按设计图示尺寸以水平投影面积计算,不包括路牙	
050201003	路牙铺设	1.垫层厚度、材料种类 2.路材材料种类、规格 3.砂浆强度等级	m	按设计图示尺寸以长度计算	1.基层清理 2.垫层铺设 3.路牙铺设
050201004	树池围牙、盖板(箅子)	1.围牙材料种类、规格 2.铺设方式 3.盖板材料种类、规格	1.m 2.套	1.以 m 计量,按设计图示尺寸以长度计算 2.以套计量,按设计图示数量计算	1.清理基层 2.围牙、盖板运输 3.围牙、盖板铺设
050201005	嵌草砖(格)铺装	1.垫层厚度 2.铺设方式 3.嵌草砖(格)品种、规格、颜色 4.漏空部分填土要求	m²	按设计图示尺寸以面积计算	1.原土夯实 2.垫层铺设 3.铺砖 4.填土
050201006	桥基础	1.基础类型 2.垫层及基础材料种类、规格 3.砂浆强度等级	m³	按设计图示尺寸以体积计算	1.垫层铺筑 2.起重架搭、拆 3.基础砌筑 4.砌石
050201007	石桥墩、石桥台	1.石料种类、规格 2.勾缝要求 3.砂浆强度等级、配合比	m³	按设计图示尺寸以体积计算	1.石料加工 2.起重架搭、拆 3.墩、台、券石、券脸砌筑
050201008	拱券石	1.石料种类、规格 2.券脸雕刻要求 3.勾缝要求 4.砂浆强度等级、配合比	m³	按设计图示尺寸以体积计算	1.石料加工 2.起重架搭、拆 3.墩、台、券石、券脸砌筑
050201009	石券脸		m²	按设计图示尺寸以面积计算	
050201010	金刚墙砌筑		m³	按设计图示尺寸以体积计算	1.石料加工 2.起重架搭、拆 3.砌石 4.填土夯实

项目编码	项目名称	项目特征	计量单位	工程量计算规则	工作内容
050201011	石桥面铺筑	1.石料种类、规格 2.找平层厚度、材料种类 3.勾缝要求 4.混凝土强度等级 5.砂浆强度等级	m²	按设计图示尺寸以面积计算	1.石材加工 2.抹找平层 3.起重架搭、拆 4.桥面、桥面踏步铺设 5.勾缝
050201012	石桥面檐板	1.石料种类、规格 2.勾缝要求 3.砂浆强度等级、配合比			1.石材加工 2.檐板铺设 3.铁锔、银锭安装 4.勾缝
050201013	石汀步(步石、飞石)	1.石料种类、规格 2.砂浆强度等级、配合比	m³	按设计图示尺寸以体积计算	1.基层整理 2.石材加工 3.砂浆调运 4.砌石
050201014	木制步桥	1.桥宽度 2.桥长度 3.木材种类 4.各部位截面长度 5.防护材料种类	m²	按桥面板设计图示尺寸以面积计算	1.木桩加工 2.打木桩基础 3.木梁、木桥板、木桥栏杆、木扶手制作、安装 4.连接铁件、螺栓安装 5.刷防护材料
050201015	栈道	1.栈道宽度 2.支架材料种类 3.面层材料种类 4.防护材料种类	m²	按栈道面板设计图示尺寸以面积计算	1.凿洞 2.安装支架 3.铺设面板 4.刷防护材料

注:1.园路、园桥工程的挖土方、开凿石方、回填等应按现行国家标准《市政工程工程量计算规范》(GB 50857)相关项目编码列项。

2.如遇某些构配件使用钢筋混凝土或金属构件时,应按现行国家标准《房屋建筑与装饰装修工程工程量计算规范》(GB 50854)或《市政工程工程量计算规范》(GB 50857)相关项目编码列项。

3.地伏石、石望柱、石栏杆、石栏板、扶手、撑鼓等应按国家现行标准《仿古建筑工程工程量计算规范》(GB 50855)相关项目编码列项。

4.亲水(小)码头各分部分项目按照园桥相应项目编码列项。

5.台阶项目应按现行国家标准《房屋建筑与装饰装修工程工程量计算规范》(GB 50854)相关项目编码列项。

6.混合类构件园桥应按现行国家标准《房屋建筑与装饰装修工程工程量计算规范》(GB 50854)或《通用安装工程工程量计算规范》(GB 50856)相关项目编码列项。

2) 驳岸、护岸

驳岸、护岸工程工程量清单项目设置、项目特征描述的内容、计量单位、工程量计算规则应按表 6.6 规定执行。

表 6.6　驳岸、护岸(编码:050202)

项目编码	项目名称	项目特征	计量单位	工程量计算规则	工作内容
050202001	石(卵石)砌驳岸	1.石料种类、规格 2.驳岸截面、长度 3.勾缝要求 4.砂浆强度等级、配合比	1.m³ 2.t	1.以 m³ 计量,按设计图示尺寸以体积计算 2.以 t 计量,按质量计算	1.石料加工 2.砌石(卵石) 3.勾缝
050202002	原木桩驳岸	1.木材种类 2.桩直径 3.桩单根长度 4.防护材料种类	1.m 2.根	1.以 m 计量,按设计图示桩长(包括桩尖)计算 2.以根计量,按设计图示数量计算	1.木桩加工 2.打木桩 3.刷防护材料
050202003	满(散)铺砂卵石护岸(自然护岸)	1.护岸平均宽度 2.粗细砂比例 3.卵石粒径	1.m² 2.t	1.以 m² 计量,按设计图示尺寸以护岸展开面积计算 2.以 t 计量,按卵石使用质量计算	1.修边坡 2.铺卵石
050202004	点(散)布大卵石	1.大卵石粒径 2.数量	1.块(个) 2.t	1.以块(个)计量,按设计图示数量计算 2.以 t 计量,按卵石使用质量计算	1.布石 2.安砌 3.成型
050202005	框格花木护岸	1.展开宽度 2.护坡材质 3.框格种类与规格	m²	按设计图示尺寸展开宽度乘以长度以面积计算	1.修边坡 2.安放框格

注:1.驳岸工程的挖土方、开凿石方、回填等应按现行国家标准《房屋建筑与装饰装修工程工程量计算规范》(GB 50854)相关项目编码列项。

2.木桩钎(梅花桩)按原木桩驳岸项目单独编码列项。

3.钢筋混凝土仿木桩驳岸,其钢筋混凝土及表面装饰应按现行国家标准《房屋建筑与装饰装修工程工程量计算规范》(GB 50854)相关项目编码列项,若表面"塑松皮"按本规范附录 C"园林景观工程"相关项目编码列项。

4.框格花木护岸的铺草皮、撒草籽等应按本规范附录 A"绿化工程"相关项目编码列项。

6.2.3　园林景观工程(附录 C)

1)堆塑假山

堆塑工程工程量清单项目设置、项目特征描述的内容、计量单位、工程量计算规则应按表6.7规定执行。

表6.7　堆塑假山(编码:050301)

项目编码	项目名称	项目特征	计量单位	工程量计算规则	工作内容
050301001	堆筑土山丘	1.土丘高度 2.土丘坡度要求 3.土丘底外接矩形面积	m³	按设计图示山丘水平投影外接矩形面积乘以高度的1/3以体积计算	1.取土、运土 2.堆砌、夯实 3.修整
050301002	堆砌石假山	1.堆砌高度 2.石料种类、单块重量 3.混凝土强度等级 4.砂浆强度等级、配合比	t	按设计图示尺寸以质量计算	1.选料 2.起重机搭、拆 3.堆砌、修整
050301003	塑假山	1.假山高度 2.骨架材料种类、规格 3.山皮料种类 4.混凝土强度等级 5.砂浆强度等级、配合比 6.防护材料种类	m²	按设计图示尺寸以展开面积计算	1.骨架制作 2.假山胎模制作 3.塑假山 4.山皮料安装 5.刷防护材料
050301004	石笋	1.石笋高度 2.石笋材料种类 3.砂浆强度等级、配合比	支	1.以块(支、个)计量,按设计图示数量计算 2.以t计量,按设计图示石料质量计算	1.选石料 2.石笋安装
050301005	点风景石	1.石料种类 2.石料规格、比重 3.砂浆配合比	1.块 2.t		1.选石料 2.起重架搭、拆 3.点石
050301006	池、盆景置石	1.底盘种类 2.山石高度 3.山石种类 4.混凝土强度等级 5.砂浆强度等级、配合比	1.座 2.个		1.底盘制作、安装 2.池、盆景山石安装、砌筑

续表

项目编码	项目名称	项目特征	计量单位	工程量计算规则	工作内容
050301007	山(卵)石护角	1.石料种类、规格 2.砂浆配合比	m³	按设计图示尺寸以体积计算	1.石料加工 2.砌石
050301008	山坡(卵)石台阶	1.石料种类、规格 2.台阶坡度 3.砂浆强度等级	m²	按设计图示尺寸以水平投影面积计算	1.选石料 2.台阶砌筑

注:1.假山(堆筑土山丘除外)工程的挖土方、开凿石方、回填等应按现行国家标准《房屋建筑与装饰装修工程工程量计算规范》(GB 50854)相关项目编码列项。

2. 如遇某些构配件使用钢筋混凝土或金属构件时,应按现行国家标准《房屋建筑与装饰装修工程工程量计算规范》(GB 50854)或《市政工程工程量计算规范》(GB 50857)相关项目编码列项。

3.散铺河滩石按点风景石项目单独编码列项。

4.堆筑土山丘,适用于夯填、堆筑而成。

2)原木、竹构件

原木、竹构件工程量清单项目设置、项目特征描述的内容、计量单位、工程量计算规则应按表6.8规定执行。

表6.8 原木、竹构件(编码:050302)

项目编码	项目名称	项目特征	计量单位	工程量计算规则	工作内容
050302001	原木(带树皮)柱、梁、檩、椽	1.原木种类 2.原木直(稍)径(不含树皮厚度) 3.墙龙骨材料种类、规格 4.墙底层材料种类、规格 5.构件联结方式 6.防护材料种类	m	按设计图示尺寸以长度计算(包括榫长)	1.构件制作 2.构件安装 3.刷防护材料
050302002	原木(带树皮)墙		m²	按设计图示尺寸以面积计算(不包括柱、梁)	
050302003	树枝吊挂楣子			按设计图示尺寸以框外围面积计算	
050302004	竹柱、梁、檩、椽	1.竹种类 2.竹直(稍)径 3.连接方式 4.防护材料种类	m	按设计图示尺寸以长度计算	1.构件制作 2.构件安装 3.刷防护材料
050302005	竹编墙	1.竹种类 2.墙龙骨材料种类、规格 3.墙底层材料种类、规格 4.防护材料种类	m²	按设计图示尺寸以面积计算(不包括柱、梁)	
050302006	竹吊挂楣子	1.竹种类 2.竹梢径 3.防护材料种类		按设计图示尺寸以框外围面积计算	

注:1.木构件连接方式应包括:开榫连接、铁件连接、扒钉连接、铁钉连接。

2.竹构件连接方式应包括:竹钉固定、竹篾绑扎、铁丝连接。

3) 亭廊屋面

亭廊屋面工程量清单项目设置、项目特征描述的内容、计量单位、工程量计算规则应按表6.9规定执行。

表 6.9　亭廊屋面(编码:050303)

项目编码	项目名称	项目特征	计量单位	工程量计算规则	工作内容
050303001	草屋面	1.屋面坡度 2.铺草种类 3.竹材种类 4.防护材料种类	m²	按设计图示尺寸以斜面积计算	1.整理、选料 2.屋面铺设 3.刷防护材料
050303002	竹屋面			按设计图示尺寸以实铺面积计算(不包括柱、梁)	
050303003	树皮屋面	1.屋面坡度 2.铺草种类 3.竹材种类 4.防护材料种类	m²	按设计图示尺寸以屋面结构外围面积计算	1.整理、选料 2.屋面铺设 3.刷防护材料
050303004	油毡瓦屋面	1.冷底子油品种 2.冷底子油涂刷遍数 3.油毡瓦颜色规格		按设计图示尺寸以斜面积计算	1.清理基层 2.材料裁接 3.刷油 4.铺设
050303005	预制混凝土穹顶	1.穹顶弧长、直径 2.肋截面尺寸 3.板厚 4.混凝土强度等级 5.拉杆材质、规格	m³	按设计图示尺寸以体积计算。混凝土脊和穹顶的肋、基梁并入屋面体积	1.模板制作、运输、安装、拆除、保养 2.混凝土制作、运输、浇筑、振捣、养护 3.构件运输、安装 4.砂浆制作、运输 5.接头灌缝、养护
050303006	彩色压型钢板(夹芯板)攒尖亭屋面板	1.屋面坡度 2.穹顶弧长、直径 3.彩色压型钢(夹芯)板品种、规格 4.拉杆材质、规格 5.嵌缝材料种类 6.防护材料种类	m²	按设计图示尺寸以实铺面积计算	1.压型板安装 2.护角、包角、泛水安装 3.嵌缝 4.刷防护材料
050303007	彩色压型钢板(夹芯)穹顶				

续表

项目编码	项目名称	项目特征	计量单位	工程量计算规则	工作内容
050303008	玻璃屋面	1.屋面坡度 2.龙骨材质、规格 3.玻璃材质、规格 4.防护材料种类	m²	按设计图示尺寸以实铺面积计算	1.制作 2.运输 3.安装
050303009	木(防腐木)屋面	1.木(防腐木)种类 2.防护层处理			

注:1.柱顶石(磉蹬石)、钢筋混凝土屋面板、钢筋混凝土亭屋面板、木柱、木屋架、钢柱、钢屋架、屋面木基层和防水层等,应按现行国家标准《房屋建筑与装饰工程工程量计算规范》(GB 50854)中相关项目编码列项。

2.膜结构的亭、廊,应按现行国家标准《仿古建筑工程工程量计算规范》(GB 50855)及《房屋建筑与装饰工程工程量计算规范》(GB 50854)中相关项目编码列项。

3.竹构件连接方式包括:竹钉固定、竹篾绑扎、铁丝连接。

4)花架

花架工程量清单项目设置、项目特征描述的内容、计量单位、工程量计算规则应按表6.10规定执行。

表6.10 花架(编码:050304)

项目编码	项目名称	项目特征	计量单位	工程量计算规则	工作内容
050304001	现浇混凝土花架柱、梁	1.柱截面、高度、根数 2.盖梁截面、高度、根数 3.连系梁截面、高度、根数 4.混凝土强度等级 5.砂浆配合比	m³	按设计图示尺寸以体积计算	1.模板制作、运输、安装、拆除、保养 2.混凝土制作、运输、浇筑、振捣、养护
050304002	预制混凝土花架柱、梁				1.模板制作、运输、安装、拆除、保养 2.混凝土制作、运输、浇筑、振捣、养护 3.构件运输、安装 4.砂浆制作、运输 5.接头灌缝、养护
050304003	金属花架柱、梁	1.钢材品种、规格 2.柱、梁截面 3.油漆品种、刷漆遍数	t	按设计图示尺寸以质量计算	1.制作、运输 2.安装 3.油漆
050304004	木花架柱、梁	1.木材种类 2.柱梁截面 3.连接方式 4.防护材料种类	m³	按设计图示截面乘长度(包括榫长)以体积计算	1.构件制作、运输、安装 2.刷防护材料、油漆

续表

项目编码	项目名称	项目特征	计量单位	工程量计算规则	工作内容
050304005	竹花架柱、梁	1.竹种类 2.竹胸径 3.油漆品种、刷漆遍数	1.m 2.根	1.以长度计量,按设计图示花架构件尺寸以延长米计算 2.以根计量,按设计图示花架柱、梁数量计算	1.制作 2.运输 3.安装 4.油漆

注:花架基础、玻璃天棚、表面装饰及涂料项目应按现行国家标准《房屋建筑与装饰工程工程量计算规范》(GB 50854)中相关项目编码列项。

5) 园林桌椅

园林桌椅工程量清单项目设置、项目特征描述的内容、计量单位、工程量计算规则应按表6.11规定执行。

表6.11 园林桌椅(编码:050305)

项目编码	项目名称	项目特征	计量单位	工程量计算规则	工作内容
050305001	预制钢筋混凝土飞来椅	1.座凳面厚度、宽度 2.靠背扶手截面 3.靠背截面 4.座凳楣子形状、尺寸 5.混凝土强度等级 6.砂浆配合比	m	按设计图示尺寸以座凳面中心线长度计算	1.模板制作、运输、安装、拆除、保养 2.混凝土制作、运输、浇筑、振捣、养护 3.构件运输、安装 4.砂浆制作、运输 5.接头灌缝、养护
050305002	水磨石飞来椅	1.座凳面厚度、宽度 2.靠背扶手截面 3.靠背截面 4.座凳楣子形状、尺寸 5.砂浆配合比			1.砂浆制作、运输 2.制作 3.运输 4.安装
050305003	竹制飞来椅	1.竹材种类 2.座凳面厚度、宽度 3.靠背扶手截面 4.靠背截面 5.座凳楣子形状、尺寸 6.铁件尺寸、厚度 7.防护材料种类			1.座凳面、靠背扶手、靠背、楣子制作、安装 2.铁件安装 3.刷防护材料

续表

项目编码	项目名称	项目特征	计量单位	工程量计算规则	工作内容
050305004	现浇混凝土桌凳	1.桌凳形状 2.基础尺寸、埋设深度 3.桌面尺寸、支墩高度 4.凳面尺寸、支墩高度	个	按设计图示数量计算	1.模板制作、运输、安装、拆除、保养 2.混凝土制作、运输、浇筑、振捣、养护 3.砂浆制作、运输
050305005	预制混凝土桌凳	1.桌凳形状 2.基础形状、尺寸、埋设深度 3.桌面形状、尺寸、支墩高度 4.凳面尺寸、支墩高度 5.混凝土强度等级 6.砂浆配合比			1.模板制作、运输、安装、拆除、保养 2.混凝土制作、运输、浇筑、振捣、养护 3.构件运输、安装 4.砂浆制作、运输 5.接头灌缝、养护
050305006	石桌石凳	1.石材种类 2.基础形状、尺寸 3.桌面形状、尺寸、支墩高度 4.凳面尺寸、支墩高度 5.混凝土强度等级 6.砂浆配合比	个	按设计图示数量计算	1.土方挖运 2.桌凳制作 3.桌凳运输 4.桌凳安装 5.砂浆制作、运输
050305007	水磨石桌凳	1.基础形状、尺寸、埋设深度 2.桌面形状、尺寸、支墩高度 3.凳面尺寸、支墩高度 4.混凝土强度等级 5.砂浆配合比			1.桌凳制作 2.桌凳运输 3.桌凳安装 4.砂浆制作、运输
050305008	塑树根桌凳	1.桌凳直径 2.桌凳高度 3.砖石种类 4.砂浆强度等级、配合比 5.颜料品种、颜色			1.砂浆制作、运输 2.砖石砌筑 3.塑树皮 4.绘制木纹
050305009	塑树节椅				
050305010	塑料、铁艺、金属椅	1.木座板面截面 2.座椅规格、颜色 3.混凝土强度等级 4.防护材料种类	个	按设计图示数量计算	1.制作 2.安装 3.刷防护材料

注:木制飞来椅按现行国家标准《仿古建筑工程工程量计算规范》(GB 50855)相关项目编码列项。

6）喷泉安装

喷泉安装工程量清单项目设置、项目特征描述的内容、计量单位、工程量计算规则应按表6.12规定执行。

表 6.12 喷泉安装（编码：050306）

项目编码	项目名称	项目特征	计量单位	工程量计算规则	工作内容
050306001	喷泉管道	1.管材、管件、阀门、喷头品种 2.管道固定方式 3.防护材料种类	m	按设计图示管道中心线长度以延长米计算，不扣除检查（阀门）井、阀门、管件及附件所占的长度	1.土（石）方挖运 2.管材、管件、阀门、喷头安装 3.刷防护材料 4.回填
050306002	喷泉电缆	1.保护管品种、规格 2.电缆品种、规格		按设计图示单根电缆长度以延长米计算	1.土（石）方挖运 2.电缆保护管安装 3.电缆敷设 4.回填
050306003	水下艺术装饰灯具	1.灯具品种、规格 2.灯光颜色	套	按设计图示数量计算	1.灯具安装 2.支架制作、运输、安装
050306004	电气控制柜	1.规格、型号 2.安装方式	台		1.电气控制柜（箱） 2.系统调试
050306005	喷泉设备	1.设备品种 2.设备规格、型号 3.防护网品种、规格	台		1.设备安装 2.系统调试 3.防护网安装

注：1.喷泉水池应按现行国家标准《房屋建筑与装饰工程工程量计算规划》（GB 50854）中相关项目编码列项。

2.管架项目应按现行国家标准《房屋建筑与装饰工程工程量计算规划》（GB 50854）中钢支架项目单独编码列项。

7）杂项

杂项工程量清单项目设置、项目特征描述的内容、计量单位、工程量计算规则应按表6.13规定执行。

表 6.13　杂项(编码:050307)

项目编码	项目名称	项目特征	计量单位	工程量计算规则	工作内容
050307001	石灯	1.石料种类 2.石灯最大截面 3.石灯高度 4.砂浆配合比	个	按设计图示数量计算	1.制作 2.安装
050307002	石球	1.石料种类 2.球体直径 3.砂浆配合比			
050307003	塑仿石音箱	1.音箱石内空尺寸 2.铁丝型号 3.砂浆配合比 4.水泥漆颜色			1.胎模制作、安装 2.铁丝网制作、安装 3.砂浆制作、运输 4.喷水泥漆 5.埋置仿石音箱
050307004	塑树皮梁、柱	1.塑树种类 2.塑竹种类 3.砂浆配合比 4.喷字规格、颜色 5.油漆品种、颜色	1.m² 2.m	1.以平方米计量,按设计图示尺寸以梁柱外表面计算 2.以米计量,按设计图示尺寸以构件长度计算	1.灰塑 2.刷涂颜料
050307005	塑竹梁、柱	1.塑树种类 2.塑竹种类 3.砂浆配合比 4.喷字规格、颜色 5.油漆品种、颜色	1.m² 2.m	1.以平方米计量,按设计图示尺寸以梁柱外表面计算 2.以米计量,按设计图示尺寸以构件长度计算	1.灰塑 2.刷涂颜料
050307006	铁艺栏杆	1.铁艺栏杆高度 2.铁艺栏杆单位长度质量 3.防护材料种类	m	按设计图示尺寸以长度计算	1.铁艺栏杆安装 2.刷防护材料
050307007	塑料栏杆	1.栏杆高度 2.塑料种类			1.下料 2.安装 3.校正

续表

项目编码	项目名称	项目特征	计量单位	工程量计算规则	工作内容
050307008	钢筋混凝土艺术围栏	1.围栏高度 2.混凝土强度等级 3.表面涂敷材料种类	1.m² 2.m	1.以平方米计量，按设计图示尺寸以面积计算 2.以米计量，按设计图示尺寸以延长米计算	1.制作 2.运输 3.安装 4.砂浆制作、运输 5.接头灌缝、养护
050307009	标志牌	1.材料种类、规格 2.镌字规格、种类 3.喷字规格、颜色 4.油漆品种、颜色	个	按设计图示数量计算	1.选料 2.标志牌制作 3.雕凿 4.镌字、喷字 5.运输、安装 6.刷油漆
050307010	景墙	1.土质类别 2.垫层材料种类 3.基础材料种类、规格 4.墙体材料种类、规格 5.墙体厚度 6.混凝土、砂浆强度等级、配合比 7.饰面材料种类	1.m³ 2.段	1.以立方米计量，按设计图示尺寸以体积计算 2.以段计量，按设计图示尺寸以数量计算	1.土(石)方挖运 2.垫层、基础铺设 3.墙体砌筑 4.面层铺贴
050307011	景窗	1.景窗材料品种、规格 2.混凝土强度等级 3.砂浆强度等级、配合比 4.涂刷材料品种	m²	按设计图示尺寸以面积计算	1.制作 2.运输 3.砌筑安装 4.勾缝 5.表面涂刷
050307012	花饰	1.花饰材料品种、规格 2.砂浆配合比 3.涂刷材料品种			
050307013	博古架	1.博古架材料品种、规格 2.混凝土强度等级 3.砂浆配合比 4.涂刷材料品种	1.m² 2.m 3.个	1.以平方米计量，按设计图示尺寸以面积计算 2.以米计量，按设计图示尺寸以延长米计算 3.以个计量，按设计图示数量计算	1.制作 2.运输 3.砌筑安装 4.勾缝 5.表面涂刷

续表

项目编码	项目名称	项目特征	计量单位	工程量计算规则	工作内容
050307014	花盆(坛、箱)	1.花盆(坛)的材质及类型 2.规格尺寸 3.混凝土强度等级 4.砂浆配合比	个	按设计图示尺寸以数量计算	1.制作 2.运输 3.安放
050307015	摆花	1.花盆(钵)的材质及类型 2.花卉品种与规格	1.m² 2.个	1.以平方米计量,按设计图示尺寸以水平投影面积计算 2.以个计量,按设计图示数量计算	1.搬运 2.安放 3.养护 4.撤收
050307016	花池	1.土质类别 2.池壁材料种类、规格 3.混凝土、砂浆强度等级、配合比 4.饰面材料种类	1.m³ 2.m 3.个	1.以立方米计量,按设计图示尺寸以体积计算 2.以米计量,按设计图示尺寸以池壁中心线处延长米计算 3.以个计量,按设计图示数量计算	1.垫层铺设 2.基础砌(浇)筑 3.墙体砌(浇)筑 4.面层铺贴
050307017	垃圾箱	1.垃圾箱材质 2.规格尺寸 3.混凝土强度等级 4.砂浆配合比	个	按设计图示尺寸数量计算	1.制作 2.运输 3.安放
050307018	砖石砌小摆设	1.砖种类、规格 2.石种类、规格 3.砂浆强度等级、配合比 4.石表面加工要求	1.m³ 2.个	1.以立方米计量,按设计图示尺寸以体积计算 2.以个计量,按设计图示尺寸以数量计算	1.砂浆制作、运输 2.砌砖、石 3.抹面、养护 4.勾缝 5.石表面加工
050307019	其他景观小摆设	1.名称及材质 2.规格尺寸	个	按设计图示尺寸以数量计算	1.制作 2.运输 3.安装
050307020	柔性水池	1.水池深度 2.防水(漏)材料品种	m²	按设计图示尺寸以水平投影面积计算	1.清理基层 2.材料裁接 3.铺设

注:砌筑果皮箱,放置盆景的须弥座等,应按砖石砌小摆设项目编码列项。

6.3　工程量清单计价编制方法

6.3.1　工程量清单计价办法

　　工程量清单由分部分项工程量清单、措施项目清单、其他项目清单、规费和税金项目的名称和相应数量的明细清单组成。其编制应该由具有编制招标文件能力的招标人或具有相应资质的工程造价咨询单位承担。采用工程量清单方式招标项目,工程量清单是招标文件中重要的组成部分,是招标文件中不可分割的一部分,其完整性和准确性由招标人负责。

　　工程量清单是工程量清单计价的基础,应作为编制招标控制价、投标报价、计算工程量、支付工程款、调整合同价、办理竣工结算及工程索赔等的依据之一,其内容应全面、准确。合理的清单项目设置和准确的工程量,是投资控制的前提和基础,也是清单计价的前提和基础。因此,工程量清单编制的质量直接关系和影响工程建设的最终结果。

1)分部分项工程量清单(表 6.14)

表 6.14　分部分项工程量清单与计价表

序　号	项目编码	项目名称	项目特征	计量单位	工程数量	金额(元)		
						综合单价	合　价	暂估价
本页小计								
合　　计								

　　在分部分项工程量清单的编制过程中,由招标人负责前 6 列内容的填写,金额部分在编制招标控制价时填写。投标报价时,金额由投标人填写,但投标人对分部分项工程量清单计价表中的序号、项目编码、项目名称、项目特征、计量单位、工程量不能作修改。

　　综合单价应包括完成一个规定计量单位工程所需的人工费、材料费、机械费、管理费和利润,并应考虑风险因素。在其他项目清单中,甲方提供材料暂估价的,投标人应在相应清单项目中计入综合单价,竣工结算时此部分项目按实际材料价格重新调整综合单价。风险费用,按照施工合同约定的风险分担原则,结合自身实际情况,投标人在报价时应综合分析,考虑其在施工过程中可能出现的人工、材料、机械的涨价或施工工程量增加或减少等因素引起的潜在风险。清单招标不得采用无风险、所有风险等类似语句规定风险。

　　在工程投标时,根据招标人的需要或为了便于竣工结算,投标人尚需提供分部分项工程量清单综合单价分析,如表 6.15 所示。

表 6.15　工程量清单综合单价分析表

项目编码			项目名称			计量单位	
清单综合单价组成明细							
			单　价			合　价	
人工单价			小计				
元/工日			未计价材料费				
清单项目综合单价							
主要材料名称、规格、型号				暂估单价/元		暂估合价/元	
其他材料费				—			
材料费小计				—			

2)措施项目清单

措施项目清单应根据拟建工程的实际情况列项,分为通用项目和专业措施项目。当出现清单计价规范中未列措施项目时,可根据工程实际情况进行补充。

措施项目中可以计算工程量的项目清单宜采用分部分项工程量清单的方式使用综合单价,列出项目编码、项目名称、项目特征、计量单位和工程量计算规则,如表 6.16 所示;不能计算工程量的项目清单,以"项"为计量单位,投标单位一经报价就视为管理费、利润在内,如表 6.17 所示。

表 6.16　措施项目清单与计价表一

序　号	项目编码	项目名称	项目特征	计量单位	工程数量	金额(元)		
						综合单价	合　价	暂估价
本页小计								
合　计								

表 6.17　措施项目清单与计价表二

项目编码	项目名称	计算基数	费　率	金额(元)
合　计				

3）其他项目清单

其他项目清单是指分部分项工程量清单、措施项目清单所包括的内容以外,因招标人的特殊要求而发生的与拟建工程有关的其他费用项目和相应数量的清单。工程建设标准的高低、工程的复杂程度、工程的工期长短、工程的组成内容、发包人对工程管理的要求等都直接影响其他项目清单的具体内容。其他项目清单如表 6.18 所示。

表 6.18　其他项目清单与计价汇总表

序　号	项目名称	计量单位	金　额	备　注
1	暂列金额			
2	暂估价		—	
2.1	材料暂估价			
2.2	专业工程暂估价			
3	计日工			
4	总承包服务费			
合　计				

（1）暂列金额

暂列金额是指招标人在工程量清单中暂定并包括在合同价款中的一笔款项,用于施工合同签订时尚未确定或不可预见的所需材料、设备、服务的采购,施工中可能发生的工程变更、合同约定调整因素出现时的工程价款调整,以及发生的索赔、现场签证确认等的费用。

（2）暂估价

暂估价是指招标阶段直至签订合同协议时,招标人在招标文件中提供的用于支付必然要发生但暂时不能确定价格的材料,以及专业工程的金额,包括材料暂估价、专业工程暂估价。

①招标人提供的材料暂估价应只是材料费,投标人应将材料暂估单价计入工程量清单综合单价报价中。

②专业工程的暂估价一般应是综合暂估价,应当包括除规费和税金以外的管理费、利润等取费。

（3）计日工

计日工对完成零星工作所消耗的人工工时、材料数量、施工机械台班进行计量,并按照计日工表中填报的适用项目的单价进行计价支付。计日工适用的所谓零星工作一般是指合同约定之外的或者因变更产生的、工程量清单中没有相应项目的额外工作,尤其是那些时间有限、不允许事先商定价格的额外工作。计日工单价按综合单价计价,即施工方一旦报出就视为管理费、利润在内的价格。

（4）总承包服务费

总承包服务费是为了解决招标人在法律、法规允许的条件下进行专业工程发包及自行采购供应材料、设备时,要求总承包人对发包的专业工程提供协调和配合服务;对供应的材料、设备

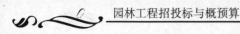

提供收发和保管服务,以及进行施工现场管理时发生并向总承包人支付的费用。

4) 规费、税金项目清单

规费项目清单应按照下列内容列项:工程排污费,社会保障费,住房公积金,危险作业意外伤害保险。出现未列的项目,应根据省级政府或省级有关权力部门的规定列项。

税金项目清单应包括下列内容:营业税,城市维护建设税,教育费附加。

6.3.2 工程量清单计价表组成

1) 招标控制价封面(表 6.19)

表 6.19 招标控制价封面

```
项目名称:_____
招标控制价总额(万元):_____(大写)
招标人:_____ 单位盖章:_____
编制单位资质证书号:_____ 资格证章:_____
编制人:_____ 资格证章:_____
审核人:_____ 资格证章:_____
专业负责人:_____
单位负责人:_____
编制单位(公章):_____ 编制时间:____年__月__日
```

招标控制价封面由招标人负责完成。

2) 投标总价封面(表 6.20)

投标总价封面由投标人按规定的内容填写、签字、盖章。

表 6.20 投标总价封面

```
                  投标总价
招 标 人:_____
工程名称:_____
投标总价(小写):_____
      (大写):_____
投标人:_____(单位盖章)
法定代表人:_____(签字或盖章)
编制人:_____(造价人签字盖专用章)
编制时间:_____
```

3）投标报价总说明

投标报价总说明应按表6.21的内容填写。

表6.21 投标报价总说明

工程概况：建设规模、工程特征、计划工期、合同工期、施工现场实际情况、施工组织设计的特点、交通运输情况、自然地理条件、环境保护要求等；

工程质量等级；

工程量清单计价编制依据；

其他需说明的问题。

4）工程项目投标报价汇总表（表6.22）

工程项目投标报价汇总表由投标人负责填写。

表6.22 工程项目投标报价汇总表

序 号	单项工程名称	金额/元	其 中		
			暂估价	安全文明费	规 费
合 计					

5）单项工程费汇总表（表6.23）

单项工程费汇总表由投标人负责填写。

表6.23 单项工程费汇总表

序 号	单项工程名称	金额/元	其 中		
			暂估价	安全文明费	规 费
合 计					

6）单位工程费汇总表（表6.24）

单位工程费汇总表由投标人负责填写。

表 6.24　单位工程费汇总表

序　号	汇总内容	金额/元	其中:暂估价/元
1	分部分项工程费		
2	措施项目费		
2.1	安全文明施工费		
3	其他项目费		
4	规费		
5	税金		
合计 = 1+2+3+4+5			

6.3.3　工程量清单计价程序

工程量清单计价的基本过程可以描述为:在统一的工程量清单项目设置的基础上,依据工程量清单计算规则,根据具体工程的施工图纸计算出各个清单项目的工程量,再根据各种渠道所获得的工程造价信息和经验数据计算得到工程造价。

清单工程量是投标人投标报价的共同基础,是对各投标人的投标报价进行评审的共同平台,是招投标活动应当公开、公平、公正和诚实、信用原则的具体体现。竣工结算的工程量按发、承包双方在合同中约定应予计量且实际完成的工程量确定。工程量清单计价的基本程序如下:

分部分项工程费 = $\sum$ (分部分项工程量 × 综合单价);

措施项目费 = $\sum$ 各措施项目费;

其他项目费 = $\sum$ 其他项目费;

单位工程报价 = 分部分项工程费 + 措施项目费 + 其他项目费 + 规费 + 税金;

单项工程报价 = $\sum$ 单位工程报价;

建设项目总报价 = $\sum$ 单项工程报价。

6.4　绿化工程工程量计算规则及定额应用

6.4.1　绿化工程工程量计算规则

《浙江省园林绿化及仿古建筑工程预算定额》(2010 版)工程量计算规则:园林绿化工程定

额包括苗木起挖,苗木栽植,大树迁移,支撑、卷干、遮荫篷,地形改造,绿地整理、滤水层及人工换土,绿地养护7个部分。

①苗木起挖:起挖乔木、灌木、藤本、散生竹按设计图示数量以株计算,起挖丛生竹按设计图示数量以丛计算,起挖地被、草皮按设计图示尺寸以面积"m²"计算。

②苗木栽植:栽植乔木、灌木、藤本按设计图示数量以株计算,灌木片植按设计图示尺寸以面积"m²"计算,栽植绿篱按设计图示尺寸以延长米计算,栽植草皮按设计图示尺寸以面积"m²"计算,栽植花卉按设计图示数量以株计算,栽植竹类以按设计图示数量以株或丛计算,栽植湿生植物、挺水植物、浮叶植物按设计图示数量以株计算,栽植漂浮植物按设计图示尺寸以面积 m² 计算。

③大树迁移:大树起挖、大树栽植、大树砍伐按设计图示数量以株计算。

④支撑、卷干、遮荫篷:树木支撑以株计算,草绳绕树干以延长米计算,遮荫篷以展开面积 m² 计算。

⑤地形改造:地形改造按面积 m² 计算。

⑥绿地整理、滤水层及人工换土:绿地整理按设计图示尺寸以面积 m² 计算,垃圾深埋按体积以 m³ 计算,陶粒滤水层按体积以 m³ 计算,排水阻隔板、土工布滤水层按面积以 m² 计算,人工换土以株计算。

⑦绿地养护:养护乔木、灌木以株计算,养护片植灌木以面积 m² 计算,养护绿篱以长度"延长米"计算,养护竹类以数量"株(丛)"计算,养护花卉、地被草坪以面积 m² 计算。

6.4.2 定额应用

《浙江省园林绿化及仿古建筑工程预算定额》(2010 版)计价说明规定:

①种植定额包括种植前的准备,种植过程中的工料、机械费用和种植完工验收前的苗木养护费用。养护定额为种植完工验收后的绿地养护费用。

②起挖或栽植树木均以一、二类土为计算标准,若为三类土,人工乘以系数 1.34;若为四类土,人工乘以系数 1.76;若为冻土,人工乘以系数 2.20。

③设计未注明土球直径时,乔木按胸径的 8 倍计算,不能按胸径计算时,则按地径的 7 倍计算土球直径,灌木或亚乔木按其蓬径的 1/3 计算土球直径。胸径是指离地面 1.2 m 高处的树干直径,地径是指离地面 0.3 m 高处的树干直径。

④反季节种植的人工、材料、机械及养护等费用按实结算。根据植物品种在不适宜其种植的季节(一般在每年的 1 月、2 月、7 月、8 月)种植,视作反季节种植。

⑤绿化养护定额适用于苗木种植后的初次养护。定额的养护期为 1 年,实际养护期非 1 年的,定额按比例换算。

⑥灌木片植是指每块种植的绿地面积在 5 m² 以上,种植密度每 m² 大于 6 株,且 3 排以上排列的一种成片栽植形式。

【例 6.1】某公园内有一绿地,现重新整修,需要把以前所种的植物全部以带土球的方式移走,绿地面积为 500 m²,绿地中有广玉兰 φ10 cm、构树 φ12 cm、香樟 φ8 cm、紫穗槐 φ5 cm、红叶李 φ4 cm、龙柏球 H100 cmP120 cm、海桐球 H80 cmP100 cm、麦冬 H15 cm400 m²。已知场地土壤类型为 3 类,请确定定额子目与基价。

表 6.25　定额节选　　　　　　　　　　　　　计量单位:10 株

定额编号	1-2	1-3	1-4	1-5	1-24	1-25	1-52
项　目	起挖乔木(带土球)				起挖灌木(带土球)		起挖地被
	土球直径/cm						
	40 以内	60 以内	80 以内	100 以内	30 以内	40 以内	
基价/元	57	136	386	664	33	57	13
人工费/元	35.36	92.48	182.24	394.4.	21.76	40.80	13.26
材料费/元	21.60	43.20	64.80	108.00	10.80	16.20	—
机械费/元	—	—	139.41	161.18			

【解】(1)起挖广玉兰:土球直径为胸径的 8 倍,土球直径为 10×8＝80 cm,套用定额 1-4。土壤类型为三类土,人工系数乘以 1.34,换算后基价为:

$$182.24 \times 1.34 + 64.80 + 139.41 = 448.41 \text{ 元}/10 \text{ 株}。$$

(2)起挖构树:土球直径为 12×8＝96 cm,套用定额 1-5。换算后基价为:

$$394.40 \times 1.34 + 108 + 161.18 = 797.68 \text{ 元}/10 \text{ 株}。$$

(3)起挖香樟:土球直径为 8×8＝64 cm,套用定额 1-4。换算后基价为:

$$182.24 \times 1.34 + 64.80 + 139.41 = 448.41 \text{ 元}/10 \text{ 株}。$$

(4)起挖紫穗槐:土球直径为 5×8＝40 cm,套用定额 1-2。换算后基价为:

$$35.36 \times 1.34 + 21.60 = 68.98 \text{ 元}/10 \text{ 株}。$$

(5)起挖红叶李:土球直径为 4×8＝32 cm,套用定额 1-2。换算后基价为:

$$35.36 \times 1.34 + 21.60 = 68.98 \text{ 元}/10 \text{ 株}。$$

(6)起挖龙柏球:土球直径为其蓬径的 1/3,土球直径为 120÷3＝40 cm,套用定额 1-25。换算后基价为:

$$57 + 40.8 \times 0.34 = 70.87 \text{ 元}/10 \text{ 株}。$$

(7)起挖海桐球:土球直径为 100÷3＝33 cm,套用定额 1-25。换算后基价为:

$$57 + 40.8 \times 0.34 = 70.87 \text{ 元}/10 \text{ 株}。$$

(8)起挖麦冬:套用定额 1-52。换算后基价为:

$$13 + 13.26 \times 0.34 = 17.8 \text{ 元}/10 \text{ m}^2。$$

6.5　庭院工程工程量计算规则及定额应用

6.5.1　庭院工程工程量计算规则

《浙江省园林绿化及仿古建筑工程预算定额》(2010 版)工程量计算规则:

①园路面层按设计图示尺寸,以 m² 计算。

②园路垫层两边若做侧石,按设计图示尺寸以 m³ 计算。两边若不做侧石,设计又未注明垫

层宽度时,其宽度按设计园路面层图示尺寸,两边各放宽 5 cm 计算。

③斜坡按水平投影面积计算。

④路牙、树池围牙按 m 计算,树池盖板按 m² 计算。

⑤木栈道按 m² 计算,木栈道龙骨按 m³ 计算。

⑥园桥毛石基础、桥台、桥墩、护坡按设计图示尺寸以 m³ 计算。石桥面、木桥面按 m² 计算。

⑦塑松(杉)树皮、塑竹节竹片、塑壁画面、塑木纹按设计图示尺寸以展开面积计算。

⑧塑松棍、柱面塑松皮,塑黄竹按设计图示尺寸以延长米计算。

⑨墙柱面镶贴玻璃钢竹节片按设计图示尺寸以展开面积计算。

⑩塑树桩按个计算。

⑪水磨石景窗、水磨石平板凳、水磨木纹板、非水磨原色木纹板飞来椅、预制混凝土花色栏杆、金属花色栏杆、PVC 花坛护栏按设计图示尺寸以延长米计算。

⑫木制栏杆按 m³ 计算。

⑬柔性水池按 m² 计算。

⑭草屋面、树皮屋面按设计图示尺寸以 m² 计算。

⑮木花架椽按设计图示尺寸以 m³ 计算。

⑯金属构件按 t 计算。

⑰木制花坛按设计图示尺寸以展开面积计算。

⑱石桌、石凳、石灯笼、塑仿石音箱按个计算。

⑲管道支架按管架形式以 t 计算。

⑳喷头安装按不同种类、型号以个计算。

㉑水泵网安装按不同规格以个计算。

㉒假山工程量按实际堆砌的假山石料以 t 计算,假山中铁件用量设计与定额不同时,按设计调整。

$$堆砌假山工程量 t = 进料验收的数量 - 进料剩余数量$$

当没有进料验收的数量时,叠成后的假山可按下述方法计算:

a. 假山体积计算:

$$V_体 = A_矩 \times H_大$$

式中 $A_矩$——假山不规则平面轮廓的水平投影最大外接矩形面积,m²;

$H_大$——假山石着地点至最高顶点的垂直距离,m;

$V_体$——叠成后的假山计算体积,m³。

b. 假山质量计算:

$$W_质 = 2.6 \times V_体 \times K_n$$

式中 $W_质$——假山石质量,t;

2.6——石料比重,t/m³,石料比重不同时按实调整;

K_n——系数。当 $H_大 \leq 1$ m 时,K_n 取 0.77;当 1 m$<H_大 \leq 2$ m 时,K_n 取 0.72;当 2 m$< H_大 \leq 3$ m 时,K_n 取 0.65;当 3 m$<H_大 \leq 4$ m 时,K_n 取 0.60。

c. 各种单体孤峰及散点石。按其单体石料体积(取单体长、宽、高各自的平均值乘积)乘以石料比重计算。

㉓塑假石山的工程量按其外围表面积以 m² 计算。

㉔堆砌土山丘按设计图示山丘水平投影外接矩形面积乘以高度的 1/3,以体积计算。

㉕钢骨架制作、安装按 t 计算。

6.5.2 定额应用

《浙江省园林绿化及仿古建筑工程预算定额》(2010 版)计价说明规定:

①定额包括园路及园桥工程。园路包括垫层、面层,如遇缺项,可套用其他章相应定额子目,其合计工日乘以系数 1.10。园桥包括基础、桥台、桥墩、护坡、石桥面、木桥面等项目,如遇缺项,可套用其他章节相应定额,其合计工日乘以系数 1.25。

②每 10 m² 冰梅数量在 250~300 块时,套用冰梅石板定额;每 10 m² 冰梅数量在 250 块以内时,其人工、切割锯片乘以系数 0.9,每 10 m² 冰梅数量在 300 块以上时,其人工、切割锯片乘以系数 1.15,其他不变。

③花岗岩机割石板地面定额,其水泥砂浆结合层按 3 cm 厚编制。

④满铺卵石面的拼花是按单色卵石、粒径 4~6 cm 编制的,设计分色或粒径不同时,应另行计算。水泥砂浆厚度按 2.5 cm 编制。

⑤铺卵石面层定额包括选、洗卵石和清扫、养护路面。

⑥洗米石地面为素水泥浆黏结,若洗米石为环氧树脂黏结应另行计算。

⑦斜坡(礓磋)已包括了土方、垫层及面层。如垫层、面层的材料品种、规格等设计与定额不同时,可以换算。

⑧木栈道不包括木栈道龙骨,木栈道龙骨另列项目计算。木栈道柱、梁、桁条及临水面打桩可分别按其他章节相应定额项目执行。

⑨园林景观(园林小品)是指园林建设中的工艺点缀品,其艺术性较强、要求高;包括堆塑装饰和小型预制钢筋混凝土水磨石及竹、木、金属构件和一些石作小品等小型设施。

⑩园林景观定额所用木材按一、二类木种编制,设计若用三、四类木种,其制作安装定额人工乘以系数 1.25。定额中木材以自然干燥为准,如需烘干,其烘干费用另行计算。本定额木材以刨光为准,刨光木材损耗已包括在定额内,如糙介不刨光者,木工乘以系数 0.5,方材用量改为 1.05 m³,其他不变。

⑪塑松(杉)树皮,塑竹节竹片、塑壁画面、塑木纹、塑树头等子目,仅考虑面层或表层的装饰抹灰和抹灰底层,基层材料未包括在内;塑松棍是按一般造型考虑,若艺术造型(如树枝、青松皮、寄生等)应另行计算;塑黄竹、松棍每条长度不足 1.5 m 者,合计工日增加 50%,如骨料不同,可作换算。

⑫水磨石景窗如有装饰线或设计要求弧形或圆形者,人工增加 30%,其他不变。

⑬预制构件(除原色木纹板外)按白水泥考虑,如需要增加颜色,颜料用量按石子浆的水泥用量 8% 计算。

⑭水磨石飞来椅凳脚按素面考虑,如需装饰另行计算。

⑮金属构件为黑色金属,如为其他有色金属应扣除防锈漆材料,人工不变。黑色金属如需镀锌,镀锌费另计。

⑯喷泉定额是指在庭院、广场、景点的喷泉安装,不包括水型的调试及程序控制调试的费用。管架项目适用于单件质量在 100 kg 以内的制作与安装,并包括所需的螺栓、螺母的价格。木垫式管架,不包括木垫质量,但木垫的安装工料已包括在定额内。弹簧式管架,不包括弹簧本身价格,其费用应另行计算。喷头安装是按一般常用品种规格进行编制的,如与定额品种规格不同时,可另行计算。喷泉给排水的管道安装、阀门安装、水泵安装等给排水工程,可按设计要

求,套用《安装工程预算定额》。

⑰堆砌假山包括湖石假山、黄石假山、塑假石山等,假山基础除注明者外,套用基础工程相应定额。

⑱砖骨架塑假山,如设计要求做部分钢筋混凝土骨架时,应进行换算。钢骨架塑假山未包括基础、脚手架、主骨架表面防腐的工料费。

⑲湖石、黄石假山及布置景石是按人工操作、机械吊装考虑的。

⑳假山的基础和自然式驳岸下部的挡土墙,按基础工程相应定额项目执行。

【例6.2】某公园园路,面层为4~6 cm粒径的雨花石满铺拼花面,请确定定额子目与基价。(雨花石单价为850元/t,雨花石比重与卵石相同)

表6.26 定额节选 计量单位:10 m²

定额编号				2-49	2-50	2-51
项 目				满铺卵石面	素色卵石面	洗米石
				拼 花	彩边素色	厚20 mm
基价/元				846	561	797
其中	人工费/元			655.22	374.41	449.35
	材料费/元			190.30	186.79	341.06
	机械费/元			—	—	6.91
名 称		单 位	单价/元		消耗量	
人工	二类人工	工 日	43.00	15.238	8.707	10.450
材料	水	m³	2.95	0.500	0.500	0.349
	水泥砂浆	m³	210.26	0.360	0.360	—
	107胶素水泥浆	m³	497.85	—	—	0.010
	白水泥	kg	0.60	—	—	134.000
	洗米石3~5 mm	kg	0.80	—	—	315.000
	园林用卵石本色4~6 cm	t	128.00	0.550	0.580	—
	园林用卵石分色4~6 cm	t	245.00	0.170	0.140	—
	其他材料费	元	1.00	1.080	1.080	2.650
机 械	灰浆搅拌机200 L	台 班	58.57	—	—	0.118

【解】雨花石满铺路面按卵石满铺面执行,套用定额2-49。满铺卵石面层拼花定额是按单色卵石、粒径4~6 cm(即平均厚度5 cm)编制的,定额卵石铺面的卵石含量为0.55+0.17 = 0.72 t/10 m²,即雨花石用量为0.72 t/10 m²。

换算后基价为:846-(0.55×128+0.17×245)+0.72×850=1 345.95 元/10 m²。

【例 6.3】公园内设有 $\phi700$ 石桌,配石凳 2 个。请确定定额子目与基价。

表 6.27 定额节选

定额编号				3-72
项 目				石桌、石凳安装(10 组)
				规格 700 以内
基价/元				1 6481
其中	人工费/元			648.98
	材料费/元			15 816.59
	机械费/元			14.96
	名 称	单 位	单价/元	消耗量
人 工	二类人工	工日	43.00	15.092
	三类人工	工日	50.00	—
材 料	石桌 700 以内	个	880.00	10.200
	石 凳	个	165.00	40.800
	碎石 40 以内	t	49.00	0.510
	现浇现拌混凝土 C15	m³	200.08	0.340
	水泥砂浆 1∶2	m³	228.22	0.067
	水	m³	2.95	0.097
	乌钢头	kg	7.02	—
	砂轮片	片	16.60	—
	焦 炭	kg	0.82	—
	钢 钎	kg	3.85	—
	其他材料费	元	1.00	—
机 械	灰浆搅拌机 200 L	台班	58.57	0.011
	混凝土搅拌机 500 L	台班	123.45	0.116

【解】 $\phi700$ 石桌,配石凳 2 个:套用定额 3-72,定额的一组石桌石凳含有石桌 1 个、石凳 4 个,设计的一组石桌石凳含有石桌 1 个、石凳 2 个,定额基价需进行换算。换算后即为 16 481－165×20.400＝13 115 元/10 组。

6.6 工程量清单计价法案例

某校大门入口有一处绿地 600 m²,植物配置如图 6.1 所示,场地需要进行平整,土壤类型为三类土,需回填种植土 80 cm,种植后胸径 5 cm 以上的乔木采用树棍桩三脚桩支撑,胸径 5 cm 以上的乔木进行草绳绕干,所绕高度为 1.5 m/株,苗木养护期为 2 年。

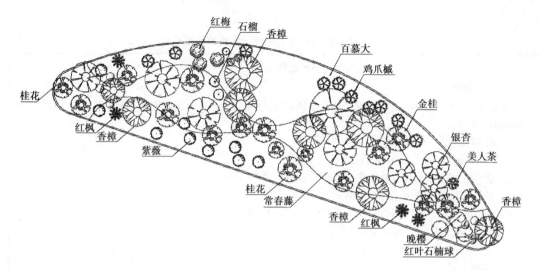

图6.1 校门绿化平面图

表6.28 绿地苗木表

序号	苗 木	规 格	单位	数 量
1	银杏	$\phi 16$ cm	株	8
2	香樟	$\phi 15$ cm	株	8
3	金桂	$H271\sim300$ cm,$P201\sim250$ cm	株	17
4	红枫	$D5$ cm	株	4
5	鸡爪槭	$D5$ cm	株	10
6	美人茶	$H211\sim230$ cm,$P121\sim150$ cm	株	1
7	晚樱	$D5$ cm	株	3
8	红梅	$D5$ cm	株	3
9	红叶石楠球	$H80\sim90$ cm $P101\sim120$ cm	株	6
10	紫薇	$D5$ cm	株	9
11	石榴	$H211\sim240$ cm $P91\sim100$ cm	株	2
12	常春藤	$L1.0\sim1.5$ m	m²	80(30株/m²)
13	百慕大		m²	500

表6.29 校门绿地工程投标报价书封面

投标总价
建设单位：_____
工程名称：__某校大门绿地工程__
投标总价(小写)_____74 765.30 元__
（大写）__柒万肆仟柒佰陆拾伍元叁角__
投标人：_____（单位盖章）
法定代表人：_____（签字或盖章）
编制人：_____（签字及盖执业专用章）
编制时间：_____年_____月_____日

表 6.30　校门绿地工程投标报价编制说明

编制说明
一、工程概况 　　本工程是某校大门绿地工程,位于某市环城北路,绿地面积 600 m²,工程内容有乔木、灌木、地被、草坪的种植与养护。 二、编制依据 　　1.某高校南大门绿地工程施工图纸; 　　2.《浙江省仿古建筑及园林绿化工程预算定额》(2010 版); 　　3.《浙江省建设工程施工费用定额》(2010 版); 　　4.《浙江省施工机械台班费用定额参考单价》(2010 版); 　　5.材料价格按浙江省 2012 年第 5 期信息价; 　　6.人工价格按定额价。 三、编制说明 　　1.本工程规费按浙江省建设工程施工取费定额计取,农民工工伤保险费按 0.114%计取;税金按市区税金 3.577%计取; 　　2.本工程综合费用按单独绿化工程三类中值考虑;取费基数为人工费+机械费; 　　3.安全文明施工费、建设工程检验试验费、已完工程及设备保护费、二次搬运费均按《浙江省建设工程施工取费定额》(2010 版)相应的中值计入; 　　4.苗木养护按 2 年考虑。

表 6.31　校门绿地单位工程报价汇总表

工程名称:某校大门绿地工程

序　号	内　容	报价合计（元）
一	分部分项工程量清单	69 712.27
二	措施项目清单(1+2)	865.81
1	组织措施项目清单	549.13
2	技术措施项目清单	316.68
三	其他项目清单	0.00
四	规费　[3+4+5]	1 605.22
3	排污费、社保费、公积金	1 523.56
4	危险作业意外伤害保险费	0.00
5	民工工伤保险费[(一 + 二 + 三 + 3 + 4)×0.114%]	81.66
五	税金[(一 + 二 + 三 + 四)×3.577%]	2 582.00
六	总报价(一+二+三+四+五)	74 765.30
总报价(大写):柒万肆仟柒佰陆拾伍元叁角		

工程名称：某校大门绿地工程

表 6.32　校门绿地分部分项工程量清单及计价表

序号	项目编码	项目名称	项目特征描述	计量单位	工程量	综合单价 /元	合价/元	其　中	
								人工费	机械费
1	050101010001	整理绿化用地	种植土回填 80 cm	m²	600	24.60	14 760.00	2 046	0
2	050102001001	栽植乔木	银杏 φ16 cm, 养护 2 年	株	8	2 275.51	18 204.08	1 251.44	334.88
3	050102001002	栽植乔木	香樟 φ15 cm, 养护 2 年	株	8	928.03	7 424.24	942.8	246.48
4	050102004001	栽植灌木	金桂 H 271～300 cm P 201～250 cm, 养护 2 年	株	17	512.02	8 704.34	410.89	288.32
5	050102001003	栽植乔木	红枫 D5 cm, 养护 2 年	株	4	295.08	1 180.32	88.6	30.96
6	050102001004	栽植乔木	鸡爪槭 D5 cm, 养护 2 年	株	10	245.08	2 450.80	221.5	77.4
7	050102004002	栽植灌木	美人茶 H 211～230 cm P 121～150 cm, 养护 2 年	株	1	109.21	109.21	13.32	5.13
8	050102001005	栽植乔木	晚樱 D5 cm, 养护 2 年	株	3	95.08	285.24	66.45	23.22
9	050102001006	栽植乔木	红梅 D5 cm, 养护 2 年	株	3	111.08	333.24	66.45	23.22
10	050102004003	栽植灌木	红叶石楠球 H80～90 cm P101～120 cm, 养护 2 年	株	6	126.28	757.68	97.68	39.54
11	050102001007	栽植乔木	紫薇 D5 cm, 养护 2 年	株	9	125.08	1 125.72	199.35	69.66
12	050102004004	栽植灌木	石榴 H211～240 cm P91～100, 养护 2 年	株	2	65.20	130.40	20.8	10.26
13	050102008001	栽植花卉	常春藤 L1.0～1.5 m, 30 株/ m², 养护 2 年	株	2 400	1.23	2 952.00	816	216
14	050102012001	铺种草皮	百慕大, 满铺, 养护 2 年	m²	500	22.59	11 295.00	5 105	1 150
			合　计				69 712.27	11 346.28	2 515.07

园林工程招投标与概预算

工程名称:某校大门绿地工程

表 6.33 校门绿地技术措施项目清单及计价表

序号	项目编码	项目名称	项目特征描述	计量单位	工程量	综合单价/元	合价/元	其 中	
								人工费	机械费
1	050404002001	草绳绕树干	胸径 16 cm,所绕树干高度 1.5 m	株	8	7.75	62.00	22.85	0
2	050404002002	草绳绕树干	胸径 15 cm,所绕树干高度 1.5 m	株	8	5.68	45.44	16.32	0
3	050404001001	树木支撑架	树棍三脚桩	株	16	13.08	209.28	26.08	0
		合 计					316.68	65.2	0

工程名称:某校大门绿地工程

表 6.34 校门绿地组织措施项目清单及计价表

序号	项目名称	单 位	数 量	金额/元
1	安全文明施工费	项	1	438.75
2	建设工程检验试验费	项	1	31.00
3	提前竣工增加费	项	1	0.00
4	已完工程及设备保护费	项	1	11.14
5	二次搬运费	项	1	29.25
6	夜间施工增加费	项	1	5.57
7	冬雨季施工增加费	项	1	33.42
8	行车、行人干扰增加费	项	1	0.00
	合 计			549.13

课后练习题

（1）《建设工程工程量清单计价规范》（GB 50500—2013）对项目编码的规定是什么？

（2）工程量清单计价的基本过程是什么？

（3）图 6.2 所示为绿地整理的一部分，包括树、树根、灌木丛、竹根、芦苇根、草皮的清理。据统计，树与树根共有 14 株，胸径为 10 cm；灌木丛 3 丛，高 1.5 m；竹根 1 株，根盘直径 5 cm；芦苇 17 m²，高 1.6 m，草皮 85 m²，高 25 cm。请按清单计价规范编制工程量清单。

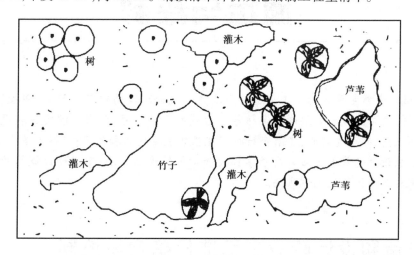

图 6.2　习题（3）图

（4）栽植灌木：海棠种植（高 65 cm，冠幅 80 cm，带土球，三类土）。养护 1 年。按定额项目对海棠的清单项目进行综合单价计算（管理费、利润各为人工费+机械费之和的 12%，计算过程均保留 2 位小数）。

（5）某景区园林景观工程，石板冰梅园路的工程量清单如表 6.35 所示：

表 6.35　园路工程量清单

序号	项目编码	项目名称	计量单位	工程数量
1	050201001001	石板冰梅园路： 50 厚黄砂干铺 40 厚冰梅石板园路面（宽 1.2 m，长 10 m）；C15 混凝土垫层 100 厚；M2.5 混合砂浆灌浆块石垫层 500 厚；整理路床（宽 2.2 m，长 11 m）	m²	12

按定额项目进行石板冰梅园路综合单价的计算，管理费、利润、分别按人工费+机械费之和的 12%、10% 计算（计算过程均保留 2 位小数）。

7 决策和设计阶段工程造价的确定与控制

本章导读 本章主要介绍了工程造价在决策和设计阶段的确定与控制,即投资估算、设计概算、施工图预算的编制和审核等。通过本章的学习,要求了解决策和设计阶段影响工程造价的主要因素;了解可行性研究报告主要内容和作用;了解方案比选、优化设计、限额设计的基本方法。要求掌握投资估算的编制方法;掌握设计概算的编制方法;掌握施工图预算的编制方法。

7.1 决策和设计阶段工程造价确定与控制

7.1.1 决策和设计阶段工程造价确定与控制的意义

1)提高资金利用效率和投资控制效率

在投资决策阶段,进行多方案的技术经济分析比较,选出最佳方案,为合理确定和有效控制工程造价提供良好的前提条件;在项目设计阶段,利用价值工程理论分析项目各个组成部分功能与成本的比配程度,调整项目功能与成本,使工程造价构成更趋于合理,提高资本金利用效率。此外,通过对投资估算和设计概、预算的分析,可以了解工程各组成部分的投资比例。

2)使工程造价确定与控制工作更主动

项目决策阶段确定工程造价,是设定项目投资的一个期望值;项目设计阶段确定工程造价,是实现设定项目投资期望值方案的具体表现;项目施工建设阶段确定工程造价,是实现设定项目投资期望值的具体操作。

3)便于经济与技术相结合

由于体制和传统习惯原因,我国的项目建议书、可行性研究报告、初步设计文件、施工图设计等都是由技术人员牵头完成,很容易造成他们在这期间更注重项目规模大、技术先进、建设标准高等,而忽视了经济因素。如果在项目决策和设计阶段吸收技术经济人员参与,使项目决策和设计从一开始就建立在投资造价合理、效益最佳基础之上,进行充分的方案比选和设计优化,会使投资发挥更大的效益,项目建设取得最佳效果。在方案比选和设计优化过程中技术人员和经济人员经过探讨与论证选择最佳方案,既体现技术先进性,又体现经济合理性,做到技术与经济相结合。

4)在决策和设计阶段控制工程造价效果最显著

工程造价确定与控制贯穿于项目建设全过程,图7.1反映了各阶段影响工程项目投资的一般规律。

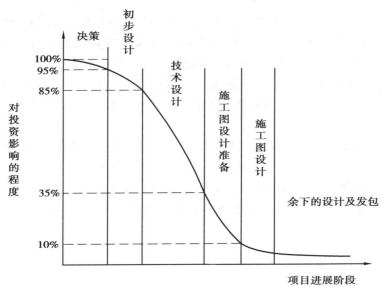

图 7.1　建设过程各阶段对投资的影响

7.1.2　决策和设计阶段影响工程造价的主要因素

1)决策阶段影响工程造价的主要因素

(1)项目建设规模

项目建设规模是指项目设定的正常生产营运年份可能达到的生产能力或者使用效果。项目规模的合理选择关系着项目的成败,决定着工程造价合理与否,其制约因素有:市场因素、技术因素、环境因素。

①市场因素:项目规模确定中需要考虑的首要因素。

②技术因素：先进实用的生产技术及技术装备是项目规模效益赖以生存的基础，而相应的管理技术水平则是实现规模效益的保证。

③环境因素：包括燃料动力供应，协作及土地条件，运输及通信条件。其中，政策因素包括产业政策、投资政策、技术经济政策、国家、地区、行业发展规划等。

（2）建设地区及建设地点

一般情况下，确定某个项目的具体地址，需要经过建设地区选择和建设地点选择，这样两个不同层次的、相互联系又相互区别的工作阶段。这两个阶段是一种递进关系。其中，建设地区选择是指在几个不同地区之间对拟建项目适宜配置在哪个区域范围的选择，建设地点选择是指对项目具体坐落位置的选择。

（3）技术方案

在生产工艺流程和生产技术确定后，就要根据工厂生产规模和工艺过程的要求，选择设备的型号和数量。设备的选择与技术密切相关，二者必须匹配。没有先进的技术，再好的设备也没用；没有先进的设备，技术的先进性则无法体现。

（4）工程方案

工程方案选择是在已选定项目建设规模、技术方案和设备方案的基础上，研究论证主要建筑物、构筑物的建造方案，包括对于建筑标准的确定。一般工业项目的厂房、工业窑炉、生产装置物等建筑物、构筑物的工程方案，主要研究其建筑特征（面积、层数、高度），建筑物构筑物的结构形式，以及特殊建筑要求（防火、防爆、防腐蚀、隔音、隔热等）。基础工程方案，抗震设防等。工程方案应在满足使用功能、保证质量的前提下，力求降低造价、节约资金。

（5）环境保护措施

建设项目一般会引起项目所在地自然环境、社会环境和生态环境的变化，对环境状况、环境质量产生不同程度的影响。因此，需要在确定场址方案和技术方案中，调查研究环境条件，识别和分析拟建项目影响环境的因素，研究提出治理和保护环境的措施，比选和优化环境保护方案，在研究环境保护治理措施时，应从环境效应，经济效益相统一的角度进行分析论证，力求环境保护治理方案技术可行和经济合理。

2）设计阶段影响工程造价的主要因素

（1）工业项目

①总平面设计。总平面设计中影响工程造价的因素有占地面积、功能分区和运输方式的选择。占地面积的大小一方面影响征地费用的高低，另一方面也会影响管线布置成本及项目建成运营的运输成本；合理的功能分区既可以使建筑物的各项功能充分发挥，又可以使总平面布置紧凑、安全、避免大挖大填，减少土石方量和节约用地，降低工程造价；不同的运输方式其运输效率及成本不同，从降低工程造价的角度来看，应尽可能选择无轨运输，可以减少占地，节约投资。

②工艺设计。工艺设计是工程设计的核心，是根据工业企业生产的特点、生产性质和功能来确定的。工艺设计一般包括生产设备的选择、工艺流程设计、工艺定额的制订和生产方法的确定，工艺设计标准高低，不仅直接影响工程建设投资的大小和建设进度，而且还决定着未来企业的产品质量、数量和经营费用。在工艺设计过程中影响工程造价的因素主要包括生产方法、工艺流程和设备选型。在工业建筑中，设备及安装工程投资占有很大的比例，设备的选型不仅影响着工程造价，而且对生产方法及产品质量也有着决定作用。

③建筑设计。建筑设计部分,要在考虑施工过程的合理组织和施工条件的基础上,决定工程的立体平面设计和结构方案的工艺要求。在建筑设计阶段影响工程造价的主要因素有平面形状、流通空间、层高、建筑物层数、柱网布置、建筑物的体积与面积和建筑结构。一般地说,建筑物平面形状越简单,它的单位面积造价就越低,建筑物周长与建筑面积比越低,设计越经济。

(2)民用项目

①住宅小区规划。住宅小区规划中影响工程造价的主要因素有占地面积和建筑群体的布置形式。占地面积不仅直接决定着土地费的高低,而且影响着小区内道路、工程管线长度和公共设备的多少,而这些费用对小区建设投资的影响通常很大。因此,用地面积指标在很大程度上影响小区建设的总造价。建筑群体的布置形式对用地的影响也不容忽视,通过采取高低搭配、点条结合、前后错列及局部东西向布置、斜向布置和拐角单元等手法节省用地。

②住宅建筑设计。住宅建筑设计中影响工程造价的主要因素有建筑平面形状和周长系数、层高和净高、层数、单元组成、户型和住户面积、建筑结构等。

7.1.3 建设项目可行性研究报告与工程造价确定和控制

1)可行性研究报告的内容

(1)内容

项目兴建理由与目标、市场分析与预测、资源条件评价、建设规模与产品方案、场址选择、技术方案、设备方案和工程方案、原材料及燃料供应、总图运输及公用辅助工程、环境影响评价、劳动安全卫生与消防、组织机构与人力资源配置、项目实施进度、投资估算、融资方案、财务评价、国民经济评价、社会评价、风险分析、研究结论与建议、附件。

(2)作用

①作为投资主体投资决策的依据。

②作为向当地政府或城市规划部门中请建设执照的依据。

③作为环保部门审查建设项目对环境影响的依据。

④作为编制设计任务书的依据。

⑤作为安排项目计划和实施方案的依据。

⑥作为筹集资金和向银行申请贷款的依据。

⑦作为编制科研实验计划和新技术、新设备需用计划及大型专用设备生产预安排的依据。

⑧作为从国外引进技术、设备以及同国外厂商谈判签约的依据。

⑨作为与项目协作单位签订经济合同的依据。

⑩作为项目后评价的依据。

2)可行性研究对工程造价确定控制的影响

(1)项目可行性研究结论的正确性是工程造价合理性的前提

项目可行性研究结论的正确,意味着对项目建设做出科学的决断,优选出最佳投资行动方案,达到资源的合理配置,这样才能合理地确定工程造价,并且在实施最优投资方案过程中,有

效地控制工程造价。

（2）项目可行性研究的内容是决定工程造价的基础

工程造价的确定与控制贯穿于项目建设全过程，但依据可行性研究所确定的各项技术经济决策，对该项目的工程造价有重大影响，特别是建设规模与产品方案、场址、技术方案、设备方案和工程方案的选择直接关系到工程造价的高低，据有关资料统计，在项目建设各阶段中，投资决策阶段影响工程造价的程度最高，达到 70% ~ 90%，因此，决策阶段是决定工程造价的基础阶段，直接影响着决策阶段之后的各个建设阶段工程造价的确定与控制是否科学、合理。

（3）工程造价影响可行性研究结论

可行性研究的重要工作内容及成果——投资估算是进行投资方案选择的重要依据之一，同时也是决定项目是否可行及主管部门进行项目审批的参考依据。

（4）可行性研究的深度影响投资估算的精确度及工程造价的控制效果

投资决策过程，是一个由浅入深、不断深化的过程，一次分为若干工作阶段，不同阶段决策的深度不同，投资估算的精确度也不同，如项目建议书阶段，是初步决策的阶段，投资估算的误差率在±30%左右；而详细可行性研究阶段，是最终决策阶段，投资估算误差率在±10%以内。另外，由于在项目建设各阶段中，即决策阶段、初步设计阶段、技术设计阶段、施工图设计阶段、工程招投标及承发包阶段、施工阶段及竣工验收阶段，通过工程造价的确定与控制，相应形成投资估算、设计概算、修正概算、施工图预算、承包合同价、结算价及竣工决算。这些建设阶段与工程造价之间的关系如图 7.2 所示。

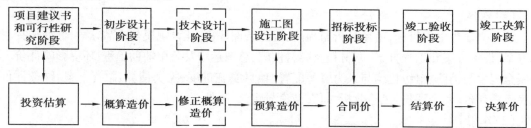

图 7.2　工程项目建设决策和设施各阶段工程造价的相互关系

注：竖向的双向箭头表示对应的关系，横向的单向箭头表示多次计价流程及逐步深化过程。

7.1.4　设计方案的评价、比选

1）设计方案的评价、比选的原则

建设项目可行性研究阶段的经济评价，应系统分析、计算项目的效益和费用，通过多方案经济比选推荐最佳方案，对项目建设的必要性、财务可行性、经济合理性、投资风险等进行全方面评价。由此，作为寻求合理的经济和技术方案的必要手段——设计方案的评价、比选应遵循如下原则：

①建设项目设计方案的评价、比选要协调好技术先进性和经济合理性的关系，即在满足设计功能和采用合理先进技术的条件下，尽可能降低投入。

②建设项目设计方案的评价、比选除考虑一次性建设投资的比选,还应考虑项目运营过程中的费用比选,以及项目寿命周期的总费用比选。

③建设项目设计方案的评价、比选要兼顾近期与远期的要求。即建设项目的功能和规模应根据国家和地区远景发展规划,适当留有发展余地。

2)设计方案的评价、比选的方法

建设项目多方案整体宏观方面的评价、比选,一般采用投资回收期法、计算费用法、净现值法、净年值法、内部收益率法,以及上述几种方法同时使用等。对建设项目本身局部等多方案的评价、比选,除了可用上述宏观方案比较方法外,一般采用价值工程原理或多指标综合评分法。在建设项目设计阶段,多方案比选多属于本身局部方案比选,一般采用造价额度、运行费用、净现值、净年值法进行比选,极特殊的、复杂的方案比选采用综合的财务评价方法。

3)设计方案评价、比选应注意的问题

(1)工期的比较

工程施工工期的长短涉及管理水平、投入劳动力的多少和施工机械的配备情况,故应在相似的施工资源条件下进行工期比较,并应考虑施工的季节性。由于工期缩短而工程提前竣工交付使用所带来的经济效益,应纳入分析评价范围。

(2)采用新技术的分析

设计方案采用某项新技术,往往在项目的早期经济效益偏差,因为生产率的提高和生产成本的降低需要一段时间来掌握和熟悉新技术后方可实现。故此进行设计方案技术经济分析评价时应预测其预期的经济效果,不能仅由于当前的经济效益指标较差而限制新技术的采用和发展。

(3)对产品功能的分析评价

对产品功能的分析评价是技术经济评价内容不能缺少而又常常被忽视的一个指标,必须明确评比对象应在相同功能条件下才有可比性。当参与对比的设计方案功能项目和水平不同时,应对之进行可比性换算,使之满足以下4个方面的可比条件:a.需要可比;b.费用消费可比;c.价格可比;d.时间可比。

7.2 投资估算的编制与审查

7.2.1 投资估算的概念及作用

1)概念

投资估算是指在项目投资决策过程中,依据现有的资料和特定的方法,对建设项目的投资数额进行的估算。投资估算是项目建设前期编制项目建议书和可行性研究报告的重要组成部分,是进行建设项目技术经济评价和投资决策的基础。

2）作用

①项目建议书阶段的投资估算，是项目主管部门审批项目建议书的依据之一，并对项目的规划、规模起参考作用。

②项目可行性研究阶段的投资估算，是项目投资决策的重要依据，也是研究分析、计算项目投资经济效果的重要条件。

③是方案选择的重要依据，是项目投资决策的重要依据，是确定项目投资水平的依据。

④项目投资估算可作为项目资金筹措及制订建设贷款计划的依据，建设单位可根据批准的项目投资估算额，进行资金筹措和向银行申请贷款。

⑤项目投资估算是核算建设项目固定资产投资需要额和编制固定资产投资计划的重要依据。

⑥项目投资估算对工程设计概算起控制作用，即作为建设项目投资的最高限额一般不得随意突破。

⑦合理准确的投资估算是实现真正意义的"工程全面造价管理"，是实现工程造价事前管理、主动控制的前提条件。

7.2.2 投资估算的编制方法

1）项目建议书阶段的投资估算

（1）生产能力指数法

生产能力指数法，是根据已建成的类似项目生产能力和投资额来粗略估算拟建项目投资额的方法。其计算公式为：

$$C = C_1 \left(\frac{Q}{Q_1} \right)^x f$$

式中　　C——拟建建设项目投资额；

　　　　C_1——已建成类似项目的投资额；

　　　　Q_1——已建成类似项目的生产能力；

　　　　Q——拟建建设项目的生产能力；

　　　　f——不同建设时期、不同的建设地点而产生的定额水平、设备购置和建筑安装材料价格、费用变更和调整等的综合调整系数；

　　　　x——生产能力指数（$0 \leqslant x \leqslant 1$）。

（2）系数估算法

系数估算法也称为因子估算法，它是以已知的拟建项目的主体工程费或主要生产工艺设备费为基数，以其他辅助或配套工程费占主体工程费或主要生产工艺设备费的百分率为系数，进行估算项目的相关投资额。其计算公式如下：

$$C = E(1 + f_1 P_1 + f_2 P_2 + f_3 P_3 + \cdots) + I$$

式中　　C——拟建设项目投资额；

E——拟建建设项目的主体工程费或主要生产工艺设备费；

$P_1,P_2,P_3\cdots$——已建成类似建设项目的辅助或配套工程费占主体工程费或主要生产工艺设备费的比重；

$f_1,f_2,f_3\cdots$——由于建设时间、地点而产生的定额水平、建筑安装材料价格、费用变更和调整等综合调整系数；

I——具体情况计算的拟建建设项目各项其他基本建设费用。

（3）比例估算法

比例估算法是根据已知的同类建设项目主要生产工艺设备投资占整个建设项目的投资比例，先逐项估算出拟建建设项目主要生产工艺设备投资，在按比例进行估算拟建建设项目相关投资额的方法。其表达式为：

$$C = \frac{1}{K} \sum_{i=1}^{n} Q_i P_i$$

式中　C——拟建设项目投资额；

K——主要生产工艺设备费占拟建建设项目投资的比例；

n——主要生产工艺设备种类数；

Q_i——第 i 中主要生产工艺设备的数量；

P_i——第 i 中主要生产工艺设备的购置费（到厂价格）。

（4）混合法

混合法是根据主体专业设计的阶段和深度，投资估算编制者所掌握的国家及地区、行业或部门相关投资估算基础资料和数据，对一个拟建建设项目采用生产能力指数法与比例估算法混合，或系数估算法与比例估算法混合，估算其相关投资额的方法。

（5）指标估算法

指标估算法是将拟建建设项目的单项工程或单位工程，按建设内容纵向划分为各个主要生产设施、辅助及公用设施、行政及福利设施及各项其他基本建设费用；按费用性质横向划分为建筑工程、设备购置、安装工程等，根据各种具体的投资估算指标，进行每个单位工程或单项工程投资的估算，再按相关规定估算工程建设其他费用、基本预备费、建设期贷款利息等，形成拟建项目静态投资。

2）可行性研究阶段的投资估算

（1）建筑工程费用估算

编制方法如下：

①单位建筑工程投资估算法。

a.单位功能价格法。此方法是利用每功能单位的成本阶段估算，将选出所有此类项目中共有的单位，并计算每个项目中该单位的数量。

b.单位面积价格法。此方法首先要用已知的项目建筑工程费用除以该项目的房屋总面积，即为单位面积价格，然后将结果应用到未来的项目中，以估算拟建项目的建筑工程费。

c.单位容积价格法。在一些项目中，楼层高度是影响成本的重要因素。

②单位实物工程量投资估算法。以单位实物工程量的投资乘以实物工程总量计算。土石方工程按每立方米投资，矿井巷道衬砌工程按每延长米投资，路面铺装工程按每平方米投资，乘

以相应的实物工程总量计算建筑工程投资。

③概算指标投资估算法。对于没有上述估算指标且建筑工程费占总投资比例较大的项目，可采用概算指标估算法。

（2）设备购置费估算

设备购置费是指为建设项目购置或自制的达到固定资产标准的各种国产或进口设备、工具、器具的购置费用。设备购置费由设备原价和设备运杂费构成：

$$设备购置费 = 设备原价 + 设备运杂费$$

（3）工程安装费估算

工程安装费通常按行业或专门机构发布的安装工程定额、取费标准和指标估算投资。具体可按安装费率、每吨设备安装费或单位安装实物工程量的费用估算，即：

$$安装工程费 = 设备原价 \times 安装费率$$

$$安装工程费 = 设备吨重 \times 每吨安装费$$

$$安装工程费 = 安装工程实物量 \times 安装费用指标$$

（4）工程建设其他费用估算

工程建设其他费用的估算应结合拟建项目的具体情况，有合同或协议明确的费用按合同或协议列入，无合同或协议明确的费用，根据国家或各行业部门、工程所在地地方政府的有关工程建设其他费用定额和计算办法估算。

（5）基本预备费估算

基本预备费的估算一般是拟建项目的工程费用和工程建设其他费用之和为基础，乘以基本预备费费率进行计算。

（6）价差预备费

价差预备费一般根据国家规定的投资综合价格指数。以估算年份价格水平的投资额为基数，采用复利方法进行计算。其计算公式：

$$P = \sum_{t=1}^{n} I_t \left[(1+f)^m (1+f)^{0.5} (1+f)^{t-1} - 1 \right]$$

式中　　P——价差预备费，元；

　　　　N——建设期，年；

　　　　I_t——估算静态投资额中第 t 年投入的工程费用，元；

　　　　f——投资价格指标；

　　　　m——建设前期年限（从编制估算到开工建设年数）；

　　　　t——年度数。

（7）投资方向调节税估算

投资方向调节税的估算是以建设项目的工程费用、工程建设其他费用及预备费之和作为基础。根据国家适时发布的具体规定和税率计算。固定资产投资方向调节税现已暂停征收。

（8）建设期贷款利息估算

建设期贷款利息的估算，根据建设期资金用款计划，可按当年借款在当年年中支用考虑，即当年借款按半年计息，上年借款按全年计息。计算公式为：

$$q_j = \sum_{t=1}^{n} \left(P_{j-1} + \frac{1}{2} A_j \right) i$$

式中　q_j——建设期贷款利息；

　　　P_{j-1}——建设期第$(j-1)$年末贷款累计金额与利息累计金额之和；

　　　A_j——建设期第j年；

　　　i——年利率；

　　　n——建设期年份数。

7.3　设计概算的编制与审查

7.3.1　设计概算的概念与作用

1)概念

设计概算是设计阶段(初步设计)对工程项目投资额度的概略计算。设计概算投资应包括建设项目从立项、可行性研究、设计、施工、投产试运行到竣工验收等的全部建设资金。

设计概算是设计文件的重要组成部分,初步设计阶段必须编制设计概算。设计概算是在投资估算的控制下由设计单位根据初步设计图纸、概算定额、各项费用定额或取费标准,建设地区自然、技术经济条件和设备、材料价格等资料,编制和确定的建设项目从筹建至竣工交付使用所需全部费用的文件。

2)作用

①设计概算是编制建设项目投资计划、确定和控制建设项目投资的依据。

②设计概算是签订建设工程合同和贷款合同的依据。

③设计概算是控制施工图设计和施工图预算的依据。

④设计概算是衡量设计方案经济合理性和选择最佳设计方案的依据。

⑤设计概算是考虑建设项目投资效果的依据。

7.3.2　设计概算的内容

设计概算包括单位工程概算、单项工程概算和建设项目总概算。

1)单位工程概算

单位工程概算是确定各单位工程建设费用的文件,是编制单项工程综合概算的依据,是单项工程综合概算的组成部分。按工程性质可分为:

(1)建筑工程概算

建筑工程概算包括土建工程概算,给排水、采暖工程概算,通风、空调工程概算,弱电工程概算,电气照明工程概算,特殊构筑物工程概算等。

（2）设备及安装工程概算

设备及安装工程概算包括机械设备及安装工程概算，电气设备及安装工程概算，热力设备及安装工程概算，工具、器具及生产家具购置费概算等。

2）单项工程概算

单项工程概算是确定一个单项工程所需建设费用的文件，它由单项工程中的各项概算汇总编制而成，是建设项目总概算的组成部分。

3）建设项目总概算

建设项目总概算是确定整个建设项目从筹建到竣工验收所需全部费用的文件，是由各单位工程综合概算、工程建设其他费用概算、预备费、建设期贷款利息和投资方向调节税概算汇总编制而成。

7.3.3 设计概算的编制方法

1）建筑工程单位工程概算编制方法

（1）概算定额法

概算定额法是采用概算定额编制建筑工程概算的方法，根据初步设计图纸资料和概算定额的项目划分计算出工程量，然后套用概算定额单价，计算汇总后，再记取有关费用，便可得出单位工程概算造价。

（2）概算指标法

概算指标法是采用工程直接费用指标，用拟建的厂房、住宅的建筑面积（或体积）乘以技术条件相同或基本相同工程的概算指标，得出直接工程费，然后按规定计算出措施费、间接费、利润和税金等，编制出单位工程概算的方法。

①设计对象的结构特征与概算指标有局部差异时的调整：

$$结构变化修正概算指标 = J + Q_1P_1 - Q_2P_2$$

式中　J——原概算指标；

　　　Q_1——换入新结构的数量；

　　　Q_2——换出旧结构的数量；

　　　P_1——换入新结构的单价；

　　　P_2——换出新结构的单价。

②设备、人工、机械台班费用的调整：

设备、人工、材料、机械修正概算费用=原概算指标的设备、人工、材料、机械费用+

$\sum$（换人设备、人工、材料、机械数量+拟建地区相应单价）-

$\sum$（换人设备、人工、材料、机械数量×原概算指标设备、人工材料、机械单价）

（3）类似工程预算法

类似工程造价资料有具体的人工、材料、机械台班的用量时,可按类似工程预算造价资料中的主要材料用量、工日数量、机械台班用量乘以拟建工程所在地的主要材料预算价格、人工单价、机械台班单价,计算出直接工程费,再乘以当地的综合费率,即可得出所需的造价指标。

2）设备及安装单位工程概算的编制方法

设备购置费概算是指根据设计文件的设备清单计算出设备原价,并汇总求出设备总原价,然后按有关规定的设备运杂费率乘以设备总原价,两项相加即为设备购置费概算。编制方法如下:

（1）预算单价法

施工图概算编制可以直接采用工程预算定额单价编制。

（2）设备价值百分比法

设备价值百分比法又称为安装设备百分比法。该方法常用于价格波动不大的定型产品和通用设备产品中,数学表达式为:

$$设备安装费 = 设备原价 × 安装费率(\%)$$

（3）综合吨位指标法

该方法常用于设备价格波动较大的非标准设备和引进设备的安装工程概算,或者安装方式不确定,没有定额或指标的工程概算。数学表达式为:

$$设备安装费 = 设备吨位 × 每吨设备安装费指标(元/t)$$

7.3.4　设计概算的审查

审查设计概算有以下几种方法:

（1）对比分析法

对比分析法主要是通过建设规模、标准与立项批文对比;工程数量与设计图纸对比;综合范围、内容与编制方法、规定对比;各项取费与规定标准对比;材料、人工单价与统一信息对比;引进设备、技术投资与报价要求对比;经济技术指标与同类工程对比等。

（2）查询核实法

查询核实法是对一些关键设备和设施、重要装置、引进工程图纸不全、难以核算的较大投资进行多方查询核对,逐项落实的方法。

（3）联合会审法

组成由业主、审批单位、专家等参加的联合审查组,组织召开联合审查会,审前可采取多种形式分头审查,包括业主预审、工程造价咨询公司评审、邀请同行专家预审等。在会审大会上,各有关单位、专家汇报初审、预审意见。然后进行认真分析、讨论,结合对各专业技术方案的审查意见所产生的投资增减,逐一核实原概算投资增减额。对审查中发现的问题和偏差,按照单位工程概算、综合概算、总概算的顺序,按设备费、安装费、建筑费和工程建设其他费用分类整理,汇总核增或核减的项目以及投资额。最后将具体审核数据,按照"原编概算""审核结果""增减投资""增减幅度""调差原因"5栏列表,并按照原总概算表汇总顺序,将增减项目逐一列出,相应调整所属项目投资合计,再依次汇总审核后的总投资及增减投资额。对于差错较多、问题较大或不能满足要求的,责成编制单位按审查意见修改后,重新报批。

7.4　施工图预算的编制与审查

7.4.1　施工图预算的目的与作用

1)施工图预算的目的与作用(表 7.1)

表 7.1　施工图预算的目的与作用

项　目		内　容
设计方	目的	检验工程设计在经济上的合理性
	作用	①根据施工图预算进行控制投资
		②根据施工图预算进行优化设计、确定最终设计方案
投资单位	目的	控制工程投资、编织标底和控制合同价格
	作用	①根据施工图预算修正建设投资
		②施工图预算可作为确定招标标底的参考依据
		③根据施工图预算拨款和结算工程价款
承包商	目的	进行工程投标和控制分包工程合同价格
	作用	①根据施工图预算进行施工准备和工程分包
		②根据施工图预算拟定降低成本措施
工程造价管理部门	目的和作用	是监督、检查执行定额标准、合理确定工程造价、测算造价指数及审查招标工程标底的依据之一

2)施工图预算编制的原则

①严格执行规定的设计和建设标准。
②完整、准确地反映设计内容。
③结合拟建工程的实际,反映工程所在地当时价格水平。

7.4.2　施工图预算编制内容及依据

1)施工图预算的内容

施工图预算有单位工程预算、单项工程预算和建设项目总预算。

单位工程预算是根据施工图设计文件、现行预算定额(或综合单价)、费用定额及人工、材料、设备、机械台班等预算价格资料,编制单位完成的施工图预算;汇总所有各单位工程施工图预算,成为单项工程施工图预算;再汇总所有单项工程施工图预算,便是一个建设项目建筑安装工程的总预算。

单位工程预算包括建筑工程预算和设备安装工程预算。

建筑工程预算按照其性质分为一般土建工程预算、卫生工程预算(包括室内外给排水工程、采暖通风工程、煤气工程等)、电气照明工程预算、弱点工程预算、特殊构筑物如炉窑等工程预算和工业管道工程预算。

设备安装工程预算可分为机械设备安装工程预算、电气设备安装工程预算和热力设备安装工程预算等。

2)施工图预算编制的依据

①法律法规及有关规定。
②施工图纸及说明书和有关标准图等资料。
③施工方案或施工组织设计,施工现场勘查及测量资料。
④工程量计算规则。
⑤现行预算定额和有关调价规定。
⑥招标文件。
⑦工具书和其他有关参考资料等。

3)施工图预算书的组成

施工图预算书的组成是根据工程实际需要,按照招标文件的规定,主要包括以下表格:
①工程计价文件封面。
②工程计价文件扉页。
③工程计价总说明。
④工程计价汇总表(建设项目、单项工程、单位工程)。
⑤子目综合单价分析表。
⑥措施费用明细。
⑦其他项目计价汇总表:
a.暂列金额明细表。
b.材料(工程设备)暂估单价及调整表。
c.专业工程暂估价及结算表。

　　d.计日工表。

　　e.总承包服务费计划表。

　　⑧规费、税金项目计划表。

7.4.3　施工图预算的编制方法

1)施工图预算的编制方法

　　包括工料单价法和综合单价法。其中,工料单价法又分为预算单价法和实物法;综合单价法又分为全费用综合单价和清单综合单价。

　　(1)预算单价法

　　预算单价法就是采用地区统一单位估价表中的各分项工程工料定额综合单价乘以相应的各分项工程的工程量,计算出单位工程分部分项工程费、措施费、其他项目费、规费和税金,将上述费用相加汇总后即可得到该单位工程的施工图预算造价。

　　(2)实物法

　　用实物法编制单位工程施工图预算,就是根据施工图计算的各分项工程量分别乘以地区定额中人工、材料、施工机械台班的定额消耗量,分类汇总得出该单位工程所需的全部人工、材料、施工机械台班消耗数量,再乘以当时当地人工工日单价、各种材料单价、施工机械台班单价,求出相应的人工费、材料费、机械使用费用,再加上企业管理费、利润、措施费、其他项目费,规费及税金等费用,记取方法与预算单价法相同。

　　(3)全费用综合单价

　　全费用综合单价即单价中综合了分项工程人工费、材料费、工程设备费、机械费、管理费、利润、规费及有关文件规定的调价、税金及一定范围的风险等全部费用,以各分项工程量乘以全费用单价的合价汇总后,再加上措施项目的完全价格,就生成了单位工程施工图造价,其公式如下:

　　建筑安装工程预算造价 = ($\sum$ 分项工程量 × 分项工程全费用单价) + 措施项目完全价格

　　(4)清单综合单价

　　分部分项工程清单综合单价中综合了人工费、材料费、施工机械使用费,企业管理费、利润,并考虑了一定范围的风险费用,未包括措施费、规费和税金,因此它是一种不完全单价,以各分部分项工程量乘以该综合单价的合价汇总后,再加上措施项目费、规费和税金后,就是单位工程的造价,公式如下:

　　建筑安装工程预算造价 = ($\sum$ 分项工程量 × 分项工程不完全单价) + 措施项目不完全价格 + 规费 + 税金

2)施工图预算的编制步骤

　　①熟悉施工图纸。

　　②了解现场情况和施工组织设计资料和有关技术规范。

　　③熟悉预算定额。

④列出工程项目。

⑤计算工程量。

⑥编制定额综合单价计算表。

⑦计算定额分部分项工程费。

⑧工料分析。

⑨工料差价调整。

⑩材料数量按实调整。

⑪计算单位工程施工图预算造价。

⑫复核。

⑬编写施工图预算编制说明。

⑭装订签章。

7.4.5 施工图预算的审核

施工图预算审查的重点是工程量计算是否准确,定额套用、各项取费标准是否符合现行规定,或单价计算是否合理等方面。

1)审查施工图预算的内容

（1）审查工程量

是否按照规定的工程量计算规则计算工程量,编制预算时是否考虑到了施工方案对工程量的影响,定额中要求扣除项或合并项是否按规定执行,工程计量单位的设定是否与要求的计量单位一致。

（2）审查单价

套用预算单价时,各分部分项工程的名称、规格、计量单位和所包括的工程内容是否与定额一致;有单价换算时,换算的分项工程是否符合定额规定及换算是否正确。采用实物法编制预算时,资源单价是否反映了市场供需状况和市场趋势。

（3）审查有关费用项目及其取值

采用预算单价法计算造价时,审查的主要内容有:是否按本项目的性质计取费用,有无高套取费标准;间接费的计取基础是否符合规定;利润和税金的计取基础和费率是否符合规定,有无多算或重算。

2)施工图预算审查的步骤

（1）审查前准备工作

①熟悉施工图纸。

②根据预算编制说明,了解预算包括的工程范围。

③弄清所用单位估价表的适用范围,搜集并熟悉相应的单价、定额资料。

（2）选择审查方法、审查相应内容

工程规模、繁简程度不同,编制施工图预算的繁简和质量就不同,应选择适当的审查方法进行审查。

3）审查施工图预算的方法

（1）全面审查法

全面审查又称为逐项审查法，就是按预算定额顺序或施工的先后顺序，逐一进行审查的方法。其具体计算方法和审查过程与编制施工图预算基本相同。此法的优点是全面、细致，经审查的施工图预算差错比较少，质量比较高；缺点是工作量大。

（2）标准预算审查法

对于采用标准图纸设计的工程，先集中力量编制标准预算，以此为标准进行施工图预算的审查方法，对局部不同部分做单独审查。这种方法的优点是时间段、效果好；缺点是只适应按标准图纸设计的工程，适用范围小，具有局限性。

（3）分组计算审查法

把预算中的项目化分成若干组，并把相邻且有一定内在联系的项目编为一组，审查或计算同一组中某个分项工程量，利用工程量之间具有相同或相似计算基础的关系，判断同组中其他几个分项工程量计算的准确程度的方法。

（4）对比审查法

是用已建工程的预算或虽未建成但已审查修正的工程预算对比审查拟建的类似工程施工图预算的一种方法。

（5）筛选审查法

"筛选"是能较快发现问题的一种方法。建筑工程虽然面积和高度不同，但其各分部分项工程的单位建筑面积指标变化却不大。将这样的分部分项工程加以汇集、优选，找出其单位建筑面积工程量、单价、用工的基本数值，归纳为工程量、价格、用工3个单方基本指标，并注明基本指标的适用范围。这些基本指标用来筛选各分部分项工程，对不符合条件的应进行详细审查，若审查对象的预算标准与基本指标的标准不符，就应对其进行调整。"筛选法"的优点是简单易懂，便于掌握，审查速度快，便于发现问题。但问题出现的原因尚需继续审查。该方法适用于审查住宅工程或不具备全面审查条件的工程。

（6）重点抽查法

重点抽查法就是抓住施工图预算中的重点进行审查的方法。审查的重点一般是工程量大或造价较高、工程结构复杂的工程。其优点是重点突出，审查时间短、效果好。

（7）利用手册审查法

把工程中常用的构件、配件，事先整理成预算手册，按手册对照审查。

（8）分解对比审查法

分解对比审查法一般有3个步骤：

第一步，全面审查某种建设的定性标准施工图或使用施工图的工程预算，经审定后作为审查其他类似工程预算的对比基础。

第二步，把拟审的工程预算与同类型预算单方造价进行对比，若出入不在允许范围内，再按分部分项工程进行分解，边分解边对比，对出入较大者进一步审查。

第三步，对比审查。

①经过分解对比，如发现应取费用相差较大，应考虑建设项目的投资来源和工程类别及其取费项目和取费标准是否符合现行规定；材料调价相差较大，则应进一步审查《材料调价统计

表》,将各种调价材料的用量、单位差价及其调整数量等进行对比。

②经过分解对比,如发现某项工程预算价格出入较大,首先审查差异出现机会较大的项目,然后,在对比其余各个分部工程,发现某一分部工程预算价格相差较大时,再进一步对比各分项工程或工程细目。在对比时,先检查所列工程细目是否正确,预算价格是否一致,发现相差较大者,再进一步审查所套预算单价,最后审查该项目的细目工程量。

课后练习题

(1)简述决策和设计阶段工程造价确定与控制的意义。

(2)简述工程项目建设决策和设施各阶段工程造价的相互关系图。

(3)简述投资估算的概念及作用。

(4)运用生产能力指数法进行投资估算,当生产能力扩大一倍,价格调整系数为 1,x 为 0.5 时,则投资需增加(　)倍。

(5)拟建年产 10 万 t 炼钢厂,根据可行性研究报告提供的主厂房工艺设备清单和询价资料估算出该项目主厂设备投资约 6 000 万元。已建类似项目资料:与设备有关的其他专业工程投资系为 42%,与主厂房投资有关的辅助工程及附属设施投资系数为 32%。该项目的资金来源为自有资金和贷款,贷款总额为 8 000 万元,贷款利率 7%(按年计息)。建设期 3 年,第一年投入 30%,第二年投入 30%,第三年投入 40%,预计建设期物价平均上涨率 4%,基本预备费率 5%,投资方向调节税率为 0%。

要求:①试用系数估算法,估算该项目主厂房投资和项目建设的工程费与其他费投资。

②估算项目的固定资产投资额。

③若固定资产投资资金率为 6%,使用扩大指标估算法,估算项目的流动资金。

④确定项目总投资。

⑤运用比例估算法计算拟建项目的投资额,简述需要的数据。

⑥可行性研究阶段的投资估算包括哪几部分?

⑦简述设计概算的概念。

⑧如何运用概算指标法求出建筑工程单位工程的工程造价?

⑨施工图预算书的组成包括哪些表格?

⑩全费用综合单价中都综合了哪些内容?

⑪简述清单综合单价法计算工程造价的公式。

8 建设项目招投标与合同价款的确定

本章导读 熟悉建设项目招投标程序;熟悉招标文件的组成与内容;熟悉评标定标方法和合同价款的确定;熟悉工程分包招投标,设备、材料采购招投标合同价款的确定方法;掌握建设工程招标工程量清单的编制方法;掌握工程招标标底和投标报价的编制方法。

8.1 建设项目招投标程序与方式

8.1.1 招标投标概念

招标投标是商品经济中的一种竞争方式,通常适用于大宗交易。它的特点是由唯一的买主(或卖主)设定标的,招请若干个卖主(或买主)通过秘密报价进行竞争,从中选择优胜者与之达成交易协议,随后按协议实现标的。

建设项目招标投标是国际上广泛采用的业主择优选择工程承包商的主要交易方式。招标的目的是为计划兴建的工程项目选择适当的承包商,将全部工程或其中某一部分工程委托给这个(些)承包商负责完成。承包商则通过投标竞争,决定自己的生产任务和销售对象,也就是使产品得到社会的承认,从而完成生产计划并实现盈利计划。为此,承包商必须具备一定的条件,才有可能在投标竞争中获胜,为业主所选中。这些条件主要是要有一定的技术、经济实力和管理经验,足够胜任承包的任务,并且效率高、价格合理及信誉良好。

建设项目招标投标制是在市场经济条件下产生的,因而必然受竞争机制、供求机制、价格机制的制约。招标投标意在鼓励竞争,防止垄断。

8.1.2 建设工程招标的范围

《招标投标法》规定,在中华人民共和国境内,下列工程建设项目,包括项目的勘察、设计、

施工、监理及工程建设有关的重要设备、材料等的采购,必须进行招标:

①大型基础设施、公用事业等社会公共利益、公共安全的项目。

②全部或者部分使用国家资金投资或者国家融资的项目。

③使用国际组织或者外国政府贷款、援助资金的项目。

建设项目的勘察、设计,采用特定专利或者专有技术的,或者其建筑艺术造型有特殊要求的,经项目主管部门批准,可以不进行招标。

任何单位和个人不得将依法必须进行招标的项目化整为零或者以其他任何方式规避招标。

具体招标范围的界定,按照各省、自治区、直辖市有关部门的规定执行。

8.1.3　建设工程招标的分类

建设工程招标内容如图 8.1 所示。

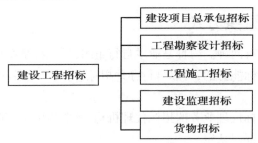

图 8.1　建设工程招标内容

建设项目总承包招标,又称为建设项目全过程招标,在国外称之为"交钥匙工程"招标,它是指从项目建议书开始,包括可行性研究报告、勘察设计、设备材料询价与采购、工程施工、生产准备、投料试车,直至竣工投产、交付使用过程实行招标。总承包商根据业主所提出的建设项目要求,对项目建议书、可行性研究、勘察设计、设备询价选购、材料订货、工程施工、职工培训、试生产、竣工投产等实行全面报价投标。

工程勘察设计招标,是指业主就拟建工程的勘察和设计任务以法定方式吸引勘察单位或设计单位参加竞争,经业主审查获得投标资格的勘察、设计单位,按照招标文件的要求。在规定时间内向招标单位填报投标书,业主从中择优确定承包商完成工程勘察或设计任务。

工程施工招投标是业主针对工程施工阶段的内容进行的招标,根据工程施工范围的大小及专业不同,可分为全部工程招标、单项工程招标和专业工程招标等。

建设监理招标,是业主通过招标选择监理承包商的行为。

货物,是指与工程建设项目有关的重要设备、材料。货物招标,是业主针对设备、材料供应及设备安装调试等工作进行的招标。

8.1.4　招标方式

建设工程的招标方式分为公开招标和邀请招标两种。依法可以不进行施工招标的建设项目,经过批准后可以不通过招标的方式直接将建设项目授予选定承包商。

1）公开招标

公开招标,是指业主以招标公告的方式邀请不特定的法人或其他组织投标。依法应当公开招标的建设项目,必须进行公开招标。公开招标的招标公告,应当在国家指定的报刊和信息网络上发布。

2）邀请招标

邀请招标,是指业主以投标邀请书的方式邀请特定的法人或者其他组织投标。

依法可以采用邀请招标的建设项目,必须经过批准后方可进行邀请招标。业主应当向 3 家以上具备承担施工招标项目的能力、资信良好的特定的法人或其他组织发出投标邀请书。

8.1.5　招标工作的组织方式

招标工作的组织方式有两种。一种是业主自行组织;另一种是招标代理机构组织。业主具有编制招标文件和组织评标能力的,可以自行办理招标事宜;不具备的,应当委托招标代理机构办理招标事宜。

从事工程建设项目招标代理业务的招标代理机构,其资格由国务院或者省、自治区、直辖市人民政府的建设行政主管部门认定。

招标代理机构与行政机关和其他国家机关不得存在隶属关系或者其他利益关系。

8.2　招标文件的组成与内容

建设工程招标文件,既是承包商编制投标文件的依据,也是与将来中标的承包商签订工程承包合同的基础。招标文件中提出的各项要求,对整个招标工作乃至承发包双方都有约束力。建设工程招投标根据标的不同分为许多不同阶段,每个阶段招标文件编制内容及要求不尽相同。本书仅对建设项目工程施工和工程建设项目货物招标文件的组成与内容作主要介绍。

8.2.1　建设工程施工招标文件的组成与内容

1）投标须知

主要包括的内容有:前附表;总则;工程概况;招标范围及基本要求情况;招标文件的解释、修改、答疑等有关内容;对投标文件的组成、投标报价、递交、修改、撤回等有关内容的要求;标底的编制方法和要求;评标机构的组成和要求;开标的程序、有效性界定及其他有关要求;评标、定标的有关要求和方法;授予合同的有关程序和要求;其他需要说明的有关内容。对于资格后审的招标项目,还要对资格审查所需提交的资料提出具体的要求。

2) 合同主要条款

主要包括的内容有:所采用的合同文本;质量要求;工期的确定及顺延要求;安全要求;合同价款与支付办法;材料设备的采购与供应;工程变更的价款确定方法和有关要求;竣工验收与结算的有关要求;违约、索赔、争议的有关处理办法;其他需要说明的有关条款。

3) 投标文件格式

对投标文件的有关内容的格式作出具体规定。

4) 工程量清单

采用工程量清单招标的,应当提供详细的工程量清单。《建设工程工程量清单计价规范》规定:工程量清单由分部分项工程量清单、措施项目清单、其他项目清单组成。

5) 技术条款

主要说明建设项目执行的质量验收规范、技术标准、技术要求等有关内容。

6) 设计图纸

招标项目的全部有关设计图纸。

7) 评标标准和方法

在评标标准和方法中,应该明确规定所有的评标因素,以及如何将这些因素量化或者据以进行评估。在评标过程中,不得改变这个评标标准、方法和中标条件。

8) 投标辅助材料

其他招标文件要求提交的辅助材料。

8.2.2 工程建设项目货物招标文件的组成与内容

1) 招标文件的组成

①投标须知。
②投标文件格式。
③技术规格、参数及其他要求。
④评标标准和方法。
⑤合同主要条款。

2)招标文件编写应遵循的主要规定

招标文件组成中的各主要内容,不再一一叙述,大部分与建设项目工程施工招标文件的要求相同。但在招标文件编写时,还应该注意遵循以下规定:

①应当在招标文件中规定实质性要求和条件,说明不满足其中任何一项实质性要求和条件的投标将被拒绝,并用醒目的方式标明;没有标明的要求和条件在评标时不得作为实质性要求和条件。对于非实质性要求和条件,应该规定允许偏差的最大范围、最高项数,以及对这些偏差进行调整的方法。

②允许中标人对非主体设备、材料进行分包的,应当在招标文件中载明。主要设备或供货合同的主要部分不得要求或者允许分包。除招标文件要求不得改变标准设备、材料的供应商外,中标人经招标人同意改变标准设备、材料的供应商的,不应视为转包和违法分包。

③招标文件规定的各项技术规格应当符合国家技术法规的规定。不得含有倾向或者排斥潜在投标人的其他内容。

8.3 建设工程投标策略的选择与应用

在工程建设中,工程投标报价是整个过程的核心,比较合理地控制工程投标报价能从根本上改变长期以来投资失控的局面。同时,在竞争中推动了施工企业的管理。施工企业为了自身的利益和发展,为赢得社会信誉,必须增强质量意识,提高合同履约率,缩短建设周期,降低施工成本,才能获得良好的经济效益。报价过高,则可能因为超出"最高限价"而丢失中标机会;报价过低,则可能因为低于"合理低价"而废标,或者即使中标,也可能会给企业带来亏本的风险。若缺乏全面、系统的控制理论和实践方法,将导致建设资金有形和无形的大量浪费。因此,投标报价工作必须延伸到建设项目的每个过程中,并落实到建设项目之中。同时投标单位应针对工程的实际情况,凭借自己的实力,正确运用投标报价的策略与技巧来达到中标的目的,从而给企业带来较好的经济效益和社会效益。

8.3.1 投标策略的分析

投标策略是指承包商在投标竞争中的系统工作部署及其参与投标竞争的方式和手段,企业在参加工程投标前,应根据招标工程情况和企业自身的实力,组织有关投标人员进行投标策略分析,其中包括企业目前经营状况和自身实力分析、对手分析和机会利益分析等。

在招投标过程中,如何运用以长制短、以优制劣的策略和技巧,关系到能否中标和中标后的效益。通常情况下,投标策略有以下几种。

1)高价赢利策略

高价赢利策略是在报价过程中以较大利润为投标目标的策略。这种策略的使用通常基于以下情况:

①施工条件差的工程。

②专业要求高的技术密集型工程，而本公司在这方面又有专长，声望也较高。

③总价低的小工程以及自己不愿做又不方便不投标的工程。

④特殊工程，如港口码头、地下开挖工程等。

⑤工期要求急的工程。

⑥投标对手少的工程。

⑦支付条件不理想的工程。

2）低价薄利策略

指在报价过程中以薄利投标的策略。这种策略的使用通常基于以下情况：

①施工条件好的工程，工作简单，工程量大而一般公司都可以做的工程。

②本公司目前急于打入某一市场、某一地区，或在该地区面临工程结束，机械设备等无工地转移时。

③本公司在附近有工程，而本项目又可利用该工程的设备、劳务，或有条件短期内突击完成的工程。

④投标对手多、竞争激烈的工程。

⑤非急需工程。

⑥支付条件好的工程。

3）无利润算标的策略

缺乏竞争优势的承包商，在不得已的情况下，只好在算标中根本不考虑利润去夺标。这种策略一般在以下情况下采用：

①可能在夺标后，将大部分工程分包给索价较低的一些分包商。

②对于分期建设的项目，先以低价获得首期工程，而后赢得机会创造第二期工程中的竞争优势，并在以后的实施中赚得利润。

③长时期内，承包商没有在建的工程项目，如果再不得标，就难以维持生存。因此，虽然本工程无利可图，只要能有一定的管理费维持公司的日常运转，就可设法度过暂时的困难，以图将来东山再起。

8.3.2　投标报价技巧的运用

投标报价方法是依据投标策略选择的，一个成功的投标策略必须运用与之相适应的报价方法才能取得理想的效果。能否科学、合理地运用投标技巧，使其在投标报价工作中发挥应有的作用，关系到最终能否中标，是整个投标报价工作的关键所在。投标者通常能够熟悉使用的具体投标技巧包括：

1）开标前的投标方法与技巧

（1）不平衡报价法

不平衡报价又称为前重后轻法，指在总报价基本确定的前提下，调整内部各个子项的报价，

以期既不影响总报价,又在中标后满足资金周转的需要,获得较理想的经济效益。优点:有助于对工程量表进行仔细校核和统筹分析,总价相对稳定,不会过高;缺点:单价报高报低的合理幅度难以掌握,单价报得过低会因执行中工程量增多而造成承包商损失,报得过高会因招标人要求压价而使承包商得不偿失,甚至导致废标。

(2)扩大标价法

该方法比较常用,即除了按正常的已知条件编制价格外,对工程中变化较大或没有把握的工作,采用扩大单价,增加"不可预见费"的方法来减少风险。这种投标方法的优点是中标价即为结算价,减少了价格调整等麻烦,但是往往因为总价过高而不易中标。

(3)多方案报价法

多方案报价法是对同一个招标项目除了按招标文件的要求编制一个投标报价以外,还编制了一个或几个建议方案。其适用情况是:如果发现招标文件中的工程范围很不具体、不清楚、不公正,或对技术规范的要求过于苛刻,或发现设计图纸中存在某些不合理并可以改进的地方,或可以利用某项新技术、新工艺、新材料替代的地方,或者发现自己的技术和设备满足不了招标文件中设计图纸的要求。

(4)突然降价法

突然降价法是指为迷惑竞争对手而采用的一种竞争方法,通常做法是:在准备投标报价的过程中预先考虑好降价的幅度,然后有意散布一些假情报,如打算弃标,按一般情况报价或准备报高价等,待到临近投标截止日期前,突然前往投标,并降低报价,以期战胜竞争对手。

(5)先亏后盈法

在实际工作中,有的承包商为了打入某一地区或某一领域,依靠自身实力,采取一种不惜代价、只求中标的低报价投标方案。一旦中标之后,即可以承揽这一地区或这一领域更多的工程任务,达到总体盈利的目的。

(6)联合体法

联合体法比较常用,即二、三家公司,其主营业务类似或相近,单独投标会出现经验、业绩不足或工作负荷过大而造成高报价,失去竞争优势。而以捆绑形式联合投标,可以做到优势互补、规避劣势、利益共享、风险共担,相对提高了竞争力和中标几率。这种方式目前在国内许多大项目中使用。

(7)增加建议方案

有时招标文件中规定,可以提一个建议方案,即是可以修改原设计方案,提出投标者的方案。投标者这时应抓住机会,组织一批有经验的设计和施工工程师,对原投标文件的设计和施工方案仔细研究,提出更为合理的方案以吸引业主,促成自己的方案中标。这种新建议方案可以降低总造价或是缩短工期,或使工程运用更为合理。但要注意对原招标方案一定也要报价。建议方案不要写得太具体,要保留方案的技术关键,防止业主将此方案交给其他承包商。同时要强调的是,建议方案一定要比较成熟,有很好的可操作性。

2)开标后的投标技巧

(1)降低投标价格

虽然投标价格不是中标的唯一因素,但却是中标的关键因素。在议标中,投标者适时提出降价要求是议标的主要手段。需要注意的是:要摸清招标人的意图,在得到其希望降低标价的

暗示后,再提出降低的要求。降低投标价要适当,不得损害投标人自己的利益。降低投标价格可以从以下3个方面入手:即降低投标利润、降低经营管理费和设定降价系数。投标利润的确定既要围绕争取最大未来收益这个目标,又要考虑中标率和竞争人数因素的影响。通常,投标人准备两个价格,即准备了应付一般情况的适中价格,又同时准备了在应付特殊竞争环境需要的替代价格,它是通过调整报价利润所得出的总报价。在两价格中,后者可以低于前者,也可以高于前者。如果需要降低投标报价,即可采用低于适中价格,使利润减少以降低投标报价。经营管理费应该作为间接成本进行计算。为了竞争的需要也可以降低这部分费用。降低系数是指投标人在投标作价时,预先考虑一个未来可能降低的系数。如果开标后需要降价,可参照该系数进行降价。

(2)补充投标优惠条件

除中标的关键因素——价格外,在议标谈判的技巧中,还可以考虑其他许多重要因素,如缩短工期、提高工程质量、提出垫支工程款、降低支付条件要求、提出新技术和新设计方案、协助招标单位进行三大目标控制,以及提供补充物资等。

8.3.3 结论

投标竞争是企业之间综合素质的竞争,它的胜负不仅决定于投标者的技术、设备和资金等实力的大小,更决定于投标策略和方法的正确性、预见性,同时也非常讲究技巧。另外,工程项目投标是一项复杂的系统工程,需要参与人员组成高效率的合作团队,积极、认真、务实地开展工作,深入了解和掌握有关法律、法规要求,合理运用投标策略与技巧,才有可能在激烈的市场竞争中取得成功。

8.4 评标定标方法和合同价款的确定

8.4.1 开标

开标应当在招标文件确定提交投标文件截止时间的同一时间公开进行;开标地点应当为招标文件中确定的地点。开标由招标人主持,邀请所有投标人参加。开标时,由投标人或者推选的代表检查投标文件的密封情况,也可以由招标人委托的公证机构检查并公证;经确认无误后,由工作人员当众拆封,宣读投标人名称、投标价格和投标文件的其他主要内容。招标人在招标文件要求提交投标文件的截止时间前收到的所有投标文件,开标时都应当当众予以拆封、宣读。开标过程应当记录,并存档备查。

在开标时,投标文件有下列情形之一的,招标人不予受理:

①逾期送达的或未送达指定地点的。

②未按招标文件的要求密封的。

投标文件有下列情形之一的,由评标委员会初审后按废标处理:

①无单位盖章并无法定代表人或法定代表人授权的代理人签字或盖章的。

②未按规定的格式填写,内容不全或关键字迹模糊、无法辨认的。

③投标人递交两份或多份内容不同的投标文件,或在一份投标文件中对同一招标项目报有两个或多个报价,且未声明哪一个有效。(按招标文件规定提交备选投标方案的除外)。

④投标人名称或组织结构与资格预审时不一致的。

⑤未按招标文件的要求提交投标保证金的。

⑥联合体投标未附联合体各方共同投标协议的。

8.4.2　评标委员会

评标由招标人依法组建的评标委员会负责,依法进行招标的项目。其评标委员会由招标人的代表和有关技术、经济等方面的专家组成,成员人数为 5 人以上单数。其中,技术、经济等方面的专家不得少于成员总数的 2/3。

评标专家应符合下列条件:

①从事相关领域工作满 8 年,并具有高级职称或者同等专业水平。

②熟悉有关招标投标的法律法规,并具有与招标项目相关的实践经验。

③能够认真、公正、诚实、廉洁地履行职责。

评标委员会的专家成员应当从省级以上人民政府有关部门提供的专家名册或者招标代理机构的专家库内的相关专家名单中确定。一般项目,可以采取随机抽取的方式;技术特别复杂、专业性要求特别高或者国家有特殊要求的招标项目,采取随机抽取方式确定的专家难以胜任的,可以由招标人直接确定。

评标委员会成员的名单在中标结果确定前应当保密。

8.4.3　评标

1)评标原则

《中华人民共和国招标投标法》第 38、39、40、42、44 条规定:

①招标人应当采取必要的措施,保证评标在严格保密的情况下进行。任何单位和个人不得非法干预、影响评标的过程和结果。

②评标委员会可以要求投标人对投标文件中含义不明确的内容作必要的澄清或者说明,但是澄清或者说明不得超出投标文件的范围或者改变投标文件的实质性内容。

③评标委员会应当按照招标文件确定的评标标准和方法,对投标文件进行评审和比较;设有标底的,应当参考标底。评标委员会完成评标后,应当向招标人提出书面评标报告,并推荐合格的中标候选人。招标人根据评标委员会提出的书面评标报告和推荐的中标候选人确定中标人。招标人也可以授权评标委员会直接确定中标人。

④评标委员会经过评审,认为所有投标都不符合招标文件要求的,可以否决所有投标。

⑤评标委员会成员应当客观、公正地履行职责,遵守职业道德,对所提出的评审意见承担个

人责任。评标委员会成员不得私下接触投标人,不得收受投标人的财物或者其他好处。评标委员会成员和参与评标的有关工作人员不得透露对投标文件的评审和比较、中标候选人的推荐情况及与评标有关的其他情况。

⑥评标委员会应当根据招标文件规定的评标标准和方法,对投标文件进行系统的评审和比较。招标文件中没有规定的标准和方法不得作为评标的依据。

2)评标程序及主要内容

(1)评标准备

在评标开始前,评标委员会成员应当认真研究招标文件,了解熟悉以下内容:

①招标的目的。

②招标项目的范围和性质。

③招标文件中规定的主要技术要求、标准和商务条款。

④招标文件规定的评标标准、评标方法和在评标过程中考虑的相关因素。

(2)初步评审

评标委员会可以书面方式要求投标人对投标文件中含义不明确、对同类问题表述不一致或者有明显文字和计算错误的内容作必要的澄清、说明或者补正。澄清、说明或者补正应以书面方式进行,并不得超出投标文件的范围或者改变投标文件的实质性内容。在评标过程中,评标委员会发现投标人的报价明显低于其他投标报价或者在设有标底时明显低于标底,使得其投标报价可能低于其个别成本的,应当要求该投标人作出书面说明并提供相关证明材料。

投标人资格条件不符合国家有关规定和招标文件要求的,或者拒不按照要求对投标文件进行澄清、说明或者补正的,评标委员会可以否决其投标。

有下列情形之一的,按废标处理:

①在评标过程中,评标委员会发现投标人以他人的名义投标、串通投标、以行贿手段谋取中标或者以其他弄虚作假方式投标的。

②投标人不能合理说明或者不能提供相关证明材料,由评标委员会认定投标人低于成本报价竞标的。

③有重大偏差,未能在实质上响应招标文件的。

下列情况属于重大偏差。招标文件对重大偏差另有规定的,从其规定。

a.没有按照招标文件要求提供投标担保或者所提供的投标担保有瑕疵。

b.投标文件没有投标人授权代表签字和加盖公章。

c.投标文件载明的招标项目完成期限超过招标文件规定的期限。

d.明显不符合技术规格、技术标准的要求。

e.投标文件载明的货物包装方式、检验标准和方法等不符合招标文件的要求。

f.投标文件附有招标人不能接受的条件。

g.不符合招标文件中规定的其他实质性要求。

根据上述的规定否决不合格投标或者界定为废标后,因有效投标不足 3 个使得投标明显缺乏竞争的,评标委员会可以否决全部投标。投标人少于 3 个或者所有投标被否决的,招标人应当依法重新招标。

（3）详细评审

经初步评审合格的投标文件，评标委员会应当根据招标文件确定的评标标准和方法，对其技术部分和商务部分作进一步评审、比较。评标方法包括经评审的最低投标价法、综合评估法或者法律、行政法规允许的其他评标方法。

评标和定标应当在投标有效期结束日 30 个工作日前完成。不能在投标有效期结束日 30 个工作日前完成评标和定标的，招标人应当通知所有投标人延长投标有效期。拒绝延长投标有效期的投标人有权收回投标保证金。同意延长投标有效期的投标人应当相应延长其投标担保的有效期，但不得修改投标文件的实质性内容。因延长投标有效期造成投标人损失的，招标人应当给予补偿，但因不可抗力需延长投标有效期的除外。

①经评审的最低投标价法。经评审的最低投标价法，一般适用于具有通用技术、性能标准或者招标人对其技术、性能没有特殊要求的招标项目。能够满足招标文件的实质性要求，并且经评审的最低投标价的投标，应当推荐为中标候选人。但投标价格低于其企业成本的除外。

根据经评审的最低投标价法完成详细评审后，评标委员会应当拟定一份"标价比较表"，连同书面评标报告提交招标人。"标价比较表"应当载明投标人的投标报价、对商务偏差的价格调整和说明，以及经评审的最终投标价。

②综合评估法。不宜采用经评审的最低投标价法的招标项目，一般应当采取综合评估法进行评审。最大限度地满足招标文件中规定的各项综合评价标准的投标，应当推荐为中标候选人。

根据综合评估法完成评标后，评标委员会应当拟定一份"综合评估比较表"，连同书面评标报告提交招标人。"综合评估比较表"应当载明投标人投标报价、所作的任何修正、对商务偏差的调整、对技术偏差的调整、对各评审因素的评估及对每一投标的最终评审结果。

（4）评标报告与定标

评标委员会完成评标后，应当向招标人提出书面评标报告，并抄送有关行政监督部门。评标报告中推荐的中标候选人应当限定在 1~3 人，并标明排列顺序。

在确定中标人之前，招标人不得与投标人就投标价格、投标方案等实质性内容进行谈判。

使用国有资金投资或者国家融资的项目，招标人应当确定排名第一的中标候选人为中标人。排名第一的中标候选人放弃中标、因不可抗力提出不能履行合同，或者招标文件规定应当提交履约保证金而在规定的期限内未能提交的，招标人可以确定排名第二的中标候选人为中标人。排名第二的中标候选人因同样原因不能签订合同的，招标人可以确定排名第三的中标候选人为中标人。

评标报告由评标委员会全体成员签字。对评标结论持有异议的评标委员会成员可以书面方式阐述其不同意见和理由。评标委员会成员拒绝在评标报告上签字且不陈述其不同意见和理由的，视为同意评标结论。评标委员会应当对此作出书面说明并记录在案。

中标人确定后，招标人应当向中标人发出中标通知书，同时通知未中标人，并与中标人在30 个工作日之内签订合同。中标通知书对招标人和中标人具有法律约束力。中标通知书发出后，招标人改变中标结果或者中标人放弃中标的，应当承担法律责任。

招标人应当与中标人按照招标文件和中标人的投标文件订立书面合同。招标人与中标人不得再行订立背离合同实质性内容的其他协议。

招标人与中标人签订合同后 5 个工作日内，应当向中标人和未中标的投标人退还投标。

8.4.4　工程合同价的确定方式

1)通过招标,选定中标人决定合同价

这是工程建设项目发包适应市场机制、普遍采用的一种方式。《中华人民共和国招标投标法》规定:经过招标、评标、决标后,自中标通知书发出之日起 30 日内,招标人与中标人应根据招投标文件订立书面合同。其中标价,就是合同价,合同内容包括:

①双方的权利、义务。

②施工组织计划和工期。

③质量与验收。

④合同价款与支付。

⑤竣工与结算。

⑥争议的解决。

⑦工程保险等。

建设工程施工合同目前普遍采用的合同文本为《建设工程施工合同(示范文本)》(GF—1999—0201),该文本包括通用条款、专用条款,不同的项目可以根据自身的特点进行修订。

2)以施工图预算为基础,发包方与承包方通过协商谈判决定合同价

这一方式主要适用于抢险工程、保密工程、不宜进行招标的工程及依法可以不进行招标的工程项目,合同签订的内容同上。

8.4.5　工程合同价款的确定

业主、承包商应当在合同条款中除约定合同价外,一般对下列有关工程合同价款的事项进行约定:

①预付工程款的数额、支付时限及抵扣方式。

②支付工程进度款的方式、数额及时限。

③工程施工中发生变更时,工程价款的调整方法、索赔方式、时限要求及金额支付方式。

④发生工程价款纠纷的解决方法。

⑤约定承担风险的范围和幅度,以及超出约定范围和幅度的调整方法。

⑥工程竣工价款结算与支付方式、数额及时限。

⑦工程质量保证(保修)金的数额、预扣方式及时限。

⑧工期及工期提前或延后的奖惩方法。

⑨与履行合同、支付价款有关的担保事项。

招标工程合同约定的内容不得违背招投标文件的实质性内容。招标文件与中标人投标文件不一致的地方,以投标文件为准。

8.5　工程分包招投标及设备、材料采购招投标合同价款的确定方法

8.5.1　设备、材料采购的招投标方式

《招标投标法》规定,在中华人民共和国境内进行与工程建设有关的重要设备、材料等的采购,必须进行招标。主要招投标方式有:

1)公开招标(国际竞争性招标、国内竞争性招标)

我国政府和世界银行商定,凡工业项目采购额在 100 万美元以上的,均需采用国际竞争性招标。通过这种招标方式,一般可以使买主以有利的价格采购到需要的设备、材料,可引进国外先进的设备、技术和管理经验,并且可以保证所有合格的投标人都有参加投标的机会,保证采购工作公开而客观地进行。

国内竞争性招标适合于合同金额小,工程地点分散且施工时间拖得很长,劳动密集型生产或国内获得货物的价格低于国际市场价格,行政与财务上不适于采用国际竞争性招标等情况。国内竞争性招标也要求具有充分的竞争性,应程序公开,对所有的投标人一视同仁,并且根据事先公布的评选标准,授予最符合标准且标价最低的投标人。

2)邀请招标(有限国际竞争性招标)

设备、材料采购的邀请招标是由招标单位向具备设备、材料制造或供应能力的单位直接发出投标邀请书,并且受邀参加投标的单位不得少于 3 家。这种方式也称为有限国际竞争性招标,是一种不需公开刊登广告而直接邀请供应商进行国际竞争性投标的采购方法。它适用于合同金额不大,或所需特定货物的供应商数目有限,或需要尽早地交货等情况。

采用设备、材料采购邀请招标一般是有条件的,主要有:

①招标单位对拟采购的设备在世界上(或国内)的制造商的分布情况比较清楚,并且制造厂家有限,又可以满足竞争态势的需要。

②已经掌握拟采购设备的供应商或制造商及其他代理商的有关情况,对他们的履约能力、资信状况等已经了解。

③建设项目工期较短,不允许拿出更多时间进行设备采购,因而采用邀请招标。

④还有一些不宜进行公开采购的事项,如国防工程、保密工程、军事技术等。

3)其他方式

①设备、材料采购有时也通过询价方式选定设备、材料供应商。

②在设备、材料采购时,有时也采用非竞争性采购方式直接订购方式。

8.5.2　设备、材料采购招投标文件的编制

1) 设备、材料采购招标文件的编制

设备招标文件是一种具有法律效力的文件,它是设备采购者对所需采购设备的全部要求,也是投标和评标的主要依据,内容应当做到完整、准确,所提供条件应当公平、合理,符合有关规定。招标文件主要由下列部分组成:

①招标书,包括招标单位名称、建设工程名称及简介、招标设备简要内容(设备主要参数、数量、要求交货期等)、投标截止日期和地点、开标日期和地点。

②投标须知,包括对招标文件的说明及对投标者和投标文件的基本要求,评标、定标的基本原则等内容。

③招标设备清单和技术要求及图纸。

④主要合同条款应当依据合同法的规定,包括价格及付款方式、交货条件、质量验收标准及违约罚款等内容,条款要详细、严谨,防止事后发生纠纷。

⑤投标书格式、投标设备数量及价目表格式。

⑥其他需要说明的事项。

2) 设备、材料采购投标文件的编制

根据《建设工程设备招标投标管理试行办法》规定,投标需要有投标文件。投标文件是评标的主要依据之一,应当符合招标文件的要求。基本内容包括:

①投标书。

②投标设备数量及价目表。

③偏差说明书,即对招标文件某些要求有不同意见的说明。

④证明投标单位资格的有关文件。

⑤投标企业法人代表授权书。

⑥投标保证金(根据需要定)。

⑦招标文件要求的其他需要说明的事项。

8.5.3　设备、材料采购评标

1) 设备、材料采购评标的原则与要求

根据有关规定,设备、材料采购评标、定标应遵循下列原则及要求:

①招标单位应当组织评标委员会(或评标小组)负责评标定标工作。评标委员会应当由专家、设备需方、招标单位及有关部门的代表组成,与投标单位有直接经济关系(财务隶属关系或股份关系)的单位人员不得参加评标委员会。

②评标前,应当制订评标程序、方法、标准及评标纪律。评标应当依据招标文件的规定及投标文件所提供的内容评议并确定中标单位。在评标过程中,应当平等、公正地对待所有投标者,招标单位不得任意修改招标文件的内容或提出其他附加条件作为中标条件,不得以最低报价作为中标的唯一标准。

③招标设备标底应当由招标单位会同设备需方及有关单位共同协商确定。设备标底价格应当以招标当年现行价格为基础,生产周期长的设备应考虑价格变化因素。评标时不仅要看其报价的高低,还要考虑货物运抵现场过程中可能支付的所有费用,以及设备在评审预定的寿命期内可能投入的运营、维修和管理费用等。

④设备招标的评标工作一般不超过 10 天,大型项目设备招标的评标工作最多不超过 30d。

⑤在评标过程中,如有必要可请投标单位对其投标内容作澄清解释。澄清时,不得对投标内容作实质性修改。澄清解释的内容必要时可作书面纪要,经投标单位授权代表签字后,作为投标文件的组成部分。

⑥在评标过程中有关评标情况不得向投标人或与招标工作无关的人员透露。凡招标申请公证的,评标过程应当在公证部门的监督下进行。

⑦评标定标以后,招标单位应当尽快向中标单位发出中标通知,同时通知其他未中标单位。

2)设备、材料采购评标的主要方法

设备、材料采购评标中可采用综合评标价法、全寿命费用评标价法、最低投标价法或百分评定法。

(1)综合评标价法

综合评标价法是指以设备投标价为基础,将评定各要素按预定的方法换算成相应的价格,在原投标价上增加或扣减该值而形成评标价格。评标价格最低的投标书为最优。采购机组、车辆等大型设备时,较多采用这种方法。

(2)全寿命费用评标价法

采购生产线、成套设备、车辆等运行期内各种后续费用(备件、油料及燃料、维修等)较高的货物时,可采用以设备全寿命费用为基础评标价法。评标时应首先确定一个统一的设备评审寿命期,然后再根据各投标书的实际情况,在投标价上加上该年限运行期内所发生的各项费用,再减去寿命期末设备的残值。计算各项费用和残值时,都应按招标文件中规定的贴现率折算成净现值。

(3)最低投标价法

采购技术规格简单的初级商品、原材料、半成品及其他技术规格简单的货物,由于其性能质量相同或容易比较其质量级别,可把价格作为唯一尺度,将合同授予报价最低的投标者。

(4)百分评定法

这一方法是按照预先确定的评分标准,分别对各设备投标书的报价和各种服务进行评审打分,得分最高者中标。

8.5.4 设备、材料合同价款的确定

在国内设备、材料采购招投标中的中标单位在接到中标通知后,应当在规定时间内由招标单位组织与设备需方签订经济合同,进一步确定合同价款。一般说,国内设备材料采购合同价

款就是评标后的中标价,但需要在合同签订中双方确认。

设备、材料的国际采购合同中,合同价款的确定应与中标价相一致,其具体价格条款应包括单价、总价及与价格有关的运输、保险费、仓储费、装卸费、各种捐税、手续费、风险责任的转移等内容。由于设备、材料价格的构成不同,价格条件也各有不同。设备、材料国际采购合同中常用的价格条件有离岸价格(FOB)、到岸价格(CIP)、成本加运费价格(CFR)。这些内容需要在合同签订过程中认真磋商,最终确认。

8.6　建设工程招标工程量清单的编制方法

8.6.1　工程量清单的组成内容

根据《建设工程工程量清单计价规范》的规定,工程量清单的组成内容如下:

①封面。
②填表须知。
③总说明。
④分部分项工程量清单。
⑤措施项目清单。
⑥其他项目清单。
⑦零星工作项目表。
⑧规费、税金等。

工程量清单应该由具有编制招标文件能力的招标人,或受其委托具有相应资质的中介机构编制。工程量清单是招标文件的组成部分。

8.6.2　分部分项工程量清单的编制

分部分项工程量清单是指完成拟建工程的实体工程项目数量的清单。

分部分项工程量清单由招标人根据《建设工程工程量清单计价规范》附录规定的项目编码、项目名称、计量单位和工程量计算规则进行编制。

1)分部分项工程量清单的项目编码

分部分项工程量清单的项目编码(图8.2),按五级设置,用十二位阿拉伯数字表示,一、二、三、四级编码,即一至九位应按《建设工程工程量清单计价规范》附录的规定设置;第五级编码,即十至十二位应根据拟建工程的工程量清单项目名称由其编制人设置,并应自001起顺序编制。各级编码代表含义如下:

①第一级表示分类码(分两位)。附录A建筑工程为01,附录B装饰装修工程为02,附录C安装工程为03,附录D市政工程为04,附录E园林绿化工程为05,附录F矿山工程为06。

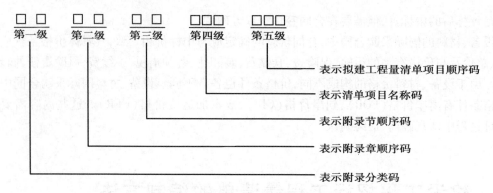

图 8.2　分部分项工程量清单的项目编码

②第二级表示章(专业工程)顺序码(分两位)。如 0103 为附录 A 的第三章"砌筑工程";0302 为附录 C 的第二章"电气设备安装工程"。

③第三级表示节(分部工程)顺序码(分两位)。如 010302 为砌筑工程的第二节"砖砌体"。

④第四级表示清单项目(分项工程)名称码(分三位)。如 010302001 为砖砌体中的"实心砖墙"。

⑤第五级表示拟建工程量清单项目顺序码(分三位)。由编制人依据项目特征的区别,从 001 开始,一共 999 个码可供使用。如用 MU20 页岩标准砖,M7.5 混合砂浆砌混水墙,可编码为:010302001001,其余类推。

2)分部分项工程量清单的项目名称

项目名称应按《建设工程工程量清单计价规范》附录的项目名称与项目特征并结合拟建工程的实际确定。《建设工程工程量清单计价规范》没有的项目,编制人可作相应补充,并报工程造价管理机构备案。

3)分部分项工程量清单的计量单位

分部分项工程量清单的计量单位,应按《建设工程工程量清单计价规范》附录中规定的计量单位确定。

在工程量清单编制时,有的项目中《建设工程工程量清单计价规范》有两个以上计量单位,对具体工程量清单项目只能根据《建设工程工程量清单计价规范》的规定选择其中一个计量单位。《建设工程工程量清单计价规范》中没有具体选用规定时,清单编制人可以根据具体的情况选择其中的一个。如《建设工程工程量清单计价规范》对"A.2.1 混凝土桩"的"预制钢筋混凝土桩"计量单位有"m/根"两个计量单位,但是没有具体的选用规定,在编制该项目清单时清单编制人可以根据具体情况选择"m""根"其中之一作为计量单位。又如,《建设工程工程量清单计价规范》对"A.3.2 砖砌体"中的"零星砌砖"的计量单位为"m^3、m^2、m、个"4 个计量单位,但是规定了"砖砌锅台与炉灶可按外形尺寸以个计算,砖砌台阶可按水平投影面积以平方米计算,小便槽、地垄墙可按长度计算,其他工程量按立方米计算",所以在编制该项目的清单时,应根据《建设工程工程量清单计价规范》的规定选用。

4）分部分项工程的数量

分部分项工程量清单中的工程数量,应按《建设工程工程量清单计价规范》附录中规定的工程量计算规则计算。

由于清单工程量是招标人根据设计计算的数量,仅作为投标人投标报价的共同基础,工程结算的数量按合同双方认可的实际完成的工程量确定。所以,清单编制人应该按照《建设工程工程量清单计价规范》的工程量计算规则,对每一项的工程量进行准确计算,从而避免业主承受不必要的工程索赔。

5）分部分项工程量清单项目的特征描述

项目特征是用来表述项目名称的实质内容,用于区分《建设工程工程量清单计价规范》中同一清单条目下各个具体的清单项目。由于项目特征直接影响工程实体的自身价值,关系到综合单价的准确确定,因此项目特征的描述,应根据《建设工程工程量清单计价规范》项目特征的要求,结合技术规范、标准图集、施工图纸,按照工程结构、使用材质及规格或安装位置等,予以详细表述和说明。由于种种原因,对同一项目,由不同的人进行,会有不同的描述,尽管如此,体现项目特征的区别和对报价有实质影响的内容必须描述,描述的内容可按以下把握:

（1）必须描述的内容

①涉及正确计量计价的必须描述:如门窗洞口尺寸或框外围尺寸。

②涉及结构要求的必须描述:如混凝土强度等级(C20 或 C30)。

③涉及施工难易程度的必须描述:如抹灰的墙体类型(砖墙或混凝土墙)。

④涉及材质要求的必须描述:如油漆的品种、管材的材质(碳钢管、无缝钢管)。

（2）可不描述的内容

①对项目特征或计量计价没有实质影响的内容可以不描述:如混凝土柱高度、断面大小等。

②应由投标人根据施工方案确定的可不描述:如预裂爆破的单孔深度及装药量等。

③应由投标人根据当地材料确定的可不描述:如混凝土拌合料使用的石子的种类及粒径、砂的种类等。

④应由施工措施解决的可不描述:如现浇混凝土板、梁的标高等。

（3）可不详细描述的内容

①无法准确描述的可不详细描述:如土壤类别可描述为综合等(对工程所在具体地点来讲,应由投标人根据地勘资料确定土壤类别,决定报价)。

②施工图、标准图标注明确的,可不再详细描述;未明确标注的,可描述为"见××图集××图号"等。

③还有一些项目可不详细描述,但清单编制人在项目特征描述中应注明由投标人自定,如"挖基础土方"中的土方运距等。

对规范中没有项目特征要求的少数项目,但又必须描述的应予描述:如 A.5.1"厂库房大门、特种门",规范以"樘"作为计量单位,"框外围尺寸"就是影响报价的重要因素,因此,就必须描述,以便投标人准确报价。同理,B.4.1"木门"、B.5.1"门油漆"、B.5.2"窗油漆"也是如此。

需要指出的是,《建设工程工程量清单计价规范》附录中"项目特征"与"工程内容"是两个不同性质的规定。项目特征必须描述,因其讲的是工程实体的特征,直接影响工程的价值。工

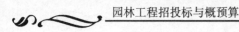

程内容无须描述,因其主要讲的是操作程序,二者不能混淆。例如砖砌体的实心砖墙,按照《建设工程工程量清单计价规范》中"项目特征"栏的规定,就必须描述砖的品种:是页岩砖,还是煤灰砖。砖的规格:是标砖还是非标砖,是非标砖就应注明规格尺寸。砖的强度等级:是 MU10、MU15、还是 MU20,因为砖的品种、规格、强度等级直接关系到砖的价值。还必须描述墙体的厚度:是 1 砖(240 mm),还是 1 砖半(370 mm)等。墙体类型:是混水墙,还是清水墙,清水是双面,还是单面或者是一斗一卧、围墙还是单顶全斗墙等;因为墙体的厚度、类型直接影响砌砖的工效以及砖、砂浆的消耗量。还必须描述是否勾缝:是原浆,还是加浆勾缝;如是加浆勾缝,还须注明砂浆配合比。还必须描述砌筑砂浆的强度等级:是 M5、M7.5、还是 M10 等;因为不同强度等级、不同配合比的砂浆,其价值是不同的。由此可见,这些描述均不可少,因为其中任何一项都影响了综合单价的确定。而《建设工程工程量清单计价规范》中"工程内容"栏中的砂浆制作、运输、砌砖、勾缝、砖压顶砌筑、材料运输则不必描述。因为,不描述这些工程内容,承包商必然要操作这些工序,完成最终验收的砖砌体。

此处还需说明的是如《建设工程工程量清单计价规范》在"实心砖墙"的"项目特征"及"工程内容"栏中均包含有勾缝,但两者的性质不同,"项目特征"栏的勾缝体现的是实心砖墙的实体特征,而"工程内容"栏内的勾缝表述的是操作工序或称操作行为。因此如果需勾缝,就必须在"项目特征"中描述,而不能以"工程内容"中有而不描述,否则,将视为清单项目漏项而可能在施工中引起索赔,类似的情况在计价规范中还有,须引起注意。

清单编制人应高度重视分部分项工程量清单项目特征的描述,任何不描述,描述不清均会在施工合同履约过程中产生分歧,导致纠纷、索赔。

8.6.3　措施项目清单的编制

措施项目清单指为完成工程项目施工,发生于该工程施工前和施工过程中的技术、生活、安全等方面的非工程实体项目的清单。

措施项目清单的编制应考虑多种因素,除工程本身的因素外,还涉及水文、气象、环境、安全和承包商的实际情况等。《建设工程工程量清单计价规范》中的"措施项目一览表"只是作为清单编制人编制措施项目清单时的参考。因情况不同,出现表中没有的措施项目时,清单编制人可以自行补充。

由于措施项目清单中没有的项目承包商可以自行补充填报。所以,措施项目清单对于清单编制人来说,压力并不大。一般情况下,清单编制人可以不填写或只需要填写最基本的措施项目即可。

《建设工程工程量清单计价规范》中的措施项目如表 8.1 所示。

表 8.1　措施项目一览表

序　号	项目名称
1　通用项目	
1.1	环境保护
1.2	文明施工
1.3	安全施工

续表

序 号	项目名称
1.4	临时设施
1.5	夜间施工
1.6	二次搬运
1.7	大型机械设备进出场及安拆
1.8	混凝土、钢筋混凝土模板及支架
1.9	脚手架
1.10	已完工程及设备保护
1.11	施工排水、降水
2 建筑工程	
2.1	垂直运输机械
3 装饰装修工程	
3.1	垂直运输机械
3.2	室内空气污染测试
4 安装工程	
4.1	组装平台
4.2	设备、管道施工的安全、防冻和焊接保护设施
4.3	压力容器和高压管道的检验
4.4	焦炉施工大棚
4.5	焦炉烘炉、热态工程
4.6	管道安装后的充气保护设施
4.7	隧道内施工的通风、供水、供气、供电、照明及通信设施
4.8	现场施工围栏
4.9	长输管道临时水工保护设施
4.10	长输管道施工便道
4.11	长输管道跨越或穿越施工设施
4.12	长输管道地下穿越地上建筑物的保护设施
4.13	长输管道工程施工队伍调遣
4 14	格架式桅杆
5 市政工程项目	
5.1	围堰
5.2	筑岛
5 3	现场施工围栏
5.4	便道
5.5	便桥

续表

序 号	项目名称
5.6	洞内施工的通风、供水、供气、供电、照明及通信设施
5.7	驳岸块石清理
6 矿山工程	
6.1	特殊安全技术措施
6.2	前期上山道路
6.3	作业平台
6.4	防洪措施
6.5	凿井措施
6.6	临时支护措施

8.6.4　其他项目清单的编制

其他项目清单指根据拟建工程的具体情况,在分部分项工程量清单和措施项目清单以外的项目。包括预留金、材料购置费、总承包服务费、零星工作项目费等。

1)预留金

预留金是业主为可能发生的工程量变更而预留的资金。预留金属于暂定金额。主要是业主为工程量清单漏项、有误引起的工程量的增加和施工中的工程设计变更引起标准提高或工程量的增加,施工中发生的索赔或现场签证确认的项目,以及合同约定调整因素出现时使工程价款调整而准备的备用金。国际上,一般用预留金来控制工程的投资追加金额。

预留金的数额大小与承包商没有关系,不能视为归承包商所有。竣工结算时,应该将预留金及其税金、规费从合同金额中扣除。

2)材料购置费

材料购置费是指由业主自行购买的材料的金额。国际上,一般用材料购置费来控制工程中由业主购买的材料设备的投资金额。

业主确定为自行采购的材料应在招标文件中详细列出材料名称、规格、型号、数量、单价等。需要指出的是,业主自行采购的材料应按施工要求及时足额供应,否则,影响施工的,将面临承包商的索赔。

与预留金一样,若合同金额中包括材料购置费,不能视为归承包商所有。竣工结算时,应该将材料购置费从合同金额中扣除。

3)总承包服务费

总承包服务费是指承包商为配合协调业主进行的工程分包和材料采购所需的费用。这里

的工程分包,是指在招标文件中明确说明的国家规定允许业主单独分包的工程内容。

工程量清单编制人只需要在其他项目清单中列出"总承包服务费"项目即可。但是,清单编制人必须在总说明中说明工程分包的具体内容。

4) 零星工作项目费

零星工作项目费是指由业主提出的、暂估的零星工作所需的费用。

零星工作项目表中列出的人工、材料、机械,是为将来有可能发生的工程量清单以外的有关增加项目或零星借工而作的单价准备。清单编制人应该填写具体的暂估工程量。

与预留金一样,零星工作项目费的数额大小与承包商没有关系,不能视为归承包商所有。竣工结算时,应该按照实际完成的零星工作结算。

5) 其他注意事项

其他项目清单由清单编制人根据拟建工程具体情况参照《建设工程工程量清单计价规范》编制。《建设工程工程量清单计价规范》未列出的项目,编制人可作补充,并在总说明中予以说明。

8.6.5 规费与税金

规费指政府和有关权力部门规定必须缴纳的费用。具体项目由清单编制人根据建设部、财政部印发的《建筑安装工程费用项目组成》(建标〔2003〕206 号)的规定编制,建筑安装工程未列出的项目,编制人应按照工程所在地政府和有关权力部门的规定编制。

税金指按国家税法规定,应计入建设工程造价内的营业税、城市维护建设税及教育费附加。

8.6.6 其他的工程量清单要求

工程量清单编制人还应该结合评标计分办法,在总说明中说明或附样表,提出投标文件的格式要求及要求提交的其他有关计价资料。如,要求提交"分部分项工程量清单综合单价分析表""措施项目费分析表""主要材料价格表""主要材料用量表"等。

8.7 工程投标报价的编制方法

8.7.1 投标文件内容

投标人应当按照招标文件的要求编制投标文件。投标文件应当对招标文件提出的实质性要求和条件作出响应。

1)建设工程施工投标文件内容

①投标函。

②投标书附录。

③投标保证金。

④法定代表人资格证明书。

⑤授权委托书。

⑥具有标价的工程量清单与报价表。

⑦辅助资料表。

⑧资格审查表(资格预审的不采用)。

⑨对招标文件中的合同协议条款内容的确认和响应。

⑩招标文件规定提交的其他资料。

2)建设工程设备、材料采购投标文件的编制

①投标书。

②投标设备数量及价目表。

③偏差说明书,即对招标文件某些要求有不同意见的说明。

④证明投标单位资格的有关文件。

⑤投标企业法人代表授权书。

⑥投标保证金。

⑦招标文件要求的其他需要说明的事项。

　　参加投标的单位应购买招标文件,承认并履行招标文件中的各项规定和要求。投标单位向招标单位提供的投标文件应分为正本、副本,评标时以正本为准。在投标截止之前,招标方允许对已提交的投标文件进行补充或修改,但须由投标方授权代表签字后方为有效。在投标截止后,投标文件不得修改。另外,凡与招标规定不符、内容不全或以电讯形式授权的投标文件,视为无效。

8.7.2　建设工程施工投标的程序

　　建设工程施工投标的一般程序,如图8.3所示。

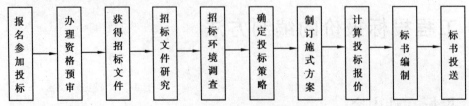

图8.3　建设工程施工投标程序

8.7.3　工程建设项目施工投标的准备工作

1) 研究招标文件

取得招标文件以后,首要的工作是仔细认真地研究招标文件,充分了解其内容和要求,以便安排投标工作的部署,并发现应提请招标单位予以澄清的疑点。研究招标文件的着重点,通常放在以下几方面:

①研究工程综合说明,借以获得对工程全貌的轮廓性了解。

②熟悉并详细研究设计图纸和技术说明书,目的在于弄清工程的技术细节和具体要求,使制订施工方案和报价有确切的依据。为此,要详细了解设计规定的各部位做法和对材料品种规格的要求;各种图纸之间的关系等,发现不清楚或互相矛盾之处,要提请招标单位解释或订正。

③研究合同主要条款,明确中标后应承担的义务、责任及应享受的权利,重点是承包方式,开竣工时间及工期奖罚,材料供应及价款结算办法,预付款的支付和工程款结算办法,工程变更及停工、窝工损失处理办法等。因为这些因素或者关系到施工方案的安排,或者关系到资金的周转,最终都会反映在标价上,所以都须认真研究,以利于减少风险。

④熟悉投标单位须知,明确了解在投标过程中,投标单位应在什么时间做什么事和不允许做什么事,目的在于提高效率,避免造成废标,徒劳无功。

全面研究了招标文件,对工程本身和招标单位的要求有了基本了解之后,投标单位就可以制订自己的投标工作计划,以争取中标为目标,有秩序地开展工作。

2) 调查投标环境

投标环境就是投标工程的自然、经济和社会条件。这是工程施工的制约因素,必然影响工程成本,是投标报价时必须考虑的,所以要在报价前尽可能了解清楚。

①施工现场条件,可通过踏勘现场和研究招标单位提供的地基勘探报告资料来了解。主要有:场地的地理位置,地上、地下有无障碍物,地基土质及其承载力,进出场通道,给排水、供电和通信设施,材料堆放场地的最大容量,是否需要二次搬运,临时设施场地等。

②自然条件,主要是影响施工的风、雨、气温等因素。如风、雨季的起止期,常年最高、最低和平均气温及地震烈度等。

③建材供应条件,包括砂石等地方材料的采购和运输,钢材、水泥、木材等材料的供应来源和价格,当地供应机构配件的能力和价格,租赁建筑机械的可能性和价格等。

④专业分包的能力和分包条件。

⑤生活必需品的供应情况。

3) 确定投标策略

建筑企业参加投标竞争,目的在于得到对自己最有利的施工合同,从而获得尽可能多的盈利。为此,必须研究投标策略,以指导其投标全过程的活动。

4)制订施工方案

施工方案是投标报价的一个前提条件,也是招标单位评标要考虑的重要因素之一。施工方案主要应考虑施工方法、主要机械设备、施工进度、现场工人数目的平衡及安全措施等,要求在技术和工期两方面对招标单位有吸引力,同时又有助于降低施工成本。由于投标的时间要求往往相当紧迫,所以施工方案不可能也无必要编得很详细,只要抓住要点,扼要地说明就行了。

8.7.4　工程建设项目施工投标报价的编制方法

1)投标报价的编制依据

①招标文件。

②招标人提供的设计图纸及有关的技术说明书等。

③工程所在地现行的定额及与之配套执行的各种造价信息、规定等。

④招标人书面答复的有关资料。

⑤企业定额、类似工程的成本核算资料。

⑥其他与报价有关的各项政策、规定及调整系数等。

在标价的计算过程中,对于不可预见费用的计算必须慎重考虑,不要遗漏。

2)投标报价的编制方法

投标报价的编制方法与标底的编制方法基本相同。下面就承包商在投标报价编制中应该特别注意的问题和与标底编制的不同点予以简要叙述。

(1)分部分项工程量清单计价

①复核分部分项工程量清单的工程量和项目是否准确。一般说来,工程量清单中的漏量和漏项在结算时是可以调整的。复核的目的主要是投标报价策略的需要。工程量存在漏量的项目,综合单价可以略微调整得高一些;反之,应该调整的低一些。漏项的内容,在投标报价中不予考虑,待将来在索赔中计取。

②研究分部分项工程量清单中的项目特征描述。研究的目的主要在于了解该项目的组成特征。只有充分地了解了该项目的组成特征,才能够准确地进行综合单价的确定。没有描述的项目特征在综合单价中不予考虑,将来在索赔中计取。

例如《建设工程工程量清单计价规范》中水泥砂浆楼地面的防水(潮)层,应该描述在水泥砂浆楼地面的清单项目内,如果没有在水泥砂浆楼地面的清单项目中予以描述,则不能因为《建设工程工程量清单计价规范》中水泥砂浆楼地面的工程内容中有"防水层铺设",而认为水泥砂浆楼地面的综合单价中就应该包括防水层的费用。应当视为"防水层"属于工程量清单的漏项,承包商可以进行索赔。

③进行清单综合单价的计算。分部分项工程量清单综合单价计算的实质,就是综合单价的组价问题。

工程实践中,综合单价的组价方法主要有两种:

a.依据定额计算。就是针对工程量清单中的一个项目描述的特征,按照有关定额的项目划分和工程量计算规则进行计算,得出该项目的综合单价。特别应该注意:按照定额计算的有关费用,应该与《建设工程工程量清单计价规范》要求的综合单价包括的内容完全一致。

如安胶合板门的工程量清单中,项目描述的特征包括制作、安装(含小五金)、油漆等内容,工程量200樘。首先根据有关定额的项目划分和工程量计算规则,分别列项计算出200樘给定尺寸的胶合板门的安装及框制作工程量、门扇制作工程量、油漆工程量;然后,根据清单中描述的材料、规格、做法要求选择套用有关定额子目,需要换算的并按规定进行定额换算;进行定额套用定额规定的人工费调整、材料差价调整、机械费调整和有关费用计算(包括风险费用),得出200樘胶合板门的总费用;之后,将总费用除以200得出每樘的有关综合单价。最后,将综合单价填入"分部分项工程量清单计价表"内;如果招标文件要求提交"分部分项工程量清单综合单价分析表"时,还应该将上述的计算结果填入该表的相应栏目内。

b.根据实际费用估算。就是针对工程量清单中的一个项目描述的特征,按照实际可能发生的费用项目进行有关费用估算并考虑风险费用,然后再除以清单工程量得出该项目的综合单价。特别应该注意:按照实际计算的有关费用,应该与《建设工程工程量清单计价规范》要求的综合单价包括的内容完全一致。

例如某基础土方工程,在工程量清单中,项目描述的特征为土方开挖、土方运输(堆弃土地点及运距自定),工程量1 200 m³。首先,根据工程实际情况,施工组织设计确定采用反铲挖掘机基坑内放坡开挖自卸汽车运土方式开挖,施工和基底加宽工作面每边800 mm、确定堆弃土地点及运距10 km;然后,计算出实际的挖土方量为1 800 m³;根据市场上的反铲挖掘机挖土和自卸汽车运土10 km的每立方米单价,估算出机械土方施工的费用;根据以往经验,估算出人工配合挖土及原土打夯所需要的人工费、机械费;根据以往经验,估算出土方施工的风险费用;汇总1 800 m³土方工程施工所需的各项估算费用及管理费、预期利润;最后,将总费用除以1 200 m³,得出每立方米的综合单价。

④进行工程量清单综合单价的调整。根据投标策略进行综合单价的适当调整。值得注意的是,综合单价调整时过度的降低可能会加大承包商亏损的风险;过度的提高可能会失去中标的可能。

⑤编制分部分项工程量清单计价表。将调整后的综合单价填入分部分项工程量清单计价表,计算各个项目的合价和合计。

特别提醒,在编制分部分项工程量清单计价表时,项目编码、项目名称、计量单位、工程数量,必须与招标文件中的分部分项工程量清单的内容完全一致。调整后的综合单价,必须与分部分项工程量清单综合单价分析表中的综合单价完全一致。

(2)措施项目工程量清单计价

鉴于清单编制人提出的措施项目工程量清单是根据一般情况确定的,没有考虑不同投标人的"个性",投标人可以在报价时根据企业的实际情况增减措施费项目内容报价。承包商在措施项目工程量清单计价时,根据编制的施工方案或施工组织设计,对措施项目工程量清单中认为不发生的,其费用可以填写为零;对于实际需要发生,而工程量清单项目中没有的,可以自行填写增加,并报价。

措施项目工程量清单计价表,以"项"为单位,填写相应的所需金额。

每一个措施项目的费用计算,应按招标文件的规定,相应采用综合单价或按每一项措施项目报总价。

需要注意的是,对措施项目中的文明施工、安全施工、临时设施费,应按照建设部印发的《建设工程安全防护、文明施工措施费用及使用管理规定》的要求工程所在地省级建设工程造价管理机构测定的标准不得低于90%计取(有的省已规定此项费用不参与竞争)。

(3)其他项目工程量清单计价

其他项目工程量清单计价时,预留金和材料购置费的金额必须按照招标文件中确定的金额填写,不得增加或减少;总承包服务费的金额可以根据招标文件中的说明按实际估算费用,或按照有关造价管理部门规定的计算方法确定;零星工作项目费的金额应该与零星工作项目表计价的合计金额完全一致。

(4)规费和税金的计算

规费和税金应按国家和省级建设行政主管部门的规定计取,有的省、市规定规费不参与竞争,因此投标时应足额将规费报价,否则,将按低于成本导致中标无望。

(5)其他有关表格的填写

应该按照工程量清单的有关要求,认真填写如"分部分项工程量清单综合单价分析表""措施项目费分析表""主要材料价格表"等其他要求承包商投标时提交的有关表格。

(6)特别提醒

①《建设工程工程量清单计价规范》中的"措施项目费用分析表"的综合单价组成格式仅供参考,承包商可以根据自己认为合适的其他方式提供各项综合单价费用的组成。

②"主要材料价格表"中的材料费单价应该是全单价,包括:材料原价、材料运杂费、运输损耗费、加工及安装损耗费、采购保管费、一般的检验试验费及一定范围内的材料风险费用等。但不包括新结构、新材料的试验费和业主对具有出厂合格证明的材料进行检验,对构件做破坏性试验及其他特殊要求检验试验的费用。特别值得强调的是,原来预算定额计价中加工及安装损耗费是在材料的消耗量中反映,工程量清单计价中加工及安装损耗费是在材料的单价中反映。

课后练习题

(1)简述建设工程招标的种类。

(2)简述招标方式有几种? 各有什么特点?

(3)简述建设工程施工招标文件的主要内容。

(4)简述常用的投标策略。

(5)简述开标后的投标技巧。

(6)简述评标程序。

(7)简述工程合同价的确定方式。

(8)简述措施项目清单的编制方法。

(9)简述投标报价的编制方法。

9 园林工程竣工结算与决算

本章导读 了解竣工验收报告的组成;了解新增资产价值的确定方法;熟悉竣工决算的内容和编制方法;熟悉保修费用的处理方法。

9.1 建设工程价款结算

9.1.1 工程价款结算方式

1)工程价款的主要结算方式

根据《建设工程价款结算暂行办法》的规定,所谓工程价款结算,是指对建设工程的发包承包合同价款进行约定和依据合同约定进行工程预付款、工程进度款、工程竣工价款结算的活动。工程价款结算应按合同约定办理,合同未作约定或约定不明的,发、承包双方应依照下列规定与文件协商处理:

①国家有关法律、法规和规章制度。

②国务院建设行政主管部门,省、自治区、直辖市或有关部门发布的工程造价计价标准、计价办法等有关规定。

③建设项目的补充协议、变更签证和现场签证,以及经发、承包人认可的其他有效文件。

④其他可依据材料。

工程价款的结算方式主要有以下两种:

(1)按月结算与支付

按月结算与支付即是实行按月支付进度款,竣工后清算的办法。合同工期在两个年度以上的工程,在年终进行工程盘点,办理年度结算。

(2)分段结算与支付

分段结算与支付即是当年开工、当年不能竣工的工程按照工程形象进度,划分不同阶段支付工程进度款。

除上述两种主要方式,双方还可以约定其他结算方式。

2)工程价款结算的主要内容

根据《建设项目工程结算编审规程》中的有关规定,工程价款结算主要包括竣工结算、分阶段结算、专业分包结算和合同中止结算。

(1)竣工结算

竣工结算是建设项目完工并经验收合格后,对所完成的建设项目进行的全面的工程结算。

(2)分阶段结算

在签订的施工承发包合同中,按工程特征划分为不同阶段实施和结算。该阶段合同工作内容已完成,经发包人或有关机构中间验收合格后,由承包人在原合同分阶段价格的基础上编制调整价格并提交发包人审核签认的工程价格,它是表达该工程不同阶段造价和工程价款结算依据的工程中间结算文件。

(3)专业分包结算

在签订的施工承发包合同或由发包人直接签订的分包工程合同中,按工程专业特征分类实施分包和结算。分包合同工作内容已完成,经总包人、发包人或有关机构对专业内容验收合格后,按合同的约定,由分包人在原合同价格基础上编制调整价格并提交总包人、发包人审核签认的工程价格,它是表达该专业分包工程造价和工程价款结算依据的工程分包结算文件。

(4)合同中止结算

工程实施过程中合同中止,对施工承发包合同中已完成且经验收合格的工程内容,经发包人、总包人或有关机构点交后,由承包人按原合同价格或合同约定的定价条款,参照有关计价规定编制合同中止价格,提交发包人或总包人审核签认的工程价格,它是表达该工程合同中止后已完成工程内容的造价和工程价款结算依据的工程经济文件。

9.1.2 工程计量与价款支付

1)工程预付款

施工企业承包工程,一般都实行包工包料,这就需要有一定数量的备料周转金。在工程承包合同条款中,一般要明文规定发包人在开工前拨付给承包人一定限额的工程预付款。预付款是发包人为解决承包人在施工准备阶段资金周转问题提供的协助。此预付款构成施工企业为该承包工程项目储备主要材料、结构件所需的流动资金。

(1)工程预付款的支付时间

按照《建设工程价款结算暂行办法》的规定,在具备施工条件的前提下,发包人应在双方签订合同后的一个月内或不迟于约定的开工日期前的 7 d 内预付工程款,发包人不按约定预付,承包人应在预付时间到期后 10 d 内向发包人发出要求预付的通知,发包人收到通知后仍不按要求预付,承包人可在发出通知 14 d 后停止施工,发包人应从约定应付之日起向承包人支付应付款的利息,并承担违约责任。

工程预付款仅用于承包人支付施工开始时与本工程有关的动员费用。如承包人滥用此款,发包人有权立即收回。除专用合同条款另有约定外,承包人应在收到预付款的同时向发包人提交预付款保函,预付款保函的担保金额与预付款金额相同,在发包人全部扣回预付款之前,该银行保函一直有效。当预付款被发包人扣回时,银行保函金额相应递减。

（2）工程预付款的数额

包工包料工程的预付款按合同约定拨付,原则上预付比例不低于合同金额的10%,不高于合同金额的30%,对重大工程项目,按年度工程计划逐年预付。

在实际工作中,工程预付款的数额,要根据各工程类型、合同工期、承包方式和供应体制等不同条件而定。

对于只包工不包料的工程项目,则可以不预付备料款。

（3）工程预付款的扣回

发包单位拨付给承包单位的工程预付款属于预支性质。工程实施后,随着工程所需主要材料储备的逐步减少,应以抵充工程价款的方式陆续扣回,抵扣方式必须在合同中约定。扣款的方法有两种。

①可以从未施工工程尚需的主要材料及构件的价值相当于工程预付款数额时起扣,从每次结算工程价款中,按材料比重扣抵工程价款,竣工前全部扣清。其基本表达公式是:

$$T = P - \frac{M}{N}$$

式中　T——起扣点,即工程预付款开始扣回时的累计完成工作量金额;

　　　M——工程预付款限额;

　　　N——主要材料及构件所占比重;

　　　P——承包工程价款总额。

②承发包双方也可在专用条款中约定不同的扣回方法。如《招标文件范本》中规定,在承包人完成金额累计达到合同总价的10%后,由承包人开始向发包人还款,发包人从每次应付给承包人的金额中扣回工程预付款,发包人至少在合同规定的完工期前3个月将工程预付款的总计金额按逐次分摊的办法扣回。

在实际经济活动中,情况比较复杂,有些工程工期较短,就无需分期扣回。有些工程工期较长,如跨年度施工,工程预付款可以不扣或少扣,并于次年按应付工程预付款调整,多退少补。具体地说,跨年度工程,预计次年承包工程价值大于或相当于当年承包工程价值时,可以不扣回当年的工程预付款,如小于当年承包工程价值时,应按实际承包工程价值进行调整,在当年扣回部分工程预付款,并将未扣回部分转入次年,直到竣工年度,再按上述办法扣回。

在颁发工程接收证书时,由于不可抗力或其他原因解除合同时,尚未扣清的预付款余额应作为承包人的到期应付款。

2）工程进度款

施工企业在施工过程中,按逐月完成的工程数量计算各项费用,向发包人办理工程进度款的支付。

（1）已完工程量的计算

根据工程量清单计价规范形成的合同价中包含综合单价和总价包干两种不同形式,应采取不同的计量方法。除专用条款另有约定外,综合单价子目已完成工程量按月计算,总价包干子

目的计量周期按批准的支付分解报告确定。

①综合单价子目的计算。已标价工程量清单中的单价子目工程量为估算工程量。若发现工程量清单中出现漏项、工程量计算偏差,以及工程量变更引起的工程量增减,应在工程进度款支付时调整,结算工程量是承包人在履行合同义务过程中实际完成,并按合同约定的计量方法进行计量的工程量。

②总价包干子目的计量。总价包干子目的计量和支付应以总价为基础,不因物价波动引起的价格调整的因素而进行调整。承包人在实际完成的工程量,是进行工程目标管理和控制进度支付的依据。承包人在合同约定的每个计量周期内,对已完成的工程进行计量,并提交专用条款约定的合同总价支付分解表所表示的阶段性或分项计量的支持性资料,以及所达到工程形象目标或分阶段需完成的工程量和有关计量资料。总价包干子目的支付分解表形成一般有以下3种方式:

a.对于工期较短的项目,将总价包干子目的价格按合同约定的计量周期平均。

b.对于合同价值不大的项目,按照总价包干子目的价格占签约合同价的百分比,以及各个支付周期内所完成的总价值,以固定百分比方式均摊支付。

c.根据有合同约束力的进度计划、预先确定的里程碑形象进度节点、组成总价子目的价格要素的性质,将组成总价包干子目的价格分解到各个形象进度节点,汇总形成支付分解表。实际支付时,经检查核实其实际形象进度,达到支付分解表的要求后,即可支付经批准的每阶段总价包干子目的支付金额。

(2)已完工程量复核

当发、承包双方在合同中未对工程量的复核时间、程序、方法和要求作约定时,按以下规定办理:

①承包人应在每个月末或合同约定的工程段完成后向发包人递交上月或上一工程段已完工程量报告;发包人应在接到报告后7 d内按施工图纸(含设计变更)核对已完工程量,并应在计量前24 h通知承包人。承包人应提供条件并按时参加。如承包人收到通知后不参加计量核对,则由发包人核实的计量应认为是对工程量的正确计量。如发包人未在规定的核对时间内通知承包人,致使承包人未能参加计量核对的,则由发包人所作的计量核实结果无效。如发、承包双方均同意计量结果,则双方应签字确认。

②如发包人未在规定的核对时间内进行计量核对,承包人提交的工程计量视为发包人已经认可。

③对于承包人超出施工图纸范围或因承包人原因造成返工的工程量,发包人不予计量。

④如承包人不同意发包人核实的计量结果,承包人应在收到上述结果后7 d内向发包人提出,申明承包人认为不正确的详细情况。发包人收到后,应在2 d内重新核对有关工程量的计量,或予以确认,或将其修改。

发、承包双方认可的核对后的计量结果,应作为支付工程进度款的依据。

(3)承包人提交进度款支付申请

在工程量经复核认可后,承包人应在每个付款周期末,向发包人递交进度款支付申请,并附相应的证明文件。除合同另有约定外,进度款支付申请应包括下列内容:

①本期已实施工程的价款。

②累计已完成的工程价款。

③累计已支付的工程价款。

④本周期已完成计日工金额。

⑤应增加和扣减的变更金额。

⑥应增加和扣减的索赔金额。

⑦应抵扣的工程预付款。

⑧应扣减的质量保证金。

⑨根据合同应增加和扣减的其他金额。

⑩本付款周期实际应支付的工程价款。

（4）进度款支付时间

发包人应在收到承包人的工程进度款支付申请后 14 d 内核对完毕。否则，从第 15 d 起承包人递交的工程进度款申请视为被批准。发包人应在批准工程进度款支付申请的 14 d 内，向承包人按不低于计量工程价款的 60%，不高于计量工程价款的 90% 向承包人支付工程进度款。若发包人未在合同约定时间内支付工程进度款，可按以下规定办理：

①发包人超过约定的支付时间不支付工程进度款，承包人应及时向发包人发出要求付款的通知，发包人收到承包人通知后仍不能按要求付款，可与承包人协商签订延期付款协议，经承包人同意后可延期支付，协议应明确延期支付的时间和从付款申请生效后按同期银行贷款利率计算应付工程进度款的利息。

②发包人不按合同约定支付工程进度款，双方又未达成延期付款协议，导致施工无法进行，承包人可停止施工，由发包人承担违约责任。

3）质量保证金

建设工程质量保证金是指发包人与承包人在建设工程承包合同中约定，从应付的工程款中预留，用以保证承包人在缺陷责任期内对建设工程出现的缺陷进行维修的资金。质量保证金的计算额度不包括预付款的支付、扣回以及价格调整的金额。

发包人应当在招标文件中明确保证金预算、返还等内容，并与承包人在合同条款中对涉及保证金的下列事项进行约定：

- 保证金预留、返还方式。
- 保证金预留比例、期限。
- 保证金是否计付利息，如计付利息、利息的计算方式。
- 缺陷责任期的期限及计算方式。
- 保证金预留、返还及工程维修质量、费用等争议的处理程序。
- 缺陷责任期内出现缺陷的索赔方式。

（1）保证金的预留从第一个付款周期开始，在发包人的进度付款中，按约定比例扣留质量保证金，直至扣留的质量保证金总额达到专用条款约定的金额或比例为止。全部或部分使用政府投资的建设项目，按工程价款结算总额 5% 左右的比例预留保证金。社会投资项目采用预留保证金方式的，预留保证金的比例可参照执行。

（2）保证金的返还缺陷责任期内，承包人认真履行合同约定的责任。约定的缺陷责任期满，承包人向发包人申请返还保证金。发包人在接到承包人返还保证金申请后，应于 14 d 内会同承包人按照合同约定的内容进行核实。如无异议，发包人应当在核实后 14 d 内将保证金返

还给承包人,逾期支付的,从逾期之日起,按照同期银行贷款利率计付利息,并承担违约责任。发包人在接到承包人返还保证金申请后 14 d 内不予答复,经催告后 14 d 内仍不予答复,视同认可承包人的返还保证金申请。

缺陷责任期满时,承包人没有完成缺陷责任时,发包人有权扣留与未履行责任剩余工作所需金额相应的质量保证金余额,并有权根据约定要求延长缺陷责任期,直至完成剩余工作为止。

9.2　工程竣工结算的编制与审查

工程竣工结算是指承包人按照合同规定的内容全部完成所承包的工程,经验收质量合格并符合合同要求之后,向发包人进行的最终工程价款结算。工程竣工结算分为单位工程竣工结算、单项工程竣工结算和建设项目竣工总结算,其中单位工程竣工结算和单项工程竣工结算也可看作分阶段结算。单位工程竣工结算由承包人编制,发包人审查;实行总承包的工程,由具体承包人编制,在总包人审查的基础上,发包人审查。单项工程竣工结算或建设项目竣工总结算由总(承)包人编制,发包人可直接进行审查,也可以委托具有相应资质的工程造价咨询机构进行审查。政府投资项目,由同级财政部门审查。单项工程竣工结算或建设项目竣工总结算经发、承包人签字盖章后有效。

9.2.1　工程竣工结算的编制

工程竣工结算由承包人或受其委托具有相应资质的工程造价咨询人编制。

1)工程竣工结算编制的主要依据

综合《建设工程工程量清单计价规范》和《建设项目工程结算编审规程》的规定,工程竣工结算编制的主要依据包括以下内容:

①国家有关法律、法规、规章制度和相关的司法解释。

②建设工程工程量清单计价规范。

③施工承发包合同、专业分包合同及补充合同,有关材料、设备采购合同。

④招标投标文件,包括招标答疑文件、投标承诺、中标报价书及其组成内容。

⑤工程竣工图或施工图、施工图会审记录,经批准的施工组织设计,以及设计变更、工程洽商和相关会议纪要。

⑥经批准的开、竣工报告或停、复工报告。

⑦双方确认的工程量。

⑧双方确认追加(减)的工程价款。

⑨双方确认的索赔、现场签证事项及价款。

⑩其他依据。

2) 工程竣工结算的编制内容

在采用工程量清单计价的方式下,工程竣工结算的编制内容应包括工程量清单计价表所包含的各项费用内容:

①分部分项工程费应依据双方确认的工程量、合同约定的综合单价计算,如发生调整的,以发、承包双方确认调整的综合单价计算。

②措施项目费的计算应遵循以下原则:

a.采用综合单价计价的措施项目,应依据发、承包双方确认的工程量和综合单价计算。

b.明确采用"项"计价的措施项目,应依据合同约定的措施项目和金额或发、承包双方确认调整后的措施项目费金额计算。

c.措施项目费中的安全文明施工费应按照国家或省级、行业建设主管部门的规定计算。施工过程中,国家或省级、行业建设主管部门对安全文明施工费进行了调整,措施项目费中的安全文明施工费应作相应调整。

③其他项目费应按以下规定计算:

a.计日工的费用应按发包人实际签证确认的数量和合同约定的相应项目综合单价计算。

b.暂估价中的材料单价应按发、承包双方最终确认价在综合单价中调整;专业工程暂估价应按中标价或发包人、承包人与发包人最终确认价计算。

c.总承包服务费应依据合同约定金额计算,如发生调整,以发、承包双方确认调整的金额计算。

d.索赔费用应依据发、承包双方确认的索赔事项和金额计算。

e.现场签证费用应依据发、承包双方签证资料确认的金额计算。

f.暂列金额应减去工程价款调整与索赔、现场签证金额计算,如有余额归发包人。

④规费和税金应按照国家、省级或行业建设主管部门对规费和税金的计取标准计算。

9.2.2　工程竣工结算支付流程

1) 承包人递交竣工结算书

承包人应在合同规定时间内编制完成竣工结算书,并在提交竣工验收报告的同时递交给发包人。承包人未能在合同约定时间内递交竣工结算书,经发包人催促后 14 d 内仍未提供或没有明确答复的,发包人可以根据已有资料办理结算,责任由承包人自负,且若发包人要求交付竣工工程的,承包人应当交付。

2) 发包人进行核对

发包人在收到承包人递交的竣工结算书后,应按合同约定时间核对。合同中对核对竣工结算时间没有约定或约定不明的,可以按照《建设工程价款结算暂行办法》的规定进行。即单项工程竣工后,承包人应按规定程序向发包人递交竣工结算报告及完整的结算资料,发包人应按表 9.1 规定的时限进行核对(审查),并提出审查意见。

表 9.1　工程竣工结算审查时限

工程竣工结算报告金额	审查时间
500 万元以下	从接到竣工结算报告和完整的竣工结算资料之日起 20 d 内
500 万~2 000 万元	从接到竣工结算报告和完整的竣工结算资料之日起 30 d 内
2 000 万~5 000 万元	从接到竣工结算报告和完整的竣工结算资料之日起 45 d 内
5 000 万元以上	从接到竣工结算报告和完整的竣工结算资料之日起 60 d 内

建设项目竣工总结算在最后一个单项工程竣工结算审查确认后 15 d 内汇总,送发包人后 30 d 内审查完成。

发包人或受其委托的工程造价咨询人收到递交的竣工结算书后,在合同约定的时间内,不核对竣工结算或未提出核对意见的,视为承包人递交的竣工结算书已经认可,发包人应向承包人支付工程结算价款。

承包人在接到发包人提出的核对意见后,在合同约定的时间内,不确认也未提出异议的,视为发包人提出的核对意见已经认可,竣工结算办理完毕。竣工结算办理完毕,发包人应将竣工结算书报送工程所在地工程造价管理机构备案。竣工结算书作为工程竣工验收备案、交付使用的必备文件。

3) 工程竣工结算价款的支付

竣工结算办理完毕,发包人应根据确认的竣工结算书在合同约定时间内向承包人支付工程竣工结算价款。若合同中没有约定或约定不明的,根据《建设工程价款结算暂行办法》的规定,发包人应在竣工结算书确认后 15 d 内向承包人支付工程结算价款。

发包人未在合同约定时间内向承包人支付工程结算价款的,承包人可催告发包人支付结算价款。如达成延期支付协议的,发包人应按同期银行贷款利率支付拖欠工程价款的利息。如未达成延期支付协议的,承包人可以与发包人协商将该工程折价,或申请人民法院将该工程依法拍卖,承包人就该工程折价或者拍卖的价款优先受偿。

9.2.3　工程竣工结算争议处理

发包人以对工程质量有异议,拒绝办理工程竣工结算的,已竣工验收或已竣工未验收但实际投入使用的工程,其质量争议按该工程保修合同执行,竣工结算按合同约定办理;已竣工未验收且未实际投入使用的工程以及停工、停建工程的质量争议,双方应就有争议的部分委托有资质的检测鉴定机构进行检测,根据检测结果确定解决方案,或按工程质量监督机构的处理决定执行后办理竣工结算,无争议部分的竣工结算按合同约定办理。

9.3　竣工验收

9.3.1　竣工验收概述

1) 建设项目竣工验收的概念

建设项目竣工验收是指由发包人、承包人和项目验收委员会,以项目批准的设计任务书和设计文件,以及国家或有关部门颁发的施工验收规范和质量检验标准为依据,按照一定的程序和手续,在项目建成并试生产合格后(工业生产性项目),对工程项目的总体进行检验和认证、综合评价和鉴定的活动。按照我国建设程序的规定,竣工验收是建设工程的最后阶段,是全面检验建设项目是否符合设计要求和工程质量检验标准的重要环节,审查投资使用是否合理的重要环节,是投资成果转入生产或使用的标志。只有经过竣工验收,建设项目才能实现由承包人管理向发包人管理的过渡,它标志着建设投资成果投入生产或使用,对促进建设项目及时投产或交付使用、发挥投资效果、总结建设经验有着重要的作用。

建设项目竣工验收,按被验收的对象划分,可以分为:单位工程验收、单项工程验收及工程整体验收(称为"动用验收")。通常所说的建设项目竣工,指的是"动用验收",是指发包人在建设项目按批准的设计文件所规定的内容全部建成后,向使用单位交工的过程。其验收程序是:整个建设项目按设计要求全部建成,经过第一阶段的交工验收,符合设计要求,并具备竣工图、竣工结算、竣工决算等必要的文件资料后,由建设项目主管部门或发包人,按照国家有关部门关于《建设项目竣工验收办法》的规定,及时向负责验收的单位提出竣工验收申请报告,按现行验收组织规定,接受由银行、物资、环保、劳动、统计、消防及其他有关部门组成的验收委员会或验收组的验收,办理固定资产移交手续。验收委员会或验收组负责建设项目的竣工验收工作,听取有关单位的工作报告,审阅工程技术档案资料,并实地查验建筑工程和设备安装情况,对工程设计、施工和设备质量等方面提出全面的评价。

2) 竣工验收的作用

①全面考核建设成果,检查设计、工程质量是否符合要求,确保建设项目按设计要求的各项技术经济指标正常使用。

②通过竣工验收办理固定资产使用手续,可以总结工程建设经验,为提高建设项目的经济效益和管理水平提供重要依据。

③建设项目竣工验收时项目施工实施阶段的最后一个程序,是建设成果转入生产使用的标志,是审查投资使用是否合理的重要环节。

④建设项目建成投产交付使用后,能否取得良好的宏观效益,需要经过国家权威管理部门按照技术规范、技术标准组织验收确认。通过建设项目验收,国家可以全面考核项目的建设成

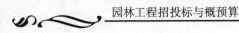
果,检验建设项目决策、设计、设备制造和管理水平以及总结建设经验。因此,竣工验收是建设项目转入投产使用的必要环节。

3)竣工验收的依据

建设项目竣工验收的主要依据包括:

①国家、省、直辖市、自治区和国务院有关部委建设主管部门颁布的法律、法规,现行的施工技术验收标准及技术规范、质量标准等有关规定。

②审批部门批准的可行性研究报告、初步设计、实施方案、施工图纸和设备技术说明书。

③施工图设计文件及设计变更洽商记录。

④工程承包合同文件。

⑤技术设备说明书。

⑥建筑安装工程统计规定及主管部门关于工程竣工规定。

⑦从国外引进的新技术和成套设备的项目,以及中外合资建设项目,要按照签订的合同和进口国提供的设计文件等资料进行验收。

⑧利用世界银行等国际金融机构贷款的建设项目,应按世界银行规定,按时编制《项目完成报告》。

9.3.2　竣工验收报告的内容

竣工验收报告一般由设计、施工、监理等单位提供单项总结或素材,由建设单位汇总和编制,应包括以下内容:

①工程建设概况:包括建设项目工程概况、建设依据、工程自然条件、建设规模、建设管理情况等。

②设计:包括设计概况(设计单位及其分工、设计指导思想等)、设计进度、设计特点、采用的新工艺、新技术、设计效益分析、对设计的评价。

③施工:包括施工单位及其分工、施工工期及主要实务工程量、采用的主要施工方案和施工技术、施工质量和工程质量评定、中间交接验收情况和竣工资料汇编、对施工的评价。

④试运行和生产考核:包括试运行组织、方案和试运行情况。

⑤生产准备:包括生产准备概况、生产组织机构及人员配备、生产培训制度及规章制度的建立、生产物资准备等。

⑥环境保护:主要包括污染源及其治理措施、环境保护组织及其规章制度的建立等。

⑦劳动生产安全卫生:包括劳动生产安全卫生的概况、劳动生产安全卫生组织及其规章制度的建立等。

⑧消防:包括消防设施的概况、消防组织及其规章制度的建立等。

⑨节能降耗:包括节能降耗设施及采取的措施的概况、节能降耗规章制度的建立等。

⑩投资执行情况:包括概预算执行情况、竣工决算、经济效益分析和评价。

⑪未完工程、遗留问题及其处理和安排意见。

⑫引进建设项目还应包括合同执行情况及外事工作方面的内容。

⑬工程总评语。

竣工验收委员会(验收组)出具竣工验收报告的内容应包括：项目名称、建设地址、项目类别、建设规模和主要工程量、建设性质、施工单位、工程开竣工时间、工程质量评定、工程总投资等。其中，工程竣工验收意见应侧重于对设计、施工、环境保护、劳动安全卫生、消防等评价；以及对概、预算执行情况、经济效益分析评价和未完工程、遗留问题(工程缺陷，修复、补救措施等)等的处理意见及安排。该报告应由竣工验收委员会(验收组)主任委员、副主任委员、委员共同签署。

竣工验收报告应分章节编写，并附封面。在编写过程中可以根据项目的规模和复杂程度对其内容进行调整和增减。

9.4　竣工决算

9.4.1　竣工决算概述

1)竣工决算的含义

竣工决算是以实物数量和货币指标为计量单位，综合反映竣工项目从筹建开始到项目竣工交付使用为止的全部建设费用、投资效果和财务情况的总结性文件，是竣工验收报告的重要组成部分。竣工决算是正确核定新增固定资产价值、考核分析投资效果、建立健全经济责任制的依据，是反映建设项目实际的无形资产和其他资产造成该投资效果的文件。通过竣工决算，既能够正确反映建设工程的实际造价和投资结果；又可以通过竣工决算与概算、预算的对比分析，考核投资控制的工作成效，为工程建设提供重要的技术经济方面的基础资料，提高未来工程建设的投资效益。

2)竣工决算的作用

①建设项目竣工决算是综合全面地反映竣工项目建设成果及财务情况的总结性文件，它采用货币指标、实物数量、建设工期和各种技术经济指标综合、全面地反映建设项目自开始建设到竣工为止全部建设成果和财务状况。

②建设项目竣工决算是办理交付使用资产的依据，也是竣工验收报告的重要组成部分。建设单位与使用单位在办理交付资产的验收交接手续时，通过竣工决算反映了交付使用资产的全部价值，包括固定资产、流动资产、无形资产和其他资产的价值。及时编制竣工决算可以正确核定固定资产价值并及时办理交付使用，可缩短工程建设周期，节约建设项目投资，准确考核和分析投资效果。

③建设项目竣工决算是分析和检查设计概算的执行情况，考核建设项目管理水平和投资效

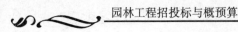

果的依据。竣工结算反映了竣工项目计划,实际的建设规模、建设工期以及设计和实际的生产能力。反映了概算总投资和实际的建设成本,同时还反映了所有的主要技术经济指标。通过对这些指标计划数、概算数与实际数进行对比分析,不仅可以全面掌握建设项目计划和概算执行情况,而且可以考核建设项目投资效果,为今后制订建设项目计划,降低建设成本,提高投资效果提供必要的参考资料。

3)竣工决算的内容

建设项目竣工决算应包括从筹集到竣工投产全过程的全部实际费用,即包括建筑安装工程费,设备工器具购置费用及预备费等费用。按照财政部、国家发改委和住房城乡建设部的有关文件规定,竣工决算由竣工财务决算说明书、竣工财务决算报表、工程竣工图和工程竣工造价对比分析4个部分组成。其中,竣工财务决算说明书和竣工决算报表两部分又称建设项目竣工财务决算,是竣工决算的核心内容。

财政部2008年9月公布的"关于进一步加强中央基本建设项目竣工财务决算工作的通知"指出,财政部将按规定对中央大中型项目、国家确定的重点小型项目竣工财务决算的审批实行"先审核、后审批"的办法,即对需先审核后审批的项目,先委托财政投资评审机构或经财政部认可的有资质的中介机构对项目单位编制的竣工财务决算进行审核,再按规定批复项目竣工财务决算。通知指出,项目建设单位应在项目竣工后3个月内完成竣工财务决算的编制工作,并报主管部门审核。主管部门收到竣工财务决算报告后,对于按规定报财务部门审批的项目,应及时审核批复,并报财政部备案;对于按规定报财政部审批的项目,一般在收到决算报告后一个月内完成审核工作,并将经其审核后的决算报告报财政部审批。以前年度已竣工尚未编报竣工财务决算的基建项目,主管部门应督促项目建设单位抓紧编报。另外,主管部门应对项目建设单位报送的项目竣工财务决算认真审核,严格把关。审核的重点内容:项目是否按规定程序和权限进行立项、可研和初步设计报批工作;建设项目超标准、超规模、超概算投资等问题审核;项目竣工财务决算金额的正确性审核;项目竣工财务决算资料的完整性审核;项目建设过程中存在主要问题的整改情况审核等。

(1)竣工财务决算说明书

竣工财务决算说明书主要反映竣工工程建设成果和经验,是对竣工决算报表进行分析和补充说明的文件,是全面考核分析工程投资与造价的书面总结,是竣工决算报告的重要组成部分,其内容主要包括:

①建设项目概况,对工程总的评价。一般从进度、质量、安全和造价方面进行分析说明。进度方面主要说明开工和竣工时间,对照合理工期和要求工期分析是提前还是延期;质量方面主要根据竣工验收委员会或相当一级质量监督部门的验收评定等级、合格率和优良品率;安全方面主要根据劳动工资和施工部门的记录,对有无设备和人身事故进行说明;造价方面主要对照概算造价,说明节约或超支的情况,用金额和百分率进行分析说明。

②资金来源及运用等财务分析。主要包括工程价款结算、会计财务的处理、财产物资情况及债权债务的清偿情况。

③基本建设收入、投资包干结余、竣工结余资金的上交分配情况。通过对基本建设投资包

干情况的分析,说明投资包干数、实际支用数和节约额、投资包干结余的有机构成和包干节余的分配情况。

④各项经济技术指标的分析。概算执行情况分析,根据实际投资完成额与概算进行对比分析;新增生产能力的效益分析,说明支付使用财产占总投资额的比例、占支付使用财产的比例,不增加固定资产的造价占投资总额的比例,分析有机构成和成果。

⑤工程建设的经验及项目管理和财务管理工作以及竣工财务决算中有待解决的问题。

⑥其他需要说明的事项。

(2)竣工财务决算报表

建设项目竣工财务决算报表要根据大、中型建设项目和小型建设项目分别制订。根据财政部基字〔1998〕4号"关于'基本建设财务管理若干规定'的通知"以及财基字〔1998〕498号文"基本建设项目竣工财务决算报表"和"基本建设项目竣工财务决算报表填表说明"的通知,大、中型建设项目竣工决算报表包括:建设项目竣工财务决算审批表;大、中型建设项目概况表;大、中型建设项目竣工财务决算表;大、中型建设项目交付使用资产总表;建设项目交付使用资产明细表。小型建设项目竣工财务决算报表包括建设项目竣工财务决算审批表、竣工财务决算总表、建设项目交付使用资产明细表等。

①建设项目竣工财务决算审批表(表9.2)。该表作为竣工决算上报有关部门审批时使用,其格式按照中央小型项目审批要求设计,地方级项目可按审批要求作适当修改,大、中、小型均要按照下列要求填报此表。

表9.2 建设项目竣工财务决算审批表

建设项目法人 (建设单位)		建设性质	
建设项目名称		主管部门	
开户银行意见: 　　　　　　　　　　　　　　　　　　　　　　　　(盖章) 　　　　　　　　　　　　　　　　　　　年　　月　　日			
专员办审批意见: 　　　　　　　　　　　　　　　　　　　　　　　　(盖章) 　　　　　　　　　　　　　　　　　　　年　　月　　日			
主管部门或地方财政部门审批意见: 　　　　　　　　　　　　　　　　　　　　　　　　(盖章) 　　　　　　　　　　　　　　　　　　　年　　月　　日			

②大中型建设项目概况表(表9.3)。该表综合反映大中型项目的基本概况,内容包括该项目总投资、建设起止时间、新增生产能力、主要材料消耗、建设成本、完成主要工程量和主要技术经济指标。

表9.3 大中型建设项目竣工工程概况表

建设项目名称			建设地址				项目	概算	实际	主要指标
主要设计单位			主要施工企业				建筑安装工程			
占地面积	计划	实际	总投资(万元)	设计		实际		设备、工具、器具			
				固定资产	滚动资产	固定资产	滚动资产	基建支出	待摊投资 其中:建设单位管理费			
									其他投资			
新增生产能力	能力(效益)名称		设计	实际				待核销基建支出			
								非经营项目转出投资			
建设起止时间	设计	从 年 月工工至 年 月竣工						合计			
	实际	从 年 月工工至 年 月竣工						主要材料消耗	名称	单位	概算	实际
设计概算批准文号								钢材	t		
								木材	m³		
完成主要工程量	建设面积(m²)		设备/(台·套·吨)					水泥	t		
	设计	实际	设计	实际			主要技术经济指标			
收尾工程	工程内容	投资额	完成时间							

③大中型建设项目竣工财务决算表(表9.4)。该表反映竣工的大中型建设项目从开工到竣工为止全部资金来源和资金运用的情况。它是考核和分析投资效果,落实节余资金,并作为报告上级核销基本建设支出和基本建设拨款的依据。在编制该表前,应先编制出项目竣工年度财务决算,根据编制出的竣工年度财务决算和历年财务决算编制项目的竣工财务决算。此表采用平衡表形式,即资金来源合计等于资金支出合计。

表 9.4　大中型建设项目竣工财务决算表

资金来源	金　额	资金占用	金　额	补充资料
一、基建拨款		一、基本建设支出		1.基建投资借款期末余额
1.预算拨款		1.交付使用资产		2.应收生产单位投资借款期末余额
2.基建基金拨款		2.在建工程		
3.进口设备转账拨款		3.待核销基建支出		3.基建结余资金
4.器材转账拨款		4.非经营项目转出投资		
5.煤代油专用基金拨款		二、应收生产单位投资借款		
6.自筹资金拨款		三、拨款所属投资借款		
7.其他拨款		四、器材		
二、项目资本		其中:待处理器材损失		
1.国家资本		五、货币资金		
2.法人资本		六、预付及应收款		
3.个人资本		七、有价证券		
三、项目资本公积		八、固定资产		
四、基建借款		固定资产原值		
五、上级拨入投资借款		减:累计折旧		
六、企业债券资金		固定资产净值		
七、待冲基建支出		固定资产清理		
八、应付款		待处理固定资产损失		
九、未交款				
1.未交税金				
2.未交基建收入				
3.未交基建包干节余				
4.其他未交款				
十、上级拨入资金				

续表

资金来源	金 额	资金占用	金 额	补充资料
十一、留成收入				
合 计				

④大中型建设项目交付使用资产总表（表9.5）。该表反映建设项目建成后新增固定资产、流动资产、无形资产和递延资产价值的情况和价值，作为财产交接、检查投资计划完成情况和分析投资效果的依据。小型建设项目不编制"交付使用资产总表"。直接编制"交付使用资产明细表"。大中型建设项目在编制交付使用资产总表的同时，还需编制"交付使用资产明细表"。

表9.5　大中型建设项目交付使用资产总表

单项工程项目名称	总 计	固定资产					流动资产	无形资产	递延资产
		建筑工程	安装工程	设备	其他	合计			
1	2	3	4	5	6	7	8	9	10

支付单位盖章　年　月　日　　　　　　　　　　　　接收单位盖章　年　月　日

⑤建设项目交付使用资产明细表见表9.6。

表9.6　建设项目交付使用资产明细表

单项工程项目名称	建筑工程			设备、工具、器具、家具					流动资产		无形资产		递延资产	
	结构	面积（m²）	价值（元）	规格型号	单位	数量	价值（元）	设备安装费（元）	名称	价值（元）	名称	价值（元）	名称	价值（元）
合计														

支付单位盖章　年　月　日　　　　　　　　　　　　接收单位盖章　年　月　日

⑥小型建设项目竣工财务决算总表见表9.7。由于小型建设项目内容比较简单，因此可将工程概况与财务情况合并编制一张"竣工财务决算总表"，该表主要反映小型建设项目的全部工程和财务情况。具体编制时可参照大中型建设项目概况表指标和大中型建设项目竣工财务决算表指标口径填写。

表9.7 小型建设项目竣工财务决算总表

建设项目名称			建设地址				资金来源		资金运用	
初步设计概算批准文号							项　目	金额(元)	项　目	金额(元)
							一、基建拨款 其中: 预算拨款		一、交付使用资产	
占地面积	计划	实际	投资(万元)	计划		实际			二、待核销基建支出	
				固定资产	流动资产	固定资产	流动资产	二、项目资本	三、非经营项目转出投资	
								三、项目资本公积		
新增生产能力	能力(效益)名称	设计		实际			四、基建借款		四、应收生产单位投资借款	
							五、上级拨入借款			
建设起止时间	计划	从　年　月日开工至　年　月　日					六、企业债券资金		五、拨付所属投资借款	
	实际	从　年　月日开工至　年　月　日					七、待冲基建支出		六、器材	
基建支出	项目		概算(元)	实际(元)			八、应付款		七、货币资金	
	建筑安装工程						九、未付款 其中: 未交基建收入 未交包干收入		八、预付及应收款	
	设备工器具									
	待摊投资 其中:建设单位管理费								九、有价证券	
	其他投资						十、上级拨入资金		十、原有固定资产	
	待核销基建支出									
	非经营性项目转出投资						十一、留成收入			
	合　计						合　计		合　计	

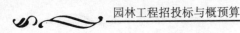

4)建设工程竣工图

为确保竣工图质量,必须在施工过程中及时做好隐蔽工程检查记录,整理好设计变更文件。其具体要求有:

①凡按图竣工没有变动的,由施工单位在原施工图上加盖"竣工图"标志后作为竣工图。

②凡在施工过程中,虽有一般性设计变更,但能将原施工图加以修改补充作为竣工图的,可不重新绘制,由施工单位负责在原施工图上注明修改的部分,并附以设计变更通知单和施工说明,加盖"竣工图"标志后作为竣工图。

③凡结构形式改变、施工工艺改变、平面布置改变、项目改变以及有其他重大改变,不宜再在原施工图上修改、补充时,应重新绘制改变后的竣工图。由于原设计原因造成的,由设计单位负责重新绘制;由于施工原因造成的,由施工单位负责重新绘新图;由于其他原因造成的,由建设单位自行绘制或委托设计单位绘制。施工单位负责在新图上加盖"竣工图"标志,并附以有关记录和说明,作为竣工图。

④为了满足竣工验收和竣工决算需要,还应绘制反映竣工工程全部内容的工程设计平面示意图。

5)工程造价比较分析

对控制工程造价所采取的措施、效果及其动态的变化进行认真的比较对比,总结经验教训。批准的概算是考核建设工程造价的依据。在分析时,可先对比整个项目的总概算,然后将建筑安装工程费、设备工器具费和其他工程费用,逐一与竣工决算表中所提供的实际数据和相关资料及批准的概算、预算指标、实际的工程造价进行对比分析,以确定竣工项目总造价是节约还是超支,并在对比的基础上,总结先进经验,找出节约和超支的内容和原因,提出改进措施。在实际工作中,应主要分析以下内容:

①主要实物工程量。对于实物工程量出入比较大的情况,必须查明原因。

②主要材料消耗量。考核主要材料消耗量,要按照竣工决算表中所列明的三大材料实际超概算的消耗量,查明是在工程的哪个环节超出量最大,再进一步查明超耗的原因。

③考核建设单位管理费、建筑及安装工程其他直接费、现场经费和间接费的取费标准。建设单位管理费、建筑及安装工程其他直接费、现场经费和间接费的取费标准要按照国家和各地的有关规定,根据竣工决算报表中所列的建设单位管理费与概预算所列的建设单位管理费数额进行比较,依据规定查明是否多列或少列的费用项目,确定其节约超支的数额,并查明原因。

9.4.2 竣工决算的编制

1)竣工决算的编制依据

竣工决算的编制依据主要有:

①可行性研究报告、投资估算书,初步设计或扩大初步设计,修正总概算及其批复文件。

②设计变更记录、施工记录或施工签证单及其他施工发生的费用记录。

③经批准的施工图预算或标底造价,承包合同、工程结算等有关资料。

④历年基建计划、历年财务决算及批复文件。

⑤设备、材料调价文件和调价记录。

⑥其他有关资料。

2)竣工决算的编制要求

为了严格执行建设项目竣工验收制度,正确核定新增固定资产价值,考核分析投资效果,建立健全经济责任制,所有新建、扩建和改建等建设项目竣工后,都应及时、完整、正确地编制好竣工决算。建设单位要做好以下工作:

(1)按照规定组织竣工验收,保证竣工决算的及时性

及时组织竣工验收,这是对建设工程的全面考核,所有的建设项目按照批准的设计文件所规定的内容建成后,具备了投产和使用条件的都要及时组织验收。对于竣工验收中发现的问题,应及时查明原因,采取措施加以解决,以保证建设项目按时交付使用和及时编制竣工决算。

(2)积累、整理竣工项目资料,保证竣工决算的完整性

积累、整理竣工项目资料是编制竣工决算的基础工作,它关系到竣工决算的完整性和质量的好坏。因此,在建设过程中,建设单位必须随时收集项目建设的各种资料,并在竣工验收前对各种资料进行系统整理、分类立卷,为编制竣工决算提供完整的数据资料,为投产后加强固定资产管提供依据。在工程竣工时,建设单位应将各种基础资料与竣工决算一起移交给生产单位或使用单位。

(3)清理、核对各项账目,保证竣工决算的正确性

工程竣工后,建设单位要认真核实各项交付使用资产的建设成本;做好各项账务、物资以及债权的清理结余工作,应偿还的及时偿还,该收回的应及时收回,对各种结余的材料、设备、施工机械工具等,要逐项清点核实,妥善保管,按照国家有关规定进行处理,不得任意侵占;对竣工后的结余资金,要按规定上交财务部门或上级主管部门。在做完上述工作,核实了各项数字的基础上,正确编制从年初起到竣工月份止的竣工年度财务决算,以便根据历年的财务决算和竣工年度财务决算进行整理汇总,编制建设项目决算。

按照规定竣工决算应竣工项目办理验收交付手续后 1 个月内编好,并上报主管部门,有关财务成本部分,还应送经办银行审查签证。主管部门和财政部门对报送的竣工决算审批后,建设单位即可办理决算调整和结束有关工作。

3)竣工决算的编制步骤

①收集、整理和分析有关依据资料。在编制竣工决算文件之前,就系统地整理所有的技术资料、工料结算的经济文件、施工图和各种变更与签证资料,并分析它们的准确性。完整、齐全的资料,是准确、迅速编制竣工决算的必要条件。

②清理各项财务、债务和结余物资。在收集、整理和分析有关资料中,要特别注意建设工程从筹建到竣工投产或使用的全部费用的各项账务、债权和债务的清理,做到工程完毕账目清晰,既要核对账目,又要查点库有实物的数量,做到账与物相等,账与账相符;对结余的各种材料、工器具和设备,要逐项清点核实,妥善管理,并按规定及时处理,收回资金;对各种往来款项要及时进行全面清理,为编制竣工决算提供准确的数据和结果。

③填写竣工决算报表。安装建设工程决算表格中的内容,根据编制依据中的有关资料进行统计或计算各个项目和数量,并将其结果填到相应表格的栏目内,完成所有报表的填写工作。

④编制建设工程竣工决算说明。按照建设工程竣工决算说明的内容要求,根据编制依据材料填写在报表中的结果,编写文字说明。

⑤做好工程造价对比分析。

⑥清理、装订好竣工图。

⑦上报主管部门审查。

将上述编写的文字说明和填写的表格核对无误、装订成册,即为建设工程竣工决算文件。将其上报主管部门审查,并把其中财务成本部分送交开户银行签证。竣工决算在上报主管部门的同时,抄送有关设计单位。大中型建设项目的竣工决算还应抄送财政部、建设银行总行和省、市、自治区的财政局和建设银行各1份。建设工程竣工决算的文件,由建设单位负责组织人员编写,在竣工建设项目办理验收使用1个月之内完成。

4)竣工决算的编制实例

【例9-1】 某大中型建设项目2005年开工建设,2006年有关财务核算资料见表9.1。

已经完成部分单项工程,经验收合格后,已经交付使用的资产包括:

(1)固定资产价值75 540万元;

(2)为生产准备的使用期限在1年以内的备品备件、工具、器具等流动资产价值30 000万元,期限在1年以上、单位价值在1 500元以上的工具60万元;

(3)建造期间购置的专利权、非专利技术等无形资产2 000万元,推销期5年;

(4)筹建期间发生的开办费80万元。

基本建设支出的项目包括:

(1)建筑安装工程支出16 000万元;

(2)设备工器具投资44 000万元;

(3)建设单位管理费、勘察设计费等待摊投资2 400万元;

(4)通过出让方式购置的土地使用权形成的其他投资110万元;

(5)非经营项目发生待核销基建支出50万元;

(6)应收生产单位投资借款1 400万元;

(7)购置需要安装的器材50万元,其中待处理器材16万元;

(8)货币资金470万元;

(9)预付工程款及应收有偿调出器材款18万元;

(10)建设单位自用的固定资产原值60 550万元,累计折旧10 022万元。

反映在《资金平衡表》上的各类资金来源的期末余额是:

(1)预算拨款52 000万元;

(2)自筹资金拨款58 000万元;

(3)其他拨款520万元;

(4)建设单位向商业银行借入的借款110 000万元;

(5)建设单位当年完成交付生产单位使用的资产价值中,200万元属于利用投资借款形成的待冲基建支出;

（6）应付器材销售商品40万元贷款和尚未支付的应付工程款1 916万元;未交税金30万元。

根据上述有关资料编制该项目竣工财务决算表(表9.8)。

表9.8 某大中型建设项目竣工财务决算表

建设项目名称:×××建设项目　　　　　　　　　　　　　　　　　　　单位:万元

资金来源	金 额	资金占用	金 额	补充资料
一、基建拨款	110 520	一、基本建设支出	170 240	1.基建投资借款期末余额
1.预算拨款	52 000	1.交付使用资产	107 680	
2.基建基金拨款		2.在建工程	62 510	2.应收生产单位投资借款期末余额
3.进口设备转账款		3.待核销基建支出	50	
4.器材转账拨款		4.非经营项目转出投资		3.基建结余资金
5.煤代油专用基金拨款		二、应收生产单位投资借款	1 400	
6.自筹资金拨款	58 000	三、拨款所属投资借款		
7.其他拨款	520	四、器材	50	
二、项目资本		其中:待处理器材损失	16	
1.国家资本		五、货币资金	470	
2.法人资本		六、预付及应收款	18	
3.个人资本		七、有价证券		
三、项目资本公积		八、固定资产	50 528	
四、基建借款	110 000	固定资产原值	60 550	
五、上级拨入投资借款		减:累计折旧	10 022	
六、企业债券资金		固定资产净值	50 528	
七、待冲基建支出	200	固定资产清理		
八、应付款	1 956	待处理固定资产损失		
九、未交款	30			
1.未交税金	30			
2.未交基建收入				
3.未交基建包干结余				
4.其他未交款				
十、上级拨入资金				
十一、留成收入				
合　计	222 706	合　计	222 706	

9.5　新增资产价值的确定

9.5.1　新增资产价值的分类

建设项目竣工投入运营后,所花费的总投资形成相应的资产。按照新的财务制度和企业会计准则,新增资产按资产性质可分为固定资产、流动资产、无形资产和其他资产四大类。

9.5.2　新增资产价值的确定方法

1）新增固定资产价值的确定

新增固定资产价值是建设项目竣工投产后所增加的固定资产的价值,它是以价值形态表示的固定资产投资最终成果的综合性指标。新增固定资产价值的计算是以独立发挥生产能力的单项工程为对象的。单项工程建成经有关部门验收鉴定合格,正式移交生产或使用,即应计算新增固定资产价值。一次交付生产或使用的工程一次计算新增固定资产价值,分期分批交付生产或使用的工程,应分期分批计算新增固定资产价值。新增固定资产价值的内容包括:已投入生产或交付使用的建筑、安装工程造价;达到固定资产标准的设备、工器具的购置费用;增加固定资产价值的其他费用。

在计算时应注意以下几种情况:

①对于为了提高产品质量、改善劳动条件、节约材料消耗、保护环境而建设的附属辅助工程,只要全部建成,并正式验收交付使用后就要计入新增固定资产价值。

②对于单项工程中不构成生产系统,但能独立发挥效益的非生产性项目,如住宅、食堂、医务所、托儿所、生活服务网点等,在全部建成并交付使用后,也要计算新增固定资产价值。

③凡购置达到固定资产标准不需安装的设备、工器具,应在交付使用后计入新增固定资产价值。

④属于新增固定资产价值的其他投资,应随同受益工程交付使用的同时一并计入。

⑤交付使用财产的成本,应按下列内容计算:

a.房屋、建筑物、管道、线路等固定资产的成本包括:建筑工程成本和待分摊的待摊投资。

b.动力设备和生产设备等固定资产的成本包括:需要安装设备的采购成本,安装工程成本,设备基础支柱等建筑工程成本或砌筑锅炉及各种特殊炉的建筑工程成本,应分摊的待摊投资。

c.运输设备及其他不需要安装的设备、工具、器具、家具等固定资产一般仅计算采购成本,不计分摊的"待摊投资"。

⑥共同费用的分摊方法。新增固定资产的其他费用,如果是属于整个建设项目或两个以上

单项工程的,在计算新增固定资产价值时,应在各单项工程中按比例分摊。一般情况下,建设单位管理费按建筑工程、安装工程、需安装设备价值总额作比例分摊,而土地征用费、地质勘察和建筑工程设计等费用则按建筑工程造价比例分摊,生产工艺流程系统设计费按安装工程造价比例分摊。

2) 新增流动资产价值的确定

流动资产是指可以在一年内或者超过一年的一个营业周期内变现或者运用的资产,包括现金、各种存款、其他货币资金、短期投资、存货、应收及预付款项以及其他流动资产等。

(1) 货币性资金

货币性资金是指现金、各种银行存款及其他货币资金,其中现金是指企业的库存现金,包括企业内部各部门用于周转使用的备用金;各种存款是指企业的各种不同类型的银行存款;其他货币资金是指除现金和银行存款以外的其他货币资金,根据实际入账价值核定。

(2) 应收及预付款项

应收账款是指企业因销售商品、提供劳务等应向购货单位或受益单位收取的款项;预付款项是指企业按照购货合同预付给供货单位的购货定金或部分货款。应收及预付款项包括应收票据、应收款项、其他应收款、预付货款和待摊费用。一般情况下,应收及预付款项按企业销售商品、产品或提供劳务时的实际成交金额入账核算。

(3) 短期投资

包括股票、债券、基金。股票和债券根据是否可以上市流通分别采用市场法和收益法确定其价值。

(4) 存货

存货是指企业的库存材料、在产品、产成品等。各种存货应当按照取得时的实际成本计价。存货的形成,主要有外购和自制两个途径。外购的存货,按照买价加运输费、装卸费、保险费、途中合理损耗、入库前加工、整理及挑选费用以及缴纳的税金等计价;自制的存货,按照制造过程中的各项实际支出计价。

3) 新增无形资产价值的确定

根据我国 2001 年颁布的《资产评估准则——无形资产》规定,我国作为评估对象的无形资产通常包括专利权、非专利技术、生产许可证、特许经营权、租赁权、土地使用权、矿产资源勘探权和采矿权、商标权、版权、计算机软件及商誉等。《新会计准则第 6 号——无形资产》对无形资产的规定是:无形资产是指企业拥有或者控制的没有实物形态的可辨认非货币性资产。

(1) 无形资产的计价原则

①投资者按无形资产作为资本金或者合作条件投入时,按评估确认或合同协议约定的金额计价。

②购入的无形资产,按照实际支付的价款计价。

③企业自创并依法申请取得的,按开发过程中的实际支出计价。

④企业接受捐赠的无形资产,按照发票账单所载金额或者同类无形资产市场价作价。

⑤无形资产计价入账后,应在其有效使用期内分期摊销,即企业为无形资产支出的费用应在无形资产的有效期内得到及时补偿。

（2）无形资产的计价方法

①专利权的计价。专利权分为自创和外购两类。自创专利权的价值为开发过程中的实际支出,主要包括专利的研制成本和交易成本。研制成本包括直接成本和间接成本:直接成本是指研制过程中直接投入发生的费用(主要包括材料费用、工资费用、专用设备费、资料费、咨询鉴定费、协作费、培训费和差旅费等);间接成本是指与研制开发有关的费用(主要包括管理费、非专用设备折旧费、应分摊的公共费用及能源费用)。交易成本是指在交易过程中的费用支出(主要包括技术服务费、交易过程中的差旅费及管理费、手续费、税金)。由于专利权是具有独占性并能带来超额利润的生产要素,因此,专利权转让价格不按成本估价,而是按照其所能带来的超额收益计价。

②非专利技术的计价。非专利技术具有使用价值和价值,使用价值是非专利技术本身应具有的,非专利技术的价值在于非专利技术的使用所能产生的超额获利能力,应在研究分析其直接和间接的获利能力的基础上,准确计算出其价值。如果非专利技术是自创的,一般不作为无形资产入账,自创过程中发生的费用按当期费用处理。对于外购非专利技术,应由法定评估机构确认后再进行估价,其方法往往通过能产生的收益采用收益法进行估价。

③商标权的计价。如果商标权是自创的,一般不作为无形资产入账,而将商标设计、制作、注册、广告宣传等发生的费用直接作为销售费用计入当期损益。只有当企业购入或转让商标时,才需要对商标权计价。商标权的计价一般根据被许可方新增的收益确定。

④土地使用权的计价。根据取得土地使用权的方式不同,土地使用权可有以下几种计价方式:当建设单位向土地管理部门申请土地使用权并为之支付一笔出让金时,土地使用权作为无形资产核算;当建设单位获得土地使用权是通过行政划拨的,这时土地使用权就不能作为无形资产核算;在将土地使用权有偿转让、出租、抵押、作价入股和投资,按规定补交土地出让价款时,才作为无形资产核算。

9.6　保修费用的处理

9.6.1　建设项目保修的范围及年限

1)项目保修及其意义

（1）保修的含义

《建设工程质量管理条例》中规定,建设工程实行保修制度。建设工程承包人在向发包人提交工程竣工报告时,应当向发包人出具质量保修书。质量保修书应当明确建设工程的保修范围、保修期限和责任等。建设项目在保险期内和保修范围内发生的质量问题,承包人应履行保

修义务,并对造成的损失承担赔偿责任。《中华人民共和国合同法》规定:"建设工程的施工合同内容包括对工程质量保修的范围和保证期。"建设工程质量保修制度是国家所确定的重要法律制度,它是指建设工程在办理交工验收手续后,在规定的保修期内,因勘察设计、施工、材料等原因造成的质量缺陷,应由责任单位负责维修。项目保修是项目竣工验收交付使用后,在一定期限内由承包人对发包人或用户进行回访,按照国家或行业现行的有关技术标准、设计文件以及合同中对质量的要求,对于工程发生的确实是由于承包人施工责任造成的使用功能不良或无法使用的问题,由承包人负责修理,直至达到正常使用的标准。

(2)保修的意义

工程质量保修是一种售后服务方式,是《建筑法》和《建设工程质量管理条例》规定的承包人的质量责任,建设工程质量保修制度是国家所确定的重要法律制度,建设工程保修制度对于促进承包人加强质量管理、改进工程质量、保护用户及消费者的合法权益能够起到重要的作用。

2)保修的范围和最低保修期限

根据《建筑法》《建设工程质量管理条例》《建设工程质量保证金管理暂行办法》的有关规定:承包人在向业主提交工程竣工报告时,应向业主出具质量保修书。质量保修书中应明确建设工程的保修范围、保修期限和保修责任等。建设工程在保修范围和保修期限内如果发生质量问题,承包人应履行保修义务,并对相应造成的损失承担赔偿责任。

(1)保修的范围

在正常使用条件下,工程的保修范围应包括绿化工程、园林景观工程、园林建筑基础工程、主体结构工程、屋面防水工程,以及电气管线、上下水管线的安装工程,供热、供冷系统工程等项目。一般包括以下问题:

①乔灌木、草坪、地被、花卉的成活率问题。

②园路地面有较大面积空鼓、裂缝或起砂问题。

③园林给水排水管道的漏水问题。

④园林建筑地基基础、主体结构等存在的质量问题。

(2)保修的期限

保修的期限应当按照保证工程合理寿命内正常使用,维护使用者合法权益的原则确定。具体的保修范围和最低保修期限由国务院规定。按照《建设工程质量管理条例》第40条规定:

①基础设施工程、房屋建筑地基基础工程和主体结构,为设计文件规定的该工程的合理使用年限。

②屋面防水工程、有防水要求的卫生间、房间和外墙面的防渗漏为5年。

③供热与供冷系统为2个采暖期和供冷期。

④电气管线、给排水管道、设备安装和装修工程为2年。

⑤其他项目的保修期限由承发包双方在合同中规定。建设工程的保修期,自竣工验收合格之日算起。

9.6.2 保修的经济责任及费用处理

1)保修的经济责任

①因承包人未按施工质量验收规范、设计文件要求和施工合同约定组织施工而造成的质量缺陷所产生的工程质量保修,应当由承包人负责修理并承担经济责任;由承包人采购的材料、构配件、设备等不符合质量要求,或承包人应进行而没有进行试验或检验,进入现场使用造成质量问题的,应由承包人负责修理并承担经济责任。

②由于勘察、设计方面的原因造成的质量缺陷,由勘察、设计单位负责并承担经济责任,由施工单位负责维修或处理。新合同法规定,勘察、设计人应当继续完成勘察、设计,减收或免收勘察、设计费并赔偿损失。当由承包人进行维修或处理时,费用数额应按合同约定,通过发包人向勘察、设计单位索赔,不足部分由发包人补偿。

③由于发包人供应的材料、构配件或设备不合格造成的质量缺陷,或发包人竣工验收后未经许可自行改建造成的质量问题,应由发包人或使用人自行承担经济责任;由发包人指定的分包人或不能肢解而肢解发包的工程,致使施工接口不好造成质量缺陷的,或发包人或使用人竣工验收后使用不当造成的损坏,应由发包人或使用人自行承担经济责任。承包人、发包人与设备、材料、构配件供应部门之间的经济责任,应按其设备、材料、构配件的采购供应合同处理。

④不可抗力造成的质量缺陷不属于规定的保修范围。由于地震、洪水、台风等不可抗力原因造成损坏,或非施工原因造成的事故,承包人不承担经济责任;当使用人需要责任以外的修理、维护服务时,承包人应提供相应的服务,但应签订协议,约定服务的内容和质量要求。所发生的费用,应由使用人按协议约定的方式支付。

⑤有的项目经发包人和承包人协调,根据工程的合理使用年限,采用保修保险方式。这种方式不需扣保留金,保险费由发包人支付,承包人应按约定的保修承诺,履行其保修职责和义务。

建设工程在保修范围和保修期限内发生质量问题的,承包人应当履行保修义务,并对造成的损失承担赔偿责任。凡是由于用户使用不当而造成功能不良或损坏,不属于保修范围;凡产品项目发生问题,也不属保修范围。以上两种情况应由发包人自行组织修理。

2)保修的操作方法

(1)发送保修证书

在工程竣工验收的同时(最迟不应超过三天到一周),由承包人向发包人发送《工程保修书》。保修证书的主要内容包括:

①工程简况。

②保修范围和内容。

③保修时间。

④保修说明。

⑤保修情况记录。

⑥保修单位的名称、详细地址等。

（2）填写"工程质量修理通知书"

在保修期内，工程项目出现质量问题影响使用，使用人应填写"工程质量修理通知书"告知承包人，注明质量问题及部位、维修联系方式，要求承包人指派人前往检查修理。修理通知书发出日期为约定起始日期，承包人应在7 d内派出人员执行保修任务。

（3）实施保修服务

承包人接到"工程质量修理通知书"后，必须尽快派人检查，并会同发包人共同做出鉴定，提出修理方案，明确经济责任，尽快组织人力物力进行修理，履行工程质量保修的承诺。工程在保修期间出现质量缺陷，发包人或所有人应当向承包人保修通知，承包人接到保修通知后，应到现场检查情况，在保修书约定的时间内予以保修，发生涉及结构安全或者严重影响使用功能的质量缺陷，发包人或者产权人应当立即向当地建设主管部门报告，采取安全防范措施；由原设计单位或者具有资质等级的设计单位提出保修方案；承包人实施保修，原工程质量监督机构负责监督。

（4）验收

在发生问题的部位或项目修理完毕后，要在保修证书的"保修记录"栏内做好记录，并经发包人验收签认，此时修理工作完毕。

3）保修费用及其处理

（1）保修费用的含义

保修费用是指对保修期间和保修范围内所发生的维修、返工等各项费用支出。修理费用应按合同和有关规定合理确定和控制。保修费用一般可参照建筑安装工程造价的确定程序和方法计算，也可以按照建筑安装工程造价或承包工程合同价的一定比例计算。一般工程竣工后，承包人保留工程款的5%作为保修费用，保留金的性质和目的是一种现金保证金，目的是保证承包人在工程执行过程中能恰当履行合同的约定。

（2）保修费用的处理

在保修费用的处理问题上，必须根据修理项目的性质、内容以及检查修理等多种因素的实际情况，区别保修责任。保修的经济责任的应当由有关责任方承担，由发包人和承包人共同商定经济处理办法。

课后练习题

（1）工程价款的结算方式主要有哪几种？
（2）工程预付款的支付有哪些规定？
（3）工程进度款的支付有哪些规定？
（4）竣工结算编制的依据有哪些？
（5）竣工验收的含义是什么？
（6）竣工决算的含义与作用是什么？
（7）竣工决算的内容有哪些？
（8）竣工决算的编制步骤是什么？
（9）新增固定资产价值是如何确定的？

10 计算机在园林工程招投标与概预算中的应用

本章导读 本章主要讲述计算机在园林工程招投标与概预算中的实际应用,介绍在当前的园林工程概预算中常用的概预算软件的一些基本操作流程,描述计价软件在工程计价方面的功能和作用,目的是使读者对计算机在园林工程概预算应用方面的有关知识有一定的了解。

10.1 园林工程概预算软件概述

工程预算软件应用广泛,但多年来产品模式改变不大,功能大同小异。由于各地区的定额差异很大,编制一套全国通用的概预算软件是比较困难的。2003 年,国家为了与国际接轨、适应市场经济的发展,提出工程量清单计价规范,并从 2006 年起强制推行。针对我国造价管理的特点,一些从事软件设计的专业公司通过研究造价的管理理论,编制了一些工程造价软件,而且可以做到使用统一的概预算程序接挂不同地区、不同行业的定额库,从而实现编制基于不同定额的工程概预算。

目前适用的工程概预算软件主要有广联达和鲁班等专用软件。软件开发公司有北京的广联达软件技术有限公司、武汉的文海公司、上海的鲁班软件有限公司、河北的奔腾计算机技术有限公司等。这些产品的应用,基本上解决了我国目前的概预算编制和审核、统计报表以及施工过程中的工程结算的编制问题。

按照工程预算软件的内容和计算方法的不同,一般分为图形算量软件、钢筋算量软件和定额、清单计价软件 3 种。

①图形算量软件是以绘制工程简图的形式,输入建筑图、结构图,自动计算工程量,同时自动套用定额和相关子目,并能生成各种工程量报表的系统。此类软件有着强大的绘图功能,可以将定额项目和工程量直接导出到计价软件,工作效率高,计算准确,可以极大程度地减轻手工计算工程量的工作负担。

②钢筋算量软件是根据现行的建筑结构施工图的特点和结构构件钢筋计算的特点而研制的系统。在结构构件图标上可直接录入原始数据,形象直观,可实现钢筋计算的自动化与标准化。

③定额、清单计价软件是用以编制建筑工程、安装工程、市政工程、装饰工程、房修工程、园林工程等各专业工程量清单计价和定额计价两种形式的造价文件的系统。

随着园林产业的快速发展,开发适合园林产业市场价格计算的预算软件成为当务之急,不同地区、不同用户有着不同的要求和自身特点,所以针对不同的用户进行预算软件的个性化设计以及对预算软件的功能进行修改和扩展,成为今后预算软件开发的必然趋势。

10.2　计算机软件的应用

10.2.1　软件简介

广联达计价软件 GBQ 4.0 是广联达推出融计价招标管理、投标管理于一体的全新计价软件,以工程量清单计价和定额计价为基础,主要解决建设领域工程造价相关人员完成招投标阶段的预算编制工作及其他工程造价阶段的概预算编制工作。旨在帮助工程造价人员提高计价工作效率,并有效完成计价工作中的造价管理工作。

10.2.2　软件构成及应用流程

GBQ4.0 包含 3 大模块,招标管理模块、投标管理模块、清单计价模块。招标管理和投标管理模块是站在整个项目的角度进行招投标工程造价管理。清单计价模块用于编辑单位工程的工程量清单或投标报价。在招标管理和投标管理模块中可以直接进入清单计价模块,软件使用流程如图 10.1 所示:

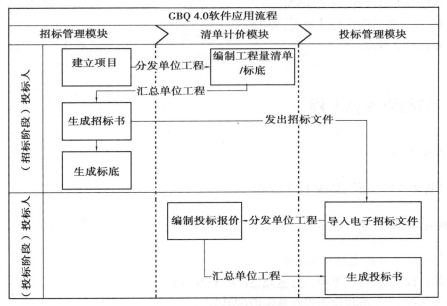

图 10.1　软件使用流程图

10.3　操作示范

10.3.1　计价部分工程量清单样表

　　计价部分工程量清单样表(参《建设工程工程量清单计价规范 GB 50500—2013》)结合软件,应导出如下表格并对应到软件中的表格符号:

　　①封面:封-2。

　　②总说明:表-01。

　　③单项工程招标控制价汇总表:表-03。

　　④单位工程招标控制价汇总表:表-04。

　　⑤分部分项工程量清单与计价表:表-08。

　　⑥工程量清单综合单价分析表:表-09。

　　⑦措施项目清单与计价表(一):表-10。

　　⑧措施项目清单与计价表(二):表-11。

　　⑨其他项目清单与计价汇总表:表-12。

　　⑩暂列金额明细表:表-12-1。

　　⑪材料暂估单价表:表-12-2。

　　⑫专业工程暂估价表:表-12-3。

　　⑬计日工表:表-12-4。

　　⑭总承包服务费计价表:表-12-5。

　　⑮规费、税金项目清单与计价表:表-13。

　　⑯主要材料价格表。

10.3.2　编制概预算工程

1)新建单位工程

　　点击"新建单位工程",如图 10.2 所示。

2)进入新建单位工程

　　本项目的计价方式选为清单计价。

　　清单库选择:工程量清单项目计量规范(2013-北京)。

　　定额库选择:北京市建设工程预算定额(2012)。

　　项目名称拟定为:"概预算工程"。如图 10.3 所示。

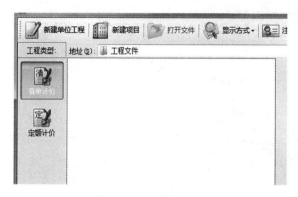

图 10.2 新建单位工程

图 10.3 概预算工程

3) 导入图形算量文件

进入单位工程界面,单击"导入导出"选择"导入土建算量工程文件",如图 10.4 所示,选择相应图形算量文件。

图 10.4 选择导入土建算量文件

4) 整理清单

在分部分项界面进行分部分项整理清单项:

①单击"整理清单",选择"分部整理",如图 10.5 所示。

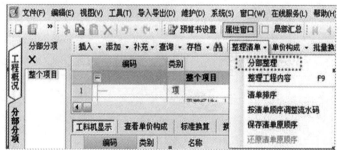

图 10.5 选择分部整理功能

②弹出"分部整理"对话框,选择按专业、章、节整理后,单击"确定"。如图 10.6 所示。

③清单项整理完成后,如图 10.7 所示。

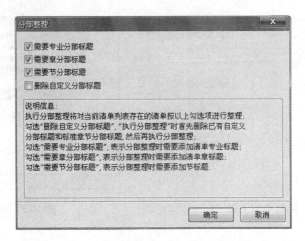

图 10.6　分部整理界面

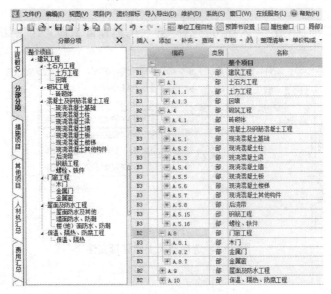

图 10.7　完成分部整理

5) 项目特征描述

选择清单项,在"特征及内容"界面可以进行添加或修改来完善项目特征,如图 10.8 所示。

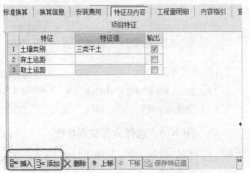

图 10.8　完善项目特征

6）单价构成

在对清单项进行相应的补充、调整之后，需要对清单的单价构成进行费率调整。具体操作如下：

①在工具栏中单击"单价构成"，如图 10.9 所示。

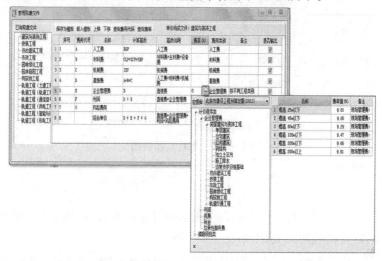

图 10.9　单价构成

②根据专业选择对应的取费文件下的对应费率，如图 10.10 所示。

图 10.10　费率

7）调整人材机

在"人材机汇总"界面下，参照招标文件要求的《北京市 2014 年工程造价信息第五期》对材料"市场价"进行调整，如图 10.11 所示。

8）计取规费和税金

在"费用汇总"界面查看"工程费用构成"，如图 10.12 所示。

	编码	类别	名称	规格型号	单位	数量	预算价	市场价	市场价合计	价差
1	870001	人	综合工日		工日	1701.1162	74.3	95	161606.04	20.7
2	870002	人	综合工日		工日	8577.8027	83.2	95	814891.26	11.8
3	87000201	人	综合工日		工日	3192.8091	83.2	95	303316.86	11.8
4	870003	人	综合工日		工日	1107.1157	87.9	95	105175.99	7.1
5	RGFTZ	人	人工费调整		元	55.6781	1	1	55.68	0
6	01000101	材	钢筋	一级6	kg	7027.4	3.77	3.79	26633.85	0.02
7	01000110	材	钢筋	二级25	kg	94278.475	3.77	3.75	353544.28	-0.02
8	01000111	材	钢筋	二级28	kg	21635.7	3.77	3.75	81133.88	-0.02
9	01000102	材	钢筋	一级8	kg	26921.625	3.77	3.79	102032.96	0.02
10	01000103	材	钢筋	二级10	kg	58252.8	3.77	3.95	230098.56	0.18
11	01000104	材	钢筋	二级12	kg	83811.175	3.77	3.62	303396.45	-0.15
12	01000105	材	钢筋	二级14	kg	18270.625	3.77	3.67	67053.19	-0.1
13	01000106	材	钢筋	二级16	kg	9109.175	3.77	3.65	33248.49	-0.12
14	01000107	材	钢筋	二级18	kg	6832.775	3.77	3.72	24673.92	-0.05
15	01000108	材	钢筋	二级20	kg	50192.2	3.77	3.72	186714.98	-0.05
16	01000109	材	钢筋	二级22	kg	20646.575	3.77	3.72	76805.26	-0.05

图 10.11　调整市场价

	序号	费用代号	名称	计算基数	基数说明	费率(%)
1	1	A	分部分项工程费	FBFXHJ	分部分项合计	
2	1.1	A1	其中: 人工费	RGF	分部分项人工费	
3	1.2	A2	其中: 材料(设备)暂估价	ZGCLF	暂估材料费(从人材机汇总表汇总)	
4	2	B	措施项目费	CSXMHJ	措施项目合计	
5	2.1	B1	其中: 人工费	ZZCS_RGF+JSCS_RGF	组织措施项目人工费+技术措施项目人工费	
6	2.2	B2	其中: 安全文明施工费	AQWMSGF	安全文明施工费	
7	3	C	其他项目费	QTXMHJ	其他项目合计	
8	3.1	C1	其中: 总承包服务费	总承包服务费	总承包服务费	
9	3.2	C2	其中: 计日工	计日工	计日工	
10	3.2.1	C21	其中: 计日工人工费	JRGRGF	计日工人工费	
11	3.3	C3	其中: 专业工程暂估价	专业工程暂估价	专业工程暂估价	
12	3.4	C4	其中: 暂列金额	暂列金额	暂列金额	
13	4	D	规费	D1 + D2	社会保险费+住房公积金费	
14	4.1	D1	社会保险费	A1 + B1 + C21	其中: 人工费+其中: 人工费+其中: 计日工人工费	14.76
15	4.2	D2	住房公积金费	A1 + B1 + C21	其中: 人工费+其中: 人工费+其中: 计日工人工费	5.49
16	5	E	税金	A + B + C1 + C2 + D	分部分项工程费+措施项目费+其中: 总承包服务费+其中: 计日工+规费	3.48
17	6		工程造价	A + B + C + D + E	分部分项工程费+措施项目费+其他项目费+规费+税金	

图 10.12　查看工程费用

9) 报表设计

　　进入"报表"界面,选择"工程量清单",单击需要输出的报表,右键选择"简便设计",或直接点击报表设计器,进行报表格式设计,如图 10.13 所示。

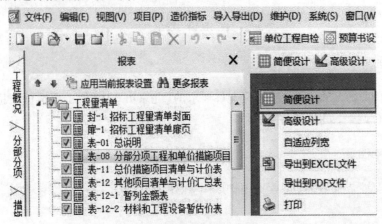

图 10.13　报表设计

10)报表导出及打印

进入"报表"界面,选择"工程量清单",单击需要输出的报表,右键选择"导出 EXCEL 文件"或"导出到 PDF 文件"。如有打印需求,选择最下方的"打印"按钮即可,如图 10.14 所示。

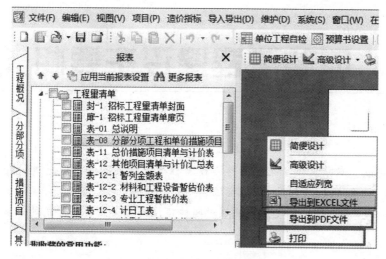

图 10.14　报表导出

课后练习题

(1)工程概预算软件如何分类?

(2)简述计价部分工程量清单样表。

11 园林工程建设主要相关法律

本章导读 本章主要介绍一些与园林工程建设相关的法律。通过简介城乡规划法、建筑法、税收法律、价格法、招投标法、合同法等法律的基本概念,编制和审批过程及权利的行使内容,目的是使读者能够对园林建设的相关法律有一定的了解。

11.1 城乡规划法

11.1.1 《中华人民共和国城乡规划法》的概念及城乡规划的方针

1)《中华人民共和国城乡规划法》的概念

为了加强城乡规划管理,协调城乡空间布局,改善人居环境,促进城乡经济社会全面协调可持续发展而制定《中华人民共和国城乡规划法》。

2007年10月28日,第十届全国人民代表大会常务委员会第三十次会通过《中华人民共和国城乡规划法》,共7章70条,自2008年1月1日起施行,《中华人民共和国城市规划法》同时废止。

2015年4月24日,第十二届全国人民代表大会常务委员会第十四次会议通过对《中华人民共和国城乡规划法》作出修改。

2)城乡规划的方针

为了加强城乡规划管理,协调城乡空间布局,改善人居环境,集约高效合理利用城乡土地,促进城乡经济社会全面科学协调可持续发展,特制定本法。制定和实施城乡规划,在规划区内进行建设活动,必须遵守本法。

本法所称城乡规划,包括城镇体系规划、城市规划、镇规划、乡规划和村庄规划和社区规划。城市规划、镇规划分为总体规划和详细规划。详细规划分为控制性详细规划和修建性详细规

划。城市和镇应当依照本法制定城市规划和镇规划。

制定和实施城乡规划,应当遵循城乡统筹、合理布局、节约土地、集约发展和先规划后建设的原则,改善生态环境,促进资源、能源节约和综合利用,保护耕地等自然资源和历史文化遗产,保持地方特色、民族特色和传统风貌,防止污染和其他公害,并符合区域人口发展、国防建设、防灾减灾和公共卫生、公共安全的需要。

在规划区内进行建设活动,应当遵守土地管理、自然资源和环境保护等法律、法规的规定。

11.1.2 城乡规划的制定和实施

1)城乡规划的制定

国务院城乡规划主管部门会同国务院有关部门组织编制全国城镇体系规划,用于指导省域城镇体系规划、城市总体规划的编制。全国城镇体系规划由国务院城乡规划主管部门报国务院审批。省、自治区人民政府组织编制省域城镇体系规划,报国务院审批。省域城镇体系规划的内容应当包括:城镇空间布局和规模控制,重大基础设施的布局,为保护生态环境、资源等需要严格控制的区域。

城市总体规划、镇总体规划的内容应当包括:城市、镇的发展布局,功能分区,用地布局,综合交通体系,禁止、限制和适宜建设的地域范围,各类专项规划等。

规划区范围、规划区内建设用地规模、基础设施和公共服务设施用地、水源地和水系、基本农田和绿化用地、环境保护、自然与历史文化遗产保护以及防灾减灾等内容,应当作为城市总体规划、镇总体规划的强制性内容。

城市总体规划、镇总体规划的规划期限一般为20年。城市总体规划还应当对城市更长远的发展作出预测性安排。

乡规划、村庄规划应当从农村实际出发,尊重村民意愿,体现地方和农村特色。

2)城乡规划法的实施

地方各级人民政府应当根据当地经济社会发展水平,量力而行,尊重群众意愿,有计划、分步骤地组织实施城乡规划。城市的建设和发展,应当优先安排基础设施以及公共服务设施的建设,妥善处理新区开发与旧区改建的关系,统筹兼顾进城务工人员生活和周边农村经济社会发展、村民生产与生活的需要。

①镇的建设和发展,应当结合农村经济社会发展和产业结构调整,优先安排供水、排水、供电、供气、道路、通信、广播电视等基础设施和学校、卫生院、文化站、幼儿园、福利院等公共服务设施的建设,为周边农村提供服务。

乡、村庄的建设和发展,应当因地制宜、节约用地,发挥村民自治组织的作用,引导村民合理进行建设,改善农村生产、生活条件。

②城市新区的开发和建设,应当合理确定建设规模和时序,充分利用现有市政基础设施和公共服务设施,严格保护自然资源和生态环境,体现地方特色。

在城市总体规划、镇总体规划确定的建设用地范围以外,不得设立各类开发区和城市新区。

旧城区的改建,应当保护历史文化遗产和传统风貌,合理确定拆迁和建设规模,有计划地对危房集中、基础设施落后等地段进行改建。

历史文化名城、名镇、名村的保护以及受保护建筑物的维护和使用,应当遵守有关法律、行政法规和国务院的规定。

城乡建设和发展,应当依法保护和合理利用风景名胜资源,统筹安排风景名胜区及周边乡、镇、村庄的建设。

风景名胜区的规划、建设和管理,应当遵守有关法律、行政法规和国务院的规定。

城市地下空间的开发和利用,应当与经济和技术发展水平相适应,遵循统筹安排、综合开发、合理利用的原则,充分考虑防灾减灾、人民防空和通信等需要,并符合城市规划,履行规划审批手续。

③按照国家规定需要有关部门批准或者核准的建设项目,以划拨方式提供国有土地使用权的,建设单位在报送有关部门批准或者核准前,应当向城乡规划主管部门申请核发选址意见书。

11.1.3 城乡规划的修改

省域城镇体系规划、城市总体规划、镇总体规划的组织编制机关,应当组织有关部门和专家定期对规划实施情况进行评估,并采取论证会、听证会或者其他方式征求公众意见。组织编制机关应当向本级人民代表大会常务委员会、镇人民代表大会和原审批机关提出评估报告并附具征求意见的情况。

有下列情形之一的,组织编制机关方可按照规定的权限和程序修改省域城镇体系规划、城市总体规划、镇总体规划:

①上级人民政府制定的城乡规划发生变更,提出修改规划要求的。

②行政区划调整确需修改规划的。

③因国务院批准重大建设工程确需修改规划的。

④经评估确需修改规划的。

⑤城乡规划的审批机关认为应当修改规划的其他情形。

修改省域城镇体系规划、城市总体规划、镇总体规划前,组织编制机关应当对原规划的实施情况进行总结,并向原审批机关报告;修改涉及城市总体规划、镇总体规划强制性内容的,应当先向原审批机关提出专题报告,经同意后,方可编制修改方案。

11.2 建筑法

11.2.1 建筑法的概念和调整对象

1)建筑法的概念

《中华人民共和国建筑法》是国家为了加强对建筑活动的监督管理,维护建筑市场秩序,保

证建筑工程的质量和安全,促进建筑业健康发展而制定的法律。建筑活动是建筑法所要规范的核心内容。本法所称建筑活动,是指各类房屋建筑及其附属设施的建造和与其配套的线路、管道、设备的安装活动。建筑活动应当确保建筑工程质量和安全,符合国家的建筑工程安全标准。在建筑法中关于施工许可、施工资质、建筑承发包、禁止转包、建筑工程监理、建筑工程安全和建筑管理的有关规定,适用于其他专业建筑工程的建筑活动。

2)建筑法的调整对象

在《建筑法》第二条中规定:"在中华人民共和国境内从事建筑活动,实施对建筑活动的监督管理,应当遵守本法"。该规定说明我国《建筑法》的调整对象是房屋建筑及其活动。这种调整对象中主要有两种社会关系:一是从事建筑活动过程中所形成的一定社会关系;二是在实施建筑活动管理中形成的一定社会关系。从性质上看,前一种属于平等主体的民事关系,即平等主体的建筑单位、勘察设计单位、建筑安装企业、监理单位、建筑材料供应单位之间在建筑活动中所形成的民事关系;后一种属于行政管理关系,即建筑行政主管部门对建筑活动进行计划、组织、监督的关系。

11.2.2　建筑许可

1)建筑工程施工许可

建筑工程施工许可,是指建筑工程开工前,建设单位应当按照国家有关规定向工程所在地县级以上人民政府建设行政主管部门申请领取施工许可证,建设行政主管部门依据法定程序和条件,对建筑工程是否具备施工条件进行审查,对符合条件准许施工并颁发施工许可证的一种制度。但是,国务院建设行政主管部门确定的限额以下的小型工程除外。按照国务院规定的权限和程序批准开工报告的建筑工程,不再领取施工许可证。

2)申请领取施工许可证应当具备的条件

①已经办理该建筑工程用地批准手续。
②在城市规划区的建筑工程,已经取得规划许可证。
③需要拆迁的,其拆迁进度符合施工要求。
④已经确定建筑施工企业。
⑤有满足施工需要的施工图纸及技术资料。
⑥有保证工程质量和安全的具体措施。
⑦建设资金已经落实。
⑧法律、行政法规规定的其他条件。
建设行政主管部门应当自收到申请之日起15日内,对符合条件的申请颁发施工许可证。

3)从业资格制度

从业资格制度是指国家对从事建筑活动的单位和人员实行资质或资格审查,并许可其按照

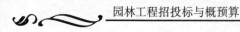

相应的资质、资格条件从事相应建筑活动的制度。从业资格制度包括从事建筑活动的单位资质制度和从事建筑活动的个人资格制度两类。从事建筑活动的建筑施工企业、勘察单位、设计单位和工程监理单位,按照其拥有的注册资本、专业技术人员、技术装备和已完成的建筑工程业绩等资质条件,划分为不同的资质等级,经资质审查合格,取得相应等级的资质证书后,方可在其资质等级许可的范围内从事建筑活动。从事建筑活动的专业技术人员,应当依法取得相应的执业资格证书,并在执业资格证书许可的范围内从事建筑活动。

11.2.3　建筑工程发包与承包

建筑工程发包与承包是指建筑单位采用一定的方式,在政府管理部门的监督下,遵循公开、公平、公正的原则,择优选定设计、勘察、监理、施工等单位的活动。建筑工程的发包单位与承包单位应当依法订立书面合同,明确双方的权利和义务。发包单位和承包单位应当全面履行合同约定的义务。不按照合同约定履行义务的,依法承担违约责任。

（1）建筑工程发包

建筑工程发包分招标发包和直接发包两类。政府投资的大、中型以上工程项目,必须采取公开招标的方式确定。国家投资或控股的大型公共建筑、住宅小区的设计,应当采用方案竞标的方式确定。应当实行招标但不宜公开招标的工程项目,如保密工程、特殊专业工程,可采取协议发包方式,即可直接发包。

（2）建筑工程承包

建筑工程承包是指承包单位(勘察设计、工程安装单位)通过一定的方式取得工程项目建设合同的活动。

11.2.4　建设工程监理

国家推行建筑工程监理制度。建设工程监理是指工程监理单位接受建设单位的委托,依照法律、行政法规及有关的技术标准、设计文件和建筑工程承包合同,对承包单位在施工质量、建设工期和建设资金使用等方面,代表建设单位实施监督。

工程监理人员认为工程施工不符合工程设计要求、施工技术标准和合同约定的,有权要求建筑施工企业改正。

工程监理人员发现工程设计不符合建筑工程质量标准或者合同约定的质量要求的,应当报告建设单位要求设计单位改正。

11.2.5　建筑安全生产管理

国家对建筑活动实行建筑安全生产管理制度。建筑工程安全生产管理必须坚持"安全第一、预防为主"的方针,建立健全安全生产的责任制度和群防群治制度。建筑法规定了建筑安全生产管理制度、安全教育制度、安全检查制度、伤亡事故报告、调查和处理制度。

11.2.6　建筑工程质量管理

建筑工程质量管理是指国家现行的有关法律、法规、技术标准、设计文件和合同中对工程安全、适用、经济、美观等特性的综合要求。建筑工程质量管理包括纵向和横向两个管理方面。

11.3　税收法律

11.3.1　税收的概念

税法即税收法律制度,是调整税收关系的法律规范的总称,是国家法律的重要组成部分。它是以宪法为依据,调整国家与社会成员在征纳税上的权利与义务关系,维护社会经济秩序和税收秩序,保障国家利益和纳税人合法权益的一种法律规范,是国家税务机关及一切纳税单位和个人依法征税的行为规则。我国的税法是由税收法律、法规和规章组成的统一的法律体系。我国税收由 24 个税种组成。

11.3.2　税法的分类

按各税法的立法目的、征税对象、权益划分、适用范围、职能作用的不同,可作不同的分类。一般采用按照税法的功能作用的不同,将税法分为税收实体法和税收程序法两大类。

1) 税收实体法

税收实体法主要是指确定税种立法,具体规定各税种的征收对象、征收范围、税目、税率、纳税地点等。包括增值税、消费税、营业税、企业所得税、个人所得税、资源税、房产税、城镇土地使用税、印花税、车船税、土地增值税、城市维护建设税、车辆购置税、契税和耕地占用税等,如《中华人民共和国增值税暂行条例》《中华人民共和国营业税暂行条例》《中华人民共和国企业所得税法》《中华人民共和国个人所得税法》都属于税收实体法。

2) 税收程序法

税收程序法是指税务管理方面的法律,主要包括税收管理法、发票管理法、税务机关法、税务机关组织法、税务争议处理法等,如《中华人民共和国税收征收管理法》。

11.3.3　税收的基本要素

税收法律关系体现为国家征税与纳税人的利益分配关系。在总体上税收法律关系与其他

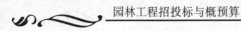

法律关系一样也是由主体、客体和内容三方面构成。

（1）主体

主体是指税收法律关系中享有权利和承担义务的当事人。在我国税收法律关系中，主体一方是代表国家行使征税职责的国家税务机关，包括国家各级税务机关、海关和财务机关；另一方是履行纳税义务的人，包括法人、自然人和其他组织。对这种主体的确定，我国采取属地兼隶属人原则，即在华的外国企业、组织、外籍人、无国籍人等凡在中国境内有所得来源的，都是我国税收法律关系的主体。

（2）客体

客体是指主体的权利、义务所共同指向的对象，也就是课税对象。如所得税法律关系客体就是生产经营所得和其他所得；流转税法律关系客体就是货物销售收入或劳务收入。

（3）税率

税率是应纳税额与征税对象之间的比例，是计算纳税的尺度。我国的税率有 3 种；一是比例税率；二是累进税率，包括全额累进税率和超额累进税率；三是定额税率。

（4）税种和税目

税种是指税收的种类，如个人所得税、房产税等。税目是各个税种所规定的具体征税项目，如消费税按照征税对象的不同划分为 11 个税目。

（5）起征点和免征额

起征点是指对某一征税对象开始征税的最低点。免征额是指在征税对象中免予征税的部分。

（6）纳税环节

纳税环节是税法规定的征税对象在生产、流通、消费过程中，应当纳税的环节。

11.3.4 与工程相关的重要税种

（1）城市维护建设税

城市维护建设税是我国为了加强城市的维护建设，扩大和稳定城市维护建设资金的来源开征的一个税种。其征税对象是在城市中从事的生产、经营活动，税率为比例税率，但比例依纳税人所在地的不同而不同。城市维护建设税实际是一种附加税，是以纳税人缴纳的增值税、消费税和营业税税额为计税依据。

（2）城镇土地使用税

城镇土地使用税是国家为了合理利用城镇土地，调节土地级差收入，提高土地使用效益，加强土地管理制定的条例，税率按土地使用的等级和数量，对城镇范围内土地使用者进行征收。其税率为定额税率，其定额分为 4 种。纳税人为在城市、县城、建制镇、工矿区范围内使用土地的单位和个人。

（3）固定资产投资方向调节税

开征该税种的目的是为了贯彻国家产业政策，控制投资规模，引导投资方向，调节投资结构，加强重点建设，促进国民经济持续、稳定、协调发展。在我国境内进行固定资产投资的单位和个人，为该税种的纳税人，但三资企业不是该税种的纳税人。该税种是根据国家产业政策和项目经济规模实行差别比例税率。固定资产投资项按其单位工程分别确定适用的税率，其计税

依据为固定资产投资项目实际完成的投资额。

（4）房产税

房产税是以房屋为征税对象，按房屋的计税余值或租金收入为计税依据，向产权所有人征收的一种财产税。我国境内拥有房屋产权的单位和个人都是房产税的纳税人。产权属于全民所有的，由经营管理单位纳税。房屋税依照房产原值一次减去10%～30%后的余值计算缴税。国家机关、人民团体、军队以及国家财政部门拨付事业经营的单位的自由房产，个人所有非营业用的房产等，可以免纳房产税。

房产税具有以下特点：

①房产税属于财产税中的个别财产税，其征税对象只是房屋。

②征收范围限于城镇的经营性房屋。

③区别房屋的经营使用方式规定征税办法，对于自用的按房产计税余值征收，对于出租、出典的房屋按租金收入征税。

（5）土地增值税

为了规范土地、房地产市场交易秩序，合理调节土地增值收益，维护国家权益，制定土地增值税。土地增值税的纳税义务人为转让国有土地使用权、地上的建筑物及其附着物并取得收入的单位和个人，纳税人为房产所取得的收入除规定扣除项目金额后的余额为增值额。

11.4　价格法

11.4.1　价格法的概念和分类管理

（1）价格法的概念

为了规范价格行为，发挥价格合理配置资源的作用，稳定市场价格总水平，保护消费者和经营者的合法权益，促进社会主义市场经济健康发展，制定本法。《价格法》所称价格包括商品价格和服务价格。商品价格是指各类有形产品和无形资产的价格。服务价格是指各类有偿服务的收费。

（2）价格的分类管理

从价格管理的角度，价格可分为市场调节价、市政府指导价和政府定价3类。

①市场调节价，是指由经营者自主制订，通过市场竞争形成的价格。其中经营者是指从事生产、经营商品或者提供有偿服务的法人、其他组织和个人。

②政府指导价，是指依照本法规定，由政府价格主管部门或者其他有关部门，按照定价权限和范围规定基准价及其浮动幅度，指导经营者制定的价格。

③政府定价，是指依照本法规定，由政府价格主管部门或者其他有关部门，按照定价权限和范围制定的价格。

国家实行并逐步完善宏观经济调控下主要由市场形成价格的机制。价格的制定应当符合价值规律，大多数商品和服务价格实行市场调节价，极少数商品和服务价格实行政府指导价或者政府定价。国家支持和促进公平、公开、合法的市场竞争，维护正常的价格秩序，对价格活动实行管理、监督和必要的调控。

11.4.2　经营者的价格行为

商品价格和服务价格,除依照《价格法》第十八条规定适用政府指导价或者政府定价外,都实行市场调节价,由经营者依照本法自主制定。经营者定价,应当遵循公平、合法和诚实信用的原则。基本依据是生产经营成本和市场供求状况。经营者应当努力改进生产经营管理,降低生产经营成本,为消费者提供价格合理的商品和服务,并在市场竞争中获取合法利润。经营者应当根据其经营条件建立、健全内部价格管理制度,准确记录与核定商品和服务的生产经营成本,不得弄虚作假。同时要接受政府价格主管部门的工作指导。

11.4.3　政府的定价行为

政府指导价、政府定价的定价权限和具体适用范围,以中央和地方的定价目录为依据。中央定价目录由国务院价格主管部门制定、修订,报国务院批准后公布。地方定价目录由省、自治区、直辖市人民政府价格主管部门,按照中央定价目录规定的定价权限和具体适用范围制定,经本级人民政府审核同意,报国务院价格主管部门审定后公布。省、自治区、直辖市人民政府以下各级地方人民政府不得制定定价目录。

下列商品和服务价格,政府在必要时可以实行政府指导价或者政府定价:

①与国民经济发展和人民生活关系重大的极少数商品价格。

②资源稀缺的少数商品价格。

③自然垄断经营的商品价格。

④重要的公用事业价格。

⑤重要的公益性服务价格。

11.4.4　价格总水平调控

稳定市场价格总水平是国家重要的宏观经济政策目标。国家根据国民经济发展的需要和社会承受能力,确定市场价格总水平调控目标,列入国民经济和社会发展计划,并综合运用货币、财政、投资、进出口等方面的政策和措施,予以实现。

政府可以建立重要商品储备制度,设立价格调节基金,调控价格,稳定市场。为适应价格调控和管理的需要,政府价格主管部门应当建立价格监测制度,对重要商品、服务价格的变动进行监测。当重要商品和服务价格显著上涨或者有可能显著上涨,国务院和省、自治区、直辖市人民政府可以对部分价格采取限定差价率或者利润率、规定限价、实行提价申报制度和调价备案制度等干预措施。

省、自治区、直辖市人民政府采取前款规定的干预措施,应当报国务院备案。

11.5　招投标法

11.5.1　招投标法的概念和招标范围

1) 招投标法的概念

为了规范招标投标活动,保护国家利益、社会公共利益和招标投标活动当事人的合法权益,提高经济效益,保证项目质量,制定本法。在中华人民共和国境内进行招标投标活动,适用本法。

2) 招投标的范围

在中华人民共和国境内进行下列工程建设项目,包括项目的勘察、设计、施工、监理以及与工程建设有关的重要设备、材料等的采购,必须进行招标:
①大型基础设施、公用事业等关系社会公共利益、公众安全的项目。
②全部或者部分使用国有资金投资或者国家融资的项目。
③使用国际组织或者外国政府贷款、援助资金的项目。
前款所列项目的具体范围和规模标准,由国务院发展计划部门会同国务院有关部门制定,报国务院批准。

3) 招标方式

招标方式有公开招标和邀请招标两种。自招标文件开始发出之日至投标人提交招标文件截止之日的期限不得短于 20 日。

11.5.2　招标

1) 招标人及资格条件

招标人是依照本法规定,提出招标项目、进行招标的法人或者其他组织。两个以上的法人或组织可以组成一个联合体,以一个投标人的身份共同投标,联合体各方均应具备承担招标项目的响应能力和资格条件。由同一专业的单位组成联合体,按照资质等级较低的单位资质定级。联合体应将约定各方拟承担工作和责任的共同投标协议书连同招标文件一并提交给招标人。

2) 招标文件

招标文件载明项目的实际情况。如果准备在中标后将中标项目的部分非主体、非关键工程进行分包,招标人则应在投标文件中载明。

在招标文件要求提交投标文件的截止时间前,投标人可以补充、修改或者撤回已提交的投

标文件,并书面通知招标人。补充、修改内容也是投标文件的组成部分。

投标人应当在招标文件要求提交投标文件的截止日期前,将投标文件送达投标地点。招标人收到投标文件后,应当签收保存,不得开启。

投标人少于 3 个的,招标人应当按照《招标投标法》重新招标。

招标人应当拒收在招标文件要求的截止时间后送达的投标文件。

11.5.3 开标

开标人应在招标人或招标代理人主持下,在招标文件中预先确定的地点,预先确定的提交投标文件截止时间的同一时间公开进行,并邀请所有投标人参加。

1)评标委员会

评标由招标人依法组建的评标委员会负责。依法必须进行招标的项目,其评标委员会出招标人的代表和有关技术、经济等方面的专家组成,成员人数为 5 人以上单数,其中,技术、经济等方面的专家不得少于成员总数的 2/3。前款专家应当从事相关领域工作满 8 年,并具有高级职称或者具有同等专业水平,由招标人从国务院有关部门或者省、自治区、直辖市人民政府有关部门提供的专家名册或者招标代理机构的专家库内的相关专业的专家名单中确定;一般招标项目可以采取随机抽取方式,特殊招标项目可以由招标人直接确定。与投标人有利害关系的人不得进入相关项目的评标委员会,已经进入的应当更换。评标委员会成员的名单在中标结果确定前应当保密。

2)投标文件的澄清、说明或者补正

澄清、说明或者补正应以书面方式进行,并不得超出投标文件的范围或者改变投标文件的实质性内容。

3)低于成本报价的判别和处理

在评标过程中,评审委员会发现投标人的报价明显低于其他投标报价或者在设有标底时明显低于标底,使得其投标报价可能低于其个别成本的,应当要求投标人作出书面说明并提供相关证明材料。投标人不能合理说明或者不能提供相关证明材料的,由评审委员会确定该投标人以低于成本报价竞标,其投标应作费标处理。

评标委员会成员应当客观、公正地履行职务,遵守职业道德,对所提出的评审意见承担个人责任。在确定中标人前,招标人不得与投标人就投标价格、投标方案等实质性内容进行谈判。评标委员会经评审,认为所有投标都不符合招标文件要求的,可以否决所有投标。依法必须进行招标的项目的所有投标被否决的,招标人应当依照本法重新招标。

4)定标

中标人确定后,招标人应当向中标人发出中标通知书,并同时将中标结果通知所有未中标的投标人。中标通知书对招标人和中标人具有法律效力。招标人和中标人应当自中标通知书发出之日起三十日内,按照招标文件和中标人的投标文件订立书面合同。招标人和中标人不得再行订立背离合同实质性内容的其他协议。招标文件要求中标人提交履约保证金的,中标人应当提交。

11.6 合同法

11.6.1 合同法的适用范围及基本原则

《中华人民共和国合同法》是为了保护合同当事人的合法权益,维护社会经济秩序,促进社会主义现代化建设。它适用于调整平等主体的自然人、法人、其他组织之间的合同关系。合同法遵循平等、自愿、公平、诚实信用、遵守法律法规、尊重社会公德的原则。

11.6.2 合同法的调整范围

我国合同法调整的是平等主体的自然人、法人、其他组织之间的合同关系。合同法调整范围应注意以下问题:

①合同法调整的是平等主体之间的债权债务关系,属于民事关系。政府对经济的管理活动,属于行政管理关系,不适用合同法;企业、单位内部的管理关系,不是平等主体之间的关系,也不适用于合同法。

②合同是设立、变更、终止民事权利义务关系的协议,有关婚姻、收养、监护等身份关系的协议不适用于合同法。但不能认为凡是涉及身份关系的合同都不受《合同法》的调整。有些人身份权利本身具有财产属性和竞争价值,如商誉、企业名称、肖像等,可以签订转让、许可合同,受《合同法》调整。此外不能将人身关系与他所引起的财产关系相混淆,在婚姻、收养、监护关系中也存在与身份关系相关联但有独立的财产关系,仍然要适用《合同法》的一般规定,如分家析产协议、婚前财产协议、遗赠扶养协议、离婚财产分割协议等。

③合同法主要调整法人、其他经济组织之间的经济贸易关系,同时还包括自然人之间因买卖、租赁、借贷、赠与等产生的合同关系。

11.6.3 合同的订立

合同的形式有口头合同形式、书面合同形式以及其他合同形式。

1)要约

要约是一方当事人向另一方当事人提出订立合同的条件,希望对方能完全接受此条件的意思表示。发出要约的一方称为要约人,受领要约的一方称为受要约人。

(1)要约的条件

①要约的内容必须具体明确。所谓"具体"是指要约的内容必须具有足以使合同成立的主要条款。如果没有包含合同主要条款,受要约人难以作出承诺,即使作出了承诺,也会因为双方的这种合意不具备合同的主要条款而使合同不能成立。所谓"明确",是指要约的内容必须明确,而不能含糊不清,否则无法承诺。

②要约必须具有订立合同的意图,表明一经受要约人承诺,要约人即受该意思表示的拘束。

（2）要约的效力

《合同法》第16条规定："要约到达受要约人时生效。"自要约实际送达给特定的受要约人时，要约即发生法律效力，要约人不得在事先未声明的情况下撤回或变更要约，否则构成违反前合同义务，要承担缔约过失的损害赔偿责任。需明确一点，到达是指要约的意思表示客观上传递到受要约人处即可，而不管受要约人主观上是否实际了解到要约的具体内容。例如，要约以电传方式传递，受要约人收到后因临时有事未来得及看其内容，要约也生效。

（3）要约的撤回和撤销

要约的撤回，是指要约人在发出要约后，于要约到达受要约人之前取消其要约的行为。合同法第17条规定：要约可以撤回。撤回要约的通知应当在要约到达受要约人之前或者同时到达受要约人。在此情形下，被撤回的要约实际上是尚未生效的要约。

要约的撤销，是指在要约发生法律效力后，要约人取消要约从而使要约归于消灭的行为。要约的撤销不同于要约的撤回（前者发生于生效后，后者发生于生效前）。

合同法第18条规定：要约可以撤销。撤销要约的通知应当在受要约人发出承诺通知之前到达受要约人。第19条规定：有下列情形之一的，要约不得撤销：①要约人确定了承诺期限或者以其他方式明示要约不可撤销。②受要约人有理由认为要约是不可撤销的，并且已经为履行合同做了准备工作。

（4）要约的失效

要约发出后，有下列情形之一的，要约失效，要约人不再受原要约的拘束：

①要约的撤回。撤回要约的通知在要约到达受要约人之前或者与要约同时到达受要约人。

②拒绝要约的通知到达要约人。受要约人以口头或书面的方式明确通知要约人不接受该要约。

③受要约人对要约的内容进行实质性变更。有关合同标的、数量、质量、价款或报酬、履行期限、履行地点和方式、违约责任和解决争议方法等的变更，是对要约内容的实质性变更。

④要约中规定有承诺期限的，承诺期限届满，受要约人未作出承诺。对口头要约，在极短的时间内不立即作出接受的意思表示，则表明要约的失效。

（5）要约与要约邀请的区别

①要约邀请是指一方邀请对方向自己发出要约，而要约是一方向他方发出订立合同的意思表示。

②要约邀请不是一种意思表示，而是一种事实行为。要约是希望他人和自己订立合同的意思表示，是法律行为。

③要约邀请只是引诱他人向自己发出要约，在发出要约邀请人撤回其中邀请，只要未给善意相对人造成利益的损失，邀请人并不承担法律责任。以下4个法律文件为要约请：寄送的价目表、拍卖公告、招标公告、招股说明书。

2）承诺

承诺是受要约人同意要约的意思表示。承诺应当在要约的期限内到达要约人。要约没有确定承诺期限的，承诺应当依照下列规定到达：①除非当事人另有约定，以对话方式作出的要约，应当即时做出承诺。②以非对话方式作出的要约，承诺在合理期限内到达。承诺通知要约人时生效。承诺可以撤回，撤回承诺的通知应当在承诺通知到达要约人之前或者与承诺通知同时到达要约人。

3）合同条款

合同的内容由当事人约定,一般包括以下条款:

a.当事人的名称或者姓名和住所。

b.标的。

c.数量。

d.质量。

e.价款或者报酬。

f.履行期限、地点和方式。

g.违约责任。

h.解决争议的方法。

当事人可以参照各类合同的示范文本订立合同。

4）合同的成立

当事人采用书面形式订立的合同,自双方当事人签字或者盖章时合同成立;双方当事人签字或者盖章的地点为合同成立的地点;在签字或者盖章之前,当事人一方已经履行主要义务,双方接受的,该合同成立。

当事人采用信件、数据电文等形式订立的合同,可以在合同成立之前要求签订确认书,签订确认书时合同成立;收件人的主营业地为合同成立的地点;没有主营业地的,其经常居住地为合同成立的地点,当事人另有约定的,则按照其约定执行。

11.6.4　合同的效力

1）有效合同

(1)有效合同的概念

有效合同是指双方当事人订立的符合国家法律法规的规定和要求、具有法律效力、依法受到国家法律保护的合同。

(2)合同有效的条件

①当事人具有相应的民事行为能力。

②意思表示真实。

③合同内容合法。

④合同内容确定、可能。

(3)合同生效的期限

依法成立的合同,自成立时生效。法律、行政法规规定应当办理批准、登记等手续生效的,依照其规定。

当事人对合同的效力可以约定条件。附生效条件的合同,自条件成就时生效。附解除条件的合同,自条件成就时失效。当事人为自己的利益不正当地阻止条件成就的,视为条件已经成就,不正当地促进条件成就的,视为条件不成就。

2）无效合同

（1）无效合同的概念

无效合同是指当事人虽然协商订立，但其违反法律要求，国家不承认其法律效力的合同。

（2）合同无效的情形

①一方以欺诈、胁迫的手段订立合同，损害国家利益。

②恶意串通，损害国家、集体或者第三人利益。

③以合法形式掩盖非法目的。

④损害社会公共利益。

⑤违反法律、行政法规的强制性规定。

（3）可变更、可撤销的合同

可变更、可撤销合同是指当事人所订立的合同欠缺一定的生效条件，但当事人一方可依照自己的意思使合同的内容变更或者使合同的效力归于消灭的合同。

可变更、可撤销的合同构成条件如下：

①因重大误解订立的合同。

②在订立合同时显失公平的合同。

③欺诈、胁迫的合同。

受损害一方当事人对可撤销的合同依法享有撤销权，可请求人民法院或仲裁机构撤销该合同。

3）合同无效或被撤销后的法律后果

无效合同或者被撤销的合同自始没有法律约束力。合同部分无效，不影响其他部分效力的，其他部分仍有效。合同无效、被撤销或者终止的，不影响合同中独立存在的有关解决争议方法的条款的效力。

对因履行无效合同和被撤销合同而产生的财产后果应当依法进行如下处理：

①返还财产或折价补偿。

②赔偿损失。

③追缴财产、收归国有。

11.7 行政许可法

为了规范行政许可的设定和实施，保护公民、法人和其他组织的合法权益，维护公共利益和社会秩序，保障和监督行政机关有效实施行政管理，根据宪法，制定本法。

11.7.1 行政法的适用范围及基本原则

为了规范行政许可的设定和实施，保护公民、法人和其他组织的合法权益，维护公共利益和社会秩序，保障和监督行政机关有效实施行政管理，根据宪法，制定本法。本法所称行政许可，是指行政机关根据公民、法人或者其他组织的申请，经依法审查，准予其从事特定活动的行为。

公民、法人或者其他组织依法取得的行政许可受法律保护,行政机关不得擅自改变已经生效的行政许可。

11.7.2 行政许可的设定

设定行政许可,应当遵循经济和社会发展规律,有利于发挥公民、法人或者其他组织的积极性、主动性,维护公共利益和社会秩序,促进经济、社会和生态环境协调发展。下列事项可以设定行政许可:

①直接涉及国家安全、公共安全、经济宏观调控、生态环境保护以及直接关系人身健康、生命财产安全等特定活动,需要按照法定条件予以批准的事项。

②有限自然资源开发利用、公共资源配置以及直接关系公共利益的特定行业的市场准入等,需要赋予特定权利的事项。

③提供公众服务并且直接关系公共利益的职业、行业,需要确定具备特殊信誉、特殊条件或者特殊技能等资格、资质的事项。

④直接关系公共安全、人身健康、生命财产安全的重要设备、设施、产品、物品,需要按照技术标准、技术规范,通过检验、检测、检疫等方式进行审定的事项。

⑤企业或者其他组织的设立等,需要确定主体资格的事项。

⑥法律、行政法规规定可以设定行政许可的其他事项。

地方性法规可以在法律、行政法规设定的行政许可事项范围内,对实施该行政许可作出具体规定。

11.7.3 行政许可的实施程序

公民、法人或者其他组织从事特定活动,依法需要取得行政许可的,应当向行政机关提出申请。申请书需要采用格式文本的,行政机关应当向申请人提供行政许可申请书格式文本。申请书格式文本中不得包含与申请行政许可事项没有直接关系的内容。

申请人可以委托代理人提出行政许可申请。但是,依法应当由申请人到行政机关办公场所提出行政许可申请的除外。

行政许可申请可以通过信函、电报、电传、传真、电子数据交换和电子邮件等方式提出。

行政机关应当将法律、法规、规章规定的有关行政许可的事项、依据、条件、数量、程序、期限以及需要提交的全部材料的目录和申请书示范文本等在办公场所公示。

申请人要求行政机关对公示内容予以说明、解释的,行政机关应当说明、解释,提供准确、可靠的信息。

申请人申请行政许可,应当如实向行政机关提交有关材料和反映真实情况,并对其申请材料实质内容的真实性负责。行政机关不得要求申请人提交与其申请的行政许可事项无关的技术资料和其他材料。

行政机关对申请人提出的行政许可申请,应当根据下列情况分别作出处理:

①申请事项依法不需要取得行政许可的,应当即时告知申请人不受理。

②申请事项依法不属于本行政机关职权范围的,应当即时作出不予受理的决定,并告知申请人向有关行政机关申请。

③申请材料存在可以当场更正的错误的,应当允许申请人当场更正。

④申请材料不齐全或者不符合法定形式的,应当当场或者在 5 日内一次告知申请人需要补正的全部内容,逾期不告知。

11.8　造价员管理制度

11.8.1　造价员管理制度制定目的

为加强对建设工程造价员的管理,规范建设工程造价员的从业行为和提高其业务水平,根据建设部《关于由中国建设工程造价管理协会关于做好建设工程概预算人员行业自律工作的通知》文件精神,制定本办法。本办法所称建设工程造价员是指通过考试,取得《全国建设工程造价员资格证书》,从事工程造价业务的人员(以下简称造价员)。中国建设工程造价管理协会(以下简称中价协)负责全国建设工程造价员的行业自律管理工作。各地区造价管理协会或归口管理机构(以下统称管理机构)应在本地区建设行政主管部门的指导和监督下,负责本地区造价员的自律管理工作。中价协各专业委员会(以下简称专委会)负责本行业造价员的自律管理工作。

11.8.2　造价员资格考试

造价员资格考试实行全国统一考试大纲、通用专业和考试科目,各管理机构和专委会负责组织命题和考试。由中价协负责组织编写《全国建设工程造价员资格考试大纲》和《工程造价基础知识》考试教材,并对各管理机构、专委会的考务工作进行监督和检查。各管理机构、专委会应按考试大纲要求编制土建工程、安装工程及其他专业科目考试教材,并负责组织命题、考试、阅卷、确定考试合格。

11.8.3　造价员管理

造价员应在本人承担的工程造价业务文件上签字、加盖专用章,并承担相应的岗位责任。

各管理机构和各专委会应建立造价员信息管理系统和信用评价体系,并向社会公众开放查询造价员资格、信用记录等信息。造价员不得同时受聘在两个或两个以上单位。

11.8.4　造价员主要工作内容

①能够熟悉掌握国家的法律法规及有关工程造价的管理规定,精通本专业理论知识,熟悉工程图纸,掌握工程预算定额及有关政策规定,为正确编制和审核预算奠定基础。

②负责审查施工图纸,参加图纸会审和技术交底,依据其记录进行预算调整。

③协助领导做好工程项目的立项申报,组织招投标,开工前的报批及竣工后的验收工作。

④工程竣工验收后,及时进行竣工工程的决算工作,并报处长签字认可。

⑤参与采购工程材料和设备,负责工程材料分析,复核材料价差,收集和掌握技术变更、材料代换记录,并随时做好造价测算,为领导决策提供科学依据。

⑥全面掌握施工合同条款,深入现场了解施工情况,为决算复核工作打好基础。

⑦工程决算后,要将工程决算单送审计部门,以便进行审计。

⑧完成工程造价的经济分析,及时完成工程决算资料的归档。

⑨协助编制基本建设计划和调整计划,了解基建计划的执行情况。

11.9　造价工程师执业资格制度

11.9.1　造价工程师执业资格考试

造价工程师执业资格制度属于国家统一规划的专业技术人员执业资格制度范围。造价工程师是指经全国统一考试合格,取得造价工程师执业资格证书,并经注册从事建设工程造价业务活动的专业技术人员。国家在工程造价领域实施造价工程师执业资格制度。凡从事工程建设活动的建设、设计、施工、工程造价咨询、工程造价管理等单位和部门,必须在计价、评估、审查(核)、控制及管理等岗位配备有造价工程师执业资格的专业技术人员。

11.9.2　造价工程师资格考试

造价工程师执业资格考试实行全国统一大纲、统一命题、统一组织的办法。原则上每年举行一次。建设部负责考试大纲的拟定、培训教材的编写和命题工作,统一计划和组织考前培训等有关工作。培训工作按照与考试分开、自愿参加的原则进行。人事部负责审定考试大纲、考试科目和试题,组织或授权实施各项考务工作。会同建设部对考试进行监督、检查、指导和确定合格标准。

凡中华人民共和国公民,遵纪守法并具备以下条件之一者,均可申请参加造价工程师执业资格考试:

①工程造价专业大专毕业后,从事工程造价业务工作满5年;工程或工程经济类大专毕业后,从事工程造价业务工作满6年。

②工程造价专业本科毕业后,从事工程造价业务工作满4年;工程或工程经济类本科毕业后,从事工程造价业务工作满5年。

③获上述专业第二学士学位或研究生班毕业和获硕士学位后,从事工程造价业务工作满3年。

④获上述专业博士学位后,从事工程造价业务工作满2年。

申请参加造价工程师执业资格考试,需提供下列证明文件:

a.造价工程师执业资格考试报名申请表。

b.学历证明。

c.工作实践经历证明。

通过造价工程师执业资格考试的合格者,由省、自治区、直辖市人事(职改)部门颁发人事部统一印制、人事部和建设部共同用印的造价工程师执业资格证书,该证书全国范围有效。

造价工程师执业资格实行注册登记制度。建设部及各省、自治区、直辖市和国务院有关部门的建设行政主管部门为造价工程师的注册管理机构。人事部和各级人事(职改)部门对造价工程师的注册和使用情况有检查、监督的责任。考试合格人员在取得证书 3 个月内到当地省级或部级造价工程师注册管理机构办理注册登记手续。

11.9.3　造价工程师履行的义务

①必须熟悉并严格执行国家有关工程造价的法律法规和规定。

②恪守职业道德和行为规范,遵纪守法,秉公办事。对经办的工程造价文件质量负有经济的和法律的责任。

③及时掌握国内外新技术、新材料、新工艺的发展应用,为工程造价管理部门制订、修订工程定额提供依据。

④自觉接受继续教育,更新知识,积极参加职业培训,不断提高业务技术水平。

⑤不得参与与经办工程有关的其他单位事关本项工程的经营活动。

⑥严格保守执业中得知的技术和经济秘密。

11.10　工程造价咨询管理制度技术档案管理制度

为规范公司技术档案工作底稿的编制、复核、使用和管理,强化咨询质量,降低咨询风险,促进提高整体水平,保证咨询资料的完整性、统一性、实用性,特制订工程造价咨询管理制度。

11.10.1　档案的归档与管理

①公司的归档资料实行"项目归档"制度,每个项目完成后及时进行资料的归档工作。

②每个工程项目文档都要进行编号处理,并按文件类型再分成若干个子项以便查找。

③各部门专用的收、发文件资料,按文件的密级确定是否归档。凡机密以上级的文件必须把原件放入档案室。

④凡应该及时归档的资料,由档案管理员负责及时归档。

⑤档案管理员根据公司的《档案管理制度》实施档案归档整理。档案管理员职责:保证公司及各部门的原始资料齐全完整、安全保密和使用方便。

11.10.2　档案的收集及移交

工程造价咨询档案原则上由项目负责人负责整理归档,项目负责人必须在咨询报告出具后

30 日内将完整的档案资料移交档案室;公司专职档案管理员负责造价咨询档案的接收、装订立卷、保管、提供查阅等工作,档案管理人员必须在档案移交后 90 日内将档案装订档,并保证归档后档案的完整、安全。

11.10.3　档案的封存

项目负责人在交付存档资料时要保证各种资料齐全,归档时填写资料清单及页数,工程量计算书要求加封面,并分类装订完好,资料完整方能存档。各种类型项目存档资料要求如下:

1) 工程标底、清单编制存档资料

①存档资料目录。
②工作总结(业务范围、完成时间、参加人员等)。
③工程造价(标底、清单)编制委托合同。
④委托方交付的资料:建设方提供的招标文件、答疑文件(除图纸外)。
⑤成果文件:工程(概)预算书(电子版及纸质版)。
⑥三级复核表。
⑦工程量计算书(电子版及手稿)、委托方评价意见。

2) 工程造价审核

①存档资料目录。
②工作总结(业务范围、完成时间、参加人员等)。
③工程造价审核委托合同。
④成果文件:审核报告、定案表、单位工程预(结)算书(电子版及纸质版)。
⑤计算书底稿、工程量确认单。
⑥委托方交付的相关资料:施工合同及补充协议、经济签证、变更资料、洽商记录、对方报送预(结)算书等。
⑦三级复核表。
⑧委托方评价意见。

3) 工程造价过程控制(根据项目要求,统一编号,分批存档)

①存档资料目录。
②工作总结(业务范围、完成时间、参加人员等)。
③审核付款定案表、单位工程预(结)算书(电子版及纸质版)。
④最终审批支付单(尽可能)。
⑤计算书底稿、工程量确认单。
⑥委托方交付的相关资料:施工合同及补充协议、经济签证、变更资料、洽商记录、对方报送结算书等。

课后练习题

（1）简述城乡规划法的概念和城乡规划的方针。

（2）申请领取施工许可证应当具备哪些条件？

（3）简述与工程相关的重要税种。

（4）招投标的范围有哪些？

（5）合同法的调整范围应注意哪些问题？

（6）合同订立的形式有哪些，以及其中要注意哪些问题？

（7）造价师履行的任务有哪些？

（8）造价工程师的资格制度有哪些？

12 园林工程经济与财务概述

本章导读 本章主要学习园林工程经济管理的特点、对象等施工必需的基本理论和专业知识,了解园林工程经济管理学研究的任务和主要内容,使学生掌握从事园林工程施工经济管理的能力,注重培养运用所学知识分析和解决问题的能力。

12.1 园林工程经济管理概述

12.1.1 园林工程经济管理的概念

①园林工程经济管理是一个系统工程,园林工程经济管理涉及了许多方面,涵盖了园林工程的财务管理、成本控制、概预算等经济管理项目,以实现工程项目的经济效益回报为最终结果,每一个项目的管理最终统一成一个结果,所以,需要一个系统、合理的管理方法去综合各个项目。管理是一切共同活动不可或缺的一部分,是管理者对一个系统施加影响,使其改变或维持既定状态的活动过程。管理的要素包括了管理主客体和管理手段、管理目的,而管理的主要目的在于协调人的活动以达到预期的目的。

②园林工程经济管理实现于园林工程的全部过程,其对相关经济个体和经济局部活动进行决策、计划、组织、指挥、监督和调节,不同的局部活动和不同的管理目标在每个环节都是相关联的,有计划进行的。经济管理的参与成分众多,相互联系、相互制约。园林工程经济管理主体有财务、成本、经营、施工等多个部门,他们通过一定组织形式,以满足园林工程项目的功能和使用,符合可持续发展,带来高收益和回报,最后形成相互制约、相互协作、相互促进的管理格局。

③园林工程管理具有复杂性,由于在设计时部分项目的单一性和生产所带来的烦琐程序,使施工变得更加复杂。并且在施工过程中经常受到环境的影响,多部门的协作性降低,协作要求提高,控制难度加大,管理周期长,使得整体工作在进行时变得复杂。

12.1.2　园林工程经济管理的作用

园林工程经济管理是按照工程经济规律的要求,根据社会主义市场经济的发展,利用科学管理方法和先进管理手段,实现工程项目的投资经济效益和企业经济效果。

园林工程经济管理涉及工程管理的各个方面,是工程管理的重要组成部分,完整合理的园林工程经济管理使工程项目的水平得到全面提高。由于园林工程的主体有财务、成本、经营、施工等多个部门,因此必须利用科学的管理办法和先进的管理手段,才能形成相互制约、相互协调、相互促进的格局。

12.1.3　资金的时间价值及其计算

资金的时间价值(Time Value of Money),又称货币时间价值,是指资金在周转使用中由于时间因素而形成的增值现象。资金时间价值的衡量方法是利息(Interest)。如果某人手头上有一笔钱,暂时不用,存入银行定期一年,银行便获得了对这笔钱使用一年的权利。一年后,银行除了归还该人原本存入银行的本金外,还要付给他银行使用这笔钱一年的报酬——利息,由此可见,资金因时间产生了价值。资金的时间价值是企业筹资、投资和股权决策所应考虑的一个十分重要的因素。

一定时期的利息额占本金的百分比,称为利率(Interest Rate)。利率分为年利率、月利率和日利率。如果存款期在两期以上,计息的方法就产生了差异,即按单利计算或按复利计算。

单利(Simple Interest)是指每期利息均按原始本金计算的方式。在单利计算的情况下,不论计算期有多长,仅以本金计算利息,上期的利息不加入本金内计算利息。公式如下:

$$单利利息 = 本金 \times 利率 \times 计算期数$$

设本金 P,利率 i,计算期 n,则 n 期末本利和 F_n 为:

$$F_n = P \times (1 + n \times i)$$

式中,$(1+n \times i)$ 称"单利终值系数",利用它可以方便地求出在利率一定的条件下,n 期后的一元钱,其最终价值是多少。在实际生活中,我国各类银行吸收城乡居民的储蓄存款,银行向企业发放的生产周转借款等,均按单利计算利息。

显而易见,利息的多少和资金使用期限的长短、利率的高低有关。利率高,利息多;利率低,利息少。在西方国家,由于货币也是商品,利率的高低主要根据市场上货币的供求关系确定的。在我国,利率主要是根据国家一定时期的方针政策并参考市场资金的供求状况确定的。

现值与终值关系如下:

$$终值 = 现值 \times (1 + 利率 \times 期数)$$

用符号表示就是:$F = P(1 + i \times n)$

不仅本金计算利息,利息至上期末加入本金,从而在本金增加后再计算后一期利息的方式称为复利(Compound Interest)。按国际惯例,计息期在两期或两期以上,一般都按复利计算。复利计息的时间一般以一年或半年为一期,但也可以较短的时间计算。复利终值的计算公式如下:

$$复利终值 = 本金 \times (1 + 利率)^{期数}$$

$$F_n = P \times (1 + i)^n$$

式中，$(1 + i)^n$ 称为复利终值系数（Compound Factors），一般不用计算，通过查阅复利终值系数表便可以得到。

12.1.4　投资方案经济效果

投资经济效果（Investment economic effect）是指某一投资方案的所得与其所耗之间的比例关系。某一投资方案的所得在评价投资经济效果时，一般可以用使用价值加以体现。

投资经济效果是一个比较的概念，它是某个投资方案的所得与所耗之间的比例关系，这种比例关系在表示不同投资方案的经济效果大小时，有 3 种情况：

①当投资所得的使用价值相同时，如果劳动消耗大，投资的经济效果就小；如果劳动消耗小，投资的经济效果就大。

②当投资所消耗的劳动相同时，如果所得的使用价值大，投资的经济效果就大；如果所得的使用价值小，投资的经济效果就差。

③当投资的所得与所耗都不相等，投资方案的经济效果必须通过具体的比较才能判断投资效果的大小。

投资经济效益形态多样，内容广泛，要正确把握投资效益的内容，并作出合理的评价，必须对投资效益进行科学的分类。

（1）按层次和范围分

可分为宏观投资效益和微观投资效益。

宏观投资效益，主要指一定时期内社会总投资的综合效益，它是从社会的角度即国民经济全局来考查投资效益的。

微观投资效益，指投资项目所得满足投资主体特定需要的有效成果，它是从个别投资项目本身的角度来考查投资效益的。这种分类是以国民经济的统一性和投资者的相对独立性为依据的，有利于正确处理投资宏观效益与投资微观效益之间的关系。

（2）按反映的内容分

可分为投资消耗效益和投资占用效益。

任何投资建设过程都必须消耗和占用一定的人力、物力和资金，讲求经济效益就是要力求以最少的劳动消耗和劳动占用取得尽可能多的符合社会需要的使用价值。

投资消耗效益是指投资有效成果与消耗在数量上的对比关系，而投资占用效益则是指投资有效成果与资金、人力、物力占用之间在数量上的比例关系。

一般来说，资金的占用与时间因素密切相关，由于投资周期长，为了保证劳动的正常消耗，需要有一定数量的资金和物质资料储备，即劳动消耗要由劳动占用来保证。但是劳动占用有一定限度，如果超过了正常的储备定额，就会形成积压，尽管占用并不完全等同于消耗，但会影响到其他部门和项目的投入和效益。所以，必须在处理好劳动消耗和劳动占用关系的基础上，努力提高投资占用效益。

（3）按资金运动过程分

可分为投资决策阶段预期效益、投资实施阶段中间效益和投资产出阶段最终效益。

投资决策是投资运动的起点，其核心问题在于研究投资能否获得效益及效益的大小，决策

阶段估算的预期获得的效益,称为预期投资效益。

预期效益达到一定标准,投资才能付诸实施。投资实施过程即为建设过程,它在较长时间内占用和消耗劳动力和生产资料,却不提供任何有效的产品,投资的直接成果表现为形成一定的固定资产和生产能力,这部分新增固定资产和生产能力与投资额之比就是投资的建设收益,即中期投资效益。

在形成生产能力之后,投资运动进入生产阶段,产出产品并带来效益,即为投资的最终成果,投资的最终效益是投资最终取得的有效成果和投资额之比。

这种分类以投资运动的阶段为依据,有利于全面考虑投资运动阶段效益的递进联系。

(4)按投资受益直接程度分

可分为投资直接效益和间接效益。

投资直接效益是投资所带来的直接的有用成果,它服务于投资主体非常明确的投资动机和目的需求,直接满足投资主体的具体需要,可以直接由成果与消耗的对比加以计算和评价。投资的间接效益是投资所产生的相关效益,间接地满足了投资动机以外的其他社会需要。这种分类有利于投资项目的相关分析及投资效益的综合评价。

(5)按评价用途分

可分为投资总效益、投资比较效益和投资因素效益。

投资总效益是指一个投资方案本身的成果与总投资的比较,从整体上反映全部投资的平均效益。

投资比较效益是指不同投资方案经济效益的比较,用于多种方案的比较。

投资因素效益是指投资的总经济效益在某一方面、某一环节的反映,计算和评价投资运动过程中的因素效益,有利于提高总效益。

这种分类,有利于从不同侧面对投资效益作出全面的考核和评价。

(6)按表现形式分

可分为投资实物效益与投资价值效益。

投资实物效益以实物形式来表示投资效益,它能直观、具体地反映投资所获得的成果,其有用成果就是能够满足社会需要的使用价值。凡是能增加产品数量和提高产品质量所得的成果,都能从使用价值的变化中表现出来,所以实物形态的投资效益是基本的效益形态。

投资价值效益是以价值形式来表示的投资效益,它具有同质性,通过价值形式可以汇总投资多方面的有用成果,从而综合计算投资的总效益。

12.1.5　不确定性分析

1)不确定性分析的含义

投资项目的不确定性分析是以计算和分析各种不确定因素(如价格、投资费用、成本、项目寿命期、生产规模等)的变化对投资项目经济效益的影响程度为目标的一种分析方法。在投资项目实施过程中,某些经济与非经济因素的变化,将导致投资项目的实际经济效益偏离方案评价时的经济结论。所以决策者选择任何一项投资方案都将承担一定的投资风险。因此在对项目进行经济效益分析时不仅要在有数据的基础上按正常情况(即确定情况下)计算项目的技术

经济指标,还应估计到出现不确定因素后将会给项目投资效益带来不利后果,据以分析项目抵抗风险的能力。只有在考虑了各种易发生的不确定因素的不良影响后,有关主要技术经济指标仍然不低于基准值的项目,经济上才是可行的。

2)产生不确定性的原因

在项目评估的过程中,存在着许多内在的不确定性,它们主要来自以下几个方面:

第一,投资项目是一个获益于将来的投资计划,未来总是不确定的。社会发展、技术进步及资源开发的未来过程,特别是项目的社会经济环境,总是给予项目建设经营以各种多变的影响。这些未来发生的事件很难准确地加以预测。

第二,许多非物质的成本和效益的分析评价,要靠分析者个人价值判断。主观判断总是因人而异,难以确定的。对于无法量化和无形的外部效果的定性估价,更是纯主观的。

第三,分析者掌握的信息是有限的,在此基础上进行判断、预测并得出结论,这就需要做大量的假设。有时所需资料缺乏,有时则无充分时间去收集必要的资料。这些情况都会增加项目评估中的不确定性。

总之,不确定性存在与项目构成及对它的评估之中。项目的不确定性可以出于项目内部,也可以出于它的外部。它的内部结构和组织成分可以与预期的不同。其外部环境,则随着项目的进展而发生变化。由于数据和分析工作的弱点,不确定性也可能出现在项目的评估自身中。

在任何情况下,都要在项目评估过程中对不确定性加以处理。不论采用哪种评估方法和程序,不确定性分析都是项目评估中的一个组成部分。

3)不确定因素的内容

在现实经济生活中,下列几种因素时经常要发生变化的,正是由于它们的变化,使得投资项目及其经济分析存在着不确定性。

(1)价格

在市场经济的条件下,由于价值规律的作用,货币的价值随着时间的推移而降低,即物价总的趋势是上涨的。

项目的产品价格或原材料的价格,是影响经济效益的最基本因素。它通过投资费用、生产成本和产品售价反映到经济效益指标上。投资项目的寿命一般都在 10 到 20 年之间,在这一时期,各种原材料或产品价格难免会发生变动,因此,价格引起变动的不确定性构成了项目评估中重要的不确定性因素。

(2)生产能力利用率

由于生产能力达不到设计生产能力导致生产能力利用率的变化,从而对项目经济效益产生影响。生产能力没有达到设计生产能力,是由种种原因造成的,例如,原材料供应,能源、动力的保证程度,运输条件,对技术的掌握程度,管理水平和市场变化等,但最重要的一条是市场销路的问题。由于达不到设计生产能力,将使销售收入下降,导致预期的经济效益可能无法实现。

(3)技术装备和生产工艺

评估拟建项目所采用的投入和产出的数量与价格,是根据现有的工艺技术状况估计的。在

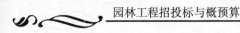

项目建设和服务年限内,由于技术进步、技术装备的更新和新的生产工艺的出现,将使按现在科技水平设计的生产能力、产品性能等技术指标的先进性发生变化,甚至可能被淘汰。科学技术发展的速度越快,更新速度也随之加快,产生不确定性因素的可能性也就越大。

(4)投资费用

如果在投资估算时,项目的总投资额不足,或者由于其他原因而延长了建设期,都将引起项目投资费用的变化,导致项目的投资规模、总成本费用和利润总额等经济指标的变化。

(5)项目寿命期

项目经济效益分析中的许多指标,都是以项目整个生命周期为基础而计算的,但是随着科学技术的发展,建设项目所采用的一些工艺、技术、设备等,很可能提前老化,从而使整个项目的技术寿命期缩短。同时,随着经济的发展和市场需求的变化,使项目的产品生命周期也日益缩短,这样,无疑会影响项目的收益。

在不确定性分析中要找出对项目财务效益和国民经济效益影响较大的不利因素,并分析其对投资项目的影响程度,研究预防和应变措施,减少和消除对项目的不利影响,保证项目顺利实施,达到预期的效益,这是进行不确定性分析更加积极的目的。不同类型的项目,其不确定性因素不尽相同,影响的程度也不同。评估人员应善于根据各项目的特点及客观情况变化的特点,抓住关键因素,正确判断,提高分析水平。

4)不确定性分析的基本方法

项目评估中不确定性分析的基本方法包括盈亏平衡分析、敏感性分析和概率分析。盈亏平衡分析只用于财务效益分析,敏感性分析和概率分析可同时用于财务效益分析和国民经济效益分析。

(1)盈亏平衡分析

盈亏平衡分析(Break-even analysis)又称保本点分析或本量利分析法,是根据产品的业务量(产量或销量)、成本、利润之间的相互制约关系的综合分析,用来预测利润、控制成本、判断经营状况的一种数学分析方法。一般说来,企业收入=成本+利润,如果利润为零,则有收入=成本=固定成本+变动成本,而收入=销售量×价格,变动成本=单位变动成本×销售量,这样由销售量×价格=固定成本+单位变动成本×销售量,可以推导出盈亏平衡点的计算公式为:

$$盈亏平衡点(销售量)=固定成本÷每计量单位的贡献差数$$

企业利润是销售收入扣除成本后的余额;销售收入是产品销售量与销售单价的乘积;产品成本包括工厂成本和销售费用在内的总成本,分为固定成本和变动成本。

总成本:$C=F+C_v×Q$

总收入:$S=P×Q$

列出盈亏平衡方程:$C=S$

$$P×Q=F+C_v×Q$$

盈亏平衡点:$Q=F÷(P-C_v)$

(2)敏感性分析

敏感性分析是指从定量分析的角度研究有关因素发生某种变化对某一个或一组关键指标影响程度的一种不确定分析技术。其实质是通过逐一改变相关变量数值的方法,来解释关键指标受这些因素变动影响大小的规律。

敏感性因素一般可选择主要参数(如销售收入、经营成本、生产能力、初始投资、寿命期、建设期、达产期等)进行分析。若某参数的小幅度变化能导致经济效果指标的较大变化,则称此参数为敏感性因素,反之则称其为非敏感性因素。

利润灵敏度指标的计算公式为:

任意第1个因素的利润灵敏度指标＝该因素的中间变量基数÷利润基数×100%

需要注意的是,单价的中间变量是销售收入,单位变动成本的中间变量是变动成本总额,销售量的中间变量是贡献边际,固定成本的中间变量就是固定成本本身。

(3)概率分析

概率分析又称风险分析,是通过研究各种不确定性因素发生不同变动幅度的概率分布及其对项目经济效益指标的影响,对项目可行性和风险性及方案优劣作出判断的一种不确定性分析法。概率分析常用于对大中型重要若干项目的评估和决策之中。

①期望值法(Expectancy Method)。期望值法在项目评估中应用最为普遍,是通过计算项目净现值的期望值和净现值大于或等于零时的累计概率,来比较方案优劣、确定项目可行性和风险程度的方法。

②效用函数法(Utility Function Method)。所谓效用,是对总目标的效能价值或贡献大小的一种测度。在风险决策的情况下,可用效用来量化决策者对待风险的态度。通过效用这一指标,可将某些难以量化、有质的差别的事物(事件)给予量化,将要考虑的因素折合为效用值,得出各方案的综合效用值,再进行决策。

效用函数反映决策者对待风险的态度。不同的决策者在不同的情况下,其效用函数是不同的。

③模拟分析法(Model Analysis)。模拟分析法就是利用计算机模拟技术,对项目的不确定因素进行模拟,通过抽取服从项目不确定因素分布的随机数,计算分析项目经济效果评价指标,从而得出项目经济效果评价指标的概率分布,以提供项目不确定因素对项目经济指标影响的全面情况。

12.1.6　工程寿命周期成本分析的内容和方法

1)工程寿命周期成本的含义

工程寿命周期是指工程产品从研究开发、设计、建造、使用直到报废所经历的全部时间。在工程寿命周期成本(Life cycle cost,LCC)中,不仅包括经济意义上的成本,还包括环境成本和社会成本。

①工程寿命周期经济成本。工程寿命周期经济成本是指工程项目从项目构思到项目建成投入使用直至工程寿命终结的全过程,所发生的一切可直接体现为资金耗费的投入的总和,包括建设成本和使用成本。

②工程寿命周期环境成本。根据国际标准化组织环境管理体系(ISO 14000)精神,工程寿命周期环境成本是指工程产品系列在其全寿命周期内对于环境的潜在和显在的不利影响。工程建设对于环境的影响可能是正面的,也可能是负面的,前者体现为某种形式的收益,后者则体现为某种形式的成本。在分析及计算环境成本时,应对环境影响进行分析甄别,剔除不属于成

本的系列。在计量环境成本时,由于这种成本并不直接体现为某种货币化数值,必须借助于其他技术手段将环境影响货币化。这是计量环境成本的一个难点。

③工程寿命周期社会成本。工程寿命周期社会成本是指工程产品在从项目构思、产品建成投入使用直至报废、不堪再用的全过程中对社会的不利影响。与环境成本一样,工程建设及工程产品对于社会的影响可能是正面的,也可能是负面的。因此,也必须进行甄别,剔除不属于成本的系列。比如,建设某个工程项目可以增加社会就业率,有助于社会安定,这种影响就不应计算为成本。另一方面,如果一个工程项目的建设会增加社会的运行成本,如由于工程建设引起大规模的移民,可能增加社会的不安定因素,这种影响就应计算为社会成本。

在工程寿命周期成本中,环境成本和社会成本都是隐性成本,它们不直接表现为量化成本,而必须借助于其他方法转化为可直接计量的成本,这就使得它们比经济成本更难以计量。但在工程建设及运行的全过程中,这类成本始终是发生的。目前,在我国工程建设实践中,往往只偏重于经济成本的管理,而对于环境成本和社会成本则考虑得较少。考虑到各种因素,本书仍主要考虑项目寿命周期的经济成本。

2) 工程寿命周期成本分析方法

在通常情况下,从追求寿命周期成本最低的立场出发,首先,是确定寿命周期成本的各要素,将各要素的成本降低到普通水平;其次,是将设置费和维持费两者进行权衡,以便确定研究的侧重点从而使总费用更为经济;再则,从寿命周期成本和系统效率的关系这个角度进行研究。此外,由于寿命周期成本是在长时期内发生的,对费用发生的时间顺序必须加以掌握。器材和劳务费用的价格一般都会发生波动,在估算时要对此加以考虑。同时,在寿命周期成本分析中必须考虑资金的时间价值。

常用的寿命周期成本评价方法有费用效率(CE)法、固定效率法和固定费用法、权衡分析法等。

①费用效率(CE)法。费用效率(CE)是指工程系统效率(SE)与工程寿命周期成本(LCC)的比值,其计算公式如下:

$$CE = \frac{SE}{LCC} = \frac{SE}{(IC + SC)}$$

式中　CE——费用效率;

　　　　SE——工程系统效率;

　　　　LCC——工程寿命周期成本;

　　　　IC——设置费;

　　　　SC——维持费。

②固定效率法和固定费用法是指将费用固定下来,然后选出能得到最佳效率的方案;或者将效率值固定下来,然后选取能实现这个效率而费用最低的方案。

③权衡分析法是对性质完全相反的两个要素作适当的处理,其目标为提高总体的经济性。在寿命周期成本评价法中,权衡分析的对象包括以下5种情况:设置费与维持费的权衡;设置费中各项费用的权衡分析;维持费中各项费用的权衡分析;系统效率和寿命周期成本之间的权衡;从开发到系统设置完成这段时间与设置费的权衡。

12.2　园林工程财务管理

随着经济体制改革的不断深入,企业管理以财务管理为核心,已成为企业家和经济界人士的共识。我们之所以说财务管理是企业管理的核心,是因为它通过价值形态对企业资金运动的一项综合性管理,渗透和贯穿于企业一切经济活动之中。因此,加强财务管理是企业可持续发展的一个关键。

所谓财务管理是指在一定的目标下,讨论关于资产的购置(投资)、资金的筹措和资产的管理。企业财务管理的目标,是指财务管理在一定环境和条件下所应达到的预期结果,它是企业整个财务管理工作的定向机制、出发点和归宿。财务管理直接关系到企业的生存与发展,资金是企业的血液。如果资金不流动就会"沉淀"与"流失",都达不到补偿增值。正因为这样,资金管理成为企业财务管理的中心也是一种客观必然。

财务管理是一个完整的相关活动过程,一般包括财务预测、财务分析、财务计划、财务决策、财务控制、财务监督、财务检查、财务诊断等环节。这些环节中的活动不仅与企业管理息息相关,而且都处于"关键点",而"关键点"是控制和管理的核心。财务管理区别与经济管理中的其他管理工作,具有涉及面广、综合性强、灵敏度高等特点。因此,抓企业管理应以财务管理为基础,为入手点。

财务管理是建设项目管理的基础,利用财务管理知识,建立现金流量进行建设项目投资方案比选,合理配置项目投资活动中的流动资金,为项目决策提供财务依据;通过合理平衡项目的财务杠杆,帮助企业进行资金筹措和筹资决策;合理平衡企业的收入和利润的关系,以确保后续项目的投入和企业的发展。

对于园林绿化建设,园林工程财务管理必须贯彻执行国家的财经政策,重点确定符合园林施工单位特点的经济核算方法。

12.2.1　项目资本金制度、项目资金筹措的渠道与方式

1)项目资本金制度

资本金制度是指国家围绕资本金的筹集、管理及所有者的责任权利等方面所作的法律规范。其内容主要包括:资本金的确定方法;法定资本金;资本金的分类;资本金的筹集;资本金的管理;资本公积金等。

(1)资本金制度的特点

资本金是非债务性资金,项目法人不承担这部分资金的任何利息和债务,投资者可按其出资比例依法享有所有者权益,也可转让其出资,但一般不得以任何方式抽回。

资本金制度对不同行业和不同企业在原则上是一致的,但也有所差别,主要是不同行业的国有企业的国家资本金的构成不同。

(2)资本金制度的内容

①法定资本金的数量要求。所谓法定资本金,是指国家规定的开办企业必须筹集的最低资

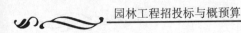

本金数额,或者说是企业设立时必须具备的最低限额的本钱,否则企业不得批准成立。

②资本金筹资方式。根据国家法律、法规的规定,企业可以采用各种方式吸收各种资本金。企业筹集资本金既可以吸收货币资金投资,也可以吸收实物、无形资产的投资,但吸收的实物和无形资产,应按照评估确认或者合同、协议约定的金额计价。

③无形资产出资限额。世界上大多数国家都允许用无形资产对企业投资,但同时也都对无形资产投资的比例作出了限定。

④资本金的筹资期限。企业资本金可以一次或者分期筹集,企业应当按照法律、法规和合同、章程的规定,及时筹集资本金。关于资本金筹集期限的规定,一般有3种类型:一是实收资本制。即企业成立时需确定资本金总额,一次筹足,实收资本与注册资本数额一致,否则企业不得成立;二是授权资本制。即企业成立时,虽然也要确定资本金总额,但是否一次筹足,与企业成立有关,只要筹集了第一期资本,企业即可成立,其余部分由董事会在公司成立后进行筹集,这样,企业成立时的实收资本与注册资本数额不一致;三是折中资本制。即企业成立时确定资本金总额,不一定一次筹足,但规定了首期出资的数额或比例及最后一期缴清资本的期限。

⑤验资及出资证明。验资是指对投资者所投资产进行法律上的确认,它包括对现金与非现金资产的价值和时间确认进行验证等内容。在验资过程结束后,委托的会计师事务所等中介机构及注册会计师应向企业出具验资报告,企业据此向投资者出具出资证明。

⑥投资者的违约及其责任。投资者由于各种原因,违反企业章程、协议或者合同的有关规定,没有及时足额地出资,从而影响企业的成立,这种行为在法律上视为出资违约。对于出资违约的出资者,企业和其他投资者可以依法追究其责任,政府部门还应根据国家有关法律、法规,对违约者进行处罚。

(3)资本金制度的分类

①实收资本制。实收资本制,又称法定资本制,它要求在企业设立时,必须确定资本金总额并一次缴足,否则不得设立。在实收资本制度下,企业的实收资本等于注册资本。在该制度下,企业要增减资本,都必须修改公司章程,并在工商行政管理部门办理重新登记手续。企业增减资本的灵活性低。

②授权资本制。授权资本制,虽然要求企业在公司章程中确定资本金总额,但是并不要求在企业设立时一次缴足全部资本,只要缴纳了第一期出资额,企业即可成立。剩余未缴资本金,则授权董事会在公司成立之后分期到位。在该种制度下,允许实收资本与注册资本不一致,企业增减资本灵活。

③折中资本制。折中资本制是介于实收资本制和授权资本制之间的一种资本金制度,它要求在企业设立时,应确定资本金总额,并规定首期出资额或比例。该种资本金制度筹资灵活性虽不如授权资本制大,但却高于实收资本制,法律约束力则低于实收资本制和高于授权资本制。我国对外商投资企业就是实行折中资本制。

2) 项目资金筹措的渠道

资金筹措是指公司通过各种渠道和采用不同方式及时、适量地筹集生产经营和投资必需资金的行为。

资金筹措可以分为两大类,即内部资金筹措与外部资金筹措。

（1）内部资金筹措

所谓内部资金筹措，就是动用公司积累的财力，具体来说就是把股份公司的公积金（留存收益）作为筹措资金的来源。

（2）外部资金筹措

所谓外部资金筹措，就是向公司外的经济主体（包括公司现有股东和公司职员及雇员）筹措资金。外部资金筹措的渠道主要有3种：第一种是向金融机构筹措资金，如从银行借贷，从信托投资公司、保险公司等处获得资金等。第二种是向非金融机构筹措资金，如通过商业信用方式获得往来工商企业的短期资金来源，向设备租赁公司租赁相关生产设备获得中长期资金来源等。第三种渠道则是在金融市场上发行有价证券。

股份公司利用公开市场机制，发行有价证券筹集资金，是一种在经济上与战略上有双重意义的选择。

从经济角度来讲，发行有价证券可以直接面对投资大众，最大限度地利用社会闲散资金，并利用广大投资者之间的购买竞争来有效地降低筹资成本。

从战略角度来讲，发行有价证券又可以提高发行者的知名度，形成筹资公司的多样化负债结构，以避免单一化负债结构下债权人对债务人经济活动的垄断性干预，还可以利用广大债权人对债务还本付息的关心来获得各方面的有效信息。

12.2.2 项目资金成本、资本结构与项目融资

1）资本成本

（1）资本成本的概念

资本成本是指企业取得和使用资本时所付出的代价。取得资本所付出的代价，主要指发行债券、股票的费用，向非银行金融机构借款的手续费用等；使用资本所付出的代价，如股利、利息等。广义上讲，资本成本是指企业为筹集和使用资金而付出的代价，企业筹集和使用任何资金，不论是短期的还是长期的，都要付出代价。狭义的资本成本仅指筹集和使用长期资金（包括自有资本和借入长期资金）的成本。由于长期资金也被称为资本，所以长期资金的成本也称为资本成本。

借入长期资金即债务资本，要求企业定期付息、到期还本，投资者风险较少，企业对债务资本只负担较低的成本。但因为要定期还本付息，企业的财务风险较大。自有资本不用还本，收益不定，投资者风险较大，因而要求获得较高的报酬，企业要支付较高的成本。但因为不用还本和付息，企业的财务风险较小。所以，资本成本也就由自有资本成本和借入长期资金成本两部分构成。

（2）资本成本的构成

资本成本通常包括筹资费用和用资费用。

①筹资费用，指企业在筹集资本过程中为取得资金而发生的各项费用，如银行借款的手续费，发行股票、债券等证券的印刷费、评估费、公证费、宣传费及承销费等。

②用资费用，指在使用所筹资本的过程中向出资者支付的有关报酬，如银行借款和债券的利息、股票的股利等。

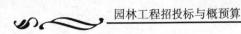

资本成本是选择筹资方式、进行资本结构决策和选择追加筹资方案的依据,是评价投资方案、进行投资决策的重要标准,也是评价企业经营业绩的重要依据。

(3)资本成本的相关公式

①债务资本成本率=利率×(1-所得税税率),即:$R_d = R_i(1-T)$。

②若一年内计息多次时,应用有效年利率计算资本成本,则:

债务资本成本率=有效年利率×(1-所得税税率)=[(1+名义利率/每年复利次数)×每年复利次数 -1]×(1-所得税税率)

即:$R_d = [(1+I/m)m -1](1-T)$。

③加权平均资本成本率=债务资本利息率×(1-税率)(债务资本/总资本)+股本资本成本率×(股本资本/总资本)。

(4)资本成本的意义

资本成本是财务管理中的重要概念。首先,资本成本是企业的投资者(包括股东和债权人)对投入企业的资本所要求的收益率;其次,资本成本是投资本项目(或本企业)的机会成本。

资本成本的概念广泛运用于企业财务管理的许多方面。对于企业筹资来讲,资本成本是选择资金来源、确定筹资方案的重要依据,企业力求选择资本成本最低的筹资方式。对于企业投资来讲,资本成本是评价投资项目、决定投资取舍的重要标准。资本成本还可用作衡量企业经营成果的尺度,即经营利润率应高于资本成本,否则表明业绩欠佳。

2)资本结构

资本结构是指企业各种资本的价值构成及其比例关系,是企业一定时期筹资组合的结果。广义的资本结构是指企业全部资本的构成及其比例关系。企业一定时期的资本可分为债务资本和股权资本,也可分为短期资本和长期资本。狭义的资本结构是指企业各种长期资本的构成及其比例关系,尤其是指长期债务资本与(长期)股权资本之间的构成及其比例关系。最佳资本结构便是使股东财富最大或股价最大的资本结构,也是使公司资金成本最小的资本结构。资本结构是指企业各种资本的价值构成及其比例。企业融资结构,或称资本结构,反映的是企业债务与股权的比例关系,它在很大程度上决定着企业的偿债和再融资能力,决定着企业未来的盈利能力,是企业财务状况的一项重要指标。合理的融资结构可以降低融资成本,发挥财务杠杆的调节作用,使企业获得更大的自有资金收益率。

(1)资本结构分类

资本结构可以从不同角度来认识,于是形成各种资本结构种类,主要有资本的属性结构和资本的期限结构两种。

①资本的属性结构:资本的属性结构是指企业不同属性资本的价值构成及其比例关系。

②资本的期限结构。资本的期限结构是指不同期限资本的价值构成及其比例关系。

(2)资本结构的基本特征

①企业资本成本的高低水平与企业资产报酬率的对比关系。

②企业资金来源的期限构成与企业资产结构的适应性。

③企业的财务杠杆状况与企业财务风险、企业的财务杠杆状况与企业未来的融资要求以及企业未来发展的适应性。

④企业所有者权益内部构成状况与企业未来发展的适应性。

（3）相关指标及公式

①股东权益比率：股东权益比率是股东权益与资产总额的比率。该项指标反映所有者提供的资本在总资产中的比重，反映企业基本财务结构是否稳定。其计算公式为：

$$股东权益比率=（股东权益总额÷资产总额）×100\%$$

②资产负债比率：负债总额除以资产总额的百分比，也就是负债总额与资产总额的比例关系。资产负债率反映在总资产中有多大比例是通过借债来筹资的，也可以衡量企业在清算时保护债权人利益的程度。其计算公式为：

$$资产负债率=（负债总额÷资产总额）×100\%$$

该指标数值较大，说明公司扩展经营的能力较强，股东权益的运用越充分，但债务太多，会影响债务的偿还能力。

③长期负债比率：长期负债比率是从总体上判断企业债务状况的一个指标，它是长期负债与资产总额的比率。

$$长期负债比率=（长期负债÷资产总额）×100\%$$

④股东权益与固定资产比率：股东权益与固定资产比率也是衡量公司财务结构稳定性的一个指标，它是股东权益除以固定资产总额的比率。

$$股东权益与固定资产比率=（股东权益总额÷固定资产总额）×100\%$$

股东权益与固定资产比率反映购买固定资产所需要的资金有多大比例是来自于所有者资本。

3）项目融资

项目融资是指贷款人向特定的工程项目提供贷款协议融资，对于该项目所产生的现金流量享有偿债请求权，并以该项目资产作为附属担保的融资类型。它是一种以项目的未来收益和资产作为偿还贷款的资金来源和安全保障的融资方式。

（1）项目融资种类

①无追索权的项目融资。无追索权（No-recourse）的项目融资也称为纯粹的项目融资，在这种融资方式下，贷款的还本付息完全依靠项目的经营效益。同时，贷款银行为保障自身的利益必须从该项目拥有的资产取得物权担保。如果该项目由于种种原因未能建成或经营失败，其资产或收益不足以清偿全部的贷款时，贷款银行无权向该项目的主办人追索。

无追索权项目融资在操作规则上具有以下特点：

a.项目贷款人对项目发起人的其他项目资产没有任何要求权，只能依靠该项目的现金流量偿还；

b.项目发起人利用该项目产生的现金流量的能力是项目融资的信用基础；

c.当项目风险的分配不被项目贷款人所接受时，由第三方当事人提供信用担保将是十分必要的；

d.该项目融资一般建立在可预见的政治与法律环境和稳定的市场环境基础之上。

②有限追索权项目的融资。有限追索权（Limited-recourse）项目的融资是指除了以贷款项目的经营收益作为还款来源和取得物权担保外，贷款银行还要求有项目实体以外的第三方提供担保。贷款行有权向第三方担保人追索。但担保人承担债务的责任，以他们各自提供的担保金

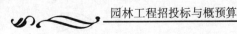

额为限,所以称为有限追索权的项目融资。

项目融资的有限追索性表现在 3 个方面:

a.时间的有限性。即一般在项目的建设开发阶段,贷款人有权对项目发起人进行完全追索,而通过"商业完工"标准测试后,项目进入正常运营阶段时,贷款可能就变成无追索性的了。

b.金额的有限性。如果项目在经营阶段不能产生足额的现金流量,其差额部分可以向项目发起人进行追索。

c.对象的有限性。贷款人一般只能追索到项目实体。

(2)项目融资特点

项目融资和传统融资方式相比,具有以下特点:

①融资主体的排他性。项目融资主要依赖项目自身未来现金流量及形成的资产,而不是依赖项目的投资者或发起人的资信及项目自身以外的资产来安排融资。融资主体的排他性决定了债权人关注的是项目未来现金流量中可用于还款的有多少,其融资额度、成本结构等都与项目未来现金流量和资产价值密切相关。

②追索权的有限性。传统融资方式,如贷款,债权人在关注项目投资前景的同时,更关注项目借款人的资信及现实资产,追索权具有完全性;而项目融资方式,是就项目论项目,债权人除和签约方另有特别约定外,不能追索项目自身以外的任何形式的资产,也就是说项目融资完全依赖项目未来的经济强度。

③项目风险的分散性。因融资主体的排他性、追索权的有限性,决定着作为项目签约各方对各种风险因素和收益的充分论证。确定各方参与者所能承受的最大风险及合作的可能性,利用一切优势条件,设计出最有利的融资方案。

④项目信用的多样性。将多样化的信用支持分配到项目未来的各个风险点,从而规避和化解不确定项目风险。如要求项目"产品"的购买者签订长期购买合同(协议),原材料供应商以合理的价格供货等,以确保强有力的信用支持。

⑤项目融资程序的复杂性。项目融资数额大、时限长、涉及面广,涵盖融资方案的总体设计及运作的各个环节,需要的法律性文件也多,其融资程序比传统融资复杂。且前期费用占融资总额的比例与项目规模成反比,其融资利息也高于公司贷款。

(3)项目融资的优势

项目融资虽比传统融资方式复杂,但可以达到传统融资方式实现不了的目标:

一是有限追索的条款保证了项目投资者在项目失败时,不至于危机投资方其他的财产;

二是在国家和政府建设项目中,对于"看好"的大型建设项目,政府可以通过灵活多样的融资方式来处理债务可能对政府预算的负面影响;

三是对跨国公司进行海外合资投资项目,特别是对没有经营控制权的企业或投资于风险较大的国家或地区,可以有效地将公司其他业务与项目风险实施分离,从而限制项目风险或国家风险。

可见,项目融资作为新的融资方式,对于大型建设项目,特别是基础设施和能源、交通运输等资金密集型的项目具有更大的吸引力和运作空间。

12.2.3　项目成本管理的内容和方法

（1）项目成本管理的内容

项目成本管理（project cost management）：承包人为使项目成本控制在计划目标之内所作的预测、计划、控制、调整、核算、分析和考核等管理工作。项目成本管理就是要确保在批准的预算内完成项目，具体项目要依靠制订成本管理计划、成本估算、成本预算、成本控制4个过程来完成。项目成本管理是在整个项目的实施过程中，为确保项目在以批准的成本预算内尽可能好地完成而对所需的各个过程进行管理。

项目成本管理由一些过程组成，要在预算下完成项目这些过程是必不可少的。

①资源计划过程——决定完成项目各项活动需要哪些资源（人、设备、材料）以及每种资源的需求量。

②成本估计过程——估计完成项目各活动所需每种资源成本的近似值。

③成本预算过程——将估计总成本分配到各具体工作。

④成本控制过程——控制项目预算的改变。

以上4个过程相互影响、相互作用，有时也与外界的过程发生交互影响，根据项目的具体情况，每一过程由一人或数人或小组完成，在项目的每个阶段，上述过程至少出现一次。

以上过程是分开陈述且有明确界线的，实际上这些过程可能是重选、相互作用的。

项目成本管理应遵循下列程序：

①掌握生产要素的市场价格和变动状态。

②确定项目合同价。

③编制成本计划，确定成本实施目标。

④进行成本动态控制，实现成本实施目标。

⑤进行项目成本核算和工程价款结算，及时收回工程款。

⑥进行项目成本分析。

⑦进行项目成本考核，编制成本报告。

⑧积累项目成本资料。

（2）项目成本管理的方法

进度计划是从时间的角度对项目进行规划，而成本估算则是从费用的角度对项目进行规划。这里的费用应理解为一个抽象概念，它可以是工时、材料或人员等。

成本估算是对完成项目所需费用的估计和计划，是项目计划中的一个重要组成部分。要实行成本控制，首先要进行成本估算。理想的是，完成某项任务所需费用可根据历史标准估算。但对许多工业来说，由于项目和计划变化多端，把以前的活动与现实对比几乎是不可能的。费用的信息，不管是否根据历史标准，都只能将其作为一种估算。而且，在费时较长的大型项目中，还应考虑到今后几年职工的工资结构是否会发生变化，今后几年原材料费用上涨如何，经营基础及管理费用在整个项目寿命周期内会不会变化等问题。所以，成本估算显然是在一个无法以高度可靠性预计的环境下进行。在项目管理过程中，为了使时间、费用和工作范围内的资源得到最佳利用，人们开发出了不少成本估算方法，以尽量得到较好的估算结果。这里简要介绍以下3种。

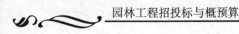

①经验估算法。进行估计的人应有专门知识和丰富的经验,据此提出一个近似的数字。这种方法是一种最原始的方法,还称不上估算,只是一种近似的猜测。它对要求很快拿出一个大概数字的项目是可以的,但对要求详细的估算显然是不能满足要求的。

②因素估算法。这是比较科学的一种传统估算方法,它以过去为根据来预测未来,并利用数学知识。它的基本方法是利用规模和成本图,图上的线表示规模和成本的关系,图上的点是根据过去类似项目的资料而描绘,根据这些点描绘出的线体现了规模和成本之间的基本关系。这里画的是直线,但也有可能是曲线。成本包括不同的组成部分,如材料、人工和运费等。这些都可以有不同的曲线。项目规模知道以后,就可以利用这些线找出成本各个不同组成部分的近似数字。

这里要注意的是,找这些点要有一个"基准年度",目的是消除通货膨胀的影响。画在图上的点应该是经过调整的数字。如以 1980 年为基准年,其他年份的数字都以 1980 年为准进行调整,然后才能描点画线。项目规模确定之后,从线上找出相应的点,但这个点是以 1980 年为基准的数字,还需要再调整到当年,才是估算出的成本数字。此外,如果项目周期较长,还应考虑到今后几年可能发生的通货膨胀、材料涨价等因素。

做这种成本估算,前提是有过去类似项目的资料,而且这些资料应在同一基础上,具有可比性。

③WBS 法。即利用 WBS 方法,先把项目任务进行合理的细分,分到可以确认的程度,如某种材料,某种设备,某一活动单元等。然后估算每个 WBS 要素的费用。采用这一方法的前提条件或先决步骤是:

a.对项目需求作出一个完整的限定。

b.制订完成任务所必需的逻辑步骤。

c.编制 WBS 表。

项目需求的完整限定应包括工作报告书、规格书及总进度表。工作报告书是指实施项目所需的各项工作的叙述性说明,它应确认必须达到的目标。如果有资金等限制,该信息也应包括在内。规格书是对工时、设备以及材料标价的根据。它应该能使项目人员和用户了解工时、设备以及材料估价的依据。总进度表应明确项目实施的主要阶段和分界点,其中应包括长期订货、原型试验、设计评审会议以及其他任何关键的决策点。如果可能,用来指导成本估算的总进度表应含有项目开始和结束的日历时间。

一旦项目需求被勾画出来,就应制订完成任务所必需的逻辑步骤。在现代大型复杂项目中,通常是用箭头图来表明项目任务的逻辑程序,并以此作为下一步绘制 CPM 或 PERT 图及 WBS 表的根据。

编制 WBS 表的最简单方法是依据箭头图,以箭头图上的每一项活动作为一项工作任务,在此基础上再描绘分工作任务。

进度表和 WBS 表完成之后,就可以进行成本估算了。在大型项目中,成本估算的结果最后应以下述的报告形式表述出来:

a.对每个 WBS 要素的详细费用估算。还应有一个各项分工作、分任务的费用汇总表,以及项目和整个计划的累积报表。

b.每个部门的计划工时曲线。如果部门工时曲线含有"峰"和"谷",应考虑对进度表作若干改变,以得到工时的均衡性。

c.逐月的工时费用总结。方便项目费用必须削减时,项目负责人能够利用此表和工时曲线作权衡性研究。

d.逐年费用分配表。此表以 WBS 要素来划分,表明每年(或每季度)所需费用。此表实质上是每项活动的项目现金流量的总结。

e.原料及支出预测,它表明供货商的供货时间、支付方式、承担义务以及支付原料的现金流量等。

采用这种方法估算成本需要进行大量的计算,工作量较大,所以只计算本身也需要花费一定的时间和费用。但这种方法的准确度较高,用这种方法作出的这些报表不仅仅是成本估算的表述,还可以用来作为项目控制的依据。最高管理层则可以用这些报表来选择和批准项目,评定项目的优先性。以上介绍了 3 种成本估算的方法。除此之外,在实践中还可将几种方法结合起来使用。例如,对项目的主要部分进行详细估算,其他部分则按过去的经验或用因素估算法进行估算。

12.2.4　项目财务分析的方法

财务分析方法是指经济业务活动完成后,对经济业务活动的经济性作出分析判断,使下一轮经济业务活动,达到更加经济合理要求的一种技术方法。

(1)比较分析法

比较分析法是指通过两个或两个以上相关经济指标的对比,确定指标间的差异,并进行差异分析或趋势分析的一种分析方法。它是一种最基本、最主要的分析方法。比较的基本表达方式一般有 3 种,即绝对额的比较、百分数的比较和比率的比较。通过比较分析,可以发现差距,确定差异的方向、性质和大小,并找出产生差异的原因及其对差异的影响程度,以进一步改善公司的经营管理;将实际达到的结果与不同时期财务报表中同类指标历史数据相比较,确定企业的财务状况、经营状况和现金流量的变化趋势和变化规律,揭示企业的发展潜力,为企业的财务决策提供依据。

运用比较分析法时,为了检查计划或定额的完成情况,可将本企业本期实际指标与计划或定额指标相比较;若要考察企业经济活动的变动情况和变动趋势,则以本企业本期实际指标与以前各期(上期、上年同期或历史最好水平等)同类指标进行比较;如果想要确定本企业在国内外同行业中所处的水平,则可采用本企业实际指标与国内外同行业先进指标或同行业平均指标相比较的形式。总之,在实际操作中,应根据分析者的分析目的和分析对象来决定需要哪些指标、多少指标以及采用哪种比较形式。而且,用于比较的指标应具有可比性,其比较的结果才有意义。

财务分析中最常见的 3 种比较分析法是:财务报表的比较、重要财务指标的比较、财务报表项目构成的比较。

①财务报表的比较。财务报表的比较是将连续数期的会计报表的金额并列起来,比较其相同指标的增减变动金额和幅度,据以判断企业财务状况和经营成果发展变化的一种方法。会计报表的比较,具体包括资产负债表比较、利润表比较、现金流量表比较等。比较时,既要计算出表中有关项目增减变动的绝对额,又要计算出其增减变动的百分比。

②重要财务指标的比较。重要财务指标的比较,是将不同时期财务报告中的相同指标或比率进行比较,直接观察其增减变动情况及变动幅度,考察其发展趋势,预测其发展前景。对不同

时期财务指标的比较,可以有两种方法,具体如下。

a.定基动态比率。定基动态比率是以某一时期的数值为固定的基期数值而计算出来的动态比率。相应的计算公式为:

$$定基动态比率=分析期数值÷固定基期数值×100\%$$

b.环比动态比率。环比动态比率是以每一分析期的前期数值为基期数值而计算出来的动态比率。相应的计算公式为:

$$环比动态比率=分析期数值÷前期数值×100\%$$

③财务报表项目构成的比。财务报表项目构成的比较是在财务报表比较的基础上发展而来的。它是以财务报表中的某个总体指标作为100%,再计算出其各组成项目占该总体指标的百分比,从而来比较各个项目百分比的增减变动,以此来判断有关财务活动的变化趋势。它既可用于同一企业不同时期财务状况的纵向比较,又可用于不同企业之间的横向比较。

（2）比率分析法

比率分析法是通过财务相对数指标的比较,对企业的经济活动变动程度进行分析和考察,借以评价企业的财务状况和经营成果的一种方法。比率分析法在财务分析中占有十分重要的地位,它也是比较分析法的一种形式,但它不是有关指标简单、直接的比较,而是将相关联的不同项目、指标之间相除,以揭示有关项目之间的关系,或变不可比指标为同一比指标,或产生更新、更全面、更有用的信息。

不同的比率指标的计算方法各不相同,通过计算出来的各种比率进行分析,其分析的目的及所起的作用也各不相同。根据不同的分析目的和用途,可将比率分为以下两类。

①相关比率。相关比率是指两个相互联系的不同性质的指标相除所得的比率。常用的相关比率有反映企业营运能力的存货周转率、流动资产周转率;反映企业盈利能力的净资产收益率、资产利润率;反映偿债能力的流动比率、速动比率等。通过相关比率分析,可以了解企业资产的周转状况是否正常,分析企业投入资本的盈利情况,考察企业偿付流动负债和长期负债的能力,使财务分析更为全面、深刻。

②构成比率。构成比率又称结构比率,是指某项财务分析指标的各组成部分的数值占总体数值的百分比,反映部分与总体的关系。相应的计算公式为:

$$构成比率=指标某部分的数值÷指标总体数值×100\%$$

常用的构成比率有流动资产、固定资产、无形资产占总资产的百分比构成的企业资产构成比率;长期负债与流动负债占全部债务的比率;营业利润、投资收益、营业外收支净额占利润总额的百分比构成的利润构成比率等。利用构成比率与目标数、历史数、同行业平均数相比较,可以考察总体中某个部分的现状和安排是否合理,充分揭示企业财务业绩构成和结构的发展变化情况,以便协调各项财务活动。

（3）趋势分析法

趋势分析法,又称为水平分析法,是指将企业两期或连续数期的财务会计报表中的相同指标或比率相比较,以确定其增减变动的方向、数额和幅度,揭示企业财务状况和经营成果增减变化的性质和变动趋势的一种分析方法。

具体做法是:编制比较会计报表,将连续数期的会计报表数据并列在一起,选择某一年份为基期,计算每一期各项目对基期同一项目的趋势百分比,或计算趋势比率及指标,然后再根据所形成的一系列具有可比性的百分数或指数,来确定各期财务状况和营业情况增减变化的性质和

方向。采用此法时,首先,在指标的选用和计算上应保持口径一致,否则分析就没有意义;其次,对于变动较大的项目或指标,应作重点分析;最后,应排除偶发性项目的影响,以免扭曲正常的经营状况的分析。

（4）因素分析法

在下述各种分析法中,比较分析法和比率分析法可以确定财务报表中各项经济指标发生变化的差异。但是,如果要了解形成差异的原因及各种原因对差异形成的影响程度,则需要进一步应用因素分析法来进行具体的分析。

因素分析法,又称为连环替代法,是用来确定几个相互联系的因素对某个财务指标的影响程度,据以说明财务指标发生变动或差异的主要原因的一种分析方法。采用此法的出发点是,当有若干因素对分析对象发生影响时,假定其他各个因素都无变化,顺序确定每一个因素单独变化所产生的影响。

具体步骤如下:

①将分析对象——某综合性指标分解为各项构成因素。

②确定各项因素的排列顺序。

③按确定的顺序对各项因素的基数进行计算。

④顺序以各项因素的实际数替换基数,计算替换后的结果,并将结果与前一次替换后的计算结果进行比较,计算出影响程度,直到替换完毕。

⑤计算各项因素影响程度之和,与该项综合性指标的差异总额进行对比,并检查是否相符。

12.2.5　与工程财务有关的税收及保险规定

按照纳税对象的不同性质,税收可以划分为流转税类、资源税类、所得税类、特定目的税类、财产行为税类、农业税类和关税。在项目的投资与建设过程中缴纳的主要税收包括营业税、所得税、城市维护建设税和教育费附加(可视作税收)。

（1）营业税纳税人

营业税的纳税人是指在中华人民共和国境内提供应税劳务、转让无形资产或者销售不动产的单位和个人。作为营业税纳税义务人的单位是指发生应税行为、并向对方收取货币、货物和其他经济利益的单位,无论其是否独立核算,均为营业税的纳税义务人。

（2）纳税对象

包括在我国境内提供应税劳务、转让无形资产或销售不动产3个方面:

①转让无形资产。是指转让无形资产的所有权或使用权。具体包括转让土地使用权、商标权、专利权、非专利技术、著作权和商誉等。

②提供应税劳务。主要包括交通运输业、建筑业、金融保险业、邮电通信业、文化体育业、娱乐业和服务业等7项。

③销售不动产。是指有偿转让不动产所有权。具体包括销售建筑物或构筑物、销售其他土地附着物;单位将不动产无偿赠与他人,视同销售不动产;以不动产投资入股,在转让该项股权时,也视同销售不动产。

（3）计税依据和税率

营业税属于价内税,建筑业和销售不动产营业税计税依据的具体规定如下:

从事建筑、修缮、装饰工程作业的,无论是"包工包料"还是"包工不包料",营业额均包括工程所用原材料及其他物资和动力的价格;从事安装工程作业的,凡安装的设备价值作为安装工程产值的,营业额包括设备价款营业额;总承包企业将工程分包时,以全部承包额减去付给分包单位价款后的余额为营业额;自建自用的房屋不纳营业税;自建房屋对外销售(不包括个人自建自用住房销售)的,其自建行为应按建筑业缴纳营业税,再按销售不动产缴纳营业税;单位和个人销售或转让其购置的不动产或受让的土地使用权,以全部收入减去不动产或土地使用权的购置或受让原价后的余额为营业额。单位和个人销售或转让抵债所得的不动产、土地使用权的,以全部收入减去抵债时该项不动产或土地使用权作价后的余额为营业额。

课后练习题

(1)简述工程寿命周期成本分析的内容和方法。

(2)简述不确定分析的含义。

(3)简述项目财务分析的内容和方法。

附　录

附录一　课程实训

实训教学目的是使学生在掌握园林工程招投标与造价管理理论和方法的基础上,结合综合案例和实际背景材料,运用所学理论知识,分析解决实际问题,以达到强化专业素质,不断提高动手能力的专业培养目标。

课程实训以某校园绿化工程为研究对象,根据所提供的施工图,结合本教材中的理论知识进行多个方面的实训,任课教师也可以根据课程的需要进行增减和调整。

实训一　施工组织设计编制

【实训问题】施工组织设计如何编制,如何通过调整施工组织设计尤其是施工进度降低工程造价?

【实训目的】通过本次训练使学生掌握施工组织设计编制以及进度优化的技能和方法。

【实训内容】

1.施工组织设计的编制(施工进度计划的编制、横道图、网络图的编制等)。

2.进度优化。

【实训指导】教师归纳总结有关知识点,讲清思路,强调编制中的重点、难点,并对学生中普遍存在的问题予以剖析、解答,鼓励学生自己动手解题。

【实训设计】

根据项目的施工图以及施工条件编制施工组织设计,尤其注重施工进度计划的编制和优化。

实训二 园林工程工程量清单计价

【实训问题】如何根据给定的工程量清单进行价格计取？

【实训目的】通过本次训练,使学生掌握工程量清单计价的技能和方法,达到准确、快速编制清单报价的目标。

【实训内容】

1.工程量清单的编制。

2.工程量清单的审查。

3.工程量清单计价。

【实训指导】教师归纳总结有关知识点,解决工程量清单编制和工程量清单计价过程中的难题,运用启发式教学方法,使学生初步掌握工程量清单编制与计价的方法和技巧,提高准确率,并熟练掌握工程量清单编制与计价软件的使用。

【实训设计】

1.根据给定的施工图集以及指导教师提供的工程施工条件和要求,利用计算机软件编制工程量清单和进行工程量清单计价。

2.本实训采取多角色模拟实战演练的方式——将学生分为若干小组(3~4人一组),依次参与两个模拟实战环节:

第一个环节学生小组承担建设单位的角色,需要根据指导教师给定的施工现场条件、施工工期、施工质量要求等,根据施工图在给定的时间内编制工程量清单。本环节需要提交工程量清单,格式参见附件1。

第二个环节学生小组承担施工单位角色,需要根据指导教师给定的施工现场条件、施工工期、施工质量要求、施工图、工程量清单(正确的工程量清单)等,以及学生小组确定的施工单位的具体条件(人员、材料、机械等),在给定的时间内进行工程量清单计价。本环节需要提交工程量清单报价表,格式参见附件2。

3.教师对结果进行点评,并结合相关知识点进行分析讲解。

实训三 园林工程招投标管理

【实训问题】标底价、中标价及投标价的编制方法。

【实训目的】通过本次训练,使学生在掌握招投标基本原理的基础上,掌握招投标阶段造价控制方法,达到节约投资的目的。

【实训内容】

1.招标过程以及招标相关文件的编写。

2.投标过程以及投标文件的编制。

3.投标策略的总结和应用。

【实训指导】通过角色扮演来模拟真实招投标环境,使学生对工程招投标的全过程有较全

面的认识,基本掌握工程招投标的决策方法以及工程询价、报价的技巧,能够比较完整地编制工程招标、投标文件,以及工程招投标过程中涉及的其他文件,并体验真实招投标环境中的场景,了解各个工作岗位的职责。

【实训设计】

模拟建筑工程施工招投标从发布招标公告到最后发布中标通知书为止的完整过程。

1.教师角色:在课程中,老师模拟某招投标代理公司,受某甲方的委托进行一个园林工程施工项目(如实训二中对应的园林工程项目)的招投标代理工作,负责发布招标公告、资格预审、发放招标文件、组织招标文件答疑会和开标仪式、进行评标,最后发布中标通知书。

(1)代表招标方:进行发标。

(2)代表评标委员会:对各组的投标文件进行评标,决出最终中标的小组。

(3)指导教师:进行过程指导和结果点评,并按课程设计进行相关知识点的分析和讲解。

2.学生角色:学生分组模拟几个不同的建筑公司参与竞标,从接到招标公告开始,分别进行投标报名、资格预审、购买招标文件、编制投标文件,过程中通过参加答疑会、开标会和最后发布中标通知活动,听取老师的点评和指导。

3.招投标模拟主要环节如下:

(1)招标方发出招标邀请;

(2)招标方发出招标文件;

(3)资格预审;

(4)答疑会;

(5)编制投标文件;

(6)开标;

(7)评标并发出中标通知书。

实训四 建筑工程结(决)算编制

【实训问题】建筑工程结(决)算编制。

【实训目的】通过本次训练,使学生掌握工程价款结算、竣工结算的编制技能和方法。

【实训内容】

1.工程价款结算。

2.竣工结(决)算编制。

【实训指导】教师归纳总结有关知识点,分析解答难题,结合实际案例,使学生掌握工程价款结算、竣工结算的编制技能和方法。

【实训设计】

模拟建筑工程施工过程中结算、决算编制过程。

1.教师角色:在课程中,老师模拟建设单位,进行结算、决算审查和执行,教师进行结果点评,并结合相关知识点分析讲解。

2.学生角色:学生分组模拟几个不同的建筑公司,根据教师设定的施工阶段、施工状况,编制结算和决算。

_____工程

工 程 量 清 单

工程造价

招 标 人：_____ 咨 询 人：_____
  （单位盖章）   （单位资质专用章）

法定代表人：_____ 法定代表人：_____

或其授权人：_____ 或其授权人：_____
  （签字或盖章）   （签字或盖章）

编 制 人：_____ 复 核 人：_____
 （造价人员签字盖专用章）   （造价工程师签字盖专用章）

编制时间：_____年___月___日 复核时间：_____年___月___日

_____ 工程

招 标 控 制 价

招标控制价（小写）：_____

（大写）：_____

工 程 造 价

招 标 人：_____   咨 询 人：_____

（单位盖章）   （单位资质专用章）

法定代表人：_____   法定代表人：_____

或其授权人：_____   或其授权人：_____

（签字或盖章）   （签字或盖章）

编 制 人：_____   复 核 人：_____

（造价人员签字盖专用章）   （造价工程师签字盖专用章）

编制时间：_____ 年 月 日   复核时间：_____ 年 月 日

投 标 总 价

招　　标　　人：＿＿＿＿＿＿＿＿＿＿＿＿＿＿＿＿＿

工 程 名 称：＿＿＿＿＿＿＿＿＿＿＿＿＿＿＿＿＿

投标总价（小写）：＿＿＿＿＿＿＿＿＿＿＿＿＿＿＿

　　　　（大写）：＿＿＿＿＿＿＿＿＿＿＿＿＿＿＿

投　　标　　人：＿＿＿＿＿＿＿＿＿＿＿＿＿＿＿＿＿

（单位盖章）

法定代表人
或其授权人：＿＿＿＿＿＿＿＿＿＿＿＿＿＿＿＿＿

（签字或盖章）

编 制 人：＿＿＿＿＿＿＿＿＿＿＿＿＿＿＿＿＿

（造价人员签字盖专用章）

编制时间：＿＿＿＿年 月 日

_____ 工程

竣 工 结 算 总 价

中标价（小写）：_____ （大写）：_____

结算价（小写）：_____ （大写）：_____

工 程 造 价

发 包 人：_____ 承 包 人：_____ 咨 询 人：_____
（单位盖章）　　　　　　（单位盖章）　　　　　　（单位资质专用章）

法定代表人：_____ 法定代表人：_____ 法定代表人：_____

或其授权人：_____ 或其授权人：_____ 或其授权人：_____
（签字或盖章）　　　　　（签字或盖章）　　　　　（签字或盖章）

编 制 人：_____ 核 对 人：_____
（造价人员签字盖专用章）　　　　　（造价工程师签字盖专用章）

编制时间：_____ 年 月 日 复核时间：_____ 年 月 日

总说明

工程名称：

1.工程概况：

2.招标范围：全部绿化工程。

3.清单编制依据：建设工程工程量清单计价规范、施工设计图文件、施工组织设计等。

4.工程质量应达优良标准。

5.考虑施工中可能发生的设计变更或清单有误，预留金额 1 万元。

6.投标人在投标时应按"建设工程工程量清单计价规范"规定的统一格式，提供"分部分项工程量清单综合单价分析表""措施项目费分析表"。

工程项目招标控制价汇总表

工程名称：

序号	单位工程名称	金额(元)	其　中	
			安全文明施工费（元）	规费（元）
合　计				

单位工程招标控制价汇总表

单位工程名称：　　　　　　　　　　　　　　　　　　　　　　　　　　单位:元

序号	汇总内容	（专业工程）清单计价汇总	（专业工程）清单计价汇总	报价小计
1	分部分项工程			
2	措施项目			
2.1	措施项目(一)			
其中	安全文明施工费			
2.2	措施项目(二)			
3	其他项目			
4	规费			
4.1	规费1			
4.2	规费2			
4.3	规费3			
5	税金			
招标控制价合计＝1+2+3+4+5				

单位工程竣工结算汇总表

单位工程名称：　　　　　　　　　　　　　　　　　　　　　　　　　　　单位:元

序号	汇总内容	（专业工程）清单结算价汇总	（专业工程）清单结算价汇总	金额小计
1	分部分项工程			
2	措施项目			
2.1	措施项目(一)			
其中	安全文明费用			
2.2	措施项目(二)			
3	其他项目			
3.1	专业工程结算价			
3.2	计日工			
3.3	总承包服务费			
3.4	索赔与现场签证			
4	规费			
4.1	规费1			
4.2	规费2			
4.3	规费3			
5	税金			
竣工结算总价合计＝1+2+3+4+5				

分部分项工程量清单与计价表

单位及专业工程名称： 第 页 共 页

序号	项目编码	项目名称	项目特征	计量单位	工程量	综合单价(元)	合价(元)	其中(元)		备注
								人工费	机械费	
本页小计										
合 计										

工程量清单综合单价计算表

单位及专业工程名称： 第 页 共 页

序号	编号	名称	计量单位	数量	综合单价(元)							合计(元)
					人工费	材料费	机械费	管理费	利润	风险费用	小计	
1	(清单编码)	(清单名称)										
	(定额编号)	(定额名称)										
	⋮	⋮										
2	(清单编码)	(清单名称)										
	(定额编号)	(定额名称)										
	⋮	⋮										
合 计												

措施项目清单与计价表（一）

单位及专业工程名称：　　　　　　　　　　　　　　　　　　　　第　页共　页

序号	项目名称	计算基础	费率(%)	金额(元)
1	安全防护、文明施工费			
2	夜间施工增加费			
3	缩短工期增加费			
4	二次搬运费			
5	已完工程及设备保护费			
6	检验试验费			
合　计				

其他项目清单与计价汇总表

单位工程名称：　　　　　　　　　　　　　　　　　　　　　　　第　页共　页

序号	项目名称	计量单位	金额(元)	备　注
1	暂列金额			明细详见 表-10-1
2	暂估价			
2.1	材料暂估价		—	明细详见 表-10-2
2.2	专业工程暂估价			明细详见 表-10-3
3	计日工			明细详见 表-10-4
4	总承包服务费			明细详见 表-10-5
合　计				—

措施项目清单综合单价工料机分析表

单位及专业工程名称：　　　　　　　　　　　　　　　　　　　　　第　页共　页

项目编码			项目名称		计量单位	
清单综合单价组成明细						
序号	名称及规格		单　位	数　量	金额(元)	
					单价	合价
1	人工					
	人工费小计					
2	材料					
	材料费小计					
3	机械					
	机械费小计					
4	直接工程费(1+2+3)					
5	管理费					
6	利润					
7	风险费用					
8	综合单价(4+5+6+7)					

费用索赔申请(核准)表

工程名称：   编号：

致:(发包人全称)
根据施工合同条款第　条的约定,由于原因,我方要求索赔金额(大写)：_____元,(小写)：_____元,请予核准。

    附:1.费用索赔的详细理由和依据：

    2.索赔金额的计算：

    3.证明材料：

承包人(章)：

承包人代表：

日　　期：

复核意见：	复核意见：
根据施工合同条款第____条的约定,你方提出的费用索赔申请经复核：	根据施工合同条款第　条的约定,你方提出的费用索赔申请经复核,索赔金额为(大写)：_____元,(小写)：_____元。
□ 不同意此项索赔,具体意见见附件。	
□ 同意此项索赔,索赔金额的计算,由造价工程师复核。	
监理工程师：	造价工程师：
日　　期：	日　　期：

审核意见：

    □ 不同意此项索赔。

    □ 同意此项索赔,与本期进度款同期支付。

发包人(章)：

承包人代表：

日　　期：

注:1.在选择栏中的"□"内作标识"√"。

    2.本表一式四份,由承包人填报,发包人、监理人、造价咨询人、承包人各存一份。

现场签证表

工程名称：　　　　　　　　　　　　　　　　　　　　　编号：

施工部位		日 期	

致：(发包人全称)

　　根据(指令人姓名)　年　月　日的口头指令或你方(或监理人)　年　月　日的书面通知,我方要求完成此项工作应支付价款金额为(大写)：_____元,(小写)：_____元,请予核准。

　　附：1.签证事由及原因。

　　　　2.附图及计算式。

承包人(章)：

承包人代表：

日　　期：

复核意见：

　　你方提出的此项签证申请经复核：

　　□ 不同意此项签证,具体意见见附件。

　　□ 同意此项签证,签证金额的计算,由造价工程师复核。

监理工程师：

日　　期：

复核意见：

　　□ 此项签证按承包人中标的计日工单价计算,金额为(大写)：_____元,(小写)：_____元。

　　□ 此项签证因无计日工单价,金额为(大写)：_____元,(小写)：_____元。

造价工程师：

日　　期：

审核意见：

　　□ 不同意此项签证。

　　□ 同意此项签证,价款与本期进度款同期支付。

发包人(章)：

承包人代表：

日　　期：

注：1.在选择栏中的"□"内作标识"√"。

　　2.本表一式四份,由承包人在收到发包人(监理人)的口头或书面通知后填写,发包人、监理人、造价咨询人、承包人各存一份。

附录二　住房城乡建设部办公厅关于做好建筑业营改增建设工程计价依据调整准备工作的通知

各省、自治区住房城乡建设厅,直辖市建委,国务院有关部门:

为适应建筑业营改增的需要,我部组织开展了建筑业营改增对工程造价及计价依据影响的专题研究,并请部分省市进行了测试,形成了工程造价构成各项费用调整和税金计算方法,现就工程计价依据调整准备有关工作通知如下。

一、为保证营改增后工程计价依据的顺利调整,各地区、各部门应重新确定税金的计算方法,做好工程计价定额、价格信息等计价依据调整的准备工作。

二、按照前期研究和测试的成果,工程造价可按以下公式计算:工程造价=税前工程造价×(1+11%)。其中,11%为建筑业拟征增值税税率,税前工程造价为人工费、材料费、施工机具使用费、企业管理费、利润和规费之和,各费用项目均以不包含增值税可抵扣进项税额的价格计算,相应计价依据按上述方法调整。

三、有关地区和部门可根据计价依据管理的实际情况,采取满足增值税下工程计价要求的其他调整方法。

各地区、各部门要高度重视此项工作,加强领导,采取措施,于2016年4月底前完成计价依据的调整准备,在调整准备工作中的有关意见和建议请及时反馈我部标准定额司。

附录三　《关于全面推开营业税改征增值税试点的通知》（财税〔2016〕36 号）解读

2016年3月23日,财政部、国家税务总局正式颁布《关于全面推开营业税改征增值税试点的通知》(财税〔2016〕36号)(以下简称《通知》)。《通知》包含4个附件,合计约4万字,分别为:

附件1:营业税改征增值税试点实施办法;

附件2:营业税改征增值税试点有关事项的规定;

附件3:营业税改征增值税试点过渡政策的规定;

附件4:跨境应税行为适用增值税零税率和免税政策的规定。

国务院总理李克强在2016年两会作的《政府工作报告》中庄严宣告:从5月1号起全面实施营改增,将试点范围扩大到建筑业、房地产业、金融业和生活服务业,并将所有企业新增不动产所含增值税纳入抵扣范围,确保所有行业税负只减不增。

《通知》及4个附件中涉及建筑服务业的主要内容有以下几点:

一、建筑业增值率税率和征收率

根据《通知》附件1《营业税改征增值税试点实施办法》规定,建筑业的增值率税率和增值税征收率:为 11% 和 3%。

增值税征收率是指对特定的货物或特定的纳税人销售的货物、应税劳务在某一生产流通环节应纳税额与销售额的比率。与增值税税率不同,征收率只是计算纳税人应纳增值税税额的一种尺度,不能体现货物或劳务的整体税收负担水平。适用征收率的货物和劳务,应纳增值税税额计算公式为:应纳税额＝销售额×征收率,不得抵扣进项税额。

二、适用 3% 的增值税征收率的建筑服务

根据《通知》附件 1《营业税改征增值税试点实施办法》第三十四条阐述:简易计税方法的应纳税额,是指按照销售额和增值税征收率计算的增值税额,不得抵扣进项税额。应纳税额计算公式:应纳税额＝销售额×征收率。试点纳税人提供建筑服务适用简易计税方法的,以取得的全部价款和价外费用扣除支付的分包款后的余额为销售额。

换句话说:适用简易计税方法计税的,就可适用 3% 的增值税征收率,按 3% 的比例交税,同时不得抵扣进项税额。

三、适用简易计税方法计税的建筑服务

根据《通知》附件 1《营业税改征增值税试点实施办法》和附件 2《营业税改征增值税试点有关事项的规定》规定,有如下几种情况。

1.小规模纳税人发生应税行为适用简易计税方法计税。

2.一般纳税人以清包工方式提供的建筑服务,可以选择适用简易计税方法计税。

以清包工方式提供建筑服务,是指施工方不采购建筑工程所需的材料或只采购辅助材料,并收取人工费、管理费或者其他费用的建筑服务。

3.一般纳税人为甲供工程提供的建筑服务,可以选择适用简易计税方法计税。甲供工程,是指全部或部分设备、材料、动力由工程发包方自行采购的建筑工程。

4.一般纳税人为建筑工程老项目提供的建筑服务,可以选择适用简易计税方法计税。

四、建筑工程老项目

建筑工程老项目,是指:

(1)《建筑工程施工许可证》注明的合同开工日期在 2016 年 4 月 30 前的建筑工程项目;

(2)未取得《建筑工程施工许可证》的,建筑工程承包合同注明的开工日期在 2016 年 4 月 30 日前的建筑工程项目。

五、建设项目发生地与机构所在地不同时的纳税形式

1.一般纳税人跨县(市)提供建筑服务,适用一般计税方法计税的,应以取得的全部价款和价外费用为销售额计算应纳税额。纳税人应以取得的全部价款和价外费用扣除支付的分包款后的余额,按照 2% 的预征率在建筑服务发生地预缴税款后,向机构所在地主管税务机关进行纳税申报。

2.一般纳税人跨县(市)提供建筑服务,选择适用简易计税方法计税的,应以取得的全部价款和价外费用扣除支付的分包款后的余额为销售额,按照 3% 的征收率计算应纳税额。纳税人应按照上述计税方法在建筑服务发生地预缴税款后,向机构所在地主管税务机关进行纳税申报。

3.试点纳税人中的小规模纳税人(以下称小规模纳税人)跨县(市)提供建筑服务,应以取得的全部价款和价外费用扣除支付的分包款后的余额为销售额,按照 3% 的征收率计算应纳税额。纳税人应按照上述计税方法在建筑服务发生地预缴税款后,向机构所在地主管税务机关进

行纳税申报。

4.一般纳税人跨省(自治区、直辖市或者计划单列市)提供建筑服务或者销售、出租取得的与机构所在地不在同一省(自治区、直辖市或者计划单列市)的不动产,在机构所在地申报纳税时,计算的应纳税额小于已预缴税额,且差额较大的,由国家税务总局通知建筑服务发生地或者不动产所在地省级税务机关,在一定时期内暂停预缴增值税。

六、进项税额中不动产抵扣销项税的问题

适用一般计税方法的试点纳税人,2016年5月1日后取得并在会计制度上按固定资产核算的不动产或者2016年5月1日后取得的不动产在建工程,其进项税额应自取得之日起分2年从销项税额中抵扣,第一年抵扣比例为60%,第二年抵扣比例为40%。

取得不动产,包括以直接购买、接受捐赠、接受投资入股、自建以及抵债等各种形式取得不动产,不包括房地产开发企业自行开发的房地产项目。

融资租入的不动产以及在施工现场修建的临时建筑物、构筑物,其进项税额不适用上述分2年抵扣的规定。

七、免征增值税

1.工程项目在境外的建筑服务。

2.工程项目在境外的工程监理服务。

3.工程、矿产资源在境外的工程勘察勘探服务。

八、建筑业纳税人和扣缴义务人

单位以承包、承租、挂靠方式经营的,承包人、承租人、挂靠人(以下统称承包人)以发包人、出租人、被挂靠人(以下统称发包人)名义对外经营并由发包人承担相关法律责任的,以该发包人为纳税人。否则,以承包人为纳税人。

九、纳税与扣缴义务发生时间的确定

1.纳税人发生应税行为并收讫销售款项或者取得索取销售款项凭据的当天;先开具发票的,为开具发票的当天。

2.纳税人提供建筑服务、租赁服务采取预收款方式的,其纳税义务发生时间为收到预收款的当天。

3.增值税扣缴义务发生时间为纳税人增值税纳税义务发生的当天。

十、纳税地点的确定

1.固定业户应当向其机构所在地或者居住地主管税务机关申报纳税。总机构和分支机构不在同一县(市)的,应当分别向各自所在地的主管税务机关申报纳税;经财政部和国家税务总局或者其授权的财政和税务机关批准,可以由总机构汇总向总机构所在地的主管税务机关申报纳税。

2.非固定业户应当向应税行为发生地主管税务机关申报纳税;未申报纳税的,由其机构所在地或者居住地主管税务机关补征税款。

3.扣缴义务人应当向其机构所在地或者居住地主管税务机关申报缴纳扣缴的税款。

十一、建筑服务的类别

建筑服务,是指各类建筑物、构筑物及其附属设施的建造、修缮、装饰,线路、管道、设备、设施等的安装以及其他工程作业的业务活动,包括工程服务、安装服务、修缮服务、装饰服务和其他建筑服务。

1.工程服务。工程服务是指新建、改建各种建筑物、构筑物的工程作业,包括与建筑物相连的各种设备或者支柱、操作平台的安装或者装设工程作业,以及各种窑炉和金属结构工程作业。

2.安装服务。安装服务是指生产设备、动力设备、起重设备、运输设备、传动设备、医疗实验设备以及其他各种设备、设施的装配、安置工程作业,包括与被安装设备相连的工作台、梯子、栏杆的装设工程作业,以及被安装设备的绝缘、防腐、保温、油漆等工程作业。

固定电话、有线电视、宽带、水、电、燃气、暖气等经营者向用户收取的安装费、初装费、开户费、扩容费以及类似收费,按照安装服务缴纳增值税。

3.修缮服务。修缮服务是指对建筑物、构筑物进行修补、加固、养护、改善,使之恢复原来的使用价值或者延长其使用期限的工程作业。

4.装饰服务。装饰服务是指对建筑物、构筑物进行修饰装修,使之美观或者具有特定用途的工程作业。

5.其他建筑服务。其他建筑服务是指上列工程作业之外的各种工程作业服务,如钻井(打井)、拆除建筑物或者构筑物、平整土地、园林绿化、疏浚(不包括航道疏浚)、建筑物平移、搭脚手架、爆破、矿山穿孔、表面附着物(包括岩层、土层、沙层等)剥离和清理等工程作业。

附录四　中央预算内直接投资项目概算管理暂行办法

第一章　总　则

第一条　为进一步加强中央预算内直接投资项目概算管理,提高中央预算内投资效益和项目管理水平,依据《国务院关于投资体制改革的决定》《中央预算内直接投资项目管理办法》和有关法律法规,制定本办法。

第二条　中央预算内直接投资项目,是指国家发展改革委安排中央预算内投资建设的中央本级(包括中央部门及其派出机构、垂直管理单位、所属事业单位)非经营性固定资产投资项目。

国家发展改革委核定概算且安排全部投资的中央预算内直接投资项目(以下简称项目)概算管理适用本办法。国家发展改革委核定概算且安排部分投资的,原则上超支不补,如超概算,由项目主管部门自行核定调整并处理。

第二章　概算核定

第三条　概算由国家发展改革委在项目初步设计阶段委托评审后核定。概算包括国家规定的项目建设所需的全部费用,包括工程费用、工程建设其他费用、基本预备费、价差预备费等。编制和核定概算时,价差预备费按年度投资价格指数分行业合理确定。

对于项目单位缺乏相关专业技术人员或者建设管理经验的,实行代建制,所需费用从建设单位管理费中列支。

除项目建设期价格大幅上涨、政策调整、地质条件发生重大变化和自然灾害等不可抗力因素外,经核定的概算不得突破。

第四条　　凡不涉及国家安全和国家秘密、法律法规未禁止公开的项目概算,国家发展改革委按照政府信息公开的有关规定向社会公开。

第三章　概算控制

第五条　　经核定的概算应作为项目建设实施和控制投资的依据。项目主管部门、项目单位和设计单位、监理单位等参建单位应当加强项目投资全过程管理,确保项目总投资控制在概算以内。

国家建立项目信息化系统,项目单位将投资概算全过程控制情况纳入信息化系统,国家发展改革委和项目主管部门通过信息化系统加强投资概算全过程监管。

第六条　　国家发展改革委履行概算核定和监督责任,开展以概算控制为重点的稽查,制止和纠正违规超概算行为,按照本办法规定受理调整概算。

第七条　　项目主管部门履行概算管理和监督责任,按照核定概算严格控制,在施工图设计(含装修设计)、招标、结构封顶、装修、设备安装等重要节点应当开展概算控制检查,制止和纠正违规超概算行为。

第八条　　项目单位在其主管部门领导和监督下对概算管理负主要责任,按照核定概算严格执行。概算核定后,项目单位应当按季度向项目主管部门报告项目进度和概算执行情况,包括施工图设计(含装修设计)及预算是否符合初步设计及概算,招标结果及合同是否控制在概算以内,项目建设是否按批准的内容、规模和标准进行以及是否超概算等。项目单位宜明确由一个设计单位对项目设计负总责,统筹各专业各专项设计。

第九条　　实行代建制的项目,代建方按照与项目单位签订的合同,承担项目建设实施的相关权利义务,严格执行项目概算,加强概算管理和控制。

第十条　　设计单位应当依照法律法规、设计规范和概算文件,履行概算控制责任。初步设计及概算应当符合可行性研究报告批复文件要求,并达到相应的深度和质量要求。初步设计及概算批复核定后,项目实行限额设计,施工图设计(含装修设计)及预算应当符合初步设计及概算。

第十一条　　监理单位应当依照法律法规、有关技术标准、经批准的设计文件和建设内容、建设规模、建设标准,履行概算监督责任。

第十二条　　工程咨询单位对编制的项目建议书、可行性研究报告内容的全面性和准确性负责;评估单位、招标代理单位、勘察单位、施工单位、设备材料供应商等参建单位依据法律法规和合同约定,履行相应的概算控制责任。

第四章　概算调整

第十三条　　项目初步设计及概算批复核定后,应当严格执行,不得擅自增加建设内容、扩大建设规模、提高建设标准或改变设计方案。确需调整且将会突破投资概算的,必须事前向国家发展改革委正式申报;未经批准的,不得擅自调整实施。

第十四条　因项目建设期价格大幅上涨、政策调整、地质条件发生重大变化和自然灾害等不可抗力因素等原因导致原核定概算不能满足工程实际需要的,可以向国家发展改革委申请调整概算。

第十五条　申请调整概算的,提交以下申报材料:

(一)原初步设计及概算文件和批复核定文件;

(二)由具备相应资质单位编制的调整概算书,调整概算与原核定概算对比表,并分类定量说明调整概算的原因、依据和计算方法;

(三)与调整概算有关的招标及合同文件,包括变更洽商部分;

(四)施工图设计(含装修设计)及预算文件等调整概算所需的其他材料。

第十六条　申请调整概算的项目,对于使用预备费可以解决的,不予调整概算;对于确需调整概算的,国家发展改革委委托评审后核定调整,由于价格上涨增加的投资不作为计算其他费用的取费基数。

第十七条　申请调整概算的项目,如有未经国家发展改革委批准擅自增加建设内容、扩大建设规模、提高建设标准、改变设计方案等原因造成超概算的,除按照第十五条提交调整概算的申报材料外,必须同时界定违规超概算的责任主体,并提出自行筹措违规超概算投资的意见,以及对相关责任单位及责任人的处理意见。国家发展改革委委托评审,待相关责任单位和责任人处理意见落实后核定调整概算,违规超概算投资原则上不安排中央预算内投资解决。

第十八条　对于项目单位或主管部门可以自筹解决超概算投资的,由主管部门按有关规定和标准自行核定调整概算。

第十九条　向国家发展改革委申请概算调增幅度超过原核定概算百分之十及以上的,国家发展改革委原则上先商请审计机关进行审计。

第五章　法律责任

第二十条　国家发展改革委未按程序核定或调整概算的,应当及时改正。对直接负责的主管人员和其他责任人员应当进行诫勉谈话、通报批评或者给予党纪政纪处分。

第二十一条　因主管部门未履行概算管理和监督责任,授意或同意增加建设内容、扩大建设规模、提高建设标准、改变设计方案导致超概算的,主管部门应当对本部门直接负责的主管人员和其他责任人员进行诫勉谈话、通报批评或者给予党纪政纪处分。国家发展改革委相应调减安排该部门的投资额度。

第二十二条　因项目单位擅自增加建设内容、扩大建设规模、提高建设标准、改变设计方案,管理不善、故意漏项、报小建大等造成超概算的,主管部门应当依照职责权限对项目单位主要负责人和直接负责的主管人员以及其他责任人员进行诫勉谈话、通报批评或者给予党纪政纪处分;两年内暂停申报该单位其他项目。国家发展改革委将其不良信用记录纳入国家统一的信用信息共享交换平台;情节严重的,给予通报批评,并视情况公开曝光。

第二十三条　因设计单位未按照经批复核定的初步设计及概算编制施工图设计(含装修设计)及预算,设计质量低劣存在错误、失误、漏项等造成超概算的,项目单位可以根据法律法规和合同约定向设计单位追偿;国家发展改革委商请资质管理部门建立不良信用记录,纳入国家统一的信用信息共享交换平台,作为相关部门降低资质等级、撤销资质的重要参考。情节严

重的,国家发展改革委作为限制其在一定期限内参与中央预算内直接投资项目设计的重要参考,并视情况公开曝光。

第二十四条 因代建方、工程咨询单位、评估单位、招标代理单位、勘察单位、施工单位、监理单位、设备材料供应商等参建单位过错造成超概算的,项目单位可以根据法律法规和合同约定向有关参建单位追偿;国家发展改革委商请资质管理部门建立不良信用记录,纳入国家统一的信用信息共享交换平台,作为相关部门资质评级、延续的重要参考。

第六章 附 则

第二十五条 由主管部门核定概算的中央预算内直接投资项目,参照本办法加强概算管理,严格控制概算。省级发展改革部门可以参照本办法制订本地区的概算管理办法。

第二十六条 本办法由国家发展改革委负责解释。

第二十七条 本办法自发布之日起施行。此前有关概算管理的规定,凡与本办法有抵触的,均按本办法执行。

附录五 国家发展改革委关于进一步放开建设项目专业服务价格的通知(发改价格〔2015〕299号)

国务院有关部门、直属机构,各省、自治区、直辖市发展改革委、物价局:

为贯彻落实党的十八届三中全会精神,按照国务院部署,充分发挥市场在资源配置中的决定性作用,决定进一步放开建设项目专业服务价格。现将有关事项通知如下:

一、在已放开非政府投资及非政府委托的建设项目专业服务价格的基础上,全面放开以下实行政府指导价管理的建设项目专业服务价格,实行市场调节价。

(一)建设项目前期工作咨询费,指工程咨询机构接受委托,提供建设项目专题研究、编制和评估项目建议书或者可行性研究报告,以及其他与建设项目前期工作有关的咨询等服务收取的费用。

(二)工程勘察设计费,包括工程勘察收费和工程设计收费。工程勘察收费,指工程勘察机构接受委托,提供收集已有资料、现场踏勘、制订勘察纲要,进行测绘、勘探、取样、试验、测试、检测、监测等勘察作业,以及编制工程勘察文件和岩土工程设计文件等服务收取的费用;工程设计收费,指工程设计机构接受委托,提供编制建设项目初步设计文件、施工图设计文件、非标准设备设计文件、施工图预算文件、竣工图文件等服务收取的费用。

(三)招标代理费,指招标代理机构接受委托,提供代理工程、货物、服务招标,编制招标文件、审查投标人资格,组织投标人踏勘现场并答疑,组织开标、评标、定标,以及提供招标前期咨询、协调合同的签订等服务收取的费用。

(四)工程监理费,指工程监理机构接受委托,提供建设工程施工阶段的质量、进度、费用控制管理和安全生产监督管理、合同、信息等方面协调管理等服务收取的费用。

(五)环境影响咨询费,指环境影响咨询机构接受委托,提供编制环境影响报告书、环境影响报告表和对环境影响报告书、环境影响报告表进行技术评估等服务收取的费用。

二、上述 5 项服务价格实行市场调节价后,经营者应严格遵守《价格法》《关于商品和服务实行明码标价的规定》等法律法规规定,告知委托人有关服务项目、服务内容、服务质量,以及服务价格等,并在相关服务合同中约定。经营者提供的服务,应当符合国家和行业有关标准规范,满足合同约定的服务内容和质量等要求。不得违反标准规范规定或合同约定,通过降低服务质量、减少服务内容等手段进行恶性竞争,扰乱正常市场秩序。

三、各有关行业主管部门要加强对本行业相关经营主体服务行为监管。要建立健全服务标准规范,进一步完善行业准入和退出机制,为市场主体创造公开、公平的市场竞争环境,引导行业健康发展;要制定市场主体和从业人员信用评价标准,推进工程建设服务市场信用体系建设,加大对有重大失信行为的企业及负有责任的从业人员的惩戒力度。充分发挥行业协会服务企业和行业自律作用,加强对本行业经营者的培训和指导。

四、政府有关部门对建设项目实施审批、核准或备案管理,需委托专业服务机构等中介提供评估评审等服务的,有关评估评审费用等由委托评估评审的项目审批、核准或备案机关承担,评估评审机构不得向项目单位收取费用。

五、各级价格主管部门要加强对建设项目服务市场价格行为监管,依法查处各种截留定价权,利用行政权力指定服务、转嫁成本,以及串通涨价、价格欺诈等行为,维护正常的市场秩序,保障市场主体合法权益。

六、本通知自 2015 年 3 月 1 日起执行。此前与本通知不符的有关规定,同时废止。

国家发展改革委

2015 年 2 月 11 日

附录六　建筑工程施工发包与承包计价管理办法

《建筑工程施工发包与承包计价管理办法》(以下简称《办法》)已经第 9 次部常务会议审议通过,现予发布,自 2014 年 2 月 1 日起施行。

住房城乡建设部部长　姜伟新

2013 年 12 月 11 日

第一条　为了规范建筑工程施工发包与承包计价行为,维护建筑工程发包与承包双方的合法权益,促进建筑市场的健康发展,根据有关法律、法规,制定本办法。

第二条　在中华人民共和国境内的建筑工程施工发包与承包计价(以下简称工程发承包计价)管理,适用本办法。

本办法所称建筑工程是指房屋建筑和市政基础设施工程。

本办法所称工程发承包计价包括编制工程量清单、最高投标限价、招标标底、投标报价,进行工程结算,以及签订和调整合同价款等活动。

第三条　建筑工程施工发包与承包价在政府宏观调控下,由市场竞争形成。

工程发承包计价应当遵循公平、合法和诚实信用的原则。

第四条　国务院住房城乡建设主管部门负责全国工程发承包计价工作的管理。

县级以上地方人民政府住房城乡建设主管部门负责本行政区域内工程发承包计价工作的管理。其具体工作可以委托工程造价管理机构负责。

第五条　国家推广工程造价咨询制度,对建筑工程项目实行全过程造价管理。

第六条　全部使用国有资金投资或者以国有资金投资为主的建筑工程(以下简称国有资金投资的建筑工程),应当采用工程量清单计价;非国有资金投资的建筑工程,鼓励采用工程量清单计价。

国有资金投资的建筑工程招标的,应当设有最高投标限价;非国有资金投资的建筑工程招标的,可以设有最高投标限价或者招标标底。

最高投标限价及其成果文件,应当由招标人报工程所在地县级以上地方人民政府住房城乡建设主管部门备案。

第七条　工程量清单应当依据国家制定的工程量清单计价规范、工程量计算规范等编制。工程量清单应当作为招标文件的组成部分。

第八条　最高投标限价应当依据工程量清单、工程计价有关规定和市场价格信息等编制。招标人设有最高投标限价的,应当在招标时公布最高投标限价的总价,以及各单位工程的分部分项工程费、措施项目费、其他项目费、规费和税金。

第九条　招标标底应当依据工程计价有关规定和市场价格信息等编制。

第十条　投标报价不得低于工程成本,不得高于最高投标限价。

投标报价应当依据工程量清单、工程计价有关规定、企业定额和市场价格信息等编制。

第十一条　投标报价低于工程成本或者高于最高投标限价总价的,评标委员会应当否决投标人的投标。

对是否低于工程成本报价的异议,评标委员会可以参照国务院住房城乡建设主管部门和省、自治区、直辖市人民政府住房城乡建设主管部门发布的有关规定进行评审。

第十二条　招标人与中标人应当根据中标价订立合同。不实行招标投标的工程由发承包双方协商订立合同。

合同价款的有关事项由发承包双方约定,一般包括合同价款约定方式,预付工程款、工程进度款、工程竣工价款的支付和结算方式,以及合同价款的调整情形等。

第十三条　发承包双方在确定合同价款时,应当考虑市场环境和生产要素价格变化对合同价款的影响。

实行工程量清单计价的建筑工程,鼓励发承包双方采用单价方式确定合同价款。

建设规模较小、技术难度较低、工期较短的建筑工程,发承包双方可以采用总价方式确定合同价款。

紧急抢险、救灾以及施工技术特别复杂的建筑工程,发承包双方可以采用成本加酬金方式确定合同价款。

第十四条　发承包双方应当在合同中约定,发生下列情形时合同价款的调整方法:

(一)法律、法规、规章或者国家有关政策变化影响合同价款的;

(二)工程造价管理机构发布价格调整信息的;

(三)经批准变更设计的;

(四)发包方更改经审定批准的施工组织设计造成费用增加的;

（五）双方约定的其他因素。

第十五条　发承包双方应当根据国务院住房城乡建设主管部门和省、自治区、直辖市人民政府住房城乡建设主管部门的规定，结合工程款、建设工期等情况在合同中约定预付工程款的具体事宜。

预付工程款按照合同价款或者年度工程计划额度的一定比例确定和支付，并在工程进度款中予以抵扣。

第十六条　承包方应当按照合同约定向发包方提交已完成工程量报告。发包方收到工程量报告后，应当按照合同约定及时核对并确认。

第十七条　发承包双方应当按照合同约定，定期或者按照工程进度分段进行工程款结算和支付。

第十八条　工程完工后，应当按照下列规定进行竣工结算：

（一）承包方应当在工程完工后的约定期限内提交竣工结算文件。

（二）国有资金投资建筑工程的发包方，应当委托具有相应资质的工程造价咨询企业对竣工结算文件进行审核，并在收到竣工结算文件后的约定期限内向承包方提出由工程造价咨询企业出具的竣工结算文件审核意见；逾期未答复的，按照合同约定处理，合同没有约定的，竣工结算文件视为已被认可。

非国有资金投资的建筑工程发包方，应当在收到竣工结算文件后的约定期限内予以答复，逾期未答复的，按照合同约定处理，合同没有约定的，竣工结算文件视为已被认可；发包方对竣工结算文件有异议的，应当在答复期内向承包方提出，并可以在提出异议之日起的约定期限内与承包方协商；发包方在协商期内未与承包方协商或者经协商未能与承包方达成协议的，应当委托工程造价咨询企业进行竣工结算审核，并在协商期满后的约定期限内向承包方提出由工程造价咨询企业出具的竣工结算文件审核意见。

（三）承包方对发包方提出的工程造价咨询企业竣工结算审核意见有异议的，在接到该审核意见后一个月内，可以向有关工程造价管理机构或者有关行业组织申请调解，调解不成的，可以依法申请仲裁或者向人民法院提起诉讼。

发承包双方在合同中对本条第（一）项、第（二）项的期限没有明确约定的，应当按照国家有关规定执行；国家没有规定的，可认为其约定期限均为 28 日。

第十九条　工程竣工结算文件经发承包双方签字确认的，应当作为工程决算的依据，未经对方同意，另一方不得就已生效的竣工结算文件委托工程造价咨询企业重复审核。发包方应当按照竣工结算文件及时支付竣工结算款。

竣工结算文件应当由发包方报工程所在地县级以上地方人民政府住房城乡建设主管部门备案。

第二十条　造价工程师编制工程量清单、最高投标限价、招标标底、投标报价、工程结算审核和工程造价鉴定文件，应当签字并加盖造价工程师执业专用章。

第二十一条　县级以上地方人民政府住房城乡建设主管部门应当依照有关法律、法规和本办法规定，加强对建筑工程发承包计价活动的监督检查和投诉举报的核查，并有权采取下列措施：

（一）要求被检查单位提供有关文件和资料；

（二）就有关问题询问签署文件的人员；

（三）要求改正违反有关法律、法规、本办法或者工程建设强制性标准的行为。

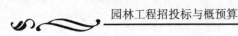

县级以上地方人民政府住房城乡建设主管部门应当将监督检查的处理结果向社会公开。

第二十二条　造价工程师在最高投标限价、招标标底或者投标报价编制、工程结算审核和工程造价鉴定中，签署有虚假记载、误导性陈述的工程造价成果文件的，记入造价工程师信用档案，依照《注册造价工程师管理办法》进行查处；构成犯罪的，依法追究刑事责任。

第二十三条　工程造价咨询企业在建筑工程计价活动中，出具有虚假记载、误导性陈述的工程造价成果文件的，记入工程造价咨询企业信用档案，由县级以上地方人民政府住房城乡建设主管部门责令改正，处1万元以上3万元以下的罚款，并予以通报。

第二十四条　国家机关工作人员在建筑工程计价监督管理工作中玩忽职守、徇私舞弊、滥用职权的，由有关机关给予行政处分；构成犯罪的，依法追究刑事责任。

第二十五条　建筑工程以外的工程施工发包与承包计价管理可以参照本办法执行。

第二十六条　省、自治区、直辖市人民政府住房城乡建设主管部门可以根据本办法制定实施细则。

第二十七条　本办法自2014年2月1日起施行。原建设部2001年11月5日发布的《建筑工程施工发包与承包计价管理办法》（建设部令第107号）同时废止。

【解读】

一、增加工程量清单制度

规定国有资金投资的建筑工程，应当采用工程量清单计价；非国有资金投资的建筑工程，鼓励采用工程量清单计价（第六条）；规定将工程量清单作为编制最高投标限价和投标报价的重要依据（第八条、第十条）；规定工程量清单应作为招标文件的组成部分（第七条）。

二、增加最高投标限价制度

为了提高招标公开透明度，防止暗箱操作，有效控制投资总额，防止高价围标，《办法》设立了最高投标限价制度，并作了以下规定：一是将编制最高投标限价纳入《办法》的调整范围（第二条）。二是规定国有资金投资的建筑工程招标的，应当设有最高投标限价；非国有资金投资的建筑工程招标的，招标人可以设有最高投标限价，也可以只设标底不设最高投标限价（第六条）。三是规定最高投标限价的编制依据，即依据工程量清单、工程计价有关规定和市场价格信息等编制（第八条第一款）。四是规定最高投标限价的公布方法，除了公布最高投标限价的总价外，还应公布组成总价的分部分项费用（第八条第二款）。五是规定投标报价不得高于最高投标限价，如果高于最高投标限价的，评标委员会应当否决投标人的投标（第十一条）。

三、增加预防和减少计价纠纷条款

为促进和引导承发包方积极进行工程结算，提高结算效率，预防和减少计价纠纷，《办法》增加了系列条款，并作了以下规定：一是推广工程造价咨询制度，对建筑工程项目实行全过程造价管理（第五条）。二是吸收《建设工程价款结算暂行办法》和《建设工程工程量清单计价规范》有关规定，补充完善了合同价款内容、合同价款的约定方式，以及合同价款调整方法（第十二、第十三、第十四条）。三是规定预付工程款支付方式，明确按照合同价款或者年度工程计划额度的一定比例支付（第十五条）。四是完善了造价纠纷调解机制（第十八条）。

四、增加加强监督检查的条款

为加强对建设工程计价的监督管理，《办法》增加了系列加强监督检查的条款，并作了以下规定：一是规定最高投标限价及其成果文件，以及竣工结算文件应报县级以上地方人民政府建设主管部门备案（第六、十九条）。二是规定了建设主管部门有权采取的监督检查措施（第二十一条）。

三是对造价工程师、造价咨询企业的法律责任与有关规章作了衔接(第二十二、第二十三条)。

五、本办法的适用范围

《办法》第二条规定:在中华人民共和国境内的建筑工程施工发包与承包计价(以下简称工程发承包计价)管理,适用本办法。本办法所称建筑工程是指房屋建筑和市政基础设施工程。房屋建筑工程,是指各类房屋建筑及其附属设施和与其配套的线路、管道、设备安装工程及室内外装饰装修工程。市政基础设施工程,是指城市道路、公共交通、供水、排水、燃气、热力、园林、环卫、污水处理、垃圾处理、防洪、地下公共设施及附属设施的土建、管道、设备安装工程。

六、对工程造价复审问题作出规定

《办法》第十九条规定:工程竣工结算文件经发承包双方签字确认的,应当作为工程决算的依据,未经对方同意,另一方不得就已生效的竣工结算文件委托工程造价咨询企业重复审核。

七、建立最高投标限价和竣工结算价的备案制度

《办法》规定发包方应当按照竣工结算文件及时支付竣工结算款。竣工结算文件应当由发包方报工程所在地县级以上地方人民政府住房城乡建设主管部门备案。"规定了建设主管部门有权采取的监督检查措施(第二十一条)。对造价工程师、造价咨询企业的法律责任与有关规章作了衔接(第二十二、第二十三条)

八、明确关于工程量清单计价制度和最高投标限价制度两者的关系和作用

最高投标限价也就是《建设工程工程量清单计价规范》中的招标控制价,在工程发承包阶段以公开的招标控制价取代标底,招标控制价是公开的最高限额。其主要作用有:一是对国有资金投资的建筑工程而言,当其超过批准概算时,可能存在项目投资不足问题,应重新审核;二是招标控制价可以有效控制项目投资,遏制高价围标,当投标报价高于招标控制价时,投标人的投标将被拒绝。

附录七　关于印发《建筑安装工程费用项目组成》的通知(建标〔2013〕44号)

各省、自治区住房城乡建设厅、财政厅,直辖市建委(建交委)、财政局,国务院有关部门:

为适应深化工程计价改革的需要,根据国家有关法律、法规及相关政策,在总结原建设部、财政部《关于印发〈建筑安装工程费用项目组成〉的通知》(建标〔2003〕206号)(以下简称《通知》)执行情况的基础上,我们修订完成了《建筑安装工程费用项目组成》(以下简称《费用组成》),现印发给你们。为便于各地区、各部门做好发布后的贯彻实施工作,现将主要调整内容和贯彻实施有关事项通知如下:

一、《费用组成》调整的主要内容:

(一)建筑安装工程费用项目按费用构成要素组成划分为人工费、材料费、施工机具使用费、企业管理费、利润、规费和税金(见附件1)。

(二)为指导工程造价专业人员计算建筑安装工程造价,将建筑安装工程费用按工程造价形成顺序划分为分部分项工程费、措施项目费、其他项目费、规费和税金(见附件2)。

（三）按照国家统计局《关于工资总额组成的规定》，合理调整了人工费构成及内容。

（四）依据国家发展改革委、财政部等9部委发布的《标准施工招标文件》的有关规定，将工程设备费列入材料费；原材料费中的检验试验费列入企业管理费。

（五）将仪器仪表使用费列入施工机具使用费；大型机械进出场及安拆费列入措施项目费。

（六）按照《社会保险法》的规定，将原企业管理费中劳动保险费中的职工死亡丧葬补助费、抚恤费列入规费中的养老保险费；在企业管理费中的财务费和其他中增加担保费用、投标费、保险费。

（七）按照《社会保险法》《建筑法》的规定，取消原规费中危险作业意外伤害保险费，增加工伤保险费、生育保险费。

（八）按照财政部的有关规定，在税金中增加地方教育附加。

二、为指导各部门、各地区按照本通知开展费用标准测算等工作，我们对原《通知》中建筑安装工程费用参考计算方法、公式和计价程序等进行了相应的修改完善，统一制订了《建筑安装工程费用参考计算方法》和《建筑安装工程计价程序》（见附件3、附件4）。

三、《费用组成》自2013年7月1日起施行，原建设部、财政部《关于印发〈建筑安装工程费用项目组成〉的通知》（建标〔2003〕206号）同时废止。

〔4个附件（略）〕

1.建筑安装工程费用项目组成（按费用构成要素划分）；

2.建筑安装工程费用项目组成（按造价形成划分）；

3.建筑安装工程费用参考计算方法；

4.建筑安装工程计价程序。

参考文献

[1] 班焯,唐人卫,宋兆全,等.房屋建筑制图统一标准[S].北京:中国标准出版社,2001.

[2] 齐海鹰,于永红,陈秀波.园林工程预决算[M].北京:化学工业出版社,2009.

[3] 马永军.看图学园林工程预算[M].北京:中国电力出版社,2008.

[4] 本书编委会.园林工程造价员一本通[M].哈尔滨:哈尔滨工程大学出版社,2008.

[5] 卞秀庄,赵玉槐.建筑工程定额与预算[M].北京:中国环境科学出版社,1995.

[6] 河北省建设委员会.河北省园林绿化工程消耗量定额(HEBGYD-E—2013).

[7] 兰定筠,杨莉琼.工程造价计价与控制[M].北京:中国计划出版社,2012.

[8] 中国建设工程造价管理协会.建设工程造价管理基础知识[M].北京:中国计划出版社,2010.

[9] 全国建设工程造价员资格考试试题分析小组.建设工程造价管理基础知识[M].北京:机械工业出版社,2011.

[10] 刘长英.工程造价管理基础知识辅导[M].北京:金盾出版社,2013.